普通高等院校数学类课程教材

复变函数·积分变换及其应用

主　编　沈小芳

副主编　徐　彬　朱祥和

华中科技大学出版社

中国·武汉

内 容 提 要

本书是依据最新《工科类本科数学基础课程教学基本要求》,并参考国内外优秀教材和课程教学改革新成果编写而成的。全书分三篇:第 1 篇为复变函数论,包含第 1 章至第 6 章,主要介绍复数及其几何属性,复变函数及其导数、积分,解析函数及其相关定理,复变函数的级数,留数及其应用,以及共形映射.第 2 篇是积分变换,主要介绍了 Fourier 变换和 Laplace 变换,以及它们在工程技术中的应用.第 3 篇是基于 MATLAB 的数学实验,主要介绍 MATLAB 在复变函数和积分变换中的应用.各章节后配有丰富的习题,书后附有部分习题的答案供读者参考.

本书中的某些章节标记了"﹡",表示其为选讲内容,讲授与否视课时多寡而定.

本书内容丰富,条理清晰,紧密联系工程实际,语言通俗流畅,图文并茂,可读性强.本书可作为综合性大学、理工科大学非数学专业教材,也可供一般的数学、电子通信、控制等领域的工作者和工程技术人员作为参考书.

图书在版编目(CIP)数据

复变函数・积分变换及其应用/沈小芳主编.—武汉:华中科技大学出版社,2017.7(2022.6 重印)
ISBN 978-7-5680-2822-6

Ⅰ.①复… Ⅱ.①沈… Ⅲ.①复变函数 ②积分变换 Ⅳ.①O174.5 ②O177.6

中国版本图书馆 CIP 数据核字(2017)第 103176 号

复变函数・积分变换及其应用   沈小芳 主编
Fubianhanshu・Jifen Bianhuan ji Qi Yingyong

策划编辑:谢燕群
责任编辑:熊 慧
封面设计:原色设计
责任校对:祝 菲
责任监印:周治超
出版发行:华中科技大学出版社(中国・武汉)   电话:(027)81321913
　　　　　武汉市东湖新技术开发区华工科技园   邮编:430223
录　　排:武汉市洪山区佳年华文印部
印　　刷:武汉市洪林印务有限公司
开　　本:710mm×1000mm　1/16
印　　张:18.75
字　　数:389 千字
版　　次:2022 年 6 月第 1 版第 4 次印刷
定　　价:39.80 元

前　言

　　"复变函数与积分变换"是工科相关专业的一门重要数学基础课.它的理论和方法在自然科学和工程技术中有广泛的应用,是工程技术人员常用的数学工具.本书按照最新的《工科类本科数学基础课程教学基本要求》,遵循"工科数学回归工程"的理念编写而成.

　　本书主要分为三篇,即复变函数论、积分变换和基于 MATLAB 的数学实验.

　　第1篇"复变函数论"共有6章.第1章讲述复数及其几何属性.这一章主要通过复数的几何属性使读者对复数的概念有直观的理解,为学习复变函数论打好基础,并初步引入复数的应用.第2章介绍复变函数的概念,并引入复变函数极限、连续、导数和积分的概念.这一章尽量与实变函数相关内容衔接.复变函数是实变函数在复数领域内的推广和发展.两者有许多相似之处,但又有许多不同之处,尤其是在技巧和方法上.我们在指出它们共性的同时,着力揭示它们的区别,并注意分析产生这些区别的原因,以便读者进一步加深对复变函数中新概念、新理论、新方法的理解与认识.第3章介绍复变函数研究的主要对象——解析函数,论述函数解析的充要条件,分析初等函数的解析性,并通过积分进一步研究解析函数及其相关定理,同时在最后介绍了解析函数在平面场等理论中的实际应用,让读者理论联系实际,加深对概念、定理的理解.第4章介绍复变函数的级数理论,重点讲述了 Taylor 级数和洛朗级数.在此基础上,第5章讨论了函数的孤立奇点,介绍了留数的概念,阐述了留数定理及其应用.第6章介绍共形映射.共形映射是复变函数论中最具特色的内容之一.它从几何角度研究了解析函数.本书从理清各个基本概念入手,逐步导出共形映射的概念,使读者易于接受.

　　第2篇"积分变换"共有2章。第7章主要讲述 Fourier 变换,从 Fourier 级数入手,逐步引入 Fourier 积分和 Fourier 变换,同时将频谱的概念融入其中,接着介绍了 Fourier 变换的性质,最后讲述 Fourier 变换具有代表性的应用.第8章介绍 Laplace 变换,重点介绍 Laplace 变换及其逆变换的概念、性质和求解方法,同时还讲述了 Laplace 变换在求解微分方程和线性系统分析中的应用.

　　第3篇是"基于 MATLAB 的数学实验",主要介绍 MATLAB 在复变函数和积分变换中的应用.

　　本书由武昌首义学院长期从事工程数学教学与研究工作的经验丰富的教师编写而成.在本书编写中,编者坚持"工科数学回归工程"这一原则,充分考虑到工科学生的特点和实际,特别注意到以下几点:

（1）语言通俗流畅，在概念、定理、性质阐述严谨的同时，增加了一些引导性和解说性的文字，力求深入浅出、循序渐进，增强了可读性.

（2）条理清晰，尽量做到重要知识点模块化、重难点处理恰当，同时调整了一些章节的编排和内容，使全书的结构更趋合理.

（3）图文并茂，插图与正文相辅相成. 例题选择上参考相关专业课程，紧密联系工程实际.

由于编者水平所限，书中错误和不妥之处在所难免，诚恳欢迎读者批评指正，以期日后再做改进。

编　者

2017 年 3 月

目 录

第 1 篇 复变函数论

第 2 篇 积 分 变 换

*第 3 篇　基于 MATLAB 的数学实验

第 1 篇　复变函数论

以复数为自变量的函数,即复变函数,与之相关的理论称为复变函数论.解析函数是复变函数中一类具有解析性质的函数,是复变函数论的主要讨论对象,因此复变函数论通常也称解析函数论.

"复数""虚数"这两个名词都是人们在解方程时引入的.为了用公式求一元二次、三次方程的根,就会遇到求负数的平方根的问题.1545 年,意大利数学家卡丹诺(Girolamo Cardano,1501—1576)在《大术》一书中,首先研究了虚数,并进行了一些计算.1572 年,意大利数学家邦别利(Rafacl Bombelli,1525—1650)正式使用"实数""虚数"这两个名词.此后,德国数学家莱布尼茨(Gottfried Wilhelm Leibniz,1646—1716)、瑞士数学家欧拉(Leonhard Euler,1707—1783)和法国数学家棣莫弗(Abraham de Moivre,1667—1754)等又研究了虚数与对数函数、三角函数等之间的关系,除解方程以外,还把它用于微积分等方面,得出很多有价值的结果,使某些比较复杂的数学问题变得简单而易于处理.大约在 1777 年,欧拉第一次用 i 来表示-1 的平方根,在著作中详细研究了初等复变函数,同时给出了函数可微的条件和复变函数积分法的基础.1832 年,德国数学家高斯(Carl Friedrich Gauss,1777—1855)第一次引入复数概念,一个复数可以用 $a+bi$ 来表示,其中 a、b 是实数,i 代表虚数单位,这样就把虚数与实数统一起来了.高斯还把复数与复平面内的点一一对应起来,给出了复数的一种几何解释.不久,人们又将复数与平面向量联系起来,并使其在电工学、流体力学、振动理论、机翼理论中得到广泛的实际应用,然后又建立了以复数为变量的复变函数论.这是一个崭新而强有力的数学分支,我们深刻认识到"虚数不虚"的道理.

复变函数论的全面发展是在 19 世纪,柯西(Augustin Louis Cauchy,1789—1857)、魏尔斯特拉斯(Karl Theodor Wilhelm Weierstrass,1815—1897)和黎曼(Georg Friedrich Bernhard Riemann,1826—1866)等为这门学科的发展做了大量奠基工作.柯西和魏尔斯特拉斯分别应用积分和级数研究复变函数,黎曼研究复变函数的映射性质.复变函数论这个新的分支引领了 19 世纪的数学研究,成为一个重要的分支.当时数学家公认复变函数论是最丰饶、最和谐的理论之一.

复变函数论不仅对数学领域的许多分支产生了重要的影响,而且在自然科学和工程技术中有着广泛应用.数学上的一些原本在实数范围内讨论的问题,例如积分计算、级数求和、微分方程求解等问题,利用复变函数的理论能够得出令人惊喜的求解方法.在工程技术中,复变函数论是解决诸如流体力学、电磁学、热学、系统分析、信息处理乃至金融问题的有力工具.

　　本篇结合工程应用的实际需要,主要介绍复数的有关运算及其几何属性、复变函数的概念及其分析运算、解析函数、复级数、留数理论以及共形映射等复变函数论中基本、常用的内容.

第1章 复数及其几何属性

本章首先介绍复数的概念、各种表达式,以及复数的几何意义、各种运算关系;然后介绍复平面中曲线、区域的复数表示,为进一步研究复变函数奠定基础;最后通过举例简单介绍复数在科学和工程中的应用.

1.1 复 数

1.1.1 复数的基本概念

设 x 与 y 是任意两个实数,形如 $x+\mathrm{i}y$ 或 $x+y\mathrm{i}$ 的数称为**复数**,并记作 $z=x+\mathrm{i}y$ 或 $z=x+y\mathrm{i}$,其中 $\mathrm{i}=\sqrt{-1}$ 为**虚数单位**,x、y 分别称为复数 z 的**实部和虚部**,记作 $x=\mathrm{Re}z,y=\mathrm{Im}z$. 一个复数可以看成是一个实数加上一个虚数,是实数与虚数的复合,因此称之为复数. 也称 $x+\mathrm{i}y$ 为复数的**代数式**.

当 $y\neq0$ 时,复数 z 也可称为**虚数**;当 $x=0,y\neq0$,即 $z=\mathrm{i}y$ 时,称复数 z 为**纯虚数**;当 $y=0$,即 $z=x$ 时,复数 z 就是实数,因此全体实数是全体复数的一部分,复数可看作是对实数的拓展.

假设 $z_1=x_1+\mathrm{i}y_1,z_2=x_2+\mathrm{i}y_2$,若 $x_1=x_2$ 且 $y_1=y_2$,则 $z_1=z_2$,否则两个复数不相等,即虚部不为零的复数只存在相等与否的关系,而不能比较大小.

假设 $z_1=x_1+\mathrm{i}y_1,z_2=x_2+\mathrm{i}y_2$,若 $x_1=x_2$ 而 $y_1=-y_2$,那么称复数 z_1 与 z_2 是**共轭复数**,并记为 $\overline{z_1}=z_2$,即

$$\overline{x+\mathrm{i}y}=x-\mathrm{i}y \tag{1.1}$$

共轭复数具有自反性,即 $\overline{\overline{z}}=z$.

一个复数 $z=x+\mathrm{i}y$ 由一个实数对 (x,y) 唯一确定,它与平面直角坐标系中以 (x,y) 为坐标的点 P 一一对应(见图 1.1). 因此,可以用平面上的点来表示复数 $z=x+\mathrm{i}y$,此时复数 z 也称点 z,并将这种表示复数的平面称为**复平面**,也称 z 平面,其中横轴称为**实轴**,纵轴称为**虚轴**.

在复平面上,如图 1.1 所示,从原点 O 到点 $P(x,y)$ 作向量 $\boldsymbol{OP}$. 我们看到复平面上由原点出发的向量与复数也构成一一对应关系(复数 0 对应着零向量),

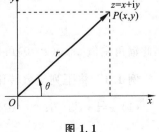

图 1.1

因此也可以用向量 $\boldsymbol{OP}$ 来表示复数 $z=x+\mathrm{i}y$. 在物理学中,力、速度、加速度等可用向量表示,说明复数可以用来表示实有的物理量.

引进复平面后,就可以用几何语言和方法研究复数及其相关问题.由图 1.1 可以知道,我们能够借助点 z 的极坐标 r 和 θ 来确定点 $z=x+\mathrm{i}y$,向量 $\boldsymbol{OP}$ 的长度 r 称为复数 z 的**模或绝对值**,记作

$$|z|=r=\sqrt{x^2+y^2} \tag{1.2}$$

复数的模具有以下性质:

(1) $z\bar{z}=|z^2|=|z|^2$;

(2) $|z_1z_2|=|z_1||z_2|$;

(3) $\|z_1|-|z_2\|\leqslant|z_1+z_2|\leqslant|z_1|+|z_2|$.

当 $z\neq0$ 时,向量 $\boldsymbol{OP}$ 与实轴正向间的夹角 θ 称为复数 z 的**辐角**,记作 $\mathrm{Arg}z$. 显然 $\mathrm{Arg}z$ 有无穷多个值,任意两个值之间相差 $2k\pi(k=0,\pm1,\pm2,\cdots)$. 将取值在 $(-\pi,\pi]$(有的书中也规定 $[0,2\pi)$)的辐角称为**主辐角**,也称**辐角主值**,记为 $\mathrm{arg}z$,显然

$$\mathrm{Arg}z=\mathrm{arg}z+2k\pi\ (k=0,\pm1,\pm2,\cdots) \tag{1.3}$$

当 $z=0$ 时,辐角不定义.

从直角坐标与极坐标的关系,还可以用复数的模与辐角来表示非零复数 z. 由图 1.1 可知,$x=r\cos\theta,y=r\sin\theta$,因此复数 z 可表示为

$$z=r(\cos\theta+\mathrm{i}\sin\theta) \tag{1.4}$$

称式(1.4)为复数的**三角式**.

利用著名的**欧拉(Euler)公式** $\mathrm{e}^{\mathrm{i}\theta}=\cos\theta+\mathrm{i}\sin\theta$,复数 z 又可表示为

$$z=r\mathrm{e}^{\mathrm{i}\theta} \tag{1.5}$$

称式(1.5)为复数的**指数式**.

于是,一个复数可以表示成三种形式:代数式、三角式和指数式.复数的各种表示法可以相互转换,以适应讨论不同问题时的需要.

我们知道对于任意实数 x,用 $\arctan x$ 可以表示 $\left(-\dfrac{\pi}{2},\dfrac{\pi}{2}\right)$ 内的正切值为 x 的一个角,并且

$$\tan(\mathrm{Arg}z)=\tan\theta=\frac{y}{x} \tag{1.6}$$

据此辐角主值 $\mathrm{arg}z(z\neq0)$ 可用反正切 $\arctan\dfrac{y}{x}$ 按图 1.2 所示的关系确定.

例 1.1 将下列复数转化为三角式和指数式.

(1) $z=-\sqrt{3}-\mathrm{i}$;   (2) $z=\sin\dfrac{\pi}{5}+\mathrm{i}\cos\dfrac{\pi}{5}$.

解 (1) 显然 $r=|z|=\sqrt{(-1)^2+(-\sqrt{3})^2}=2$. 由于 z 在第三象限,由图1.2知

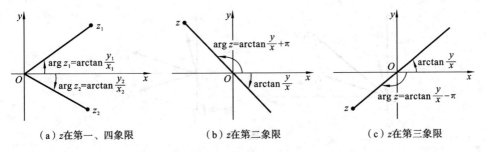

（a）z在第一、四象限　　　　　（b）z在第二象限　　　　　（c）z在第三象限

图 1.2

$$\arg z = \arctan \frac{1}{\sqrt{3}} - \pi = -\frac{5\pi}{6}$$

因此 z 的三角式为

$$z = 2\left[\cos\left(-\frac{5\pi}{6}\right) + i\sin\left(-\frac{5\pi}{6}\right)\right]$$

z 的指数式为

$$z = 2e^{-\frac{5\pi}{6}i}$$

（2）显然 $r = |z| = 1$，又因为

$$\sin\frac{\pi}{5} = \cos\left(\frac{\pi}{2} - \frac{\pi}{5}\right) = \cos\frac{3\pi}{10}, \quad \cos\frac{\pi}{5} = \sin\left(\frac{\pi}{2} - \frac{\pi}{5}\right) = \sin\frac{3\pi}{10}$$

故 z 的三角式为

$$z = \cos\frac{3\pi}{10} + i\sin\frac{3\pi}{10}$$

z 的指数式为

$$z = e^{\frac{3\pi}{10}i}$$

1.1.2　复数的代数运算

1. 复数的四则运算

假设两个复数分别为 $z_1 = x_1 + iy_1$ 与 $z_2 = x_2 + iy_2$，则

$$z_1 \pm z_2 = (x_1 \pm x_2) + i(y_1 \pm y_2) \tag{1.7}$$

复数的加减运算与向量的加减运算完全一致，也可用平行四边形法则或三角形法则求出，如图 1.3 所示.

复数 z_1、z_2 的乘法运算如下：

$$z_1 \cdot z_2 = (x_1 + iy_1)(x_2 + iy_2) = (x_1 x_2 - y_1 y_2) + i(x_1 y_2 + x_2 y_1) \tag{1.8}$$

当 $z_2 \neq 0$ 时，复数 z_1、z_2 的除法运算如下：

$$\frac{z_1}{z_2} = \frac{z_1 \bar{z_2}}{z_2 \bar{z_2}} = \frac{(x_1 + iy_1)(x_2 - iy_2)}{(x_2 + iy_2)(x_2 - iy_2)} = \frac{x_1 x_2 + y_1 y_2}{x_2^2 + y_2^2} + i\frac{x_2 y_1 - x_1 y_2}{x_2^2 + y_2^2} \tag{1.9}$$

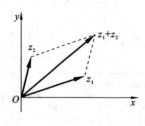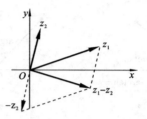

图 1.3

先将复数写成三角式和指数式,再进行乘除运算,比用代数式运算有时要方便很多.

设 $z_1 = r_1(\cos\theta_1 + i\sin\theta_1)$, $z_2 = r_2(\cos\theta_2 + i\sin\theta_2)$,则

$$
\begin{aligned}
z_1 z_2 &= [r_1(\cos\theta_1 + i\sin\theta_1)][r_2(\cos\theta_2 + i\sin\theta_2)] \\
&= r_1 r_2[(\cos\theta_1\cos\theta_2 - \sin\theta_1\sin\theta_2) + i(\sin\theta_1\cos\theta_2 + \sin\theta_2\cos\theta_1)] \\
&= r_1 r_2[\cos(\theta_1 + \theta_2) + i\sin(\theta_1 + \theta_2)]
\end{aligned} \tag{1.10}
$$

由此可知,两个复数相乘,只要把它们的模相乘、辐角相加即可. 特别地,当 $|z_1| = 1$ 时,两个复数的乘积 $z_1 z_2$ 就只是向量 z_2 旋转. 例如,$z_1 = i$,由于 i 的辐角主值是 $\pi/2$,那么 iz_2 就表示向量 z_2 逆时针旋转 $\pi/2$.

同样当 $z_2 \neq 0$ 时,两复数的除法为

$$
\frac{z_1}{z_2} = \frac{r_1}{r_2}[\cos(\theta_1 - \theta_2) + i\sin(\theta_1 - \theta_2)] \tag{1.11}
$$

由此可知,两个复数相除等于它们的模相除、辐角相减.

此外,很容易证明复数的代数运算满足如下规律:

(1) 交换律:$z_1 + z_2 = z_2 + z_1$,$z_1 \cdot z_2 = z_2 \cdot z_1$.

(2) 结合律:$z_1 + (z_2 + z_3) = (z_1 + z_2) + z_3$,$z_1 \cdot (z_2 \cdot z_3) = (z_1 \cdot z_2) \cdot z_3$.

(3) 分配律:$z_3(z_1 + z_2) = z_3 z_1 + z_3 z_2$.

复数的四则运算与共轭运算规律如下:

(1) $\overline{z_1 \pm z_2} = \overline{z_1} \pm \overline{z_2}$,$\overline{z_1 \cdot z_2} = \overline{z_1} \cdot \overline{z_2}$,$\overline{\left(\dfrac{z_1}{z_2}\right)} = \dfrac{\overline{z_1}}{\overline{z_2}}$;

(2) $z \cdot \bar{z} = (\mathrm{Re}z)^2 + (\mathrm{Im}z)^2 = |z|^2$;

(3) $\mathrm{Re}(z) = x = \dfrac{1}{2}(z + \bar{z})$,$\mathrm{Im}(z) = y = \dfrac{1}{2i}(z - \bar{z})$.

由规律(1)可知,复数的共轭运算可以和四则运算交换运算顺序,这是个很重要的信息;而规律(3)是用来把实数的函数表达式和复数的函数表达式互相转化的唯一工具.

例 1.2 化简复数 $z = -\dfrac{1}{i} - \dfrac{3i}{1-i}$.

解 利用复数的四则运算,将复数化简

$$z = -\frac{1}{i} - \frac{3i}{1-i} = \frac{i}{i(-i)} - \frac{3i(1+i)}{(1-i)(1+i)} = i - \left(-\frac{3}{2} + \frac{3}{2}i\right) = \frac{3}{2} - \frac{1}{2}i$$

例 1.3　设 $z_1 = 1 + 3i, z_2 = 2 - i$，求 $\dfrac{z_1}{z_2} + \overline{\dfrac{z_1}{z_2}}$.

解
$$\frac{z_1}{z_2} = \frac{1+3i}{2-i} = \frac{(1+3i)(2+i)}{5} = -\frac{1}{5} + \frac{7}{5}i$$

根据共轭复数的性质有

$$\frac{z_1}{z_2} + \overline{\frac{z_1}{z_2}} = \frac{z_1}{z_2} + \left(\overline{\frac{z_1}{z_2}}\right) = 2\operatorname{Re}\frac{z_1}{z_2} = -\frac{2}{5}$$

例 1.4　化简 $\dfrac{(1-\sqrt{3}i)(\cos\theta + i\sin\theta)}{(1-i)(\cos\theta - i\sin\theta)}$.

解　因为

$$1 - \sqrt{3}i = 2\left(\frac{1}{2} - \frac{\sqrt{3}}{2}i\right) = 2\left[\cos\left(-\frac{\pi}{3}\right) + i\sin\left(-\frac{\pi}{3}\right)\right]$$

$$1 - i = \sqrt{2}\left(\frac{\sqrt{2}}{2} - \frac{\sqrt{2}}{2}i\right) = \sqrt{2}\left[\cos\left(-\frac{\pi}{4}\right) + i\sin\left(-\frac{\pi}{4}\right)\right]$$

$$\cos\theta - i\sin\theta = \cos(-\theta) + i\sin(-\theta)$$

所以

$$\frac{(1-\sqrt{3}i)(\cos\theta + i\sin\theta)}{(1-i)(\cos\theta - i\sin\theta)} = \frac{2\left[\cos\left(-\frac{\pi}{3}\right) + i\sin\left(-\frac{\pi}{3}\right)\right](\cos\theta + i\sin\theta)}{\sqrt{2}\left[\cos\left(-\frac{\pi}{4}\right) + i\sin\left(-\frac{\pi}{4}\right)\right][\cos(-\theta) + i\sin(-\theta)]}$$

$$= \sqrt{2}\left[\cos\left(-\frac{\pi}{3} + \frac{\pi}{4}\right) + i\sin\left(-\frac{\pi}{3} + \frac{\pi}{4}\right)\right](\cos 2\theta + i\sin 2\theta)$$

$$= \sqrt{2}\left[\cos\left(2\theta - \frac{\pi}{12}\right) + i\sin\left(2\theta - \frac{\pi}{12}\right)\right]$$

2. 复数的乘幂和方根

n 个相同的复数 z 的乘积称为 z 的 n 次幂，记为 z^n，设 $z = r(\cos\theta + i\sin\theta)$，则有

$$z^n = r^n(\cos n\theta + i\sin n\theta) \tag{1.12}$$

如果定义 $z^{-n} = \dfrac{1}{z^n}$，则有

$$z^{-n} = \frac{1}{z^n} = r^{-n}[\cos(-n\theta) + i\sin(-n\theta)] \tag{1.13}$$

也就是说，式（1.12）对于负指数仍然成立. 特别是当 $|z| = r = 1$ 时，即 $z = \cos\theta + i\sin\theta$，有

$$(\cos\theta + i\sin\theta)^n = \cos n\theta + i\sin n\theta \tag{1.14}$$

这就是著名的棣莫弗公式，是三角函数中计算 n 倍角的正弦和余弦的重要公式，本书

将在第 1.3 节中举例说明这个问题.

例 1.5 计算 $\left(\dfrac{1+\sqrt{3}\mathrm{i}}{1-\sqrt{3}\mathrm{i}}\right)^{10}$ 的值.

解 先把括号中的复数化成三角式:

$$1+\sqrt{3}\mathrm{i}=2\left(\cos\frac{\pi}{3}+\mathrm{isin}\frac{\pi}{3}\right),\quad 1-\sqrt{3}\mathrm{i}=2\left[\cos\left(-\frac{\pi}{3}\right)+\mathrm{isin}\left(-\frac{\pi}{3}\right)\right]$$

再由复数的除法和求乘幂的方法,可得

$$\frac{1+\sqrt{3}\mathrm{i}}{1-\sqrt{3}\mathrm{i}}=\frac{2\left(\cos\dfrac{\pi}{3}+\mathrm{isin}\dfrac{\pi}{3}\right)}{2\left[\cos\left(-\dfrac{\pi}{3}\right)+\mathrm{isin}\left(-\dfrac{\pi}{3}\right)\right]}=\cos\frac{2}{3}\pi+\mathrm{isin}\frac{2}{3}\pi$$

$$\left(\frac{1+\sqrt{3}\mathrm{i}}{1-\sqrt{3}\mathrm{i}}\right)^{10}=\left(\cos\frac{2}{3}\pi+\mathrm{isin}\frac{2}{3}\pi\right)^{10}=\cos\frac{20}{3}\pi+\mathrm{isin}\frac{20}{3}\pi=-\frac{1}{2}+\frac{\sqrt{3}}{2}\mathrm{i}$$

对于复数 z 与 ω,若 $\omega^n=z$,则称 ω 是 z 的 n **次方根**,记为 $\sqrt[n]{z}$,即 $\omega=\sqrt[n]{z}$,其中 n 为正整数.由此可知方根运算可以看成乘幂的逆运算.

设 $\omega=\rho(\cos\varphi+\mathrm{isin}\varphi),z=r(\cos\theta+\mathrm{isin}\theta)$,则可知 $\rho^n(\cos n\varphi+\mathrm{isin}n\varphi)=r(\cos\theta+\mathrm{isin}\theta)$,显然根据复数相等的概念和辐角的多值性,得到

$$\rho=\sqrt[n]{r},\quad \varphi=(\theta+2k\pi)/n \ (k=0,\pm1,\pm2,\cdots)$$

因此

$$\omega=\sqrt[n]{z}=\sqrt[n]{r}\left(\cos\frac{\theta+2k\pi}{n}+\mathrm{isin}\frac{\theta+2k\pi}{n}\right) \tag{1.15}$$

当 $k=0,1,2,\cdots,n-1$ 时,得到 ω 的 n 个不同的值,当 k 取其他整数时,上述根重复出现.例如,$k=n$ 时,有 $\omega_n=\omega_0$,这就是说,$\sqrt[n]{z}$ 有且仅有 n 个不同的值.

显然,$\sqrt[n]{z}$ 的这些根有相同的模 $\sqrt[n]{r}$,且任意两个相邻的根 ω_{k-1} 与 ω_k 所表示的向量的夹角为 $2\pi/n$.从几何上看,表示 $\sqrt[n]{z}$ 的 n 个值的点均匀分布在以原点为圆心,$\sqrt[n]{r}$ 为半径的圆周上(见图 1.4).

例 1.6 解方程 $\omega^4=1-\mathrm{i}$.

解 因为 $1-\mathrm{i}=\sqrt{2}\left[\cos\left(-\dfrac{\pi}{4}\right)+\mathrm{isin}\left(-\dfrac{\pi}{4}\right)\right]$,所以

$$\omega=\sqrt[4]{1-\mathrm{i}}=\sqrt[8]{2}\left(\cos\frac{-\dfrac{\pi}{4}+2k\pi}{4}+\mathrm{isin}\frac{-\dfrac{\pi}{4}+2k\pi}{4}\right)\quad(k=0,1,2,3)$$

将 $k=0,1,2,3$ 分别代入上式得

$$\omega_0=\sqrt[8]{2}\left[\cos\left(-\frac{\pi}{16}\right)+\mathrm{isin}\left(-\frac{\pi}{16}\right)\right],\quad \omega_1=\sqrt[8]{2}\left(\cos\frac{7\pi}{16}+\mathrm{isin}\frac{7\pi}{16}\right)$$

$$\omega_2=\sqrt[8]{2}\left(\cos\frac{15\pi}{16}+\mathrm{isin}\frac{15\pi}{16}\right),\quad \omega_3=\sqrt[8]{2}\left(\cos\frac{23\pi}{16}+\mathrm{isin}\frac{23\pi}{16}\right)$$

这四个根是内接圆心在原点、半径为 $\sqrt[8]{2}$ 圆周的正方形的四个顶点(见图 1.5).

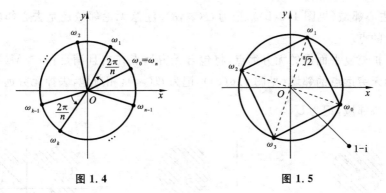

图 1.4　　　　　　　　　　图 1.5

练习题 1.1

1. 求下列复数的实部、虚部、共轭复数、模与主辐角.

(1) $\dfrac{1}{3+2\mathrm{i}}$;　　　(2) $\dfrac{(3+4\mathrm{i})(2-5\mathrm{i})}{2\mathrm{i}}$;　　　(3) $(\sqrt{2}-\mathrm{i})^3$.

2. 化简下列各式.

(1) $1+\mathrm{i}+\mathrm{i}^2+\mathrm{i}^3+\mathrm{i}^4+\mathrm{i}^5$;　　　(2) $\dfrac{1}{\mathrm{i}}-\dfrac{3\mathrm{i}}{1-\mathrm{i}}$;　　　(3) $\dfrac{1-2\mathrm{i}}{3-4\mathrm{i}}+\dfrac{2-\mathrm{i}}{5\mathrm{i}}$.

3. 设 $(1+2\mathrm{i})x+(3-5\mathrm{i})y=1-3\mathrm{i}$,求实数 x、y.

4. 将下列复数转换为三角式和指数式.

(1) -1;　　　(2) $-1-\sqrt{3}\mathrm{i}$;　　　(3) $1-\mathrm{i}$.

5. 计算下列各式.

(1) $(\sqrt{3}-\mathrm{i})^5$;　　　(2) $(1+\mathrm{i})^{-6}$;　　　(3) $\sqrt[3]{1-\mathrm{i}}$;　　　(4) $\sqrt{1-\sqrt{3}\mathrm{i}}$.

1.2　平　面　点　集

关于平面点集的基本概念在《高等数学》下册[①]中已经讲述过,在此仅做回顾和补充.

1.2.1　平面区域

1. 邻域

复平面上以 z_0 为中心,任意小正数 δ 为半径的圆域内的全部点集称为 z_0 的**邻**

域(见图 1.6(a)),记为 $U(z_0,\delta)$,或简记为 $U(z_0)$.其中去掉邻域中心所得的集合称为 z_0 的**去心邻域**(见图 1.6(b)),记为 $\dot{U}(z_0,\delta)$.注意无论邻域还是去心邻域都不包括边界上的点.

对于扩充复平面内的无穷远点,将包含无穷远点在内且满足 $|z|>M(M>0)$ 的集合称为**无穷远点的邻域**(见图 1.6(c)),记为 $U(\infty)$,相应地,去掉无穷远点为无穷远点的去心邻域,记为 $\dot{U}(\infty)$.

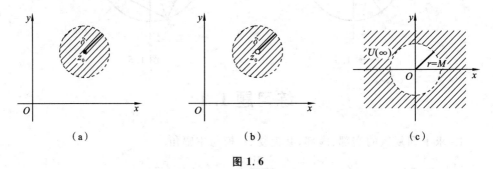

图 1.6

邻域与去心邻域的集合表示如表 1.1 所示.

表 1.1　邻域与去心邻域的集合表示

z_0 的邻域	$U(z_0)=U(z_0,\delta)=\{z\,|\,|z-z_0|<\delta\}$
z_0 的去心邻域	$\dot{U}(z_0)=\dot{U}(z_0,\delta)=\{z\,|\,0<|z-z_0|<\delta\}$
无穷远点的邻域	$U(\infty)=\{z\,|\,|z|>M\}$
无穷远点的去心邻域	$\dot{U}(\infty)=\{z\,|\,M<|z|<+\infty\}$

2. 有界域与无界域

如果集合 E 可以包含在原点的一个邻域内(即存在一个正数 M,对任意 $z\in E$,都有 $|z|<M$),那么称集合 E 为**有界域**,否则称为**无界域**.

3. 区域与闭区域

复平面上的点集 D 若能满足如下两个条件,则可称之为**区域**.

(1) D 是开集:点集中每个点都有邻域,且邻域内的每个点均属于 D.

(2) D 是连通:点集中任何两点都可以用完全属于 D 的一条简单曲线连接起来.

图 1.7 说明了区域与非区域之间的区别.

开区域连同它的边界一起的集合称为**闭区域**.

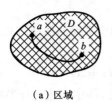

（a）区域

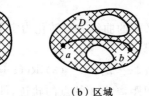

（b）区域

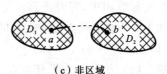

（c）非区域

图 1.7

1.2.2　平面曲线

既然一个复数与复平面上的一点相对应，平面图形就可以用复数形式的方程（或不等式）来表示；反之，由给定的复数形式的方程（或不等式）也可确定出它表示的平面图形.

设 $z_1 = x_1 + \mathrm{i}y_1$，$z_2 = x_2 + \mathrm{i}y_2$，则 $z_1 - z_2 = (x_1 - x_2) + \mathrm{i}(y_1 - y_2)$，那么有

$$|z_1 - z_2| = \sqrt{(x_1 - x_2)^2 + (y_1 - y_2)^2} \tag{1.16}$$

因此 $|z_1 - z_2|$ 在复平面上表示 z_1 与 z_2 两点间的距离.

1. 平面曲线的方程

例 1.7　求过两点 $z_1 = x_1 + \mathrm{i}y_1$ 和 $z_2 = x_2 + \mathrm{i}y_2$ 的直线的复数式，并求出线段 $z_1 z_2$ 的中点.

解　我们知道，实平面上通过两点 (x_1, y_1) 与 (x_2, y_2) 的直线的参数方程为

$$\begin{cases} x(t) = x_1 + t(x_2 - x_1) \\ y(t) = y_1 + t(y_2 - y_1) \end{cases} \quad (-\infty < t < +\infty)$$

于是对于直线上的点 z，有

$$\begin{aligned} z &= x(t) + \mathrm{i}y(t) = x_1 + t(x_2 - x_1) + \mathrm{i}[y_1 + t(y_2 - y_1)] \\ &= x_1 + \mathrm{i}y_1 + t[(x_2 + \mathrm{i}y_2) - (x_1 + \mathrm{i}y_1)] \\ &= z_1 + t(z_2 - z_1) \end{aligned}$$

因此，过点 z_1 与 z_2 的直线的复数式的参数方程为

$$z(t) = z_1 + t(z_2 - z_1) \quad (-\infty < t < +\infty)$$

由此得知连接两点 z_1 与 z_2 的直线段的参数方程为

$$z(t) = z_1 + t(z_2 - z_1) \quad (0 \leqslant t \leqslant 1)$$

取 $t = \dfrac{1}{2}$，可得该线段中点为 $z = \dfrac{z_1 + z_2}{2}$.

一般来说，复平面上的曲线方程的几何特征更加直观. 例如：

（1）$|z - z_0| = r$（r 为实数，且 $r > 0$）表示中心为 z_0、半径为 r 的圆，它的复参数方程为 $z = z_0 + r e^{\mathrm{i}t}$（$0 \leqslant t < 2\pi$）.

（2）$|z - z_1| + |z - z_2| = 2a$（$a$ 为实数，且 $a > 0$）表示焦点为 z_1 和 z_2，长轴为 $2a$

的椭圆方程.

在实际应用中,有时还需要把复平面的曲线方程转化为实平面的曲线方程.

例 1.8 求下列方程所表示的曲线.

(1) $|z+\mathrm{i}|=3$;　　(2) $|z-2\mathrm{i}|=|z+2|$;　　(3) $\mathrm{Re}(\bar{z}+2\mathrm{i})=3$.

解 (1) 方程表示所有与点 $-\mathrm{i}$ 间距离为 3 的点的轨迹,即中心为 $-\mathrm{i}$、半径为 3 的圆(见图 1.8(a)),它的直角坐标方程为

$$|x+\mathrm{i}(y+1)|=3,\quad 即\quad x^2+(y+1)^2=9$$

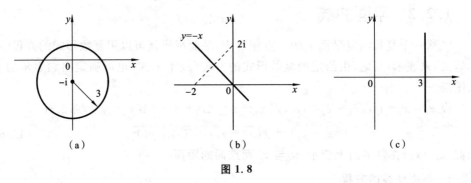

图 1.8

(2) 方程表示到点 $2\mathrm{i}$ 和 -2 距离相等的点的轨迹,即连接 $2\mathrm{i}$ 和 -2 两点线段的垂直平分线(见图 1.8(b)),所以方程应该为 $y=-x$.

(3) 设 $z=x+\mathrm{i}y$,则 $\bar{z}+2\mathrm{i}=x+\mathrm{i}(2-y)$,所以有

$$\mathrm{Re}(\bar{z}+2\mathrm{i})=x$$

再根据题设 $\mathrm{Re}(\bar{z}+2\mathrm{i})=3$,得出所求曲线方程为 $x=3$,即一条平行于 y 轴的直线(见图 1.8(c)).

2. 简单曲线

设曲线 C 的参数方程为

$$z(t)=x(t)+y(t)\mathrm{i}\quad(\alpha\leqslant t\leqslant\beta)$$

如果 $x(t)$ 和 $y(t)$ 是两个连续的实函数,那么称曲线 C 为**连续曲线**.如果在区间 $[\alpha,\beta]$ 上 $x'(t)$ 和 $y'(t)$ 都是连续的,且对每一个 $t\in[\alpha,\beta]$,有

$$[x'(t)]^2+[y'(t)]^2\neq0$$

那么称曲线 C 为**光滑曲线**.由几段光滑曲线依次相连所组成的曲线称为**按段光滑曲线**.

设 $C:z(t)=x(t)+\mathrm{i}y(t)(\alpha\leqslant t\leqslant\beta)$ 为一条连续曲线,$z(\alpha)$ 与 $z(\beta)$ 分别称为 C 的起点和终点.满足 $\alpha\leqslant t_1\leqslant\beta,\alpha\leqslant t_2\leqslant\beta$,若 $t_1\neq t_2$ 时有 $z(t_1)=z(t_2)$,则称 $z(t_1)$ 为曲线 C 的**重点**.没有重点的连续曲线 C 称为**简单曲线**,也称约当(Jordan)**曲线**.简单曲线自身不会相交.

如果简单曲线 C 的起点与终点重合,即 $z(\alpha)=z(\beta)$,则称曲线 C 为闭曲线.既简

单又封闭的曲线称为简单闭曲线. 图 1.9(a)、(b)所示的都不是简单闭曲线,图 1.9 (c)所示的是简单闭曲线,图 1.9(d)所示的是简单曲线.

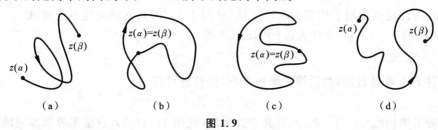

图 1.9

3. 有向曲线

设 C 为平面上给定的一条光滑曲线(或按段光滑曲线). 如果选定 C 的两个可能方向中的一个作为**正方向**(或**正向**),那么就把 C 理解为带有方向的曲线,称为**有向曲线**.

设曲线 C 的参数方程为 $z(t)=x(t)+y(t)\mathrm{i}\ (\alpha\leqslant t\leqslant\beta)$. 若无特殊声明,曲线 C 的正向总是指从起点 $z(\alpha)$ 到终点 $z(\beta)$ 的方向,即参数增大的方向. 此时,从终点 $z(\beta)$ 到起点 $z(\alpha)$ 的曲线称为 C 的**负向曲线**,记为 C^-. 一条简单闭曲线的正向通常约定为:当曲线上的点 P 顺此方向沿简单闭曲线前进时,闭曲线所围成的有界区域始终位于点 P 的左边.

1.2.3　单连通域与多连通域

复平面上的一个区域 C,如果其中任作一条简单闭曲线,而曲线的内部总属于 C,就称 C 为**单连通域**(见图 1.10(a)). 否则,就称 C 为**多连通域**(见图 1.10(b)). 直观地说,一个没有"空洞"的区域就是单连通的,反之就是多连通的.

图 1.10(a)所示的是单连通域,根据简单闭曲线正向的规定,其边界曲线的正向为逆时针方向. 图 1.10(b)所示的是多连通域,它的边界由三条封闭曲线构成,同样,最外面的曲线 C 的正向为逆时针方

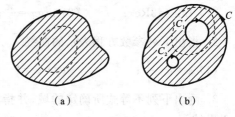

图 1.10

向,而包含在内部的曲线 C_1、C_2 的正向就是顺时针方向.

例 1.9　画出下列不等式所确定的域,并指出是单连通域还是多连通域,是有界域还是无界域.

(1) $\dfrac{\pi}{6}<\arg(z\mathrm{i})<\dfrac{\pi}{4}$;　　(2) $0<|z-1-\mathrm{i}|<2$;　　(3) $|z|+\operatorname{Re}z\leqslant1$.

解　(1) 由于 $\arg(z\mathrm{i})=\arg z+\arg\mathrm{i}=\arg z+\dfrac{\pi}{2}$,故有

$$-\frac{\pi}{3}<\arg z<-\frac{\pi}{4}$$

该式表示的是角形域(见图 1.11(a)),且是无界单连通区域.

(2) 根据复数的几何意义知道,$0<|z-1-i|<2$ 表示以 $1+i$ 为圆心、2 为半径的圆周内部且去掉圆心构成的圆环区域(见图 1.11(b)),它是有界多连通域.

(3) 设 $z=x+yi$,并代入 $|z|+\mathrm{Re}z\leqslant1$ 得

$$\sqrt{x^2+y^2}+x\leqslant1$$

将 x 移到不等号右边,然后等式两边平方,经整理可得

$$y^2\leqslant1-2x$$

该式表示抛物线 $y^2=1-2x$ 上及其左边区域(见图 1.11(c)),它是无界单连通域.

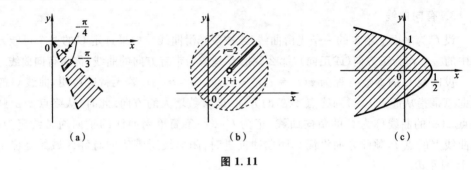

$$(a) \qquad\qquad (b) \qquad\qquad (c)$$

$$图 1.11$$

练习题 1.2

1. 指出下列方程所表示的曲线.

(1) $\mathrm{Im}z=2\mathrm{Re}z$;   (2) $\arg z=\dfrac{\pi}{4}$;   (3) $|z-3|+|z+3|=10$.

2. 指出下列参数方程表示的曲线.

(1) $z=t+\dfrac{i}{t}$;   (2) $z=1-i+2e^{it}$.

3. 画出下列不等式所确定的域,并指出是单连通域还是多连通域,是有界域还是无界域.

(1) $\dfrac{\pi}{4}<\arg z<\dfrac{\pi}{2}$;   (2) $1<\mathrm{Im}z<2$;   (3) $1<|z-i|<2$.

*1.3 复数的应用

本节首先介绍复数的另一种几何表示方法——复球面,然后通过举例让读者简单了解复数在科学和工程技术中的应用.

1.3.1　复球面与无穷远点

除了用平面上的点表示复数外,还可以用球面上的点表示复数. 在某些实际应用中,用球面上的点表示复数更加直观、方便. 现在我们来介绍这种表示方法.

取一个与复平面切于原点 $z=0$ 的球面,球面上的一点 S 与原点重合,如图 1.12 (a)所示. 通过点 S 作垂直于复平面的直线,与球面相交于另一点 N,称 N 为北极点,S 为南极点. 对于复平面内的任何一点 z,如果用一直线段把点 z 与北极点 N 连接起来,那么该直线一定与球面相交于异于 N 的唯一点 P,反过来,对于球面上任何一个异于 N 的点 P,用一直线段把 P 与 N 连接起来,这条直线段的延长线会与复平面相交于一点 z. 这表明:球面上的点除去北极点 N 外,与复平面内的点之间存在一一对应的关系,因此可以用球面上的点表示复数.

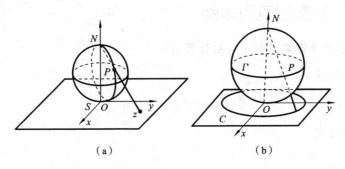

　　　　(a)　　　　　　　　　(b)

图 1.12

考虑复平面上一个以原点为圆心的圆周 C,它在球面上对应的也是一个圆周 Γ,如图 1.12(b)所示. 圆周 C 的半径越大,圆周 Γ 就越趋于北极点 N. 因此,北极点 N 也可以看成是与复平面上的一个模为无穷大的假想点相对应,这个唯一的假想点称为**无穷远点**,并记为∞. 把包括无穷远点在内的复平面称为**扩充复平面**,与它对应的整个球面称为**复球面**. 不包括无穷远点在内的复平面称为**有限平面**,或者就称**复平面**.

复球面在某些方面比复平面更为优越. 例如,复球面上过北极点的任意一个圆周,恰好对应了复平面上的一条直线,如图 1.13 所示. 反过来,复平面上的任意一条直线恰好对应于复球面上过北极点 N 的圆周,所以通常将复平面上的任意一条直线看作是过无穷远点的一个圆.

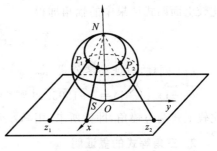

图 1.13

对于∞来说,实部、虚部和辐角的概念

都无意义,但它的模规定为正无穷大,即$|\infty|=+\infty$. 为了今后的需要,对∞及有限复数 z 之间的运算作如下规定:

(1) $z\pm\infty=\infty\pm z=\infty$ $(z\neq\infty)$.

(2) $z\cdot\infty=\infty\cdot z=\infty$ $(z\neq0)$.

(3) $\dfrac{z}{\infty}=0$ $(z\neq\infty)$,$\dfrac{z}{0}=\infty$ $(z\neq0)$.

(4) $\infty\pm\infty$,$0\cdot\infty$ 及 $\dfrac{\infty}{\infty}$ 没有意义.

需要说明的是,本节引入的扩充复平面和无穷远点对某些问题的讨论会带来方便与和谐. 在本书以后各章,如无特别声明,所谓"平面"一般仍指有限平面,所谓"点"仍指有限平面上的点.

1.3.2 复数的应用举例

1. 历史上几个著名的关于 π 的计算公式

(1) 简单公式

$$\frac{\pi}{4}=\arctan\frac{1}{2}+\arctan\frac{1}{3}$$

(2) 马琴公式

$$\frac{\pi}{4}=4\arctan\frac{1}{5}-\arctan\frac{1}{239}$$

上面两个公式利用复数的乘法运算及三角式很容易推导.

(1) 因为

$$(2+i)(3+i)=\sqrt{5}e^{i\arctan\frac{1}{2}}\cdot\sqrt{10}e^{i\arctan\frac{1}{3}}=5\sqrt{2}e^{i\left(\arctan\frac{1}{2}+\arctan\frac{1}{3}\right)}$$

又

$$(2+i)(3+i)=5(1+i)=5\sqrt{2}e^{i\frac{\pi}{4}}$$

比较上面两式结果中的辐角即得

$$\frac{\pi}{4}=\arctan\frac{1}{2}+\arctan\frac{1}{3}$$

(2) 同理,可证马琴公式,即

$$(5-i)^4(1+i)=\sqrt{913952}e^{i\left[4\arctan\left(-\frac{1}{5}\right)+\frac{\pi}{4}\right]}=4(239+i)=\sqrt{913952}e^{-i\arctan\frac{1}{239}}$$

比较上式两边辐角,即为所求. 用马琴公式计算 π 收敛更快.

2. 三角等式的复证明

三角等式的复证明思路如图 1.14 所示.

很多原来认为是十分复杂的三角等式，在这里是一个必然的结果，例如：

$$\begin{cases}\cos2\theta=\cos^2\theta-\sin^2\theta\\ \sin2\theta=2\cos\theta\sin\theta\\ \cos3\theta=\cos^3\theta-3\sin^2\theta\cos\theta\\ \sin3\theta=3\cos^2\theta\sin\theta-\sin^3\theta\end{cases}$$

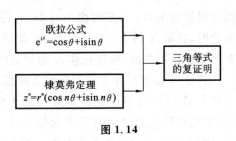

图 1.14

由棣莫弗公式 $\cos n\theta+\mathrm{i}\sin n\theta=(\cos\theta+\mathrm{i}\sin\theta)^n$，当 $n=2$ 时，有

$$(\cos\theta+\mathrm{i}\sin\theta)^2=\cos^2\theta-\sin^2\theta+\mathrm{i}2\sin\theta\cos\theta$$
$$=\cos2\theta+\mathrm{i}\sin2\theta$$

由上式可以得出　　　$\cos2\theta=\cos^2\theta-\sin^2\theta,\quad\sin2\theta=2\sin\theta\cos\theta$

令 $n=3$，有

$$(\cos\theta+\mathrm{i}\sin\theta)^3=\cos^3\theta-3\sin^2\theta\cos\theta+\mathrm{i}(3\sin\theta\cos^2\theta-\sin^3\theta)$$
$$=\cos3\theta+\mathrm{i}\sin3\theta$$

同样有　　　$\cos3\theta=\cos^3\theta-3\sin^2\theta\cos\theta,\quad\sin3\theta=3\sin\theta\cos^2\theta-\sin^3\theta$

例 1.10　证明三角函数中的和角公式，即

$$\cos(\alpha+\beta)=\cos\alpha\cos\beta-\sin\alpha\sin\beta$$
$$\sin(\alpha+\beta)=\sin\alpha\cos\beta+\cos\alpha\sin\beta$$

证明　由欧拉公式，很容易写出

$$\cos(\alpha+\beta)+\mathrm{i}\sin(\alpha+\beta)=\mathrm{e}^{\mathrm{i}(\alpha+\beta)}=\mathrm{e}^{\mathrm{i}\alpha}\mathrm{e}^{\mathrm{i}\beta}=(\cos\alpha+\mathrm{i}\sin\alpha)(\cos\beta+\mathrm{i}\sin\beta)$$
$$=(\cos\alpha\cos\beta-\sin\alpha\sin\beta)+\mathrm{i}(\sin\alpha\cos\beta+\cos\alpha\sin\beta)$$

比较上式两边，即为所求.

3. 电路分析中的相量

在电力和电子工程技术理论中，经常用正弦函数表示交变电流和交变电压，一切周期函数都可以分解成正弦函数的无穷级数，按正弦量处理交流电路非常方便.

设正弦电流或电压统一表示为正弦量

$$a(t)=A_{\mathrm{m}}\sin(\omega t+\varphi)$$

式中：ω 为角频率；φ 为初相.

根据欧拉公式 $\mathrm{e}^{\mathrm{i}(\omega t+\varphi)}=\cos(\omega t+\varphi)+\mathrm{j}\sin(\omega t+\varphi)$，这里用 j 表示虚数单位，避免与电工学中表示电流的 i 混淆，则有

$$a(t)=A_{\mathrm{m}}\sin(\omega t+\varphi)=\mathrm{Im}[A_{\mathrm{m}}\mathrm{e}^{\mathrm{j}(\omega t+\varphi)}]=\mathrm{Im}[\dot{A}\mathrm{e}^{\mathrm{j}\omega t}]$$

式中：复数值 $\dot{A}=A_{\mathrm{m}}\mathrm{e}^{\mathrm{j}\varphi}$，包含了正弦量的幅值 A_{m} 和初相 φ 两个重要因素，是 $a(t)$ 的核心部分.

由于 $\dot{A}$ 反映了正弦量的"相貌"，因此称它为**相量**. 如果确定了角频率 ω，用 $\mathrm{e}^{\mathrm{j}\omega t}$ 乘

以相量就得出 $\dot{A}e^{j\omega t}$,便可由 $\mathrm{Im}[\dot{A}e^{j\omega t}]$ 完全确定正弦量 $a(t)$. 当 $a(t)$ 随时间变化而变化时,相量 $\dot{A}$ 的大小是不变的. 它就像有些人,虽然其喜怒哀乐情绪变化无常,但其相貌总是不变的,这就是称 $\dot{A}$ 为相量的原因.

相量 $\dot{A}$ 在复平面上的图形称为相量图(见图 1.15).
当相量 $\dot{A}$ 以恒定角速度 ω 绕着与复平面垂直的轴旋转时,$\dot{A}$ 在实轴上的投影就是正弦量 $a(t)$. 用相量表示法可以把正弦电流 $i(t)$ 和正弦电压 $u(t)$ 分别写成

$$i(t)=\mathrm{Im}[\dot{I}e^{j\omega t}], \quad u(t)=\mathrm{Im}[\dot{U}e^{j\omega t}]$$

式中:$\dot{I}$ 和 $\dot{U}$ 分别为电流和电压的相量.

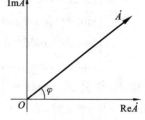

图 1.15

由于正弦稳态电路中,各个元件上的电压、电流响应与激励都是同频率的正弦波,因此它们都可以用相量表示. 这样,电路中正弦时间函数问题的分析便可以转换成相量分析,利用相量便可将微分方程的求解转化为用复数的代数方程来求解,本书将在第 2 篇"积分变换"中对这一问题展开讨论.

练习题 1.3

利用欧拉公式证明三角函数中的差角公式.

综合练习题 1

1. 求下列复数的实部、虚部、模、辐角主值及共轭复数:

(1) $\dfrac{1-i}{1+i}$.

(2) $\dfrac{i}{(i-1)(i-2)}$.

(3) $\dfrac{1-2i}{3-4i}-\dfrac{2-i}{5i}$.

(4) $(1+i)^{100}+(1-i)^{100}$.

(5) $i^8-4i^{21}+i$.

(6) $\left(\dfrac{1+\sqrt{3}i}{2}\right)^5$.

2. 求下列复数的值,并写出其三角式及指数式:

(1) $(2-3i)(-2+i)$.

(2) $\dfrac{(\cos5\theta+i\sin5\theta)^2}{(\cos3\theta-i\sin3\theta)^3}$.

(3) $\dfrac{1-i\tan\theta}{1+i\tan\theta}\left(0<\theta<\dfrac{\pi}{2}\right)$.

3. 求下列复数的值:

(1) $(1-i)^4$.

(2) $(\sqrt{3}-i)^{12}$.

(3) $\sqrt{1+i}$.

(4) $\sqrt[5]{1}$.

(5) $\sqrt[6]{64}$.

4. 证明:$|z_1+z_2|^2+|z_1-z_2|^2=2(|z_1|^2+|z_2|^2)$,并说明其几何意义.

5. 设 ω 是 1 的 n 次根，$\omega \neq 1$，试证：ω 满足方程

$$1 + z + z^2 + \cdots + z^{n-1} = 0$$

6. 设 $x^2 + x + 1 = 0$，试计算 $x^{11} + x^7 + x^3$ 的值.

7. 解下列方程：

(1) $z^2 - 3(1+i)z + 5i = 0$.　　　　(2) $z^4 + a^4 = 0 \ (a > 0)$.

8. 解方程组

$$\begin{cases} z_1 + 2z_2 = 1 + i \\ 3z_1 + iz_2 = 2 - 3i \end{cases}$$

9. 试用 $\sin\varphi$ 与 $\cos\varphi$ 表示 $\sin6\varphi$ 与 $\cos6\varphi$.

10. 设复数 z_1, z_2, z_3 满足等式

$$\frac{z_2 - z_1}{z_3 - z_1} = \frac{z_1 - z_3}{z_2 - z_3}$$

试证：$|z_2 - z_1| = |z_3 - z_1| = |z_2 - z_3|$.

11. 求下列方程所表示的曲线（其中 t 为实参数）：

(1) $z = (1+i)t$.

(2) $z = a\cos t + ib\sin t \ (a > 0, b > 0$ 为实常数$)$.

(3) $z = t + \dfrac{i}{t} \ (t \neq 0)$.

(4) $z = re^{it} + a \ (r > 0$ 为实常数，a 为复常数$)$.

12. 求下列方程所表示的曲线：

(1) $\left| \dfrac{z-1}{z+2} \right| = 2$.　　　　(2) $\mathrm{Re}z^2 = a^2 \ (a$ 为实常数$)$.

(3) $\left| \dfrac{z-a}{1-\bar{a}z} \right| = 1 \ (|a| < 1)$.　　(4) $z\bar{z} - \bar{a}z - a\bar{z} + a\bar{a} = b\bar{b} \ (a、b$ 为复常数$)$.

13. 求下列不等式所表示的区域，并作图：

(1) $|z+i| < 3$.　　　　(2) $|z-3-4i| \geqslant 2$.

(3) $\dfrac{1}{2} < |2z-2i| \leqslant 4$.　　　　(4) $\dfrac{\pi}{6} < \arg(z+2i) < \dfrac{\pi}{2} \ (|z| > 2)$.

(5) $-\dfrac{\pi}{4} < \arg \dfrac{z-i}{i} < \dfrac{\pi}{4}$.　　(6) $\mathrm{Im}z \geqslant \dfrac{1}{2}$.

(7) $\left| \dfrac{z-3}{z-2} \right| \geqslant 1$.　　　　(8) $|z-2| + |z+2| < 5$.

(9) $|z-2| - |z+2| > 1$.　　　　(10) $|z| + \mathrm{Re}z \leqslant 1$.

(11) $\left| \dfrac{z-a}{1-\bar{a}z} \right| < 1 \ (|a| < 1)$.

14. 函数 $\omega = z^2$ 把 z 平面上的直线段 $\mathrm{Re}z = 1$、$-1 \leqslant \mathrm{Im}z \leqslant 1$ 变成 ω 平面上的什么曲线？

数学家简介

高斯(Johann Carl Friedrich Gauss ,1777 年 4 月 30 日—1855 年 2 月 23 日,见图 1.16),德国著名数学家、物理学家、天文学家、大地测量学家. 高斯被认为是历史上最重要的数学家之一,并有"数学王子"的美誉.

图 1.16

高斯幼时家境贫困,但聪敏异常,1792 年,在当地公爵的资助下,不满 15 岁的高斯进入了卡罗琳学院学习. 在那里,高斯开始对高等数学进行研究,独立发现了二项式定理的一般形式、数论上的二次互反律(Law of Quadratic Reciprocity)、质数分布定理(Prime Number Theorem)及算术几何平均(arithmetic-geometric mean). 1795 年,高斯进入哥廷根大学,1796 年,19 岁的高斯取得了一个数学史上极重要的成果——《正十七边形尺规作图之理论与方法》. 1798 年,高斯转入黑尔姆施泰特大学,翌年因证明代数基本定理获博士学位. 1801 年,高斯又证明了形如"Fermat 素数"边数的正多边形可以用尺规作图法作出.

高斯的成就遍及数学的各个领域,在数论、非欧几何、微分几何、超几何级数、复变函数论及椭圆函数论等方面均有开创性贡献. 他十分注重数学的应用,并且对天文学、大地测量学和磁学也偏重于用数学方法进行研究.

高斯一生共发表 155 篇论文,对待学问十分严谨,只是把他自己认为是十分成熟的作品发表出来. 批评者说他这样是因为极爱出风头,实际上高斯"只是一部疯狂的打字机,将他的研究成果都记录起来". 在他死后,有 20 部这样的笔记被发现,这才证明高斯的宣称是事实.

1855 年 2 月 23 日清晨,高斯在哥廷根于睡梦中去世.

高斯的一生是不平凡的一生,几乎在数学的每个领域都有他的足迹,无怪后人常用他的事迹和格言鞭策自己. 多年来,不少有才华的青年在高斯的影响下成长为杰出的数学家,并为人类文明发展作出了巨大的贡献. 高斯的墓碑朴实无华,仅镌刻"Gauss". 为纪念高斯,其故乡布伦瑞克改名为高斯堡. 哥廷根大学为他立了一个正十七棱柱底座的纪念像. 慕尼黑博物馆悬挂的高斯画像上有这样的题词:他的思想深入数学、空间、大自然的奥秘,他测量了星星的路径、地球的形状和自然力,他推动了数学的进展,直到下个世纪.

第2章 复变函数及其导数、积分

在客观世界中,我们会遇到很多以复数变量去刻画的物理量,本章介绍的就是自变量和因变量都是复数的函数,即复变函数.首先介绍复变函数的概念,以及几个初等复变函数的概念及其性质;接着介绍复变函数的极限与连续性,给出极限存在及函数连续的条件;然后给出复变函数导数的概念,以及复变函数的求导法则;最后给出复变函数积分的概念、性质和计算方法.

2.1 复 变 函 数

2.1.1 复变函数的概念

设 D 是复平面上的一个非空点集.如果按照一个确定的法则 f,对于 D 中的每一点 z 都有一个或多个复数 ω 与之对应,则称复变数 ω 是复变数 z 的函数,简称**复变函数**,记为 $\omega = f(z)$,$z \in D$,其中 D 称为函数的**定义域**,z 称为**自变量**,ω 称为**因变量**.D 中所有的 ω 值所组成的集合称为函数的**值域**,记为 $f(D)$.如果 z 的一个值对应于 ω 的一个值,那么称函数 $f(z)$ 是**单值函数**;如果 z 的一个值对应于 ω 的多个值,那么称函数 $f(z)$ 是**多值函数**.

例如,$\omega = z^2$ 是定义在整个复平面上的单值函数,$\omega = \arg z$ 是定义在除原点外整个复平面上的单值函数,$\omega = z^{\frac{1}{2}}$ 是定义在整个复平面上的多值函数.

由于给定了一个复数 $z = x + \mathrm{i}y$,相当于给定了两个实数 x、y,而复数 $\omega = u + \mathrm{i}v$ 同样对应着一对实数 u 和 v,所以 $\omega = f(z)$ 又可表示为

$$\omega = u + \mathrm{i}v = f(x + \mathrm{i}y) = u(x, y) + \mathrm{i}v(x, y) \tag{2.1}$$

式(2.1)说明一个复变函数相当于确定了两个二元实变函数,即 $u = u(x, y)$,$v = v(x, y)$.反过来,给定两个二元实变函数也可以将其组合成一个复变函数.

例 2.1 将复变函数 $f(z) = z^2 + 1$ 化为一对二元实变函数.

解 设 $z = x + \mathrm{i}y$,则 $f(z) = x^2 - y^2 + 1 + \mathrm{i}2xy$,所以二元实变函数为

$$u(x, y) = x^2 - y^2 + 1, \quad v(x, y) = 2xy$$

例 2.2 将以下一对二元实变函数

$$u(x, y) = \frac{2x}{x^2 + y^2}, \quad v(x, y) = \frac{y}{x^2 + y^2} \ (x^2 + y^2 \neq 0)$$

化为一个复变函数.

解　因为 $x=\dfrac{z+\bar z}{2}, y=\dfrac{z-\bar z}{2\mathrm{i}}$，所以有

$$f(z)=u+\mathrm{i}v=\frac{2x}{x^2+y^2}+\mathrm{i}\,\frac{y}{x^2+y^2}=\frac{1}{|z|^2}(x+z)=\frac{3}{2z}+\frac{1}{2\bar z}$$

我们知道，在几何上一元实变函数可以用平面上的曲线来表示，二元实变函数可以用空间曲面来表示，这些几何图形可以帮助人们直观地理解和研究函数. 然而，对于复变函数 $\omega=f(z)$，它反映了两个复数的对应关系，因而无法用同一坐标系内的图形表示这种对应关系.

如果用 z 平面上的点表示自变量 z 的值，而用另一个平面——ω 平面上的点表示对应的函数值 ω，那么复变函数 $\omega=f(z)$ 在几何上可以看作是 z 平面上的点集 D 到 ω 平面上的点集 $f(D)$ 的**映射**（或**变换**），通常 ω 称为 z 的**像**，而 z 称为 ω 的**原像**（见图 2.1）.

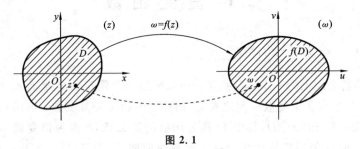

图 2.1

例如，如图 2.2 所示函数 $\omega=z^2$ 将 z 平面上的扇形区域 $0<\theta<\dfrac{\pi}{4}, 0<r<2$ 映射成 ω 平面上的扇形区域 $0<\varphi<\dfrac{\pi}{2}, 0<\rho<4$. 如果将 z 平面与 ω 平面重叠起来，那么函数 $\omega=z^2$ 是将复平面上的每一点对应的向量模取平方，辐角变为原来的 2 倍.

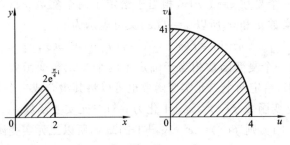

图 2.2

又如，函数 $\omega=\bar z$ 所构成的映射把 z 平面上的点 $z=a+\mathrm{i}b$ 映射成 ω 平面上的点 $\omega=a-\mathrm{i}b$，即此映射为关于实轴的一个对称映射（见图 2.3）.

由此可见，复变函数所构成的映射具有将一个复平面内的点集映射成另一个复

平面内新的点集的功能,这样就产生了两个基本
问题:

(1) 给定 z 平面上的点集 D 和定义在 D 上的函
数 f,求 ω 平面上的像集 $G=f(D)$.

(2) 求一个映射 f,将 z 平面上的已知点集 D 映
射成 ω 平面上的点集 G.

上述第(2)个问题将在本书第 6 章深入讨论,这
里仅举例初步说明第(1)个问题.

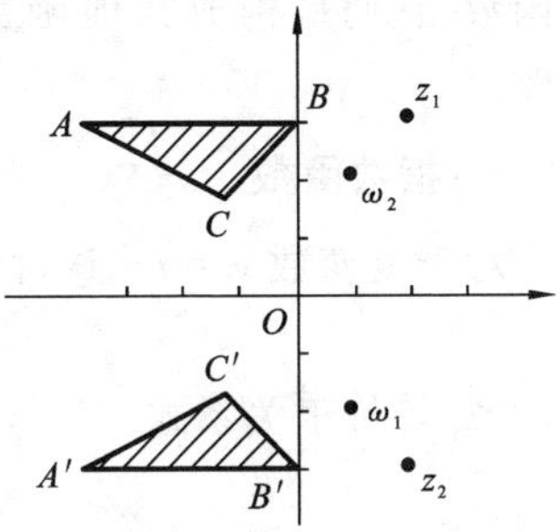

例 2.3 求圆周 $|z|=2$ 在函数 $\omega=z+\dfrac{1}{z}$ 下的像.

图 2.3

解 设 $z=x+yi$,$\omega=u+vi$,由于 $\omega=z+\dfrac{1}{z}$,故有

$$u+vi=x+yi+\frac{1}{x+yi}=x+\frac{x}{x^2+y^2}+\left(y-\frac{y}{x^2+y^2}\right)i$$

于是

$$u=x+\frac{x}{x^2+y^2}, \quad v=y-\frac{y}{x^2+y^2}$$

又 z 平面上的圆周 $|z|=2$ 的参数方程为 $x=2\cos t$,$y=2\sin t(0\leqslant t<2\pi)$,代入上
式得

$$u=\frac{5}{2}\cos t, \quad v=\frac{3}{2}\sin t \ (0\leqslant t<2\pi)$$

此方程的图形是 ω 平面上的椭圆 $\dfrac{u^2}{\frac{25}{4}}+\dfrac{v^2}{\frac{9}{4}}=1$,该椭圆就是圆周 $|z|=2$ 在映射

$\omega=z+\dfrac{1}{z}$ 下的像.

与实变函数一样,复变函数也有反函数的概念.假定函数 $\omega=f(z)$ 的定义域为 z
平面上的集合 D,函数值域为 ω 平面上的集合 $f(D)$,那么 $f(D)$ 中的每一个点 ω 必
将对应着 D 中的一个(或几个)点.按照函数的定义,在 $f(D)$ 上就确定了一个单值
(或多值)函数 $z=\varphi(\omega)$,称它为函数 $\omega=f(z)$ 的**反函数**.如果 $z=\varphi(\omega)$ 也是单值的,也
称它为映射 $\omega=f(z)$ 的**逆映射**.今后不再区分函数与映射(变换).

同样,还可以定义复变函数的复合函数.假设函数 $\omega=f(h)$ 的定义域为 D_1,函数
$h=\varphi(z)$ 的定义域为 D_2,值域 $G\subset D_1$.那么对任一 $z\in D_2$,通过 $h=\varphi(z)$ 有确定的 $h\in$
$G\subset D_1$ 与之对应,从而通过 $\omega=f(h)$ 有确定的 ω 值与 z 对应.由函数的定义知,此时
ω 与 z 之间的映射关系称为 $\omega=f(h)$ 与 $h=\varphi(z)$ 的**复合函数**,记为 $\omega=f[\varphi(z)]$.

2.1.2 初等复变函数

在实变函数中,有指数函数、对数函数、幂函数、三角函数、反三角函数等基本初

等函数,它们是构成其他函数的基础.下面给出复变函数中常见的一些基本初等函数.

1. 指数函数

对于复变数 $z=x+iy$,称复变数 $\omega=e^x(\cos y+i\sin y)$ 为复变数 z 的**指数函数**,即

$$\omega=e^z=e^x(\cos y+i\sin y) \tag{2.2}$$

式(2.2)等价于关系式

$$\left.\begin{array}{l}|e^z|=e^x\\ \mathrm{Arg}(e^z)=y+2k\pi\end{array}\right\} \tag{2.3}$$

式中:k 为任意整数.

显然指数函数 $\omega=e^z$ 是单值函数,且在复平面上处处有定义.

当 $\mathrm{Im}z=0$,即 z 为实数时,有 $\omega=e^z=e^x$,这就是实指数函数.因此复指数函数是实指数函数在复平面上的推广.

当 $\mathrm{Re}z=0$,即 z 为纯虚数时,有

$$e^{iy}=\cos y+i\sin y$$

这就是前面提到的**欧拉公式**.

根据定义不难得到指数函数的以下性质,这些性质是与实指数函数所共有的.

(1) $e^0=1$,$e^{-z}=\dfrac{1}{e^z}$,$\overline{e^z}=e^{\bar z}$.

(2) 加法定理:$e^{z_1}e^{z_2}=e^{z_1+z_2}$.

下面仅证明性质(2).设 $z_1=x_1+iy_1$,$z_2=x_2+iy_2$,则有

$$\begin{aligned}e^{z_1}e^{z_2}&=[e^{x_1}(\cos y_1+i\sin y_1)][e^{x_2}(\cos y_2+i\sin y_2)]\\&=e^{x_1+x_2}[(\cos y_1\cos y_2-\sin y_1\sin y_2)+i(\sin y_1\cos y_2+\sin y_2\cos y_1)]\\&=e^{x_1+x_2}[\cos(y_1+y_2)+i\sin(y_1+y_2)]=e^{z_1+z_2}\end{aligned}$$

除了上述性质外,复指数函数还有与实指数函数不同的性质.比如,实指数函数的函数值 e^x 总大于零,这一结论对一般的复指数函数不再成立.例如,当 $z=\pi i$ 时,有 $e^z=-1$.

另外,指数函数 $\omega=e^z$ 还是以 $2k\pi i$ 为周期的周期函数,其中 k 为整数.事实上,根据欧拉公式有

$$e^{2k\pi i}=\cos 2k\pi+i\sin 2k\pi=1$$

于是根据加法定理,有

$$e^{z+2k\pi i}=e^z e^{2k\pi i}=e^z$$

再由周期函数定义可知,$2k\pi i$ 是函数 $\omega=e^z$ 的周期.与实指数函数相比,这是令人惊讶的,事实上,这是由于复指数函数的周期为一个纯虚数,因此在实指数函数中没有表现出来.

例 2.4 设 $z=x+iy$,求 e^{i-2z} 的模、辐角、实部和虚部.

解　由于
$$e^{i-2z} = e^{i-2(x+iy)} = e^{-2x+i(1-2y)}$$
根据式(2.3),有
$$|e^{i-2z}| = e^{-2x}, \quad \text{Arg}(e^{i-2z}) = (1-2y)+2k\pi \quad (k \in \mathbf{Z})$$
再由式(2.2),有
$$\text{Re}e^{i-2z} = e^{-2x}\cos(1-2y), \quad \text{Im}e^{i-2z} = e^{-2x}\sin(1-2y)$$

例 2.5　计算:(1) $e^{2+\frac{i\pi}{2}}$;(2) $e^{i\pi}$.

解　(1) $e^{2+\frac{i\pi}{2}} = e^2\left(\cos\frac{\pi}{2} + i\sin\frac{\pi}{2}\right) = ie^2$;

(2) $e^{i\pi} = \cos\pi + i\sin\pi = -1$.

注　该式将两个最重要的无理数 π 和 e、实数单位 1、虚数单位 i 和对立符号"$-$"融为一体,实为数学学科中深刻而动人的等式关系.

2. 对数函数

在复变函数里,对数函数仍旧被看成是指数函数的反函数,因此对数函数仍然是通过指数函数来定义的.

满足方程
$$e^\omega = z \quad (z \neq 0) \tag{2.4}$$
的复变函数 $\omega = f(z)$ 称为复变量 z 的**对数函数**,记作 $\omega = \text{Ln}z$.

根据定义可知,对数函数 $\omega = \text{Ln}z$ 在除去原点的复平面内处处有定义. 为了得出对数函数的具体表示形式,令 $z = re^{i\theta}$,$\omega = u+iv$,则式(2.4)可写成
$$e^u(\cos v + i\sin v) = r(\cos\theta + i\sin\theta)$$
根据复数相等的原理有
$$\begin{cases} u = \ln r = \ln|z| \\ v = \theta + 2k\pi = \text{Arg}z, \quad k \in \mathbf{Z} \end{cases}$$
因此对数函数表达式为
$$\omega = \ln|z| + i\text{Arg}z = \ln|z| + i(\arg z + 2k\pi), \quad k \in \mathbf{Z} \tag{2.5}$$
式中:$\ln|z|$ 表示正实数 $|z|$ 的自然对数.

根据辐角 $\text{Arg}z$ 的无穷多值性,可知复数域的对数函数具有无穷多值. 每个取值都称为对数函数 $\omega = \text{Ln}z$ 的一个**分支**,特别地,在 $k=0$ 时,对应的分支称为对数函数 $\omega = \text{Ln}z$ 的**主分支**,其对应的函数值称为**对数主值**,记为 $\ln z$,即
$$\ln z = \ln|z| + i\arg z \quad (z \neq 0) \tag{2.6}$$
显然,对数函数的任意一个分支与主分支仅仅相差一个常数 $2k\pi i$,即
$$\text{Ln}z = \ln z + 2k\pi i, \quad k \in \mathbf{Z}$$

当 $z = x > 0$ 时,有 $\ln z = \ln x$,这就是实对数函数. 但 $\text{Ln}z = \ln x + 2k\pi i$,所以复对数函数的主分支才是实对数函数在复平面上的推广.

利用辐角相应的性质不难证明,复对数函数保留了实对数函数的基本性质:

(1) $\mathrm{Ln}(z_1 z_2) = \mathrm{Ln} z_1 + \mathrm{Ln} z_2$;

(2) $\mathrm{Ln}\left(\dfrac{z_1}{z_2}\right) = \mathrm{Ln} z_1 - \mathrm{Ln} z_2$.

需注意的是,以上两式左右都是无穷多值的,所以它们的相等关系应该看成集合与集合相等.

此外,复对数函数在有些性质上不一定成立,例如:

$$\mathrm{Ln} z^n \neq n \mathrm{Ln} z, \quad \mathrm{Ln} \sqrt[n]{z} \neq \frac{1}{n} \mathrm{Ln} z$$

式中:n 为大于 1 的整数.

例 2.6 求对数 $\mathrm{Ln}(-1)$、$\mathrm{Ln}2$ 及它们的主值.

解 因为 $|-1|=1$,$\mathrm{Arg}(-1)=\pi+2k\pi \ (k\in\mathbf{Z})$,所以

$$\mathrm{Ln}(-1) = \ln 1 + \mathrm{i}(\pi+2k\pi) = (2k+1)\pi\mathrm{i}$$

取 $k=0$,可得主值 $\ln(-1)=\pi\mathrm{i}$.

同样可得 $\mathrm{Ln}2 = \ln 2 + 2k\pi\mathrm{i} \ (k\in\mathbf{Z})$,它的主值为 $\ln 2$.

注 此例说明在实变函数中"负数无对数"这个命题在复数范围中不再成立,而且正实数的对数也是无穷多值的.

例 2.7 计算:(1) $\mathrm{Ln}(2+\mathrm{i})$;(2) $\mathrm{Ln}\mathrm{i}$.

解 (1) 因为 $|2+\mathrm{i}|=\sqrt{5}$,$\mathrm{Arg}(2+\mathrm{i})=\arctan\dfrac{1}{2}+2k\pi \ (k\in\mathbf{Z})$,所以

$$\mathrm{Ln}(2+\mathrm{i}) = \frac{1}{2}\ln 5 + \mathrm{i}\left(\arctan\frac{1}{2}+2k\pi\right) \quad (k\in\mathbf{Z})$$

(2) 因为 $|\mathrm{i}|=1$,$\mathrm{Arg}(\mathrm{i})=\dfrac{\pi}{2}+2k\pi \ (k\in\mathbf{Z})$,所以

$$\mathrm{Ln}\mathrm{i} = \mathrm{i}\left(\frac{\pi}{2}+2k\pi\right) \quad (k\in\mathbf{Z})$$

例 2.8 解方程 $\mathrm{e}^{2z} = -1+\sqrt{3}\mathrm{i}$.

解 由于指数函数的反函数是对数函数,因此

$$z = \frac{1}{2}\mathrm{Ln}(-1+\sqrt{3}\mathrm{i})$$

又因为 $|-1+\sqrt{3}\mathrm{i}|=2$,$\mathrm{Arg}(-1+\sqrt{3}\mathrm{i})=\dfrac{2\pi}{3}+2k\pi \ (k=0,\pm 1,\pm 2,\cdots)$,所以

$$z = \frac{1}{2}\mathrm{Ln}(-1+\sqrt{3}\mathrm{i}) = \frac{1}{2}\left[\ln 2 + \mathrm{i}\left(\frac{2\pi}{3}+2k\pi\right)\right]$$

$$= \frac{1}{2}\ln 2 + \left(k+\frac{1}{3}\right)\pi\mathrm{i}$$

3. 幂函数

设 α 是复常数,当复变量 $z\neq 0$ 时,称 $\omega = \mathrm{e}^{\alpha \mathrm{Ln} z}$ 为复变量 z 的**幂函数**,记为 $\omega=$

z^α，即

$$z^\alpha = e^{\alpha \mathrm{Ln}z} \tag{2.7}$$

当 α 为正实数，且 $z=0$ 时，规定 $z^\alpha = 0$.

由于 $\mathrm{Ln}z$ 是多值的，因而幂函数 $\omega = z^\alpha$ 一般来说也是多值的，但在某些情形下，此多值性会消失. 下面分三种情况来讨论.

(1) 当 $\alpha = n$（n 为整数）时，由于

$$\omega = z^n = e^{n\mathrm{Ln}z} = e^{n[\ln|z| + i(\mathrm{arg}z + 2k\pi)]} = e^{n\ln|z| + in\mathrm{arg}z + 2nk\pi i}$$
$$= e^{n\ln|z| + in\mathrm{arg}z} \quad (k \in \mathbf{Z})$$

因此此时幂函数 $\omega = z^n$ 是单值函数. 当 $n>0$ 时，函数在复平面上处处有定义. 当 $n<0$ 时，函数在复平面上除 $z=0$ 点外处处有定义. 应当指出的是，当 n 为正整数时，z^n 和第 1.1.2 小节中定义的乘幂是完全一致的.

(2) 当 $\alpha = \dfrac{p}{q}$（p 和 q 为互质的整数，$q>0$），即 α 为有理数时，有

$$z^{\frac{p}{q}} = e^{\frac{p}{q}[\ln|z| + i(\mathrm{arg}z + 2k\pi)]} = e^{\frac{p}{q}\ln|z| + i\frac{p}{q}(\mathrm{arg}z + 2k\pi)}$$
$$= e^{\frac{p}{q}\ln|z|}\left[\cos\frac{p}{q}(\mathrm{arg}z + 2k\pi) + i\sin\frac{p}{q}(\mathrm{arg}z + 2k\pi)\right] \quad (k \in \mathbf{Z})$$

由三角函数的周期性知，函数 $\omega = z^{\frac{p}{q}}$ 具有 q 个不同的值，即当 $k=0,1,2,\cdots,q-1$ 时相对应的各个值. 特别地，幂函数 $\omega = z^{\frac{1}{n}}$ 与第 1.1.2 小节中的 n 次方根定义式完全一致，即有 $\omega = z^{\frac{1}{n}} = \sqrt[n]{z}$.

(3) 当 α 是无理数或虚数时，幂函数 $\omega = z^\alpha$ 是无穷多值的，且在复平面上除 $z=0$ 点外处处有定义. 当幂函数 $\omega = z^\alpha = e^{\alpha \ln z}$ 中的对数函数 $\mathrm{Ln}z$ 取其中一个单值分支时，幂函数对应得到一个单值分支.

例 2.9　计算：(1) i^i；(2) 2^{1+i}；(3) $(1+i)^{\frac{2}{3}}$.

解　(1) $i^i = e^{i\mathrm{Ln}i} = e^{i[\ln 1 + i(\frac{\pi}{2} + 2k\pi)]} = e^{-(\frac{\pi}{2} + 2k\pi)}$，$k \in \mathbf{Z}$；

(2) $2^{1+i} = 2 \cdot 2^i = 2e^{i\mathrm{Ln}2} = 2e^{-2k\pi}(\cos\ln 2 + i\sin\ln 2)$，$k \in \mathbf{Z}$；

(3) $(1+i)^{\frac{2}{3}} = e^{\frac{2}{3}[\ln\sqrt{2} + i(\frac{\pi}{4} + 2k\pi)]} = 2^{\frac{\sqrt[3]{2}}{}}e^{i(\frac{\pi}{6} + \frac{4}{3}k\pi)}$，$k=0,1,2$.

4. 三角函数

当 θ 为实数时，根据欧拉公式 $e^{i\theta} = \cos\theta + i\sin\theta$，不难得到

$$\cos\theta = \frac{e^{i\theta} + e^{-i\theta}}{2}, \quad \sin\theta = \frac{e^{i\theta} - e^{-i\theta}}{2i} \tag{2.8}$$

将实数 θ 推广到复数 z 时，就得到复数域的**余弦函数**与**正弦函数**，定义式如下：

$$\cos z = \frac{e^{iz} + e^{-iz}}{2}, \quad \sin z = \frac{e^{iz} - e^{-iz}}{2i} \tag{2.9}$$

显然余弦函数 $\cos z$ 和正弦函数 $\sin z$ 在复平面内处处有定义.

余弦函数与正弦函数具有以下性质,这些性质与实数域中余弦函数、正弦函数所共有.

(1) 余弦函数 $\cos z$ 和正弦函数 $\sin z$ 都是以 2π 为周期的函数.

(2) 余弦函数 $\cos z$ 是偶函数,正弦函数 $\sin z$ 是奇函数.

(3) 关于三角函数的恒等式在复数函数中依然成立,例如:

$$\cos^2 z + \sin^2 z = 1$$

$$\cos\left(z + \frac{\pi}{2}\right) = -\sin z, \quad \cos(z + \pi) = -\cos z$$

$$\sin\left(z + \frac{\pi}{2}\right) = \cos z, \quad \sin(z + \pi) = -\sin z$$

$$\sin(z_1 \pm z_2) = \sin z_1 \cos z_2 \pm \cos z_1 \sin z_2$$

$$\cos(z_1 \pm z_2) = \cos z_1 \cos z_2 \mp \sin z_1 \sin z_2$$

这些性质不难由余弦函数和正弦函数的定义推出.例如,根据余弦函数的定义证明余弦函数的周期为 2π:

$$\cos(z + 2\pi) = \frac{e^{i(z+2\pi)} + e^{-i(z+2\pi)}}{2} = \frac{e^{iz}e^{2\pi i} + e^{-iz}e^{-2\pi i}}{2} = \frac{e^{iz} + e^{-iz}}{2} = \cos z$$

值得注意的是,关于实数域中余弦函数和正弦函数的有界性,即 $|\sin x| \leqslant 1$,$|\cos x| \leqslant 1$,在复变函数中不再成立.复变函数中余弦函数与正弦函数是无界的,例如,$|\cos in| = \dfrac{e^{-n} + e^{n}}{2} \to +\infty (n \to \infty)$.

其他复变三角函数仿照相应的实变三角函数定义如下:

$$\tan z = \frac{\sin z}{\cos z}, \quad \cot z = \frac{\cos z}{\sin z}, \quad \sec z = \frac{1}{\cos z}, \quad \csc z = \frac{1}{\sin z}$$

这些三角函数同样具有某些相应的实变三角函数的性质.

例 2.10 试计算下列三角函数的值:

(1) $\cos i$;　　　(2) $\sin(1 + 2i)$.

解 (1) $\cos i = \dfrac{1}{2}(e + e^{-1})$.

(2) $\sin(1 + 2i) = \sin 1 \cos 2i + \cos 1 \sin 2i = \dfrac{1}{2}[(e^2 + e^{-2})\sin 1 + i(e^2 - e^{-2})\cos 1]$.

例 2.11 试求出方程 $\sin z + \cos z = 0$ 的全部解.

解 由 $\sin z + \cos z = 0$ 得

$$\sqrt{2}\sin\left(z + \frac{\pi}{4}\right) = 0$$

于是由 $\sin z$ 的性质即得

$$z = k\pi - \frac{\pi}{4} \quad (k = 0, \pm 1, \pm 2, \cdots)$$

例 2.12 计算 $\cos[\mathrm{iLn}(3\mathrm{i})]$ 的值.

解法 1

$$\cos[\mathrm{iLn}(3\mathrm{i})]=\frac{e^{\mathrm{i}\cdot\mathrm{iLn}(3\mathrm{i})}+e^{-\mathrm{i}\cdot\mathrm{iLn}(3\mathrm{i})}}{2}=\frac{e^{-\mathrm{Ln}(3\mathrm{i})}+e^{\mathrm{Ln}(3\mathrm{i})}}{2}$$

$$=\frac{e^{-\left(\ln3+\mathrm{i}\frac{\pi}{2}+\mathrm{i}2k\pi\right)}+e^{\left(\ln3+\mathrm{i}\frac{\pi}{2}+\mathrm{i}2k\pi\right)}}{2}=\frac{\frac{1}{3}(-\mathrm{i})+3\mathrm{i}}{2}=\frac{4}{3}\mathrm{i}$$

解法 2

$$\cos[\mathrm{iLn}(3\mathrm{i})]=\frac{e^{-\mathrm{Ln}(3\mathrm{i})}+e^{\mathrm{Ln}(3\mathrm{i})}}{2}=\frac{\frac{1}{3\mathrm{i}}+3\mathrm{i}}{2}=\frac{4}{3}\mathrm{i}$$

* 5. 反三角函数

余弦函数的反函数,即满足方程 $\cos\omega=z$ 的复变函数 ω 称为**反余弦函数**,记为 $\omega=\mathrm{Arccos}z$.

类似地,可定义**反正弦函数** $\omega=\mathrm{Arcsin}z$ 和**反正切函数** $\omega=\mathrm{Arctan}z$.

下面来推导反余弦函数 $\omega=\mathrm{Arccos}z$ 的具体表示式.将余弦函数定义式代入方程 $\cos\omega=z$ 得

$$\frac{e^{\mathrm{i}\omega}+e^{-\mathrm{i}\omega}}{2}=z$$

上式两边同时乘以 $2e^{\mathrm{i}\omega}$ 并移项得

$$e^{2\mathrm{i}\omega}-2ze^{\mathrm{i}\omega}+1=0$$

这是一个关于 $e^{\mathrm{i}\omega}$ 的二次方程,由求根公式得

$$e^{\mathrm{i}\omega}=z+\sqrt{z^2-1}$$

式中:$\sqrt{z^2-1}$ 应理解为双值函数.

两边取对数后同时乘以 $-\mathrm{i}$ 得

$$\omega=\mathrm{Arccos}z=-\mathrm{iLn}(z+\sqrt{z^2-1})$$

类似地,可求得反正弦函数和反正切函数表达式如下:

$$\omega=\mathrm{Arcsin}z=-\mathrm{iLn}(\mathrm{i}z+\sqrt{1-z^2})$$

$$\omega=\mathrm{Arctan}z=-\frac{\mathrm{i}}{2}\mathrm{Ln}\frac{\mathrm{i}-z}{\mathrm{i}+z}$$

显然,这些反三角函数都是多值的.

* 6. 双曲函数与反双曲函数

根据指数函数,可定义复变量 z 的**双曲正弦函数**、**双曲余弦函数**、**双曲正切函数**、**双曲余切函数**,它们的定义式如下:

$$\sinh z=\frac{e^z-e^{-z}}{2},\quad \cosh z=\frac{e^z+e^{-z}}{2}$$

$$\tanh z = \frac{e^z - e^{-z}}{e^z + e^{-z}}, \quad \coth z = \frac{e^z + e^{-z}}{e^z - e^{-z}}$$

由指数函数的单值性可知,双曲函数都是单值的. 另外,由指数函数的周期性可知,双曲函数都是周期函数,双曲正弦函数和双曲余弦函数都以 $2k\pi i(k \in \mathbf{Z})$ 为周期,双曲正切函数和双曲余切函数以 $k\pi i(k \in \mathbf{Z})$ 为周期. 双曲余弦函数是偶函数,双曲正弦函数、双曲正切函数和双曲余切函数都是奇函数.

仿照反三角函数定义和推导方法,还可以得到双曲函数的反函数.

反双曲正弦函数为

$$\text{Arcsinh}z = \text{Ln}(z + \sqrt{z^2 + 1})$$

反双曲余弦函数为

$$\text{Arccosh}z = \text{Ln}(z + \sqrt{z^2 - 1})$$

反双曲正切函数为

$$\text{Arctanh}z = \frac{1}{2} \text{Ln} \frac{1+z}{1-z}$$

双曲函数的周期性决定了它们反函数的多值性.

练习题 2.1

1. 求复变函数 $\omega = z^3$ 对应的两个二元实变函数 $u = u(x, y)$,$v = v(x, y)$.

2. 求函数 $f(z) = e^{\frac{z}{5}}$ 的周期.

3. 计算下列各值:

(1) $e^{1-\frac{\pi}{2}i}$;   (2) e^{3+4i};   (3) $\text{Ln}(3 - \sqrt{3}i)$;   (4) $\text{Ln}(-3 + 4i)$;

(5) $(-3)^{\sqrt{5}}$;   (6) 3^i;   (7) $\cos(\pi + 5i)$;   (8) $\sin(1 - 5i)$.

4. 解下列方程:

(1) $e^z = -2$;   (2) $\text{Ln}z = \frac{\pi}{2}i$;   (3) $\cos z = 2$.

2.2 复变函数的极限、连续与导数

2.2.1 复变函数的极限

设函数 $\omega = f(z)$ 在 z_0 的去心邻域 $U(z_0, \rho)$ 内有定义,A 是复常数. 若对于任意给定的正实数 ε,总存在正实数 $\delta > 0$,使得当 $0 < |z - z_0| < \delta$ 时,有 $|f(z) - A| < \varepsilon$,则称 A 是函数 $f(z)$ 当 z 趋近于 z_0 的极限,记作

$$\lim_{z \to z_0} f(z) = A$$

或记作当 $z \to z_0$ 时，$f(z) \to A$（见图 2.4(a)）.

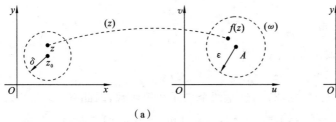 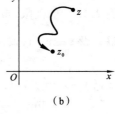

(a)

(b)

图 2.4

简单来说，在复平面上，当 z 以任意方式趋近于 z_0 时，总有 $f(z)$ 无限接近于常数 A，则称 A 是函数 $f(z)$ 在 z 趋近于 z_0 时的极限.

需要强调的是，定义中 z 趋于 z_0 的方式是任意的. 也就是说，无论 z 从什么方向，以任何方式趋向于 z_0，$f(z)$ 都要趋向于同一个常数 A（见图 2.4(b)）. 这比一元实变函数极限定义的要求要苛刻得多.

在 2.1 节中讨论过通过一个复变函数可确定两个二元实变函数，复变函数的极限与这两个二元实变函数的极限有下列关系.

定理 2.1 设函数 $f(z) = u(x,y) + iv(x,y)$ 在 $z_0 = x_0 + iy_0$ 的某一去心邻域内有定义，常数 $A = u_0 + iv_0$，则 $\lim\limits_{z \to z_0} f(z) = A$ 的充要条件是

$$\lim_{(x,y) \to (x_0, y_0)} u(x,y) = u_0, \qquad \lim_{(x,y) \to (x_0, y_0)} v(x,y) = v_0$$

证明 必要性. 若 $\lim\limits_{z \to z_0} f(z) = A$，由极限定义，对任意的 $\varepsilon > 0$，存在 $\delta > 0$，当 $0 < |z - z_0| < \delta$，即 $0 < \sqrt{(x - x_0)^2 + (y - y_0)^2} < \delta$ 时，总有 $|f(z) - A| < \varepsilon$，即

$$|(u - u_0) + i(v - v_0)| < \varepsilon$$

因此

$$|u - u_0| < |(u - u_0) + i(v - v_0)| < \varepsilon$$

根据二元函数极限的定义，有 $\lim\limits_{(x,y) \to (x_0, y_0)} u(x,y) = u_0$. 同理可得 $\lim\limits_{(x,y) \to (x_0, y_0)} v(x,y) = v_0$.

充分性. 若 $\lim\limits_{(x,y) \to (x_0, y_0)} u(x,y) = u_0$，$\lim\limits_{(x,y) \to (x_0, y_0)} v(x,y) = v_0$，由二元实变函数的极限定义，对于任意 $\varepsilon > 0$，存在 $\delta > 0$，当 $0 < \sqrt{(x - x_0)^2 + (y - y_0)^2} < \delta$，即 $0 < |z - z_0| < \delta$ 时，有

$$|u - u_0| < \frac{\varepsilon}{2}, \qquad |v - v_0| < \frac{\varepsilon}{2}$$

因此

$$|f(z) - A| = |(u - u_0) + i(v - v_0)| \leqslant |u - u_0| + |v - v_0| < \varepsilon$$

由定义即有 $\lim\limits_{z \to z_0} f(z) = A$.

这个定理说明,复变函数的极限问题可以转化为两个二元实变函数的极限问题来讨论.

例 2.13 求极限 $\lim\limits_{z \to z_0} z^2$.

解 设 $z = x + \mathrm{i}y, z_0 = x_0 + \mathrm{i}y_0$,则

$$z^2 = (x^2 - y^2) + 2xy\mathrm{i}$$

令 $u(x,y) = x^2 - y^2, v(x,y) = 2xy$,这是两个二元初等函数,因此有

$$\lim\limits_{(x,y) \to (x_0,y_0)} u(x,y) = x_0^2 - y_0^2, \qquad \lim\limits_{(x,y) \to (x_0,y_0)} v(x,y) = 2x_0 y_0$$

所以

$$\lim\limits_{z \to z_0} z^2 = (x_0^2 - y_0^2) + 2\mathrm{i}x_0 y_0 = z_0^2$$

一般地,对于任意正整数 n,都有 $\lim\limits_{z \to z_0} z^n = z_0^n$.

例 2.14 证明函数 $f(z) = \dfrac{\mathrm{Re}z}{|z|}$ 当 $z \to 0$ 时的极限不存在.

证明 设 $z = x + \mathrm{i}y$,则 $f(z) = \dfrac{x}{\sqrt{x^2 + y^2}}$. 由此得

$$u(x,y) = \frac{x}{\sqrt{x^2 + y^2}}, \quad v(x,y) = 0$$

让 z 沿直线 $y = kx$ 趋于零,有

$$\lim\limits_{\substack{x \to 0(y = kx)}} u(x,y) = \lim\limits_{\substack{x \to 0(y = kx)}} \frac{x}{\sqrt{x^2 + y^2}} = \lim\limits_{x \to 0} \frac{x}{\sqrt{x^2 + (kx)^2}}$$

$$= \lim\limits_{x \to 0} \frac{x}{\sqrt{(1 + k^2)x^2}} = \frac{1}{\sqrt{1 + k^2}}$$

显然,它的值随 k 变化而变化,所以 $\lim\limits_{\substack{x \to x_0 \\ y \to y_0}} u(x,y)$ 不存在.虽然 $\lim\limits_{\substack{x \to x_0 \\ y \to y_0}} v(x,y) = 0$,但根据定理 2.1,仍有 $\lim\limits_{z \to 0} f(z)$ 不存在.

复变函数的极限定义在形式上和实变函数的极限定义类似,因此复变函数的极限也有和实变函数相同的运算法则.

定理 2.2 如果 $\lim\limits_{z \to z_0} f(z) = A, \lim\limits_{z \to z_0} g(z) = B$,那么

(1) $\lim\limits_{z \to z_0} [f(z) \pm g(z)] = \lim\limits_{z \to z_0} f(z) \pm \lim\limits_{z \to z_0} g(z) = A \pm B$;

(2) $\lim\limits_{z \to z_0} [f(z) \cdot g(z)] = \lim\limits_{z \to z_0} f(z) \cdot \lim\limits_{z \to z_0} g(z) = A \cdot B$;

(3) $\lim\limits_{z \to z_0} \dfrac{f(z)}{g(z)} = \dfrac{\lim\limits_{z \to z_0} f(z)}{\lim\limits_{z \to z_0} g(z)} = \dfrac{A}{B} (B \neq 0)$.

根据定理 2.2 和例 2.13 的结论,对于**有理整函数(多项式)**

$$\omega = P(z) = a_0 + a_1 z + a_2 z^2 + \cdots + a_n z^n$$

有

$$\lim_{z \to z_0} P(z) = P(z_0)$$

对于有理分式函数

$$\omega = \frac{P(z)}{Q(z)} (P(z)、Q(z) \text{为多项式})$$

有

$$\lim_{z \to z_0} \frac{P(z)}{Q(z)} = \frac{P(z_0)}{Q(z_0)} \quad (Q(z_0) \neq 0)$$

2.2.2　复变函数的连续性

设函数 $f(z)$ 在 z_0 的某邻域内有定义,若 $\lim\limits_{z \to z_0} f(z) = f(z_0)$,则称函数 $f(z)$ **在 z_0 点连续**. 若 $f(z)$ 在区域 D 内的每一点都连续,则称 $f(z)$ **在区域 D 内连续**.

例 2.15　证明:函数 $f(z) = \begin{cases} \dfrac{\mathrm{Re}z}{1+|z|}, & z \neq 0 \\ 0, & z = 0 \end{cases}$ 在 $z = 0$ 点连续.

证明　因为

$$\frac{\mathrm{Re}z}{1+|z|} = \frac{x}{1+\sqrt{x^2+y^2}} \to 0 = f(0) \quad (x \to 0, y \to 0)$$

所以,$f(z)$ 在 $z = 0$ 点连续.

注　类似于高等数学中的情形,如果 $f(z)$ 在 z_0 没有定义,但 $\lim\limits_{z \to z_0} f(z)$ 存在,则可补充 $f(z_0) = \lim\limits_{z \to z_0} f(z)$,使得 $f(z)$ 在 z_0 点连续. 例如,函数 $f(z) = \dfrac{z\mathrm{Im}z^2}{|z|^2}$ 在 $z = 0$ 点无定义,若补充 $f(0) = 0$,则 $f(z)$ 在 $z = 0$ 点连续.

例 2.16　证明函数 $f(z) = \arg z$ 在原点和负实轴上不连续.

证明　当 $z = 0$ 时,$\arg z$ 无定义,所以函数 $f(z) = \arg z$ 在原点不连续.

设 $z_0 = x_0 (x_0 < 0)$ 是负实轴上的任意一点(见图 2.5).根据辐角的计算式,当 z 沿 x 轴上方的任意路径趋近 z_0 时,有

$$\lim_{\substack{x \to x_0 \\ y \to 0^+}} \arg z = \lim_{\substack{x \to x_0 \\ y \to 0^+}} \left(\pi + \arctan \frac{y}{x} \right) = \pi$$

当 z 沿 x 轴下方的任意路径趋近 z_0 时,有

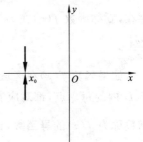

图 2.5

$$\lim_{\substack{x \to x_0 \\ y \to 0^-}} \arg z = \lim_{\substack{x \to x_0 \\ y \to 0^-}} \left(\arctan \frac{y}{x} - \pi \right) = -\pi$$

所以 $\lim\limits_{z \to z_0} \arg z$ 不存在. 因此函数 $f(z) = \arg z$ 在负实轴上任意一点都不连续.

综上所述, 函数 $f(z) = \arg z$ 在原点和负实轴上不连续.

根据定理 2.1 容易得到下面连续函数的充要条件.

定理 2.3 函数 $f(z) = u(x, y) + iv(x, y)$ 在 $z_0 = x_0 + iy_0$ 连续的充要条件是二元实变函数 $u(x, y)$ 与 $v(x, y)$ 在点 (x_0, y_0) 处连续.

例如, 指数函数 $e^z = e^x (\cos y + i \sin y)$ 在复平面内是处处连续的, 因为 $u = e^x \cos y$, $v = e^x \sin y$ 是处处连续的.

根据定理 2.2 和定理 2.3 还可以推得下面的定理.

定理 2.4 (1) 在 z_0 连续的两个函数 $f(z)$ 与 $g(z)$ 的和、差、积、商(分母在 z_0 不为零)在 z_0 处仍连续;

(2) 如果函数 $h = g(z)$ 在 z_0 连续, 函数 $\omega = f(h)$ 在 $h_0 = g(z_0)$ 连续, 那么复合函数 $\omega = f(g(z))$ 在 z_0 连续.

根据连续函数的定义和相关定理容易得到如下一些结论:

(1) 有理整函数在复平面内处处连续, 有理分式函数在复平面内除分母为零的点外处处连续;

(2) 指数函数、正弦函数、余弦函数在复平面内处处连续;

(3) 对数函数 $f(z) = \mathrm{Ln} z$、幂函数 $f(z) = z^a$ (a 不为整数) 在除原点与负实轴之外的复平面内处处连续.

2.2.3 复变函数的导数

设函数 $\omega = f(z)$ 在区域 D 内有定义, z_0 为 D 内一点. 当 z 在 z_0 取得改变量 Δz, 且 $z_0 + \Delta z \in D$ 时, 相应的函数值有改变量 $\Delta \omega = f(z_0 + \Delta z) - f(z_0)$. 如果极限

$$\lim_{\Delta z \to 0} \frac{\Delta \omega}{\Delta z} = \lim_{\Delta z \to 0} \frac{f(z_0 + \Delta z) - f(z_0)}{\Delta z}$$

存在, 则称函数 $f(z)$ 在 z_0 点**可导**. 该极限值称为 $f(z)$ 在 z_0 点的**导数**, 记作 $f'(z_0)$ 或 $\dfrac{\mathrm{d}\omega}{\mathrm{d}z}\Big|_{z=z_0}$.

如果函数 $f(z)$ 在区域 D 内的每个点都可导, 称 $f(z)$ 在区域 D 内可导. 这时对于 D 内的每一点, 都对应着 $f(z)$ 的一个导数值. 这样就构成了一个新的函数, 这个函数称为 $f(z)$ 的**导函数**, 记作 $f'(z)$ 或 $\dfrac{\mathrm{d}\omega}{\mathrm{d}z}$.

显然函数 $f(z)$ 在 z_0 处的导数就是它的导函数 $f'(z)$ 在 z_0 处的函数值, 因此也把导函数简称为导数.

例 2.17　求 $f(z)=z^2$ 的导数.

解　由导数定义

$$f'(z)=(z^2)'=\lim_{\Delta z\to 0}\frac{(z+\Delta z)^2-z^2}{\Delta z}=\lim_{\Delta z\to 0}\frac{2z\Delta z-\Delta z^2}{\Delta z}=2z$$

一般来说幂函数 $f(z)=z^n$（n 为正整数）在定义域内处处可导, 且 $(z^n)'=nz^{n-1}$. 此外, 由导数定义易得, 对任意的复常数 C, 有 $(C)'=0$.

例 2.18　证明函数 $f(z)=\bar z$ 在复平面内处处连续却处处不可导.

证明　设 $z=x+\mathrm{i}y$, 则 $f(z)=\bar z=x-\mathrm{i}y$. 由定理 2.3 知, $f(z)$ 在复平面内处处连续.

下面证明函数不可导. 如图 2.6 所示, 对复平面内的任意点 z 以及在 z 点的改变量 Δz, 有

$$\frac{f(z+\Delta z)-f(z)}{\Delta z}=\frac{\overline{z+\Delta z}-\bar z}{\Delta z}=\frac{\overline{\Delta z}}{\Delta z}$$

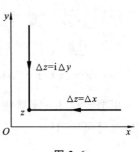

图 2.6

当 Δz 沿实轴趋于零时, $\overline{\Delta z}=\Delta z$, 因此 $\dfrac{\overline{\Delta z}}{\Delta z}=1\to 1$. 当 Δz 沿虚轴趋于零时, $\Delta z=\mathrm{i}k$, k 为实数. 此时

$$\frac{\overline{\Delta z}}{\Delta z}=-\frac{\mathrm{i}k}{\mathrm{i}k}\to -1\quad (\Delta z\to 0)$$

也就是说, Δz 按不同的方式趋于零时, $\dfrac{\overline{\Delta z}}{\Delta z}$ 趋于不同的数. 因此 $\lim\limits_{\Delta z\to 0}\dfrac{\overline{\Delta z}}{\Delta z}$ 不存在, 故函数 $f(z)$ 在点 z 不可导. 再由点 z 的任意性知 $f(z)=\bar z$ 在复平面内处处不可导.

例 2.18 表明, 函数连续不一定可导. 反过来, 有下面的定理.

定理 2.5　函数 $f(z)$ 在点 z_0 可导, 则 $f(z)$ 必定在点 z_0 连续.

证明　由于函数 $f(z)$ 在点 z_0 可导, 有

$$\lim_{\Delta z\to 0}\frac{f(z_0+\Delta z)-f(z_0)}{\Delta z}=f'(z_0)$$

根据极限的定义有, 对于任给的 $\varepsilon>0$, 存在 $\delta>0$, 使得当 $0<|\Delta z|<\delta$ 时, 有

$$\left|\frac{f(z_0+\Delta z)-f(z_0)}{\Delta z}-f'(z_0)\right|<\varepsilon$$

令

$$\rho(\Delta z)=\frac{f(z_0+\Delta z)-f(z_0)}{\Delta z}-f'(z_0)$$

则有

$$\lim_{\Delta z\to 0}\rho(\Delta z)=0$$

由此得

$$f(z_0+\Delta z)-f(z_0)=f'(z_0)\Delta z+\rho(\Delta z)\Delta z$$

所以

$$\lim_{\Delta z \to 0} f(z_0 + \Delta z) = f(z_0)$$

即 $f(z)$ 在 z_0 连续.

复变函数导数的定义在形式上与实变函数导数的定义类似,因此也有与实变函数类似的求导法则.将这些法则罗列在定理 2.6 中,其证明类似于实变函数的,这里不再赘述.

定理 2.6(导数的运算法则) 设函数 $f(z)$ 与 $g(z)$ 在区域 D 内可导,则

(1) $[f(z) \pm g(z)]' = f'(z) \pm g'(z)$.

(2) $[f(z) \cdot g(z)]' = f'(z) \cdot g(z) + f(z) \cdot g'(z)$.

(3) $\left[\dfrac{f(z)}{g(z)}\right]' = \dfrac{f'(z)g(z) - f(z)g'(z)}{g^2(z)} \ (g(z) \neq 0)$.

(4) $\{f[g(z)]\}' = f'(\omega) \cdot g'(z)$,其中 $\omega = g(z)$.

(5) 设 $f(z)$ 与 $\varphi(\omega)$ 是互为反函数的单值函数,且 $\varphi'(\omega) \neq 0$,则 $f'(z) = \dfrac{1}{\varphi'(\omega)}$.

根据定理 2.6 不难得到,有理整函数 $P(z) = a_0 + a_1 z + a_2 z^2 + \cdots + a_n z^n$ 在复平面内处处可导,且

$$P'(z) = a_1 + 2a_2 z + \cdots + na_n z^{n-1}$$

有理分式函数

$$\omega = \frac{P(z)}{Q(z)} \ (P(z) \text{、} Q(z) \text{ 为多项式})$$

在 $Q(z) \neq 0$ 的点处可导,且有

$$\left[\frac{P(z)}{Q(z)}\right]' = \frac{P'(z)Q(z) - P(z)Q'(z)}{Q^2(z)} \ (Q(z) \neq 0)$$

与一元实变函数类似,还可以定义复变函数 $\omega = f(z)$ 的微分为

$$\mathrm{d}\omega = f'(z)\mathrm{d}z$$

式中:$\mathrm{d}z$ 称为自变量的微分.

练习题 2.2

1. 证明定理 2.2 和定理 2.3.

2. 证明 $\lim\limits_{z \to 0} \dfrac{1}{2\mathrm{i}} \left(\dfrac{z}{\bar{z}} - \dfrac{\bar{z}}{z}\right)$ 不存在.

3. 讨论函数 $f(z) = z^{-n}$(n 为正整数)的连续性.

4. 证明函数 $f(z) = x + 2y\mathrm{i}$ 在复平面内处处连续但处处不可导.

5. 求函数 $f(z) = \dfrac{2z^5 - z + 3}{4z^2 + 1}$ 的导数.

2.3　复变函数的积分

积分学在复变函数的研究中极其重要,复变函数论的许多结论都是通过积分来进行讨论的.本节主要介绍复变函数积分的概念、性质及计算方法,为后面解析函数的应用推广和留数计算提供理论基础.

2.3.1　复积分的定义

设函数 $f(x)=u(x)+iv(x)$ 是定义在区间 $[a,b]$ 上的一个自变量为实数 x 的复值函数,称

$$\int_a^b f(x)dx = \int_a^b u(x)dx + i\int_a^b v(x)dx \qquad (2.10)$$

为 $f(x)$ 在区间 $[a,b]$ 上的积分.其中 $\int_a^b u(x)dx$ 和 $\int_a^b v(x)dx$ 是通常意义下实数域的定积分,因此式(2.10)本质上是定积分的线性运算.

例 2.19　计算下列积分:

(1) $\int_1^2 x - ix^2 dx$; 　　　　　(2) $\int_0^{\frac{\pi}{4}}(\cos 2x + i\sin 2x)dx$.

解　(1) $\int_1^2 x - ix^2 dx = \int_1^2 x dx - i\int_1^2 x^2 dx = \dfrac{3}{2} - \dfrac{7}{3}i$.

(2) $\int_0^{\frac{\pi}{4}}(\cos 2x + i\sin 2x)dx = \int_0^{\frac{\pi}{4}}\cos 2x dx + i\int_0^{\frac{\pi}{4}}\sin 2x dx = \dfrac{1}{2} + \dfrac{1}{2}i$.

下面将区间 $[a,b]$ 推广到复平面上曲线 C,将实数 a 和 b 推广到复数 z_0 和 z,将函数 $f(x)$ 推广到复变函数 $f(z)$,于是 $f(z)$ 沿某曲线 C 从复数 z_0 到复数 z 的积分定义如下:

设函数 $f(z)=u(x,y)+iv(x,y)$ 在给定的一条光滑或逐段光滑曲线 C 上连续,且 C 是以 z_0 为起点,z 为终点的一条有向曲线,如图 2.7 所示.把曲线 C 任意分成 n 个小弧段,设一系列分点为 $z_0,z_1,z_2,\cdots,z_n$ $=z$,在每一小段 $[z_{k-1},z_k]$ 上任取一点 ζ_k,作和式

$$\sum_{k=1}^n f(\zeta_k)(z_k - z_{k-1}) = \sum_{k=1}^n f(\zeta_k)\Delta z_k$$

取这些弧段长度最大值为 λ,当分点无限增多,且 $\lambda \to 0$ 时,如果这个和式的极限存在且唯一,而且极限值与 C 的分法、ζ_k 选取方式无关,就称此极限值为函数 $f(z)$ 沿复平面

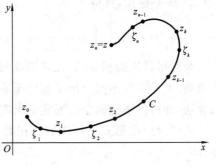

图 2.7

上曲线 C 的**积分**,也称**复积分**,记作 $\int_C f(z)\mathrm{d}z$,即

$$\int_C f(z)\mathrm{d}z = \lim_{\lambda \to 0} \sum_{k=1}^{n} f(\zeta_k)\Delta z_k$$

如果 C 为闭曲线,且为逆时针方向,那么沿此闭曲线的积分可记作 $\oint_C f(z)\mathrm{d}z$.

如果曲线 C 是由 $C_1,C_2,\cdots,C_n$ 等光滑曲线段首尾依次连接所组成的按段光滑曲线,那么规定:

$$\int_C f(z)\mathrm{d}z = \int_{C_1} f(z)\mathrm{d}z + \int_{C_2} f(z)\mathrm{d}z + \cdots + \int_{C_n} f(z)\mathrm{d}z$$

复积分有三个要素:被积函数、积分路径 C 和积分方向.

2.3.2 复积分的存在条件

定理 2.7 设函数 $f(z)=u(x,y)+iv(x,y)$ 在按段光滑的曲线 C 上连续,则 $f(z)$ 沿曲线 C 的积分存在,且有

$$\int_C f(z)\mathrm{d}z = \int_C u(x,y)\mathrm{d}x - v(x,y)\mathrm{d}y + i\int_C u(x,y)\mathrm{d}y + v(x,y)\mathrm{d}x \quad (2.11)$$

证明 设 $z_k=x_k+iy_k$,$\zeta_k=\xi_k+i\eta_k$,则

$$\sum_{k=1}^{n} f(\zeta_k)\Delta z_k = \sum_{k=1}^{n} [u(\xi_k,\eta_k)+iv(\xi_k,\eta_k)](\Delta x_k + i\Delta y_k)$$

$$= \sum_{k=1}^{n} [u(\xi_k,\eta_k)\Delta x_k - v(\xi_k,\eta_k)\Delta y_k]$$

$$+ i\sum_{k=1}^{n} [v(\xi_k,\eta_k)\Delta x_k + u(\xi_k,\eta_k)\Delta y_k]$$

由 $f(z)$ 在 C 上连续,可知 $u(x,y)$ 及 $v(x,y)$ 在 C 上连续,于是由线积分的存在定理,当 $\Delta z_k \to 0$,即 $\Delta x_k \to 0$,$\Delta y_k \to 0$ 时,上式右端的两个和式的极限都存在,因此 $\int_C f(z)\mathrm{d}z$ 必存在,且得

$$\int_C f(z)\mathrm{d}z = \int_C u(x,y)\mathrm{d}x - v(x,y)\mathrm{d}y + i\int_C u(x,y)\mathrm{d}y + v(x,y)\mathrm{d}x$$

今后所讨论的积分,若无特别说明,总假定被积函数是连续的,积分曲线是按段光滑的.上述定理不但给出了复变函数积分的存在条件,而且提供了一种计算复积分的方法,即可以通过两个二元实变函数的线积分来计算.

式(2.11)在形式上可以看作函数 $f(z)=u+iv$ 与微分 $\mathrm{d}z=\mathrm{d}x+i\mathrm{d}y$ 相乘后所得,即

$$\int_C f(z)\mathrm{d}z = \int_C (u+iv)(\mathrm{d}x+i\mathrm{d}y) = \int_C (u\mathrm{d}x - v\mathrm{d}y) + i(u\mathrm{d}y + v\mathrm{d}x)$$

$$= \int_C u\,dx - v\,dy + i\int_C u\,dy + v\,dx$$

设曲线 C 在复平面上的参数方程为 $z = z(t) = x(t) + iy(t)\,(t:a \to b)$,则有

$$\int_C f(z)\,dz = \int_a^b f[z(t)]\,d[z(t)] = \int_a^b f[z(t)]z'(t)\,dt \qquad (2.12)$$

因此复积分可通过曲线 C 的参数方程将其化为定积分来计算.

2.3.3 复积分的性质

从复积分的定义,能直接推出复积分的一系列简单性质,这些性质与实变函数的定积分的性质类似.

(1)(**线性性质**)设 k 与 λ 为常数,则

$$\int_C [kf(z) \pm \lambda g(z)]\,dz = k\int_C f(z)\,dz \pm \lambda\int_C g(z)\,dz$$

(2)设 C^- 是 C 的负向曲线,则

$$\int_C f(z)\,dz = -\int_{C^-} f(z)\,dz$$

(3)(**积分不等式**)设曲线 $C: z = z(t)\,(t:a \to b)$ 的长度为 L,函数在曲线 C 上有界,即存在正数 M,使得 $|f(z)| \leqslant M$,那么

$$\left|\int_C f(z)\,dz\right| \leqslant \int_a^b |f(z(t))|\,|z'(t)|\,dt \leqslant ML \qquad (2.13)$$

证明 性质(1)和性质(2)不难由复积分的定义推导出,下面证明性质(3).

将 $\int_C f(z)\,dz$ 的值表示为指数形式,即 $\int_C f(z)\,dz = re^{i\theta}$,则有

$$r = e^{-i\theta}\int_C f(z)\,dz = e^{-i\theta}\int_a^b f(z(t))z'(t)\,dt$$

因为 r 为实数,所以

$$r = \mathrm{Re}\,r = \mathrm{Re}\left[e^{-i\theta}\int_a^b f(z(t))z'(t)\,dt\right] = \int_a^b \mathrm{Re}[e^{-i\theta}f(z(t))z'(t)]\,dt$$

由于对任意的复数 ω,有 $\mathrm{Re}\,\omega \leqslant |\omega|$,故有

$$\mathrm{Re}[e^{-i\theta}f(z(t))z'(t)] \leqslant |e^{-i\theta}f(z(t))z'(t)| = |f(z(t))z'(t)|$$

于是有

$$\left|\int_C f(z)\,dz\right| = r = \int_a^b \mathrm{Re}[e^{-i\theta}f(z(t))z'(t)]\,dt \leqslant \int_a^b |f(z(t))z'(t)|\,dt$$

$$= \int_a^b |f(z(t))|\,|z'(t)|\,dt$$

这样就证明了第一个不等式.下面证明第二个不等式.

设 $z(t) = x(t) + iy(t)$,则 $z'(t) = x'(t) + iy'(t)$.又因为 $|f(z)| \leqslant M$,所以

$$\left|\int_C f(z)\,dz\right| \leqslant \int_a^b |f(z(t))|\,|z'(t)|\,dt \leqslant M\int_a^b |z'(t)|\,dt$$

$$= M\int_a^b \sqrt{(x'(t))^2 + (y'(t))^2}\,\mathrm{d}t = ML$$

例 2.20 设 C 为从原点到点 $3+4\mathrm{i}$ 的直线段,试求积分 $\displaystyle\int_C \frac{1}{z-i}\mathrm{d}z$ 绝对值的一个上界.

解 曲线 C 的参数方程为 $z=(3+4\mathrm{i})t, 0\leqslant t\leqslant 1$,长度 $L=5$. 在 C 上有

$$\left|\frac{1}{z-i}\right| = \frac{1}{|3t+(4t-1)\mathrm{i}|} = \frac{1}{\sqrt{25\left(t-\frac{4}{25}\right)^2 + \frac{9}{25}}} \leqslant \frac{5}{3}$$

从而,由积分不等式(式(2.13))得

$$\left|\int_C \frac{1}{z-i}\mathrm{d}z\right| \leqslant \frac{25}{3}$$

2.3.4 复积分的计算

本节中复积分的计算主要利用式(2.12),其他计算方法和公式将在第 3.2 节和第 3.3 节中展开讨论.

例 2.21 计算从 $A=-\mathrm{i}$ 到 $B=\mathrm{i}$ 的积分 $\displaystyle\int_C |z|\,\mathrm{d}z$,其中曲线 C 如下(见图 2.8):

(1) 线段 $\overline{AB}$;

(2) 左半平面中以原点为中心的左半单位圆.

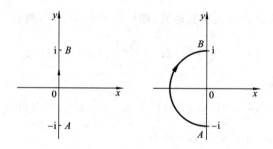

图 2.8

解 (1) 线段 $\overline{AB}$ 的参数方程为

$$z=\mathrm{i}t, \quad -1\leqslant t\leqslant 1$$

于是

$$|z| = |\mathrm{i}t| = |t|, \quad \mathrm{d}z = \mathrm{i}\mathrm{d}t$$

因而

$$\int_C |z|\,\mathrm{d}z = \int_{-1}^1 |t|\,\mathrm{i}\mathrm{d}t = \mathrm{i}\left[\int_{-1}^0 -t\mathrm{d}t + \int_0^1 t\mathrm{d}t\right] = \mathrm{i}$$

（2）左半平面中左半单位圆的参数方程为

$$z = \mathrm{e}^{-it}, \quad \frac{1}{2}\pi \leqslant t \leqslant \frac{3}{2}\pi$$

于是

$$|z| = |\mathrm{e}^{-it}| = 1, \quad \mathrm{d}z = -\mathrm{i}\mathrm{e}^{-it}\mathrm{d}t$$

因而

$$\int_C |z| \mathrm{d}z = \int_{\frac{\pi}{2}}^{\frac{3}{2}\pi} -\mathrm{i}\mathrm{e}^{-it}\mathrm{d}t = -\mathrm{i}\int_{\frac{\pi}{2}}^{\frac{3}{2}\pi} (\cos t - \mathrm{i}\sin t)\mathrm{d}t$$

$$= -\int_{\frac{\pi}{2}}^{\frac{3}{2}\pi} \sin t \mathrm{d}t - \mathrm{i}\int_{\frac{\pi}{2}}^{\frac{3}{2}\pi} \cos t \mathrm{d}t = 2\mathrm{i}$$

例 2.22 计算从 1 到 −1 的积分 $\displaystyle\int_C \frac{1}{\sqrt{z}}\mathrm{d}z$ 的值，其中曲线 C 分别如下（见图 2.9）.

（1）以原点为中心的上半单位圆；

（2）以原点为中心的下半单位圆.

解　（1）$C: z = z(\theta) = \mathrm{e}^{\mathrm{i}\theta}, 0 \leqslant \theta \leqslant \pi.$ 故 $\dfrac{1}{\sqrt{z}}$ 的主值为

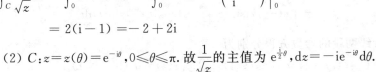

图 2.9

$\mathrm{e}^{-\frac{\mathrm{i}}{2}\theta}, \mathrm{d}z = \mathrm{i}\mathrm{e}^{\mathrm{i}\theta}\mathrm{d}\theta.$

$$\int_C \frac{1}{\sqrt{z}}\mathrm{d}z = \int_0^\pi \mathrm{e}^{-\frac{\mathrm{i}}{2}\theta}\mathrm{i}\mathrm{e}^{\mathrm{i}\theta}\mathrm{d}\theta = \mathrm{i}\int_0^\pi \mathrm{e}^{\frac{\mathrm{i}}{2}\theta}\mathrm{d}\theta = \mathrm{i}\left(\frac{2}{\mathrm{i}}\mathrm{e}^{\frac{\mathrm{i}}{2}\theta}\right)\Big|_0^\pi$$

$$= 2(\mathrm{i} - 1) = -2 + 2\mathrm{i}$$

（2）$C: z = z(\theta) = \mathrm{e}^{-\mathrm{i}\theta}, 0 \leqslant \theta \leqslant \pi.$ 故 $\dfrac{1}{\sqrt{z}}$ 的主值为 $\mathrm{e}^{\frac{\mathrm{i}}{2}\theta}, \mathrm{d}z = -\mathrm{i}\mathrm{e}^{-\mathrm{i}\theta}\mathrm{d}\theta.$

$$\int_C \frac{1}{\sqrt{z}}\mathrm{d}z = \int_0^\pi \mathrm{e}^{\frac{\mathrm{i}}{2}\theta}(-\mathrm{i}\mathrm{e}^{-\mathrm{i}\theta})\mathrm{d}\theta = -\mathrm{i}\int_0^\pi \mathrm{e}^{-\frac{\mathrm{i}}{2}\theta}\mathrm{d}\theta = -\mathrm{i}\left(-\frac{2}{\mathrm{i}}\mathrm{e}^{-\frac{\mathrm{i}}{2}\theta}\right)\Big|_0^\pi$$

$$= 2(-\mathrm{i} - 1) = -2 - 2\mathrm{i}$$

例 2.21 和例 2.22 表明，积分曲线的起、终点相同，路径不同，积分值会不同，故一般来说复变函数的积分与路径有关.

例 2.23 计算积分 $\displaystyle\int_C z^2\mathrm{d}z$ 的值，其中曲线 C 分别如下（见图 2.10）：

（1）从 $z = 0$ 到 $z = 1 + \mathrm{i}$ 的直线段；

（2）沿 $y = x^2$ 从 $z = 0$ 到 $z = 1 + \mathrm{i}$ 的抛物线段.

解　（1）C 的参数方程为 $z(t) = (1+\mathrm{i})t(0 \leqslant t \leqslant 1)$，则

$$\int_C z^2\mathrm{d}z = \int_0^1 [(1+\mathrm{i})t]^2(1+\mathrm{i})\mathrm{d}t = \frac{1}{3}(1+\mathrm{i})^3 = -\frac{2}{3}(1-\mathrm{i})$$

（2）C 的参数方程为 $\begin{cases} x = t \\ y = t^2 \end{cases}(0 \leqslant t \leqslant 1)$，则 $z(t) = t + \mathrm{i}t^2$，则

$$\int_C z^2 dz = \int_0^1 (t+it^2)^2(1+i2t)dt = \left[-\frac{i}{3}t^6 - t^5 + it^4 + \frac{1}{3}t^3\right]_0^1 = -\frac{2}{3}(1-i)$$

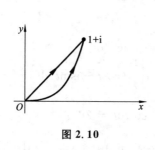

图 2.10

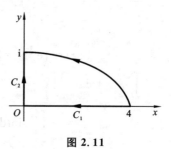

图 2.11

例 2.24 计算 $\int_C iz dz$ 的值,其中 C 分别如下(见图 2.11):

(1) 椭圆 $z(t)=4\cos t+i\sin t$ 对应于 $0\leqslant t\leqslant \frac{\pi}{2}$ 的一段曲线;

(2) 沿 x 轴从 $z=4$ 到原点,再沿 y 由原点到 $z=i$ 的折线段.

解 (1) 由于曲线 C 的参数方程为 $z(t)=4\cos t+i\sin t,0\leqslant t\leqslant \frac{\pi}{2}$,于是

$$\int_C iz dz = i\int_0^{\frac{\pi}{2}}(4\cos t+i\sin t)(-4\sin t+i\cos t)dt$$

$$= \int_0^{\frac{\pi}{2}}(-17i\sin t\cos t-4\cos^2 t+4\sin^2 t)dt = -\frac{17}{2}i$$

(2) 由于折线两段的参数方程分别为

$$C_1:z(t)=4-t\ (0\leqslant t\leqslant 4),\quad C_2:z(t)=it\ (0\leqslant t\leqslant 1)$$

于是

$$\int_C iz dz = i\int_0^4 (4-t)(-1)dt + i\int_0^1 (it)idt = -\frac{17}{2}i$$

例 2.23 和例 2.24 表明,积分曲线的起、终点相同,路径不同,但积分值相同. 因此,复积分也存在积分值与路径是否有关的问题,将在第 3.2 节对这一问题进行深入分析.

例 2.25 计算 $\oint_C \frac{dz}{(z-z_0)^n}(n\in \mathbf{Z})$,其中 $C:|z-z_0|=r$.

解 如图 2.12 所示,设 $z=z_0+re^{i\theta}(0\leqslant\theta\leqslant 2\pi)$,则

$$\oint_C \frac{dz}{(z-z_0)^n} = \int_0^{2\pi}\frac{d(z_0+re^{i\theta})}{r^n e^{in\theta}} = \int_0^{2\pi}\frac{re^{i\theta}id\theta}{r^n e^{in\theta}}$$

$$= \int_0^{2\pi}r^{1-n}e^{i(1-n)\theta}id\theta$$

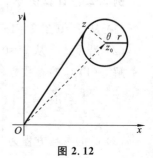

图 2.12

当 $n=1$ 时,

$$\int_0^{2\pi} r^{1-n}e^{i(1-n)\theta}id\theta = \int_0^{2\pi} id\theta = 2\pi i$$

当 $n\neq1$ 时,

$$\int_0^{2\pi} r^{1-n}e^{i(1-n)\theta}id\theta = \frac{r^{1-n}}{1-n}e^{i(1-n)\theta}\Big|_0^{2\pi} = 0$$

因此

$$\oint_C \frac{1}{(z-z_0)^{n+1}}dz = \begin{cases} 2\pi i, & n=0 \\ 0, & n\neq0 \end{cases} \tag{2.14}$$

这一结论非常重要,以后对于被积函数形如 $f(z)=\dfrac{a}{bz+c}$(a、b、c 为复常数),积分曲线是简单封闭曲线的积分都可以考虑应用以上结论.

练习题 2.3

1. 计算 $I=\displaystyle\int_C |z|^2 dz$,其中 C 如下:

(1) 由 $z=0$ 到 $z=1+i$ 的直线段;

(2) 由 $z=0$ 到 $z=i$ 再到 $z=1+i$ 的折线段.

2. 计算下列积分,其中积分路径 C 是沿抛物线 $y=x^2$ 从 $z=0$ 到 $z=1+i$ 的弧段.

(1) $\displaystyle\int_C (1-\bar{z})dz$;　　　　　(2) $\displaystyle\int_C (x+yi)dz$.

3. 计算下列积分,其中 C 为圆周 $|z-1|=r$.

(1) $\displaystyle\oint_C (z-1)dz$;　　　(2) $\displaystyle\oint_C \frac{1}{z-1}dz$;　　　(3) $\displaystyle\oint_C \frac{1}{(z-1)^2}dz$.

4. 试求积分 $\displaystyle\oint_C e^{\text{Re}z}dz$ 绝对值的一个上界,其中 C 为正向圆周 $|z|=2$.

* 2.4　复变函数的应用举例

复变函数是一门应用性很强的数学分支.历史上复变函数论的提出与发展是和应用相联系的.例如,达朗贝尔及欧拉由流体力学导出了著名的柯西-黎曼方程;茹科夫斯基应用复变函数证明了关于飞机翼升力公式,并且这一重要的结论反过来推动了复变函数的研究.下面通过两个方面简单了解一下复变函数的应用.

2.4.1　复变函数的物理意义

物理上许多的稳定平面场(场中的向量与时间无关)都可以用复变函数描述.

设有向量场

$$A = A_x(x,y,z,t)i + A_y(x,y,z,t)j + A_z(x,y,z,t)k$$

式中:i、j、k 是沿坐标轴的单位向量;t 是时间.

如果这个向量场中所有向量都与某个平面 P 平行,而且在垂直于平面 P 的直线上每一点处,于任一固定时刻 t,场中向量彼此相等,则称此向量场为平面平行向量场(见图 2.13).

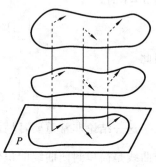

设 Oxy 平面平行于平面 P.于是有 $A_z(x,y,z,t) = 0$,并且

$$A = A_x(x,y,t)i + A_y(x,y,t)j$$

因此,对于平面平行向量场的研究,可简化为对平面 P 或与平面 P 平行的任一平面上的平面向量场的研究.

图 2.13

如果与平面平行的向量场不随时间变化而变化,则称之为平面定常向量场.本节只讨论平面定常向量场.

$$A = A_x(x,y)i + A_y(x,y)j$$

由于场中的点可用复数 $z = x + iy$ 表示,因此向量 $A = A_x(x,y)i + A_y(x,y)j$ 可借助复变函数

$$A = A(z) = A_x(x,y) + iA_y(x,y)$$

来表示.反之,如果已知某一复变函数 $\omega = u(x,y) + iv(x,y)$,也可由此作出一个对应的平面向量场.

例如,一个平面定常流速场(如河水的表面)

$$v = v_x(x,y)i + v_y(x,y)j$$

可以用复变函数

$$v = v(z) = v_x(x,y) + iv_y(x,y)$$

来表示.

又如,垂直于均匀带电的无限长直导线的所有平面上,电场的分布是相同的,因而可以取其中某一个平面为代表,当作平面电场来研究.由于电场强度向量为

$$E = E_x(x,y)i + E_y(x,y)j$$

因此该平面电场可以用一个复变函数

$$E = E(z) = E_x(x,y) + iE_y(x,y)$$

来表示.

平面向量场与复变函数的这种密切关系不仅说明了复变函数具有明确的物理意义,而且可以利用复变函数相关理论来研究平面向量场的有关问题.本书将在第 3.5 节介绍解析函数在平面向量场的应用问题.

2.4.2　复积分的物理意义

由于 $\overline{f(z)}=u(x,y)-\mathrm{i}v(x,y)$ 在曲线 C 上连续,根据式(2.11),有

$$\int_C \overline{f(z)}\mathrm{d}z = \int_C u(x,y)\mathrm{d}x + v(x,y)\mathrm{d}y + \mathrm{i}\int_C -v(x,y)\mathrm{d}x + u(x,y)\mathrm{d}y$$

记 $\varphi = \int_C u(x,y)\mathrm{d}x + v(x,y)\mathrm{d}y$ 与 $\psi = \int_C -v(x,y)\mathrm{d}x + u(x,y)\mathrm{d}y$,则有

$$\varphi = \mathrm{Re}\left[\int_C \overline{f(z)}\mathrm{d}z\right], \quad \psi = \mathrm{Im}\left[\int_C \overline{f(z)}\mathrm{d}z\right] \tag{2.15}$$

在物理学中 φ 与 ψ 都是重要的基本物理量.

如果 $f(z)$ 表示一个力场,则 φ 表示场力沿有向曲线 C 所做的**功**;如果 $f(z)$ 表示一个不可压缩流体的流速场,且 C 是闭曲线,则 φ 表示流体沿曲线 C 正向的**环流量**, ψ 表示流体从闭曲线 C 的内部流向外部的**通量**;如果 $f(z)$ 表示一个磁场,则 ψ 表示该磁场通过曲线 C 的**磁通量**.因此,这些物理量都可以通过复积分表示.

例 2.26　设不可压缩流体的流速场 $A = \dfrac{x-y}{x^2+y^2}\boldsymbol{i} + \dfrac{x+y}{x^2+y^2}\boldsymbol{j}$,曲线 C 为该流速场内的正向圆周 $x^2+y^2=1$,求流体沿曲线 C 的环流量及流体从 C 的内部流向外部的流量.

解　将场 A 用复变函数 $f(z)$ 表示,设 $z=x+y\mathrm{i}$,则

$$f(z) = \frac{x-y}{x^2+y^2} + \frac{x+y}{x^2+y^2}\mathrm{i} = (1+\mathrm{i})\left(\frac{x}{x^2+y^2} + \frac{y}{x^2+y^2}\mathrm{i}\right) = \frac{1+\mathrm{i}}{\bar{z}}$$

从而,$\overline{f(z)} = \dfrac{1-\mathrm{i}}{z}$,曲线 C 的方程表示为 $|z|=1$,由式(2.14)得

$$\oint_C \overline{f(z)}\mathrm{d}z = \oint_C \frac{1-\mathrm{i}}{z}\mathrm{d}z = (1-\mathrm{i})\oint_C \frac{1}{z}\mathrm{d}z = 2\pi\mathrm{i}(1-\mathrm{i}) = 2\pi + 2\pi\mathrm{i}$$

由式(2.15)得,流体沿曲线 C 的环流量 $\varphi=2\pi$,流体从 C 内部流向外部的流量 $\psi=2\pi$.

练习题 2.4

1. 设在平面力场 $f(z) = -x+y+\mathrm{i}x^2$ 中,质点从 $z=0$ 沿直线移动到 $z=1+\mathrm{i}$,求场力所做的功.

2. 已知函数 $f(z) = \dfrac{1}{\bar{z}^2-1}$ 表示一个磁场,曲线 C 为该磁场内的正向曲线 $|z-1| = \dfrac{1}{2}$,求磁场通过曲线 C 的磁通量.

综合练习题 2

1. 计算下列各值：

(1) $|e^{z^2}|$；　　　　　　　　(2) $\text{Re}\,e^{\frac{1}{z}}$.

2. 计算下列各值：

(1) $1^{\sqrt{2}}$；　　　　　　(2) i^i；　　　　　　　(3) $\cos i$.

3. 解下列方程：

(1) $e^z=\sqrt{3}+i$；　　　　(2) $z^2+2iz-2=0$；　　　　(3) $\tan z=-1$.

4. 求下列函数的极限：

(1) $\lim\limits_{z\to 3}\dfrac{z^2-2z-3}{z(z-3)}$；　　　(2) $\lim\limits_{z\to 1}\dfrac{z\bar{z}+2z-\bar{z}-2}{z^2-1}$.

5. 已知函数 $f(z)=\dfrac{\ln\left(\dfrac{1}{2}+z^2\right)}{\sin\left(\dfrac{1+i}{4}\pi z\right)}$，求 $|f'(1-i)|$ 及 $\arg f'(1-i)$.

6. 求下列函数的不连续点：

(1) $f(z)=\dfrac{e^z}{z^2(z^2+1)}$；　　(2) $f(z)=\dfrac{\sin z}{(z+1)^2(z^2+1)}$；　(3) $f(z)=\tan z$.

7. 计算积分 $\displaystyle\int_C(x-y+ix^2)\mathrm{d}z$，其中积分路径 C 如下：

(1) 从 $z=0$ 到 $z=1+i$ 的直线段；

(2) 从 $z=0$ 到 $z=1$，再到 $z=1+i$ 的折线段；

(3) 从 $z=0$ 到 $z=i$，再到 $z=1+i$ 的折线段.

8. 计算积分 $\displaystyle\int_C\text{Im}\,z\mathrm{d}z$，其中积分路线 C 如下：

(1) 自 0 至 $2+i$ 的直线段.

(2) 自 0 至 2 沿实轴进行，再自 2 至 $2+i$ 沿与虚轴平行的方向进行的折线.

9. 计算积分 $\displaystyle\oint_C\dfrac{\bar{z}}{|z|}\mathrm{d}z$，其中积分路径 C 如下：

(1) 正向圆周 $|z|=1$；　　(2) 正向圆周 $|z|=4$.

10. 利用积分不等式证明：

(1) $\left|\displaystyle\int_{-i}^{i}(x^2+iy^2)\mathrm{d}z\right|\leqslant 2$，积分路线为自 $-i$ 至 i 的直线段.

(2) $\left|\displaystyle\int_{-i}^{i}(x^2+iy^2)\mathrm{d}z\right|\leqslant\pi$，积分路线为连接 $-i$ 与 i 且中心在原点的右半个圆周.

数学家简介

　　欧拉(Leonhard Euler,1707 年 4 月 15 日—1783 年
9 月 18 日,见图 2.14),瑞士著名数学家和物理学家.他被
一些数学史学者称为历史上最伟大的两位数学家之一
(另一位是高斯).欧拉是第一个使用包含各种参数的表
达式(例如,$y=F(x)$)来描述函数的人,同时他也是把微
积分应用于物理学的先驱者之一.

图 2.14

　　欧拉生于瑞士,并在那里接受教育.他是一位数学神
童,作为数学教授,先后任教于圣彼得堡和柏林,尔后再
返回圣彼得堡.欧拉是一位成果丰富的数学家,他的全集
共计 75 卷.欧拉实际上引领了 18 世纪的数学.对于当时
的新发现微积分,他推导出了很多结果.在生命的最后 7 年中,欧拉的双目完全失明,
尽管如此,他还是以惊人的速度完成了生平一半的著作.

　　欧拉到底写了多少著作,直至 1936 年人们也没有确切的了解.要出版已经搜集
到的欧拉的学术论文,这项工作是在全世界许多个人和数学团体的资助之下进行的,
这也恰恰显示出,欧拉的成果属于整个文明世界,而不仅仅属于瑞士.为这项工作仔
细编制的预算(1909 年约合 80000 美元)却又由于在圣彼得堡意外地发现大量欧拉
手稿而被完全打破了.

　　欧拉的数学、物理学成果极其丰富,涉及的领域极其广泛,如果把欧拉的成果比
作大海,那么下面列举的成就仅仅是大海中的一滴水:欧拉和丹尼尔·伯努利一起,
建立了弹性体的力矩定律;他直接从牛顿运动定律出发,建立了流体力学里的欧拉方
程;他对微分方程理论作出了重要贡献;他还是欧拉近似法的创始人,这些计算法被
用于计算力学中,其中最有名的称为欧拉方法;在数论里他引入了欧拉函数,在计算
机领域中广泛使用的 RSA 公钥密码算法也正是以欧拉函数为基础的;在分析领域,
是欧拉综合了莱布尼茨的微分与牛顿的流数;欧拉将虚数的幂定义为 $i^2=-1$,创立
了欧拉公式,为复分析的创立作出了贡献.

第3章　解析函数及其相关定理

解析函数是复变函数论所研究的主要对象,它在理论和实际问题中有着广泛的应用.特别是一些平面向量场,例如,力场、流速场、电磁场等,可以用复变函数来表示,进而可以利用函数的解析性来研究这些向量场.本章内容包括了复变函数论中重要的定理、公式和推论,也是后面留数计算的理论基础.

本章首先介绍解析函数的概念,研究解析函数的判别方法及相关理论;其次讨论解析函数积分的基本定理——柯西积分定理和柯西积分公式,这些是研究解析函数的理论基础,利用它们可得到一个重要的结论——解析函数的导数仍然是解析函数,从而得到解析函数的无限次可微性;接着讨论解析函数和调和函数的关系及调和函数的一些基本性质;最后,通过若干平面场的例子,说明解析函数在实际工程技术中的应用.

3.1　解　析　函　数

3.1.1　解析的概念

如果函数 $\omega = f(z)$ 在点 z 以及 z 的某个邻域内处处可导,那么称函数 $f(z)$ 在点 z **解析**.如果 $f(z)$ 在区域 D 内每一点都解析,称函数 $f(z)$ 在 D 内解析,或称 $f(z)$ 是 D 的**解析函数**;如果 $f(z)$ 在点 z 不解析,那么称点 z 为函数 $f(z)$ 的**奇点**.

例如,有理整函数在复平面内处处可导,因而处处解析;有理分式函数在分母不为零的点处可导,因而在除去分母为零的点外处处解析,分母为零的点是函数的奇点.又如,由第 2 章例 2.18 可知,函数 $f(z) = \bar{z}$ 在复平面内处处不可导,因而处处不解析.

由解析定义可知,函数在区域内解析与在该区域内可导是等价的.函数在一点解析,当然一定在该点可导.但是,函数在一点可导,却不一定在该点解析,因为在一点解析除了要求在该点可导外,还要求在该点的某邻域内可导.也就是说,函数在一点解析和在一点可导并不等价.

例 3.1　讨论函数 $f(z) = |z|^2$ 的解析性.

解　由于

$$\frac{f(z_0 + \Delta z) - f(z_0)}{\Delta z} = \frac{|z_0 + \Delta z|^2 - |z_0|^2}{\Delta z} = \frac{(z_0 + \Delta z)(\overline{z_0} + \overline{\Delta z}) - z_0 \overline{z_0}}{\Delta z}$$

$$= \overline{z_0} + \overline{\Delta z} + z_0 \frac{\overline{\Delta z}}{\Delta z}$$

易见,如果 $z_0 = 0$,那么当 $\Delta z \to 0$ 时,上式的极限是零.如果 $z_0 \neq 0$,令 $z_0 + \Delta z$ 沿直线

$$y - y_0 = k(x - x_0)$$

趋于 z_0,由 k 的任意性知

$$\frac{\overline{\Delta z}}{\Delta z} = \frac{\Delta x - \Delta y \mathrm{i}}{\Delta x + \Delta y \mathrm{i}} = \frac{1 - \dfrac{\Delta y}{\Delta x} \mathrm{i}}{1 + \dfrac{\Delta y}{\Delta x} \mathrm{i}} = -\frac{1 - k \mathrm{i}}{1 + k \mathrm{i}}$$

不趋于一个确定的值.所以,当 $\Delta z \to 0$ 时,比值 $\dfrac{f(z_0 + \Delta z) - f(z_0)}{\Delta z}$ 的极限不存在.

因此,$f(z) = |z|^2$ 仅在 $z_0 = 0$ 处可导,而在其他点都不可导.由解析的定义知,尽管 $f(z)$ 在 $z_0 = 0$ 处可导,但在复平面内处处不解析.

3.1.2　解析的充要条件

前面判断函数的可导性和解析性主要是根据定义进行的.这种方法有时候并不方便,特别是对于由两个实变函数确定的函数

$$f(z) = u(x, y) + \mathrm{i} v(x, y)$$

用定义来讨论比较麻烦.为此,给出由这两个实变函数判断 $f(z)$ 可导和解析的一个充要条件.

定理 3.1　函数 $f(z) = u(x, y) + \mathrm{i} v(x, y)$ 在点 $z = x + \mathrm{i} y$ 处可导的充要条件是二元实变函数 $u(x, y)$ 和 $v(x, y)$ 在点 (x, y) 处可微,且满足方程

$$\frac{\partial u}{\partial x} = \frac{\partial v}{\partial y}, \quad \frac{\partial u}{\partial y} = -\frac{\partial v}{\partial x} \tag{3.1}$$

式(3.1)称为**柯西 - 黎曼(Cauchy-Riemann)方程**,简称 **C-R 方程**.

证明　首先证明必要性.设函数 $f(z)$ 在点 $z = x + y \mathrm{i}$ 处可导,且 $f'(z) = a + b \mathrm{i}$,则有

$$\lim_{\Delta z \to 0} \frac{f(z + \Delta z) - f(z)}{\Delta z} = a + b \mathrm{i}$$

与定理 2.5 的证明类似,令

$$\rho(\Delta z) = \frac{f(z + \Delta z) - f(z)}{\Delta z} - (a + b \mathrm{i}) \tag{3.2}$$

则有

$$\lim_{\Delta z \to 0} \rho(\Delta z) = 0$$

令 $\Delta z = \Delta x + \mathrm{i} \Delta y, \rho(\Delta z) = \rho_1 + \mathrm{i} \rho_2$,由式(3.2)可得

$$\begin{aligned} f(z + \Delta z) - f(z) &= (a + b \mathrm{i}) \Delta z + \rho(\Delta z) \Delta z \\ &= (a + b \mathrm{i})(\Delta x + \mathrm{i} \Delta y) + (\rho_1 + \mathrm{i} \rho_2)(\Delta x + \mathrm{i} \Delta y) \\ &= (a \Delta x - b \Delta y + \rho_1 \Delta x - \rho_2 \Delta y) + \mathrm{i}(a \Delta y + b \Delta x + \rho_1 \Delta y + \rho_2 \Delta x) \end{aligned}$$

另一方面，

$$f(z+\Delta z)-f(z)=f(x+\Delta x+\mathrm{i}(y+\Delta y))-f(x+\mathrm{i}y)$$
$$=u(x+\Delta x,y+\Delta y)+\mathrm{i}v(x+\Delta x,y+\Delta y)$$
$$-u(x,y)-\mathrm{i}v(x,y)=\Delta u+\Delta v\mathrm{i}$$

于是就有

$$\Delta u=a\Delta x-b\Delta y+\rho_1\Delta x-\rho_2\Delta y$$
$$\Delta v=a\Delta y+b\Delta x+\rho_1\Delta y+\rho_2\Delta x$$

由于 $\lim\limits_{\Delta x\to 0}\rho(\Delta z)=0$，所以 $\lim\limits_{\substack{\Delta x\to 0\\ \Delta y\to 0}}\rho_1=0$，$\lim\limits_{\substack{\Delta x\to 0\\ \Delta y\to 0}}\rho_2=0$. 因此得知函数 $u(x,y)$ 和 $v(x,y)$ 可微，

而且满足方程

$$a=\frac{\partial u}{\partial x}=\frac{\partial v}{\partial y},\quad b=\frac{\partial v}{\partial x}=-\frac{\partial u}{\partial y}$$

再来证明定理的充分性. 沿用必要性证明过程中的记号，有

$$f(z+\Delta z)-f(z)=\Delta u+\mathrm{i}\Delta v$$

因为 $u(x,y)$ 和 $v(x,y)$ 可微，可知

$$\Delta u=\frac{\partial u}{\partial x}\Delta x+\frac{\partial u}{\partial y}\Delta y+o(\rho)$$

$$\Delta v=\frac{\partial v}{\partial x}\Delta x+\frac{\partial v}{\partial y}\Delta y+o(\rho)$$

式中：$\rho=\sqrt{\Delta x^2+\Delta y^2}$.

因此
$$f(z+\Delta z)-f(z)=\left(\frac{\partial u}{\partial x}\Delta x+\frac{\partial u}{\partial y}\Delta y\right)+\mathrm{i}\left(\frac{\partial v}{\partial x}\Delta x+\frac{\partial v}{\partial y}\Delta y\right)+o(\rho)$$

$$=\left(\frac{\partial u}{\partial x}+\mathrm{i}\frac{\partial v}{\partial x}\right)\Delta x+\left(\frac{\partial u}{\partial y}+\mathrm{i}\frac{\partial v}{\partial y}\right)\Delta y+o(\rho)$$

又由于 $u(x,y)$ 和 $v(x,y)$ 满足柯西-黎曼方程，即

$$\frac{\partial u}{\partial x}=\frac{\partial v}{\partial y},\quad \frac{\partial u}{\partial y}=-\frac{\partial v}{\partial x}=\mathrm{i}^2\frac{\partial v}{\partial x}$$

因此

$$f(z+\Delta z)-f(z)=\left(\frac{\partial u}{\partial x}+\mathrm{i}\frac{\partial v}{\partial x}\right)\Delta x+\mathrm{i}\left(\frac{\partial u}{\partial x}+\mathrm{i}\frac{\partial v}{\partial x}\right)\Delta y+o(\rho)$$

$$=\left(\frac{\partial u}{\partial x}+\mathrm{i}\frac{\partial v}{\partial x}\right)(\Delta x+\mathrm{i}\Delta y)+o(\rho)$$

两边同除以 $\Delta z=\Delta x+\mathrm{i}\Delta y$，有

$$\frac{f(z+\Delta z)-f(z)}{\Delta z}=\frac{\partial u}{\partial x}+\mathrm{i}\frac{\partial v}{\partial x}+\frac{o(\rho)}{\Delta z} \tag{3.3}$$

当 $\Delta z\to 0$ 时，$\left|\dfrac{o(\rho)}{\Delta z}\right|=\dfrac{|o(\rho)|}{\rho}\to 0$，因此对式(3.3)取极限得

$$\lim_{\Delta z \to 0} \frac{f(z+\Delta z)-f(z)}{\Delta z} = \frac{\partial u}{\partial x} + \mathrm{i}\frac{\partial v}{\partial x} \tag{3.4}$$

这样就证明了函数 $f(z)$ 在 $z=x+y\mathrm{i}$ 点可导.

由式(3.4)及柯西-黎曼方程立即可得函数 $f(z)=u(x,y)+\mathrm{i}v(x,y)$ 在点 $z=x+y\mathrm{i}$ 处的导数公式:

$$f'(z) = \frac{\partial u}{\partial x} + \mathrm{i}\frac{\partial v}{\partial x} = \frac{\partial v}{\partial y} - \frac{\partial u}{\partial y}\mathrm{i} = \frac{\partial u}{\partial x} - \mathrm{i}\frac{\partial u}{\partial y} = \frac{\partial v}{\partial y} + \mathrm{i}\frac{\partial v}{\partial x} \tag{3.5}$$

由于函数在区域 D 内解析与可导是等价的,由定理 3.1 可以得到判断函数在区域 D 内解析的一个充要条件.

定理 3.2 函数 $f(z)=u(x,y)+\mathrm{i}v(x,y)$ 在定义区域 D 内解析的充要条件是 $u(x,y)$ 和 $v(x,y)$ 在区域 D 内可微,并且满足柯西-黎曼方程.

定理 3.1 和定理 3.2 不仅给出了判断函数是否可导和是否解析的一个简捷方法,而且给出了一个方便使用的求导公式(式(3.5)). 在利用定理证明函数 $f(z)=u(x,y)+\mathrm{i}v(x,y)$ 可导或解析时,$u(x,y)$ 和 $v(x,y)$ 可微的条件检验起来不太方便,这里可以用可微的充分条件[①]——"函数 $u(x,y)$ 和 $v(x,y)$ 具有连续偏导数"来检验.

例 3.2 判断函数 $f(z)=z\mathrm{Re}z$ 在何处可导,在何处解析.

解 因为 $f(z)=z\mathrm{Re}z=x^2+xy\mathrm{i}$,所以 $u(x,y)=x^2, v(x,y)=xy$,则

$$\frac{\partial u}{\partial x}=2x, \quad \frac{\partial u}{\partial y}=0, \quad \frac{\partial v}{\partial x}=y, \quad \frac{\partial v}{\partial y}=x$$

显然,这四个偏导数都连续(从而 u、v 都可微). 又由柯西-黎曼方程

$$\frac{\partial u}{\partial x}=\frac{\partial v}{\partial y}, \quad \frac{\partial u}{\partial y}=-\frac{\partial v}{\partial x}$$

仅当 $2x=x, y=0$,即 $x=y=0$ 时成立,所以函数 $f(z)$ 仅在 $z=0$ 点可导,在复平面内处处不解析.

例 3.3 设函数 $f(z)=x^2+axy+by^2+\mathrm{i}(cx^2+dxy+y^2)$ 在复平面内处处解析,求常数 a、b、c、d.

解 由于 $u(x,y)=x^2+axy+by^2, v(x,y)=cx^2+dxy+y^2$,则

$$\frac{\partial u}{\partial x}=2x+ay, \quad \frac{\partial u}{\partial y}=ax+2by, \quad \frac{\partial v}{\partial x}=2cx+dy, \quad \frac{\partial v}{\partial y}=dx+2y$$

若 $f(z)$ 在复平面上处处解析,则这些偏导数满足柯西-黎曼方程,即

$$\frac{\partial u}{\partial x}=\frac{\partial v}{\partial y}, \quad \frac{\partial u}{\partial y}=-\frac{\partial v}{\partial x}$$

因此,对任意的 x、y 有

---

① 参见同济大学数学系编写的《高等数学(第 6 版)》下册第 76 页定理 2.

$$2x+ay=dx+2y, \quad ax+2by=-2cx-dy$$

比较系数得：$a=2,b=-1,c=-1,d=2$.

例 3.4 如果 $f'(z)$ 在区域 D 处处为零，那么 $f(z)$ 在 D 内为一常数.

解 设 $f(z)=u+\mathrm{i}v$，由求导公式（式(3.5)）有

$$f'(z)=\frac{\partial u}{\partial x}+\mathrm{i}\frac{\partial v}{\partial x}=\frac{\partial v}{\partial y}-\mathrm{i}\frac{\partial u}{\partial y}\equiv 0$$

故

$$\frac{\partial u}{\partial x}=\frac{\partial v}{\partial x}=\frac{\partial v}{\partial y}=\frac{\partial u}{\partial y}=0$$

u 和 v 均为常数，因而 $f(z)$ 在 D 内是常数.

例 3.5 证明函数 $f(z)=\sqrt{|xy|}$ 在点 $z=0$ 处满足柯西-黎曼方程，但并不可导.

证明 由题知 $u=\sqrt{xy}$，$v=0$，在点 $z=0$ 处，有

$$\left.\frac{\partial u}{\partial x}\right|_{z=0}=\lim_{\Delta x\to 0}\frac{u(\Delta x,0)-u(0,0)}{\Delta x}=\lim_{\Delta x\to 0}\frac{\sqrt{|\Delta x|\cdot 0}-0}{\Delta x}=0$$

$$\left.\frac{\partial u}{\partial y}\right|_{z=0}=\lim_{\Delta y\to 0}\frac{u(0,\Delta y)-u(0,0)}{\Delta y}=\lim_{\Delta y\to 0}\frac{\sqrt{0\cdot|\Delta y|}-0}{\Delta y}=0$$

同理可得

$$\left.\frac{\partial v}{\partial x}\right|_{z=0}=0, \quad \left.\frac{\partial v}{\partial y}\right|_{z=0}=0$$

可见 $f(z)$ 在点 $z=0$ 处满足柯西-黎曼方程. 但由定义式知

$$\lim_{\Delta z\to 0}\frac{\sqrt{|\Delta x||\Delta y|}-0}{\Delta z}=\begin{cases}0, & \Delta y=0,\Delta x\to 0\ (\Delta x>0)\\ \dfrac{\Delta y}{(1+\mathrm{i})\Delta y}=1-\mathrm{i}, & \Delta x=\Delta y\to 0\end{cases}$$

故可知 $f(z)$ 在点 $z=0$ 处不可导.

这个例子说明满足柯西-黎曼方程是函数可导的必要条件而非充分条件.

下面通过几个例子给出一些初等函数的解析性.

例 3.6 证明指数函数 $\mathrm{e}^z=\mathrm{e}^x(\cos y+\mathrm{i}\sin y)$ 在复平面内处处解析并求其导数.

解 因为 $u=\mathrm{e}^x\cos y$，$v=\mathrm{e}^x\sin y$，且

$$\frac{\partial u}{\partial x}=\mathrm{e}^x\cos y, \quad \frac{\partial u}{\partial y}=-\mathrm{e}^x\sin y$$

$$\frac{\partial v}{\partial x}=\mathrm{e}^x\sin y, \quad \frac{\partial v}{\partial y}=\mathrm{e}^x\cos y$$

从而

$$\frac{\partial u}{\partial x}=\frac{\partial v}{\partial y}, \quad \frac{\partial u}{\partial y}=-\frac{\partial v}{\partial x}$$

又因为这四个一阶偏导数都是连续的,所以指数函数 e^z 在复平面内处处可导、处处解析. 根据式(3.5),有

$$(e^z)' = e^x(\cos y + i\sin y) = e^z$$

这表明,指数函数的导数是其本身,这和实指数函数是一致的.

由于余弦函数 $\cos z$ 和正弦函数 $\sin z$ 是利用指数函数定义的,因此根据例 3.6 的结论和定理 2.6 中的求导法则不难得到,$\cos z$ 和 $\sin z$ 在复平面内处处解析,且有

$$(\cos z)' = -\sin z, \quad (\sin z)' = \cos z$$

例 3.7　讨论对数函数 $\text{Ln}z = \ln z + 2k\pi i\,(k\in \mathbf{Z})$ 的解析性,其中 $\ln z$ 是其主值.

解　首先研究主值 $\ln z$ 的解析性,我们已经知道,在原点处和负实轴上,$\ln z$ 不连续,因此不可导;除去原点和负实轴,在复平面其他点处 $\ln z$ 为连续的单值函数,它的反函数为 $z = e^w$,由反函数求导法则可知

$$\frac{d\ln z}{dz} = \frac{1}{\dfrac{de^w}{d\omega}} = \frac{1}{e^w} = \frac{1}{z}$$

所以,$\ln z$ 在除去原点和负实轴的复平面内解析.

由于 $\text{Ln}z = \ln z + 2k\pi i\,(k = 0, \pm 1, \pm 2, \cdots)$,即 $\text{Ln}z$ 的各个分支等于 $\ln z$ 加上一个复常数,因而 $\text{Ln}z$ 的各个分支在除去原点和负实轴的复平面内也解析,并且具有相同的导数.

例 3.8　讨论幂函数 $\omega = \sqrt[n]{z}$ 的解析性,其中 n 为正整数.

解　幂函数 $\omega = \sqrt[n]{z}$ 是一个多值函数,具有 n 个分支. 由于

$$\sqrt[n]{z} = z^{\frac{1}{n}} = e^{\frac{1}{n}\text{Ln}z}$$

而对数函数 $\text{Ln}z$ 在除去原点和负实轴的复平面是内解析的,因而由复合函数的求导法则,有

$$(\sqrt[n]{z})' = (e^{\frac{1}{n}\text{Ln}z})' = \frac{1}{n}e^{\frac{1}{n}\text{Ln}z}\frac{1}{z} = \frac{1}{n}z^{\frac{1}{n}-1}$$

所以,$\omega = \sqrt[n]{z}$ 在除去原点和负实轴的复平面内解析.

对于一般的幂函数 $\omega = z^b$(除去 $b = n$),同样的道理,它的各个分支在除去原点和负实轴的复平面内也是解析的,并且有

$$(z^b)' = bz^{b-1}$$

练习题 3.1

1. 求下列复变函数的导数:

(1) $f(z) = \dfrac{z^2 + i}{\cos z}$;　　　　(2) $f(z) = \ln(z^2 + 1)$.

2. 证明函数 $f(z)=\sin x\cosh y+\mathrm{i}\cos x\sinh y$ 在复平面上处处解析.

3. 判断下列函数在何处可导、何处解析：

(1) $f(z)=x^2+y^2\mathrm{i}$；　　　(2) $f(z)=xy^2-\mathrm{i}x^2y$；

(3) $f(z)=x^3-3xy^2+\mathrm{i}(3x^2y-y^3)$.

4. 设函数 $f(z)=u+\mathrm{i}v$ 在区域 D 内解析，且 $v=u^3$，证明 $f(z)$ 为常数.

3.2　柯西积分定理及其推广

在第 2.3 节中我们已经发现，和实变函数的曲线积分一样，复变函数的积分也存在积分与路径是否有关的问题. 如果积分值与路径无关，就可以选择适当的路径以简化积分的计算. 那么，在什么条件下积分与路径无关呢？

既然复变函数的积分可以转化为实变函数线积分，那么解决复变函数积分与路径无关的问题，自然要归结为线积分与路径无关的问题. 而高数中线积分与路径无关的条件相当于线积分沿任一简单闭曲线积分值为零[①].

于是，对于复变函数积分也有类似的结论：在单连通区域内，积分 $\displaystyle\int_C f(z)\mathrm{d}z$ 与路径无关等价于它沿 D 内任一闭曲线的积分为零. 但被积函数 $f(z)$ 必须满足什么条件才能保证这一结论成立呢？

1825 年法国数学家柯西(Cauchy)给出了下面的定理，回答了上面的问题. 这个定理是复变函数论的重要基础.

3.2.1　柯西积分定理

定理 3.3　若函数 $f(z)$ 在单连通域 D 内解析，那么函数 $f(z)$ 沿 D 内的任何一条封闭曲线 C 的积分为零，即

$$\oint_C f(z)\mathrm{d}z = 0 \tag{3.6}$$

这个定理的证明比较复杂. 1851 年黎曼在附加条件" $f'(z)$ 在 D 内连续"下给出了以下简单的证明.

证明　由于 $f(z)$ 在 D 内解析，因此 $f'(z)$ 存在，$f'(z)$ 在 D 内连续，这当然意味着 u、v 的一阶偏导数存在且连续. 这时可以利用式(2.11)和高等数学里学过的 Green 公式，还有柯西-黎曼方程，得到

$$\oint_C f(z)\mathrm{d}z = \oint_C u\mathrm{d}x - v\mathrm{d}y + \mathrm{i}\oint_C v\mathrm{d}x + u\mathrm{d}y$$

---

① 参见同济大学数学系编写的《高等数学(第 6 版)》下册第 206 页定理 2.

$$=-\iint_G\left(\frac{\partial v}{\partial x}+\frac{\partial u}{\partial y}\right)\mathrm{d}x\mathrm{d}y+\mathrm{i}\iint_G\left(\frac{\partial u}{\partial x}-\frac{\partial v}{\partial y}\right)\mathrm{d}x\mathrm{d}y=0$$

式中：$G\subset D$，是由闭曲线 C 所围成的区域.

在导数 $f'(z)$ 连续的情况下，柯西积分定理的证明显得极为简单，若连续性未知，证明会变得很难. 不过对于此定理的真实性来说，连续性的条件不是必要的. 有关不要附加条件的证明，最早是由法国数学家古萨（E. Goursat）给出的，所以人们又称这个定理为**柯西-古萨(Cauchy-Goursat)**定理.

事实上，柯西积分定理的条件还可以弱化. 这个定理成立的条件之一是曲线 C 要属于解析区域 D，如果 C 是区域 D 的边界，$f(z)$ 在 D 内解析，在曲线 C 上连续，那么此定理依然成立.

例 3.9　计算 $\oint_C\mathrm{e}^{z^2}\mathrm{d}z$，其中 C 为平面内任意一条闭曲线（见图 3.1）.

解　函数 $f(z)=\mathrm{e}^{z^2}$ 在复平面内处处解析，而整个复平面显然是单连通的，因此

$$\oint_C\mathrm{e}^{z^2}\mathrm{d}z=0$$

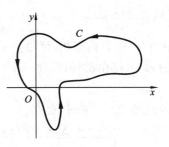

图 3.1

3.2.2　原函数与不定积分

利用柯西积分定理可得到以下结论.

定理 3.4　若函数 $f(z)$ 在单连通域 D 内解析，z_0、z_1 是在 D 内任意两点，任取此两点之间的两连线 C_1，$C_2\subset D$，则有

$$\int_{C_1}f(z)\mathrm{d}z=\int_{C_2}f(z)\mathrm{d}z \tag{3.7}$$

证明　由于 C_1、C_2^- 可构成闭合曲线 C（见图 3.2），且在 C 的内部 $f(z)$ 解析，因此

$$\oint_Cf(z)\mathrm{d}z=\int_{C_1}f(z)\mathrm{d}z+\int_{C_2^-}f(z)\mathrm{d}z=0$$

由此可直接推出式(3.7).

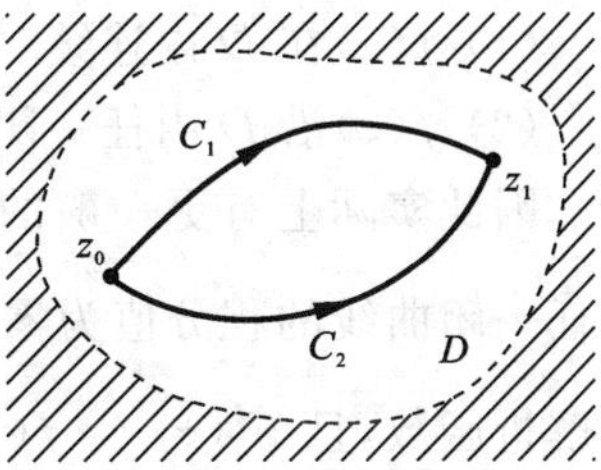

图 3.2

若在区域 D 内积分 $\int_Cf(z)\mathrm{d}z$ 与路径无关，只与起点 z_0 和终点 z_1 有关，则可将积分记作 $\int_{z_0}^{z_1}f(z)\mathrm{d}z$，而不用指明具体的路径 C. 在这种情况下，如果固定 z_0，让 z_1 在 D 内变动，并令 $z_1=z$，那么积分 $\int_{z_0}^{z}f(z)\mathrm{d}z$ 就确定了一个定义在 D 内的单值函数 $F(z)$，即

$$F(z) = \int_{z_0}^{z} f(\zeta)\mathrm{d}\zeta$$

与定积分中积分上限的函数类似,对于由上式所确定的函数 $F(z)$,有如下结论.

定理 3.5 如果函数 $f(z)$ 在单连通域 D 内解析,那么函数 $F(z) = \int_{z_0}^{z} f(\zeta)\mathrm{d}\zeta$ 在区域 D 内解析,并且 $F'(z) = f(z)$.

证明 取 D 内任意两点 z 及 $z + \Delta z$,以连接 z 到 $z + \Delta z$ 的线段作为积分路线(见图 3.3),则

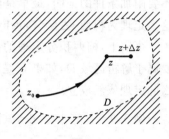

$$F(z + \Delta z) - F(z) = \int_{z}^{z + \Delta z} f(\zeta)\mathrm{d}\zeta$$

于是

$$\frac{F(z + \Delta z) - F(z)}{\Delta z} - f(z) = \frac{1}{\Delta z}\int_{z}^{z + \Delta z}[f(\zeta) - f(z)]\mathrm{d}\zeta$$

由 $f(z)$ 在 D 内解析,可知 $f(z)$ 在点 z 连续,即对于任给的 $\varepsilon > 0$,存在 $\delta > 0$,当 $|\zeta - z| < \delta$ 时,总有

图 3.3

$$|f(\zeta) - f(z)| < \varepsilon$$

因此当 $|\Delta z| < \delta$ 时,就有

$$\left| \frac{F(z + \Delta z) - F(z)}{\Delta z} - f(z) \right| \leqslant \frac{1}{|\Delta z|}\int_{z}^{z + \Delta z}|f(\zeta) - f(z)||\mathrm{d}\zeta|$$

$$\leqslant \frac{1}{|\Delta z|} \cdot \varepsilon \cdot |\Delta z| = \varepsilon$$

这就是说

$$\lim_{\Delta z \to 0}\frac{F(z + \Delta z) - F(z)}{\Delta z} = f(z)$$

即 $F'(z) = f(z)$,再由 z 的任意性知 $F(z)$ 在区域 D 内解析.

值得注意的是,这个定理的证明只用到两个事实:

(1) $f(z)$ 在 D 内连续.

(2) $f(z)$ 沿 D 内任一闭曲线的积分为零.

因此实际上有更一般的定理:设函数 $f(z)$ 在单连通域 D 内连续,且 $f(z)$ 沿 D 内任一闭曲线的积分值为零,则对 D 内任意两点 z_0 和 z,$F(z) = \int_{z_0}^{z} f(\zeta)\mathrm{d}\zeta$ 是 D 内的解析函数,且 $F'(z) = f(z)$.

如果函数 $F(z)$ 在区域 D 内的导数为 $f(z)$,即 $F'(z) = f(z)$,则称 $F(z)$ 是函数 $f(z)$ 在区域 D 内的一个**原函数**.

函数 $f(z)$ 在区域 D 内的全体原函数 $F(z) + C$(其中 C 为任意复常数)称为 $f(z)$ 的**不定积分**,记作

$$\int f(z)\mathrm{d}z = F(z) + C \tag{3.8}$$

利用原函数的性质,可以推得一个使用方便的解析函数的积分计算公式.

定理 3.6(牛顿-莱布尼茨公式)　如果函数 $f(z)$ 在单连通域 D 内解析,且 $F(z)$ 是 $f(z)$ 的一个原函数,那么对 D 内任意两点 z_0、z_1,有

$$\int_{z_0}^{z_1} f(z)\mathrm{d}z = F(z_1) - F(z_0) \tag{3.9}$$

证明　因为 $F(z)$ 和 $\int_{z_0}^{z} f(\zeta)\mathrm{d}\zeta$ 都是 $f(z)$ 在区域 D 内的原函数,所以

$$\int_{z_0}^{z} f(\zeta)\mathrm{d}\zeta = F(z) + c$$

当 $z = z_0$ 时,由柯西-古萨定理得 $c = -F(z_0)$. 因此

$$\int_{z_0}^{z} f(\zeta)\mathrm{d}\zeta = F(z) - F(z_0)$$

取 $z = z_1$ 即得式(3.9).

有了牛顿-莱布尼茨公式,在单连通域内解析的复变函数的积分就可以用实函数中类似的方法进行计算. 不仅如此,在求原函数时,实变函数的一系列积分法也可以移植过来.

例 3.10　计算积分 $\int_0^i z\sin z\mathrm{d}z$.

解　由于 $z\sin z$ 在复平面上处处解析,从而

$$\int_0^i z\sin z\mathrm{d}z = -\int_0^i z(\cos z)'\mathrm{d}z = (-z\cos z)\Big|_0^i + \int_0^i \cos z\mathrm{d}z$$

$$= (-z\cos z + \sin z)\Big|_0^i = -\mathrm{i}\cos\mathrm{i} + \sin\mathrm{i} = -\mathrm{i}e^{-1}$$

例 3.11　试沿区域 $\mathrm{Im}\,z \geqslant 0$,$\mathrm{Re}\,z \geqslant 0$ 内的圆弧 $|z| = 1$,计算积分 $\int_1^i \dfrac{\ln(z+1)}{z+1}\mathrm{d}z$ 的值.

解　函数 $\dfrac{\ln(z+1)}{z+1}$ 在所设区域内解析,它的一个原函数为 $\dfrac{1}{2}\ln^2(z+1)$,所以

$$\int_1^i \frac{\ln(z+1)}{z+1}\mathrm{d}z = \frac{1}{2}\ln^2(z+1)\Big|_1^i = \frac{1}{2}\big[\ln^2(\mathrm{i}+1) - \ln^2 2\big]$$

$$= \frac{1}{2}\left[\left(\frac{1}{2}\ln 2 + \frac{\pi}{4}\mathrm{i}\right)^2 - \ln^2 2\right]$$

$$= -\frac{\pi^2}{32} - \frac{3}{8}\ln^2 2 + \frac{\pi\ln 2}{8}\mathrm{i}$$

3.2.3　复合闭路定理

前面介绍的柯西积分定理要求函数在单连通域内解析,下面将该定理推广到多连通域的情形.

定理 3.7　设函数 $f(z)$ 在多连通域 D 内解析,C 是 D 内的一条简单闭曲线,C_1

是 C 内部的简单闭曲线,并且以 C 和 C_1 为边界的区域全含于 D(见图 3.4),则

$$\oint_C f(z)\mathrm{d}z = \oint_{C_1} f(z)\mathrm{d}z$$

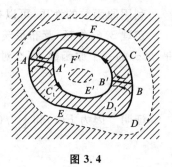

证明 将以 C 和 C_1 为边界的区域记作 D_1. 作两条互不相交的弧段 $\widehat{AA'}$ 及 $\widehat{BB'}$,它们依次连接 C 上一点 A 到 C_1 上一点 A',以及 C_1 上(异于 A' 的)一点 B' 到 C 上的一点 B,而且此两弧段除端点外,全含于 D_1. 点 A 和点 B 将曲线 C 分成了两段,为了方便描述,在这两

图 3.4

段上再各找一点,标记为 E 和 F. 相应地,在 C_1 上也标记两点 E' 和 F'. 这样就使得 $AEBB'E'A'A$ 以及 $AA'F'B'BFA$ 形成两条全在 D 内的简单闭曲线,它们的内部全含于 D. 根据柯西积分定理可知

$$\oint_{AEBB'E'A'A} f(z)\mathrm{d}z = 0, \quad \oint_{AA'F'B'BFA} f(z)\mathrm{d}z = 0$$

将上面两式相加,得

$$\oint_C f(z)\mathrm{d}z + \oint_{C_1^-} f(z)\mathrm{d}z + \int_{\widehat{AA'}} f(z)\mathrm{d}z + \int_{\widehat{A'A}} f(z)\mathrm{d}z + \int_{\widehat{B'B}} f(z)\mathrm{d}z + \int_{\widehat{BB'}} f(z)\mathrm{d}z = 0$$

即

$$\oint_C f(z)\mathrm{d}z + \oint_{C_1^-} f(z)\mathrm{d}z = 0 \tag{3.10}$$

亦即

$$\oint_C f(z)\mathrm{d}z = \oint_{C_1} f(z)\mathrm{d}z \tag{3.11}$$

如果将 C 和 C_1^- 看成是一条复合的闭路 $\varGamma$,则 $\varGamma$ 就是区域 D_1 的正向边界曲线. 因此,式(3.10)表明,若函数 $f(z)$ 在一条复合闭路 $\varGamma$ 所围的区域内以及 $\varGamma$ 上解析,则有

$$\oint_\varGamma f(z)\mathrm{d}z = 0$$

基于此式,称定理 3.7 为**复合闭路定理**,它是柯西-古萨定理的推广.

另一方面,式(3.11)表明一个解析函数沿闭曲线的积分不会因闭曲线在区域内作连续变形而改变它的值,只要曲线在变形过程中不经过函数不解析的点. 这一重要事实称为**闭路变形原理**. 根据这一原理和例 2.25 的结论立即可得

$$\oint_\varGamma \frac{1}{(z-z_0)^{n+1}}\mathrm{d}z = \begin{cases} 2\pi\mathrm{i}, & n = 0 \\ 0, & n \neq 0 \end{cases} \tag{3.12}$$

式中:$\varGamma$ 为任意一条包含 z_0 的简单闭曲线(见图3.5).

定理 3.8 设函数 $f(z)$ 在多连通域 D 内解析,C 是 D 内的一条简单闭曲线,C_1,$C_2,\cdots,C_n$ 是 C 内部的简单闭曲线,它们互不相交,也互不包含(见图3.6),并且以 C

以及 $C_1,C_2,\cdots,C_n$ 为边界的区域全含于 D,则

$$\oint_C f(z)\mathrm{d}z = \oint_{C_1} f(z)\mathrm{d}z + \oint_{C_2} f(z)\mathrm{d}z + \cdots + \oint_{C_n} f(z)\mathrm{d}z$$

若记 Γ 为 $C,C_1^-,C_2^-,\cdots,C_n^-$ 所围区域的边界曲线,则

$$\oint_\Gamma f(z)\mathrm{d}z = 0$$

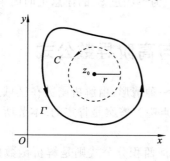

图 3.5

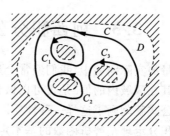

图 3.6

例 3.12　计算 $\oint_C \dfrac{1}{(z-\mathrm{i})(z+\mathrm{i})}\mathrm{d}z$,其中 C 为正向圆周 $|z| = 2$.

解　显然 $f(z) = \dfrac{1}{(z-\mathrm{i})(z+\mathrm{i})}$ 在 C 内有两个奇

点 $z_1 = \mathrm{i}, z_2 = -\mathrm{i}$. 作两个正向圆周 $C_1: |z-\mathrm{i}| = \dfrac{1}{2}$ 和

$C_2: |z+\mathrm{i}| = \dfrac{1}{2}$(见图 3.7).显然,$C_1$ 和 C_2 都在 C 的

内部,且它们互不包含,也互不相交.由复合闭路定理

以及式(3.12)可得

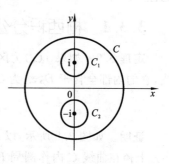

图 3.7

$$
\begin{aligned}
I &= \oint_C \frac{1}{(z-\mathrm{i})(z+\mathrm{i})}\mathrm{d}z \\
&= \oint_{C_1} \frac{1}{(z-\mathrm{i})(z+\mathrm{i})}\mathrm{d}z + \oint_{C_2} \frac{1}{(z-\mathrm{i})(z+\mathrm{i})}\mathrm{d}z \\
&= \frac{1}{2\mathrm{i}}\oint_{C_1}\left(\frac{1}{z-\mathrm{i}} - \frac{1}{z+\mathrm{i}}\right)\mathrm{d}z + \frac{1}{2\mathrm{i}}\oint_{C_2}\left(\frac{1}{z-\mathrm{i}} - \frac{1}{z+\mathrm{i}}\right)\mathrm{d}z \\
&= \frac{1}{2\mathrm{i}}(2\pi\mathrm{i} - 0) + \frac{1}{2\mathrm{i}}(0 - 2\pi\mathrm{i}) = 0
\end{aligned}
$$

练习题 3.2

1. 计算积分 $\oint_C \dfrac{1}{(z-1)(z+1)}\mathrm{d}z$,其中积分路径 C 如下:

(1) $|z| = \dfrac{1}{2}$;　　(2) $|z-1| = \dfrac{1}{2}$;　　(3) $|z+1| = \dfrac{1}{2}$;　　(4) $|z| = 2$.

2. 计算下列积分:

(1) $\displaystyle\int_0^1 z\sin z \, \mathrm{d}z$;　　　　(2) $\displaystyle\int_0^{\mathrm{i}} (3\mathrm{e}^z + 2z)\mathrm{d}z$.

3. 计算积分 $\displaystyle\oint_C \frac{1}{z-z_0}\mathrm{d}z$, 其中积分路径 C 为不经过 z_0 的任意正向简单闭曲线.

3.3　柯西积分公式与高阶导数公式

在大量的实际问题中,我们经常会遇到这一种情形:由解析函数在区域边界上的值来确定其在区域内的值. 是否可以做到这一点呢? 答案是肯定的. 本节所要讨论的柯西积分公式就刻画了这样一种性质.

柯西积分定理是解析函数的基本定理,而柯西积分公式则是解析函数的基本公式. 它以变量 z 为参数,把解析函数 $f(z)$ 表示为一个线积分,具体地体现了柯西积分定理的广泛应用. 利用柯西积分公式,我们可以详细研究解析函数各种整体的、局部的性质.

3.3.1　柯西积分公式

定理 3.9　如果 $f(z)$ 为区域 D 内的解析函数,C 为 D 内任意一条正向简单闭曲线,它的内部全含于 D,z_0 为 C 内任意一点,那么

$$f(z_0) = \frac{1}{2\pi\mathrm{i}}\oint_C \frac{f(z)}{z-z_0}\mathrm{d}z \tag{3.13}$$

证明　如图 3.8 所示,以 z_0 为圆心,充分小的 $\rho > 0$ 为半径在曲线 C 内作圆周 K. 根据闭路变形原理及式(3.12),有

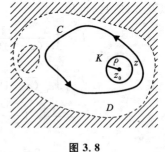

图 3.8

$$\begin{aligned}\oint_C \frac{f(z)}{z-z_0}\mathrm{d}z &= \oint_C \frac{f(z)-f(z_0)+f(z_0)}{z-z_0}\mathrm{d}z\\ &= \oint_C \frac{f(z)-f(z_0)}{z-z_0}\mathrm{d}z + f(z_0)\oint_C \frac{1}{z-z_0}\mathrm{d}z\\ &= \oint_K \frac{f(z)-f(z_0)}{z-z_0}\mathrm{d}z + 2\pi\mathrm{i}f(z_0)\end{aligned}$$

由于 $f(z)$ 在点 z_0 连续,则对任意 $\varepsilon > 0$,存在 $\delta > 0$,使得当 $|z-z_0| < \delta$ 时,有 $|f(z)-f(z_0)| < \varepsilon$. 于是当 $\rho < \delta$ 时有

$$\begin{aligned}\left|\oint_K \frac{f(z)-f(z_0)}{z-z_0}\mathrm{d}z\right| &\leqslant \oint_K \frac{|f(z)-f(z_0)|}{|z-z_0|}\mathrm{d}z\\ &= \frac{1}{\rho}\oint_K |f(z)-f(z_0)|\,\mathrm{d}z < 2\pi\varepsilon\end{aligned}$$

由于 ε 任意小,故必有

$$\oint_K \frac{f(z) - f(z_0)}{z - z_0} \mathrm{d}z = 0$$

即

$$f(z_0) = \frac{1}{2\pi\mathrm{i}} \oint_C \frac{f(z)}{z - z_0} \mathrm{d}z$$

式(3.13)称为柯西积分公式.通过这个公式就可以把解析函数 $f(z)$ 在简单闭曲线 C 内部任意一点 z_0 处的值用边界 C 上的值表示.这是解析函数的又一特征,也是研究解析函数的有力工具.

推论 3.1(平均值公式) 设函数 $f(z)$ 在圆周 $C:|z-z_0|=r$ 上及其内部解析,则

$$f(z_0) = \frac{1}{2\pi} \int_0^{2\pi} f(z_0 + r\mathrm{e}^{\mathrm{i}\theta}) \mathrm{d}\theta$$

证明 圆周 C 的参数方程为 $z = z_0 + r\mathrm{e}^{\mathrm{i}\theta}, \theta \in [0, 2\pi]$. 由柯西积分公式有

$$f(z_0) = \frac{1}{2\pi\mathrm{i}} \oint_C \frac{f(z)}{z - z_0} \mathrm{d}z = \frac{1}{2\pi} \int_0^{2\pi} f(z_0 + r\mathrm{e}^{\mathrm{i}\theta}) \mathrm{d}\theta$$

上述公式有时也称解析函数的中值定理.柯西积分公式与柯西积分定理一样,可以推广到多连通域的情况,请读者自行完成证明过程.柯西积分公式常写成

$$\oint_C \frac{f(z)}{z - z_0} \mathrm{d}z = 2\pi\mathrm{i}f(z_0)$$

利用这个公式可以计算某些积分.

例 3.13 计算积分

$$\oint_C \frac{\mathrm{e}^z}{z + \dfrac{\pi\mathrm{i}}{2}} \mathrm{d}z$$

其中 C 如下:

(1) 正向圆周 $|z| = 2$;

(2) 正向圆周 $|z| = 1$.

解 (1) 由柯西积分公式

$$\oint_C \frac{\mathrm{e}^z}{z + \pi\mathrm{i}/2} \mathrm{d}z = 2\pi\mathrm{i}\mathrm{e}^{-\frac{\pi}{2}\mathrm{i}} = 2\pi\mathrm{i}\left(\cos\frac{\pi}{2} - \mathrm{i}\sin\frac{\pi}{2}\right) = 2\pi$$

(2) 因为点 $z = -\dfrac{\pi}{2}\mathrm{i}$ 在 C 所围的区域之外,所以

$$\oint_C \frac{\mathrm{e}^z}{z + \pi\mathrm{i}/2} \mathrm{d}z = 0$$

例 3.14 计算 $\oint_C \dfrac{1}{z^2 - 1} \mathrm{d}z$,其中 C 为正向圆周 $|z-1| = 1$.

解 因为 $\dfrac{1}{z^2 - 1} = \dfrac{\dfrac{1}{z+1}}{z-1}$, $f(z) = \dfrac{1}{z+1}$ 在 C 内解析,由柯西积分公式有

$$\oint_C \frac{1}{z^2-1}\mathrm{d}z = \oint_C \frac{\frac{1}{z+1}}{z-1}\mathrm{d}z = 2\pi\mathrm{i}\left(\frac{1}{z+1}\right)_{z=1} = \pi\mathrm{i}$$

例 3.15 计算积分

$$\oint_C \frac{\mathrm{e}^z}{z^2+1}\mathrm{d}z$$

其中 C 为正向圆周 $|z|=2$.

解 如图 3.9 所示,分别以 $z=\mathrm{i}$ 和 $z=-\mathrm{i}$ 为圆心作两个圆周 C_1 和 C_2,则

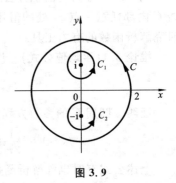

$$\oint_C \frac{\mathrm{e}^z}{z^2+1}\mathrm{d}z = \oint_{C_1} \frac{\mathrm{e}^z}{z^2+1}\mathrm{d}z + \oint_{C_2} \frac{\mathrm{e}^z}{z^2+1}\mathrm{d}z$$

$$= \oint_{C_1} \frac{\frac{\mathrm{e}^z}{z+\mathrm{i}}}{z-\mathrm{i}}\mathrm{d}z + \oint_{C_2} \frac{\frac{\mathrm{e}^z}{z-\mathrm{i}}}{z+\mathrm{i}}\mathrm{d}z$$

$$= 2\pi\mathrm{i}\frac{\mathrm{e}^\mathrm{i}}{\mathrm{i}+\mathrm{i}} + 2\pi\mathrm{i}\frac{\mathrm{e}^{-\mathrm{i}}}{-\mathrm{i}-\mathrm{i}}$$

$$= 2\pi\mathrm{i}\frac{\mathrm{e}^\mathrm{i}-\mathrm{e}^{-\mathrm{i}}}{2\mathrm{i}} = 2\pi\mathrm{i}\sin 1$$

图 3.9

3.3.2 高阶导数公式

定理 3.10 如果 $f(z)$ 为区域 D 内的解析函数,那么它的各阶导数均为 D 内的解析函数,且对 D 内任意一点 z_0,有

$$f^{(n)}(z_0) = \frac{n!}{2\pi\mathrm{i}}\oint_C \frac{f(z)}{(z-z_0)^{n+1}}\mathrm{d}z \quad (n=1,2,\cdots) \tag{3.14}$$

式中: C 为 D 内绕 z_0 的任意一条正向简单闭曲线,而且它的内部全含于 D.

证明 先证 $n=1$ 的情形.利用柯西积分公式有

$$\frac{f(z_0+\Delta z)-f(z_0)}{\Delta z} = \frac{1}{2\pi\mathrm{i}}\frac{1}{\Delta z}\left[\oint_C \frac{f(z)}{z-z_0-\Delta z}\mathrm{d}z - \oint_C \frac{f(z)}{z-z_0}\mathrm{d}z\right]$$

$$= \frac{1}{2\pi\mathrm{i}}\oint_C \frac{f(z)}{(z-z_0)(z-z_0-\Delta z)}\mathrm{d}z$$

$$= \frac{1}{2\pi\mathrm{i}}\oint_C \frac{f(z)[(z-z_0-\Delta z)+\Delta z]}{(z-z_0)^2(z-z_0-\Delta z)}\mathrm{d}z$$

$$= \frac{1}{2\pi\mathrm{i}}\oint_C \frac{f(z)}{(z-z_0)^2}\mathrm{d}z + \frac{1}{2\pi\mathrm{i}}\oint_C \frac{\Delta z f(z)}{(z-z_0)^2(z-z_0-\Delta z)}\mathrm{d}z$$

由于 $f(z)$ 在 C 上连续,因此 $f(z)$ 在 C 上有界,即存在正数 M,使得在 C 上有 $|f(z)|\leqslant M$.设 z_0 到曲线 C 的最短距离为 d(见图 3.10),则 $|z-z_0|\geqslant d$,且当 $|\Delta z|<\frac{d}{2}$ 时,有

$$|z-z_0-\Delta z| \geqslant |z-z_0| - |\Delta z| \geqslant \frac{d}{2}$$

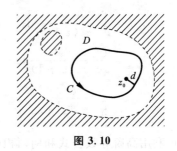

图 3.10

从而

$$\left| \frac{\Delta z f(z)}{(z-z_0)^2(z-z_0-\Delta z)} \right| \leqslant |\Delta z| \frac{M}{d^2 \frac{d}{2}} = |\Delta z| \frac{2M}{d^3}$$

由积分不等式的性质有

$$\oint_C \frac{\Delta z f(z)}{(z-z_0)^2(z-z_0-\Delta z)} \mathrm{d}z \leqslant |\Delta z| \frac{2M}{d^3} L$$

式中：L 为曲线 C 的弧长.

因此当 $\Delta z \to 0$ 时，$\oint_C \dfrac{\Delta z f(z)}{(z-z_0)^2(z-z_0-\Delta z)} \mathrm{d}z \to 0$. 所以

$$f'(z_0) = \lim_{\Delta z \to 0} \frac{f(z_0+\Delta z) - f(z_0)}{\Delta z} = \frac{1}{2\pi i} \oint_C \frac{f(z)}{(z-z_0)^2} \mathrm{d}z$$

至此已经证明了一个解析函数的导数仍然是解析函数，且式(3.14)在 $n=1$ 时成立. 依此类推，利用数学归纳法不难证明，式(3.14)对于任意的正整数 n 都成立. 式(3.14)称为**高阶导数公式**，其重要意义在于可以用导数表示积分，即

$$\oint_C \frac{f(z)}{(z-z_0)^{n+1}} \mathrm{d}z = \frac{2\pi i}{n!} f^{(n)}(z_0) \quad (n=1,2,\cdots) \tag{3.15}$$

例 3.16 计算 $\oint_C \dfrac{\cos z}{(z-i)^3} \mathrm{d}z$，其中 C 为正向圆周 $|z|=2$.

解 因为 $f(z) = \cos z$ 在 C 内解析，由高阶导数公式有

$$\oint_C \frac{\cos z}{(z-i)^3} \mathrm{d}z = \frac{2\pi i}{2!}(\cos z)'' \Big|_{z=i} = \frac{2\pi i}{2!}(-\cos z)\Big|_{z=i}$$

$$= -\pi i \cos i = -\frac{\pi}{2}(e^{-1}+e)i$$

例 3.17 计算 $I = \oint_C \dfrac{e^z}{z^3(z+1)} \mathrm{d}z$，其中 C 是正向圆周 $|z|=r (r \neq 1)$.

解 当 $0<r<1$ 时，被积函数在 $|z|=r$ 内有一个奇点 $z=0$，由高阶导数公式有

$$I = \oint_C \frac{e^z}{z^3(z+1)} \mathrm{d}z = \oint_C \frac{\frac{e^z}{z+1}}{z^3} \mathrm{d}z = \frac{2\pi i}{2!}\left(\frac{e^z}{z+1}\right)''\Big|_{z=0}$$

$$= \frac{2\pi i}{2!}\left[\frac{e^z(z+1)^2 - 2ze^z}{(z+1)^3}\right]_{z=0} = \pi i$$

当 $r>1$ 时，被积函数在 $|z|=r$ 内有两个奇点 $z=0$ 和 $z=-1$. 取 $0<r_0<\dfrac{1}{2}$，作圆周 $C_1:|z|=r_0$ 和 $C_2:|z+1|=r_0$（见图 3.11）. 显然，C_1 和 C_2 都在 C 的内部，且它们互不包含，也互不相交. 由复合闭路定理，有

$$I = \oint_C \frac{e^z}{z^3(z+1)} dz$$

$$= \oint_{C_1} \frac{e^z}{z^3(z+1)} dz + \oint_{C_2} \frac{e^z}{z^3(z+1)} dz$$

$$= \oint_{C_1} \frac{\frac{e^z}{z+1}}{z^3} dz + \oint_{C_2} \frac{\frac{e^z}{z^3}}{z+1} dz$$

再利用高阶导数公式和柯西积分公式可得

$$I = \frac{2\pi i}{2!} \left(\frac{e^z}{z+1}\right)'' \bigg|_{z=0} + 2\pi i \left(\frac{e^z}{z^3}\right)_{z=-1}$$

$$= \pi i - 2\pi i e^{-1} = (1 - 2e^{-1})\pi i$$

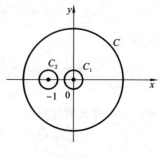

图 3.11

练习题 3.3

1. 计算 $\oint_C \frac{\cos z}{z(z-i)} dz$,其中积分曲线 C 分别为下列正向圆周:

(1) $|z-i| = \frac{1}{2}$;　　(2) $|z| = \frac{1}{2}$;　(3) $|z| = 2$;　　(4) $|z-2| = 1$.

2. 计算 $\oint_C \frac{e^z}{z^2(z-i)^2} dz$,其中积分曲线 C 分别为下列正向圆周:

(1) $|z-i| = \frac{1}{2}$;　　(2) $|z| = \frac{1}{2}$;　(3) $|z| = 2$;　　(4) $|z-2| = 1$.

3. 计算 $\oint_C \frac{1}{z^2(z-1)(z+1)} dz$,其中积分曲线 C 为正向圆周 $|z| = 2$.

3.4　调 和 函 数

在第 3.3 节我们证明了区域 D 内解析的函数,其导数仍为解析函数,因而具有任意阶的导数.下面利用这个重要的结论,研究它与调和函数的关系.调和函数在电磁学和流体力学等实际问题中有着重要的应用.

3.4.1　解析函数与调和函数的关系

如果二元实变函数 $\varphi(x,y)$ 在区域 D 内具有二阶连续偏导数,并且满足拉普拉斯(Laplace)方程

$$\frac{\partial^2 \varphi}{\partial x^2} + \frac{\partial^2 \varphi}{\partial y^2} = 0 \tag{3.16}$$

那么称 $\varphi(x,y)$ 为区域 D 内的**调和函数**.

例如,函数 $u(x,y) = x^2 - y^2$ 是调和函数,因为

$$\frac{\partial^2 u}{\partial x^2} + \frac{\partial^2 u}{\partial y^2} = 2 - 2 = 0$$

调和函数是一种特殊的函数,它具有很好的性质. 比如,平面静电场中的电位函数、无源无旋的平面流速场中势函数与流函数都是一种调和函数.

设二元实变函数 $\varphi(x,y)$、$\psi(x,y)$ 都是区域 D 内的调和函数,且满足柯西-黎曼方程,即

$$\frac{\partial \varphi}{\partial x} = \frac{\partial \psi}{\partial y}, \quad \frac{\partial \varphi}{\partial y} = -\frac{\partial \psi}{\partial x} \tag{3.17}$$

则称 $\psi(x,y)$ 是 $\varphi(x,y)$ 的**共轭调和函数**.

共轭调和函数通常不是相互的. 一般地,若 $\psi(x,y)$ 是 $\varphi(x,y)$ 的共轭调和函数,则 $\varphi(x,y)$ 不一定是 $\psi(x,y)$ 的共轭调和函数. 若 $\varphi(x,y)$ 与 $\psi(x,y)$ 互为共轭调和函数,则 $\varphi(x,y)$ 与 $\psi(x,y)$ 必为常数. 读者可以利用式(3.17)自己证明这一点.

属于实变函数的调和函数和属于复变函数的解析函数之间有着密切的关系.

定理 3.11　任何在区域 D 内解析的函数,它的实部和虚部都是 D 的调和函数.

证明　由于 $f(z) = u + \mathrm{i}v$ 在区域 D 内解析,那么

$$\frac{\partial u}{\partial x} = \frac{\partial v}{\partial y}, \quad \frac{\partial u}{\partial y} = -\frac{\partial v}{\partial x}$$

从而

$$\frac{\partial^2 u}{\partial x^2} = \frac{\partial^2 v}{\partial y \partial x}, \quad \frac{\partial^2 u}{\partial y^2} = -\frac{\partial^2 v}{\partial x \partial y}$$

根据解析函数高阶导数定理,u 与 v 具有任意阶的连续偏导数. 所以

$$\frac{\partial^2 v}{\partial y \partial x} = \frac{\partial^2 v}{\partial x \partial y}$$

从而

$$\frac{\partial^2 u}{\partial x^2} + \frac{\partial^2 u}{\partial y^2} = 0$$

同理

$$\frac{\partial^2 v}{\partial x^2} + \frac{\partial^2 v}{\partial y^2} = 0$$

因此 $u(x,y)$ 与 $v(x,y)$ 都是调和函数.

需要指出的是,定理 3.11 的逆命题不成立,即以两个调和函数分别为实部和虚部所构成的函数不一定解析. 例如,函数 $u = x^2 - y^2$ 和 $v = \dfrac{y}{x^2 + y^2}$ 都是调和函数,但是由它们构成的函数 $u + \mathrm{i}v$ 却不是解析函数,因为 $u(x,y)$ 和 $v(x,y)$ 不满足柯西-黎曼方程. 所以,要使函数 $u + \mathrm{i}v$ 是解析函数,则虚部函数 v 要是实部函数 u 的共轭调和函数. 实际上关于解析函数和共轭调和函数的关系有如下定理.

定理 3.12　函数 $f(z) = u + \mathrm{i}v$ 在区域 D 内解析的充要条件是,$f(z)$ 的虚部 v

是实部 u 的共轭调和函数.

定理 3.13 如果 $f(z)=u+\mathrm{i}v$ 为解析函数,且 $f'(z)\neq0$,那么曲线族 $u(x,y)=c_1$ 和 $v(x,y)=c_2$ 必互相正交,其中 c_1、c_2 为常数.

证明 由于 $f'(z)=\dfrac{1}{\mathrm{i}}u_y+v_y\neq0$,故 u_y 与 v_y 必不全为零.

如果在曲线的交点处 u_y 与 v_y 都不为零,由隐函数求导法知,$u(x,y)=c_1$ 和 $v(x,y)=c_2$ 中任一条曲线的斜率分别为

$$k_1=-\frac{u_x}{u_y}, \quad k_2=-\frac{v_x}{v_y}$$

利用柯西-黎曼方程得

$$k_1 \cdot k_2 = \left(-\frac{u_x}{u_y}\right) \cdot \left(-\frac{v_x}{v_y}\right) = \left(-\frac{u_x}{u_y}\right) \cdot \left(\frac{u_y}{u_x}\right) = -1$$

因此,$u(x,y)=c_1$ 和 $v(x,y)=c_2$ 互相正交.

如果 u_y 与 v_y 中有一个为零,则另一个必不为零.此时容易知道两族中的曲线在交点处的切线一条是水平的,另一条是铅直的,因而 $u(x,y)=c_1$ 和 $v(x,y)=c_2$ 也互相正交.

上述两曲线族在平面场中具有明确的物理意义,这在第 3.5 节中有具体说明.

3.4.2 解析函数的构造

由于解析函数的虚部和实部都是调和函数,且满足柯西-黎曼方程,因此,若知道其实部 u(或虚部 v),就可求出虚部 v(或实部 u),这样就能构成解析函数.下面举例说明求法,这种方法可以称为**偏积分法**.

例 3.18 证明 $u(x,y)=y^3-3x^2y$ 为调和函数,并求其共轭调和函数 $v(x,y)$ 和由它们构成的解析函数.

解 因为

$$\frac{\partial u}{\partial x}=-6xy, \quad \frac{\partial^2 u}{\partial x^2}=-6y$$

$$\frac{\partial u}{\partial y}=3y^2-3x^2, \quad \frac{\partial^2 u}{\partial y^2}=6y$$

所以

$$\frac{\partial^2 u}{\partial x^2}+\frac{\partial^2 u}{\partial y^2}=0$$

这就证明了 $u(x,y)$ 为调和函数.

由 $\dfrac{\partial v}{\partial y}=\dfrac{\partial u}{\partial x}=-6xy$,得

$$v=\int -6xy\,\mathrm{d}y = -3xy^2+g(x)$$

$$\frac{\partial v}{\partial x} = -3y^2 + g'(x)$$

由 $\dfrac{\partial v}{\partial x} = -\dfrac{\partial u}{\partial y}$，得

$$-3y^2 + g'(x) = -3y^2 + 3x^2$$

故

$$g(x) = \int 3x^2 \, \mathrm{d}x = x^3 + c$$

因此

$$v(x,y) = x^3 - 3xy^2 + c$$

从而得到一个解析函数

$$\omega = y^3 - 3x^2 y + \mathrm{i}(x^3 - 3xy^2 + c)$$

这个函数可以化为

$$\omega = f(z) = \mathrm{i}(z^3 + c)$$

式中：c 为任意实常数.

例 3.19 已知一调和函数 $v = \mathrm{e}^x(y\cos y + x\sin y) + x + y$，求一解析函数 $f(z) = u + \mathrm{i}v$，使 $f(0) = 0$.

解 因为

$$\frac{\partial v}{\partial x} = \mathrm{e}^x(y\cos y + x\sin y + \sin y) + 1$$

$$\frac{\partial v}{\partial y} = \mathrm{e}^x(\cos y - y\sin y + x\cos y) + 1$$

由

$$\frac{\partial u}{\partial x} = \frac{\partial v}{\partial y} = \mathrm{e}^x(\cos y - y\sin y + x\cos y) + 1$$

得

$$u = \int [\mathrm{e}^x(\cos y - y\sin y + x\cos y) + 1] \mathrm{d}x$$

$$= \mathrm{e}^x(x\cos y - y\sin y) + x + g(y)$$

由 $\dfrac{\partial v}{\partial x} = -\dfrac{\partial u}{\partial y}$，得

$$\mathrm{e}^x(y\cos y + x\sin y + \sin y) + 1 = \mathrm{e}^x(x\sin y + y\cos y + \sin y) - g'(y)$$

故

$$g(y) = -y + c$$

因此

$$u = \mathrm{e}^x(x\cos y - y\sin y) + x - y + c$$

而

$$f(z) = \mathrm{e}^x(x\cos y - y\sin y) + x - y + c + \mathrm{i}[\mathrm{e}^x(y\cos y + x\sin y) + x + y]$$

$$= x\mathrm{e}^x \mathrm{e}^{\mathrm{i}y} + \mathrm{i}y\mathrm{e}^x \mathrm{e}^{\mathrm{i}y} + x(1+\mathrm{i}) + \mathrm{i}y(1+\mathrm{i}) + c$$

它可以写成

$$f(z) = z\mathrm{e}^z + (1+\mathrm{i})z + c$$

由 $f(0) = 0$，得 $c = 0$，所以所求的解析函数为

$$f(z) = z\mathrm{e}^z + (1+\mathrm{i})z$$

下面再介绍一种已知调和函数 $u(x,y)$ 或 $v(x,y)$ 求解析函数 $f(z) = u + \mathrm{i}v$ 的

方法.

我们知道,解析函数 $f(z)=u+\mathrm{i}v$ 的导数仍为解析函数,由式(3.5)知

$$f'(z)=\frac{\partial u}{\partial x}+\mathrm{i}\frac{\partial v}{\partial x}=\frac{\partial u}{\partial x}-\mathrm{i}\frac{\partial u}{\partial y}=\frac{\partial v}{\partial y}+\mathrm{i}\frac{\partial v}{\partial x}$$

把 $\dfrac{\partial u}{\partial x}-\mathrm{i}\dfrac{\partial u}{\partial y}$ 与 $\dfrac{\partial v}{\partial y}+\mathrm{i}\dfrac{\partial v}{\partial x}$ 还原成 z 的函数(即用复变量 z 来表示函数),得

$$f'(z)=\frac{\partial u}{\partial x}-\mathrm{i}\frac{\partial u}{\partial y}=U(z),\quad f'(z)=\frac{\partial v}{\partial y}+\mathrm{i}\frac{\partial v}{\partial x}=V(z)$$

将它们积分即得

$$f(z)=\int U(z)\mathrm{d}z+C \tag{3.18}$$

$$f(z)=\int V(z)\mathrm{d}z+C \tag{3.19}$$

已知实部 $u(x,y)$ 求 $f(z)$,可以用式(3.18);已知虚部 $v(x,y)$ 求 $f(z)$,可以用式(3.19).

在例 3.18 中,因

$$\frac{\partial u}{\partial x}=-6xy,\quad \frac{\partial u}{\partial y}=3y^2-3x^2$$

从而

$$f'(z)=-6xy-\mathrm{i}(3y^2-3x^2)=3\mathrm{i}(x^2+2xy\mathrm{i}-y^2)=3\mathrm{i}z^2$$

故

$$f(z)=\int 3\mathrm{i}z^2\mathrm{d}z=\mathrm{i}z^3+c_1$$

式中:常数 c_1 为任意纯虚数.

因为 $f(z)$ 的实部为已知函数,不可能包含实的任意常数,所以

$$f(z)=\mathrm{i}(z^3+c)$$

式中:c 为任意实常数.

又如例 3.19,由于 $v=\mathrm{e}^x(y\cos y+x\sin y)+x+y$,故

$$\frac{\partial v}{\partial x}=\mathrm{e}^x(y\cos y+x\sin y+\sin y)+1$$

$$\frac{\partial v}{\partial y}=\mathrm{e}^x(\cos y-y\sin y+x\cos y)+1$$

从而

$$\begin{aligned}
f'(z)&=\mathrm{e}^x(\cos y-y\sin y+x\cos y)+1+\mathrm{i}[\mathrm{e}^x(y\cos y+x\sin y+\sin y)+1]\\
&=\mathrm{e}^x(\cos y+\mathrm{i}\sin y)+\mathrm{i}(x+\mathrm{i}y)\mathrm{e}^x\sin y+(x+\mathrm{i}y)\mathrm{e}^x\cos y+1+\mathrm{i}\\
&=\mathrm{e}^{x+\mathrm{i}y}+(x+\mathrm{i}y)\mathrm{e}^{x+\mathrm{i}y}+1+\mathrm{i}=\mathrm{e}^z+z\mathrm{e}^z+1+\mathrm{i}
\end{aligned}$$

积分,得

$$f(z)=\int(\mathrm{e}^z+z\mathrm{e}^z+1+\mathrm{i})\mathrm{d}z=z\mathrm{e}^z+(1+\mathrm{i})z+c$$

式中：c 为任意实常数.

以上这种方法可以称为**不定积分法**.

练习题 3.4

1. 设 u 为区域 D 内的调和函数，$f(z) = \dfrac{\partial u}{\partial x} - \dfrac{\partial u}{\partial y}\mathrm{i}$ 是否是 D 内的解析函数？为什么？

2. 若 u 是 v 的共轭调和函数，v 是 u 的共轭调和函数吗？

3. 设函数 $f(z) = u + v\mathrm{i}$ 在区域 D 内解析，且 $u = xy$，求 $f(z)$.

4. 当 a、b、c 满足什么条件时，$u = ax^2 + 2bxy + cy^2$ 为调和函数？求出它的共轭调和函数.

*3.5 解析函数的应用

在本书的第 2.4 节中，我们已经知道许多不同的稳定平面物理场都可以用一个复变函数来描述，这种平面场反映的物理现象，可由相应解析函数的性质来描述.

设 $f(z) = u(x,y) + \mathrm{i}v(x,y)$ 是单连通域 D 内的平面向量场. 且 $u(x,y)$ 和 $v(x, y)$ 具有一阶连续偏导数.

在场论中，称 $\dfrac{\partial u}{\partial x} + \dfrac{\partial v}{\partial y}$ 为向量场 $f(z)$ 的**散度**，记为 $\mathrm{div}f(z)$，若 $\mathrm{div}f(z) = 0$，称 $f(z)$ 为**无源场**；称向量 $\left(\dfrac{\partial v}{\partial x} - \dfrac{\partial u}{\partial y}\right)\boldsymbol{k}$ 为向量场 $f(z)$ 的**旋度**，记为 $\mathbf{rot}f(z)$，其中 $\boldsymbol{k}$ 为垂直于场平面的单位向量. 若 $\mathbf{rot}f(z) = 0$，称 $f(z)$ 为**无旋场**.

若 $f(z)$ 在区域 D 内既是**无源场**又是**无旋场**，那么

$$\frac{\partial u}{\partial x} = -\frac{\partial v}{\partial y}, \quad \frac{\partial v}{\partial x} = \frac{\partial u}{\partial y}$$

由柯西-黎曼定理知，$\overline{f(z)} = u(x,y) - \mathrm{i}v(x,y)$ 在区域 D 内解析，则 $\overline{f(z)}$ 在区域 D 内存在原函数. 设 $F(z) = \varphi(x,y) + \mathrm{i}\psi(x,y)$ 是 $\overline{f(z)}$ 的原函数，即

$$F(z) = \int \overline{f(z)}\mathrm{d}z \quad \text{或} \quad f(z) = \overline{F'(z)}$$

亦即

$$\varphi(x,y) = \mathrm{Re}\int \overline{f(z)}\mathrm{d}z, \quad \psi(x,y) = \mathrm{Im}\int \overline{f(z)}\mathrm{d}z$$

在场论中，$\varphi(x,y)$ 称为向量场 $f(z)$ 的**势函数**，等值线 $\varphi(x,y) = \lambda_1$ 称为向量场 $f(z)$ 的**等势线**；$\psi(x,y)$ 称为向量场 $f(z)$ 的**流函数**，等值线 $\psi(x,y) = \lambda_2$ 称为向量场 $f(z)$ 的**流线**；函数 $F(z)$ 称为向量场 $f(z)$ 的**复势**.

例 3.20　设平面场为 $f(z) = \dfrac{1}{z}$（Re$z > 0$）,求 $f(z)$ 的复势.

解　由式(3.8)有

$$F(z) = \int \overline{\left(\frac{1}{z}\right)} \mathrm{d}z = \int \frac{1}{z}\mathrm{d}z = \ln z + c = \frac{1}{2}\ln(x^2 + y^2) + \mathrm{i}\arg z + c$$

势函数为 $\varphi(x,y) = \dfrac{1}{2}\ln(x^2 + y^2) + c_1$,流函数为 $\psi(x,y) = \arg z + c_2$.

由定理 3.12 可知,复势 $F(z) = \varphi(x,y) + \mathrm{i}\psi(x,y)$ 在区域 D 内解析,于是 $\varphi(x,y)$ 与 $\psi(x,y)$ 是一对共轭调和函数,因此通常称 $f(z)$ 为**调和场**.复势在物理学中具有重要的作用,通过复势可确定场,通过场也可确定复势.如果 $f(z)$ 表示不可压缩的流速场(密度不随压力变化而改变的流体),通过复势可以确定场内的势能、流速;如果 $f(z)$ 表示电场,通过复势可以确定场内的电势、电力线.

下面以静电场为例来具体说明解析函数在场论中的应用.

在空间静电场中,由于许多电场具有对称性质,或关于轴对称,或关于平面对称,故只要掌握静电场中某一平面上的性质,即可得到整个电场的情况.这种电场又称**平面电场**或**二维电场**.

平面静电场即电场强度向量场 $\boldsymbol{E} = E_x(x,y)\boldsymbol{i} + E_y(x,y)\boldsymbol{j}$,它是梯度场

$$\boldsymbol{E} = -\mathbf{grad}\,v(x,y)$$

式中:v 称为静电场的**电势**或**电位**.

我们知道,只要场内没有带电物体,即没有电荷,静电场既是无源场,又是无旋场,故可以构造复势.

$$\omega = F(z) = u(x,y) + \mathrm{i}v(x,y)$$
$$\mathrm{d}v = -[E_x(x,y)\mathrm{d}x + E_y(x,y)\mathrm{d}y]$$
$$\mathrm{d}u = -E_y(x,y)\mathrm{d}x + E_x(x,y)\mathrm{d}y$$

函数 $u(x,y)$ 称为**力函数**.而 $\omega = F(z) = u(x,y) + \mathrm{i}v(x,y)$ 称为静电场的**复势**,它是一个解析函数.因此场 $\boldsymbol{E}$ 可用复势表示为

$$\boldsymbol{E} = E(z) = -\frac{\partial v}{\partial x} - \mathrm{i}\frac{\partial u}{\partial x} = -\mathrm{i}\left(\frac{\partial u}{\partial x} - \mathrm{i}\frac{\partial v}{\partial x}\right) = -\mathrm{i}\,\overline{F'(z)}$$

由此可见静电场的复势和平面场的复势相差一个因子 $-\mathrm{i}$,这是电工学的习惯用法,并有

$$|E| = |F'(z)|, \quad \mathrm{Arg}E(z) = -\left[\frac{\pi}{2} + \arg F'(z)\right]$$

电势函数 $v(x,y)$ 的等值线称为**等势线**,力函数 $u(x,y)$ 的等值线称为**电力线**.由定理 3.13 可知等势线和电力线是相互正交的.

例 3.21　试研究以 $\omega = z^2$ 为复势的静电场.

解　在任一点 $z \neq 0$ 的电场 $\boldsymbol{E} = E(z) = -\mathrm{i}\,\overline{F'(z)} = -2\mathrm{i}\bar{z}$,力函数 $u(x,y) = x^2 - y^2$,所以电力线方程为 $x^2 - y^2 = c_1$,电势为 $v(x,y) = 2xy$,所以等势线方程为 $2xy$

$=c_2$，电力线和等势线都是双曲线族（见图3.12：电力线为虚线；等势线为实线）.

这是由两个互相正交的甚大的带电平面所产生的电场，这两个电平面都和 z 平面垂直，与 z 平面的交线是 x 轴和 y 轴.

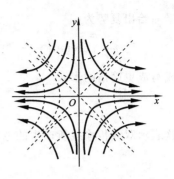

例 3.22　已知某静电场的电力线方程是

$$\arctan\left(\frac{y}{x+x_0}\right)-\arctan\left(\frac{y}{x-x_0}\right)=c_1$$

求其等势线方程和复势.

图 3.12

解　设复势为

$$\omega=u(x,y)+iv(x,y)$$

由题知力函数为

$$u=\arctan\left(\frac{y}{x+x_0}\right)-\arctan\left(\frac{y}{x-x_0}\right)$$

由柯西-黎曼方程可得

$$\frac{\partial v}{\partial y}=\frac{\partial u}{\partial x}=\frac{-y}{(x+x_0)^2+y^2}+\frac{y}{(x-x_0)^2+y^2}$$

两边对 y 积分，得到

$$v=\int\left[\frac{y}{(x-x_0)^2+y^2}-\frac{y}{(x+x_0)^2+y^2}\right]\mathrm{d}y$$

$$=\frac{1}{2}\ln[(x-x_0)^2+y^2]-\frac{1}{2}\ln[(x+x_0)^2+y^2]+v_0(x)$$

又

$$\frac{\partial v}{\partial x}=-\frac{\partial u}{\partial y}$$

一方面，由 v 的积分公式知

$$\frac{\partial v}{\partial x}=\frac{x-x_0}{(x-x_0)^2+y^2}-\frac{x+x_0}{(x+x_0)^2+y^2}+v_0'(x)$$

另一方面，由 u 的已知公式又可导出

$$\frac{\partial u}{\partial y}=\frac{x+x_0}{(x+x_0)^2+y^2}-\frac{x-x_0}{(x-x_0)^2+y^2}$$

两式比较即得 $v_0'(x)=0$，而 $v_0(x)=v_0$，于是等势线方程为

$$\frac{1}{2}\ln[(x-x_0)^2+y^2]-\frac{1}{2}\ln[(x+x_0)^2+y^2]+v_0=k$$

式中：k 为常数.

可以写出

$$\frac{1}{2}\ln\left[\frac{(x-x_0)^2+y^2}{(x+x_0)^2+y^2}\right]=c_2,\quad c_2=k-v_0$$

最后给出复势为

$$\omega=\left[\arctan\left(\frac{y}{x+x_0}\right)-\arctan\left(\frac{y}{x-x_0}\right)\right]+\mathrm{i}\,\frac{1}{2}\ln\left[\frac{(x-x_0)^2+y^2}{(x+x_0)^2+y^2}\right]$$

或写成更简洁的形式

$$\omega=\mathrm{i}\ln\left(\frac{z-x_0}{z+x_0}\right)$$

这表示双线传输线所产生的电场,如图 3.13 所示.

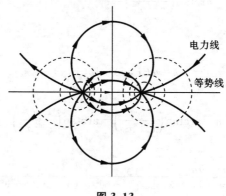

图 3.13

练习题 3.5

1. 向量场 $f(z)=2(\bar{z}-\mathrm{i})$,求 $f(z)$ 相对于原点的复势函数.

2. 求复势 $f(z)$ 为下列函数的平面流速场以及流线和等势线方程.

(1) $(z+\mathrm{i})^2$;　　　　　　　(2) z^3.

综合练习题 3

1. 讨论下列函数的可导性,并求出其导数.

(1) $\omega=(z-1)^n$.

(2) $\omega=\dfrac{1}{z^2-1}$.

(3) $\omega=\bar{z}$.

(4) $\omega=|z|^2z$.

(5) $\omega=\dfrac{az+b}{cz+d}$ (c、d 中至少有一个不为零).

2. 试讨论下列函数的可导性与解析性,并在可导区域内求其导数.

(1) $\omega=1-z-2z^2$.

(2) $\omega=\dfrac{1}{z}$.

(3) $\omega=z\mathrm{Im}z-\mathrm{Re}z$.

(4) $\omega=|z|^2-\mathrm{i}\mathrm{Re}z^2$.

(5) $\omega = |z|$.

3. 试证明柯西-黎曼条件的极坐标形式为 $\dfrac{\partial u}{\partial r} = \dfrac{1}{r} \dfrac{\partial v}{\partial \theta}$，$\dfrac{\partial v}{\partial r} = -\dfrac{1}{r} \dfrac{\partial u}{\partial \theta}$，并由此验证 $\omega = z^n$ 为解析函数.

4. 设函数 $f(z) = my^3 + nx^2 y + \mathrm{i}(x^3 + lxy^2)$ 是全平面的解析函数，试求 l、m、n 的值.

5. 计算积分 $\oint_C \dfrac{\mathrm{e}^z}{z^2+1}\mathrm{d}z$，其中 C 如下：

(1) 正向圆周 $|z-\mathrm{i}|=1$；

(2) 正向圆周 $|z+\mathrm{i}|=1$；

(3) 正向圆周 $|z|=2$.

6. 计算下列积分：

(1) $\oint_C \dfrac{\sin z}{\left(z-\dfrac{\pi}{6}\right)^3}\mathrm{d}z$，其中 C 为正向圆周 $\left|z-\dfrac{\pi}{6}\right|=1$；

(2) $\oint_C \dfrac{\cos z}{z^2(z-1)}\mathrm{d}z$，其中 C 为正向圆周 $|z|=2$；

(3) $\oint_C \dfrac{\ln z}{(z-\mathrm{i})^3}\mathrm{d}z$，其中 C 为正向圆周 $|z-\mathrm{i}|=2$；

(4) $\oint_C \dfrac{\mathrm{e}^z \cos z}{z^2}\mathrm{d}z$，其中 C 为正向圆周 $|z|=1$.

7. 计算积分 $\oint_C \dfrac{z^2+2z+3}{z^2(z-4)}\mathrm{d}z$，其中 C 如下：

(1) 正向圆周 $|z-1|=2$；

(2) 正向圆周 $|z-2|=1$；

(3) 正向圆周 $|z-2|=3$；

(4) 正向圆周 $|z-3|=2$.

8. 计算下列积分：

(1) $\oint_{|z|=2} \dfrac{2z-1}{z(z-1)}\mathrm{d}z$；

(2) $\oint_{|z|=\frac{3}{2}} \dfrac{\mathrm{d}z}{(z^2+1)(z^2+4)}$；

(3) $\oint_{|z-\mathrm{i}|=1} \dfrac{z^2}{(z^2+1)^2}\mathrm{d}z$；

(4) $\oint_{|z|=2} \dfrac{\mathrm{e}^z}{z^4-1}\mathrm{d}z$.

9. 计算下列积分：

(1) $\displaystyle\int_{-\pi\mathrm{i}}^{\pi\mathrm{i}} \sin^2 z\,\mathrm{d}z$；

(2) $\displaystyle\int_0^{\mathrm{i}} (z-1)\mathrm{e}^{-z}\,\mathrm{d}z$.

*10. 已知下列向量场，求 $f(z)$ 相对于 $z=1$ 点的复势函数.

(1) $f(z) = \dfrac{1-\mathrm{i}}{z}$；

(2) $f(z) = \bar{z} + \dfrac{1}{z}$.

数学家简介

黎曼(Georg Friedrich Bernhard Riemann,1826 年 9 月 17 日—1866 年 7 月 20 日,见图 3.14),德国数学家,1826 年 9 月 17 日生于汉诺威王国(今德国)的小镇布列斯伦茨. 其父亲是一个穷苦的乡村牧师. 他 6 岁上学,14 岁进入大学预科学习,19 岁按其父亲的意愿进入哥廷根大学攻读哲学和神学,以便将来继承父志也当一名牧师.

图 3.14

由于从小酷爱数学,黎曼在学习哲学和神学的同时也听些数学课. 当时的哥廷根大学是世界数学的中心之一,一些著名的数学家如高斯、韦伯、斯特尔都在校执教. 黎曼被这里数学教学和数学研究的气氛所感染,决定放弃神学,专攻数学.

1847 年,黎曼转到柏林大学学习,成为雅可比、狄利克雷、施泰纳、艾森斯坦的学生. 1849 年,黎曼重回哥廷根大学攻读博士学位,成为高斯晚年的学生.

1851 年黎曼获得数学博士学位,1854 年被聘为哥廷根大学的编外讲师,1857 年晋升为副教授,1859 年接替去世的狄利克雷被聘为教授.

黎曼是世界数学史上最具独创精神的数学家之一. 黎曼的著作不多,但其成果却异常深刻,极富对概念的创造与想象. 黎曼在其短暂的一生中为数学的众多领域做了许多奠基性、创造性的工作,为世界数学建立了丰功伟绩.

19 世纪数学最独特的创造之一是复变函数论的创立,它是 18 世纪人们对复数及复变函数理论研究的延续. 1850 年以前,柯西、雅可比、高斯、阿贝尔、魏尔斯特拉斯已对单值解析函数的理论进行了系统的研究,而对于多值函数仅有柯西和皮瑟有些孤立的结论. 1851 年,黎曼在高斯的指导下完成题为"单复变函数的一般理论的基础"的博士论文,后来又在《数学杂志》上发表了 4 篇重要文章,对其博士论文中思想做了进一步的阐述,总结前人关于单值解析函数的成果,并用新的工具予以处理,同时创立多值解析函数的理论基础,并由此为几个不同方向的进展铺平了道路. 柯西、黎曼和魏尔斯特拉斯是公认的复变函数论的主要奠基人,而且后来证明在处理函数理论的方法上黎曼的方法是本质的,柯西和黎曼的思想被融合起来,魏尔斯特拉斯的思想可以从柯西、黎曼的观点推导出来.

黎曼对数学最重要的贡献还在于几何方面. 他开创了高维抽象几何研究的先河,

处理几何问题的方法和手段引起了几何史上一场深刻的革命. 他建立了一种全新的后来以其名字命名的几何体系——黎曼几何, 对现代几何乃至数学和科学各分支的发展都产生了巨大的影响. 爱因斯坦就是成功地以黎曼几何为工具, 才将广义相对论几何化的. 现在, 黎曼几何已成为现代理论物理必备的数学基础.

黎曼除了对几何和复变函数方面做了开拓性工作以外, 还以其对 19 世纪初兴起的完善微积分理论的杰出贡献载入史册. 黎曼建立了现在微积分教科书所讲的黎曼积分的概念, 给出了这种积分存在的充要条件.

黎曼开创了用复数解析函数研究数论问题的先例, 取得跨世纪的成果.

黎曼不但对纯数学作出了划时代的贡献, 而且十分关心物理, 以及数学与物理世界的关系. 他写了一些关于热、光、磁、气体理论, 以及流体力学和声学方面的论文, 将物理问题抽象出的常微分方程、偏微分方程进行定论研究, 得到一系列丰硕成果.

黎曼的工作直接影响了 19 世纪后半期的数学发展, 许多杰出的数学家重新论证黎曼断言过的定理. 在黎曼思想的影响下, 数学许多分支取得了丰硕的成果.

因长年的贫困和劳累, 黎曼在 1862 年婚后不到 1 个月就开始患胸膜炎和肺结核, 其后 4 年的大部分时间在意大利治病疗养, 1866 年 7 月 20 日病逝于意大利, 终年 40 岁.

第4章 复变函数的级数

在实数范围内,无穷级数是表示函数、研究函数性质的重要工具.这一章将实数范围内有关级数的概念推广到复数范围内.首先介绍复数项级数及复变函数项级数的概念,接着讨论幂级数及其收敛性.在此基础上,将重点研究两个问题:

(1)如何将在 z_0 解析的函数 $f(z)$ 表示成含 $z-z_0$ 的非负整数次幂项的 Taylor 级数;

(2)如何将在以 z_0 为中心的圆环域内解析的函数 $f(z)$ 表示成含有 $z-z_0$ 的正、负整数次幂项的洛朗级数.

这两类级数无论在理论上还是实际应用中都具有重要意义,它们不仅可以帮助更深入地掌握解析函数的性质,而且也为进一步研究解析函数提供了重要工具,是下一章研究留数理论的必要基础.

4.1 复数项级数

4.1.1 复数序列

给定一列无穷多个有序的复数
$$z_1 = a_1 + ib_1, z_2 = a_2 + ib_2, \cdots, z_n = a_n + ib_n, \cdots$$
称为**复数序列**,简记作 $\{z_n\}$.

给定一个复数序列 $\{z_n\}$,设 $z_0 = a + ib$ 是一个复常数.对于任意给定的正数 $\varepsilon > 0$,存在一个充分大的正整数 N,当 $n > N$ 时,有
$$|z_n - z_0| < \varepsilon$$
则称 $\{z_n\}$ 当 n 趋向于 $+\infty$ 时,以 z_0 为极限,或者称复数序列 $\{z_n\}$ 收敛于极限 z_0,记作
$$\lim_{n \to \infty} z_n = z_0 \quad 或 \quad z_n \to z_0, \quad n \to +\infty$$
如果复数序列 $\{z_n\}$ 不收敛,则称 $\{z_n\}$ 是发散的.

定理 4.1 给定一个复数序列 $\{z_n\}$,其中 $z_n = a_n + ib_n, n = 1, 2, \cdots, z_0 = a + ib$,则 $\lim_{n \to \infty} z_n = z_0$ 的充要条件为
$$\lim_{n \to \infty} a_n = a, \quad \lim_{n \to \infty} b_n = b$$

证明 必要性.若 $\lim_{n \to \infty} z_n = z_0$,由定义知,$\forall \varepsilon > 0, \exists N \in \mathbf{N}$,当 $n > N$ 时,有
$$|z_n - z_0| < \varepsilon$$

因此,当 $n>N$ 时,有

$$|a_n-a|\leqslant|z_n-z_0|<\varepsilon,\quad|b_n-b|\leqslant|z_n-z_0|<\varepsilon$$

由实数序列收敛性定义知

$$\lim_{n\to\infty}a_n=a,\quad\lim_{n\to\infty}b_n=b$$

充分性. 若 $\lim\limits_{n\to\infty}a_n=a$ 和 $\lim\limits_{n\to\infty}b_n=b$,则 $\forall\varepsilon>0,\exists N\in\mathbf{N}$,当 $n>N$ 时,有

$$|a_n-a|<\frac{\varepsilon}{\sqrt{2}},\quad|b_n-b|<\frac{\varepsilon}{\sqrt{2}}$$

因此,当 $n>N$ 时,有

$$|z_n-z_0|=|(a_n+\mathrm{i}b_n)-(a+\mathrm{i}b)|=\sqrt{(a_n-a)^2+(b_n-b)^2}<\varepsilon$$

从而由定义知

$$\lim_{n\to\infty}z_n=z_0$$

定理 4.1 的结论使得可以把有关实数序列极限的运算理论转移到复数序列上.

例 4.1　下列复数序列是否收敛? 如果收敛,求其极限.

(1) $z_n=\left(1+\dfrac{1}{n}\right)\mathrm{e}^{\mathrm{i}\frac{\pi}{n}}$;　　　(2) $z_n=(-1)^n+\dfrac{\mathrm{i}}{n+1}$.

解　(1) 由欧拉公式得

$$z_n=\left(1+\frac{1}{n}\right)\mathrm{e}^{\mathrm{i}\frac{\pi}{n}}=\left(1+\frac{1}{n}\right)\left(\cos\frac{\pi}{n}+\mathrm{i}\sin\frac{\pi}{n}\right)$$

所以

$$a_n=\left(1+\frac{1}{n}\right)\cos\frac{\pi}{n},\quad b_n=\left(1+\frac{1}{n}\right)\sin\frac{\pi}{n}$$

易知

$$\lim_{n\to\infty}a_n=1,\quad\lim_{n\to\infty}b_n=0$$

所以复数序列 $\{z_n\}$ 收敛,且 $\lim\limits_{n\to\infty}z_n=1$.

(2) 由于 $a_n=(-1)^n,b_n=\dfrac{1}{n+1}$,而 $\{a_n\}$ 发散,因此 $\{z_n\}$ 也发散.

4.1.2　复数项级数的概念及其收敛性

给定一个复数序列 $\{z_n\}$,称表达式

$$z_1+z_2+\cdots+z_n+\cdots$$

为一个**复数项级数**,记作 $\sum\limits_{n=1}^{\infty}z_n$.

同实数项级数一样,可以给出复数项级数收敛的概念.

记复数项级数 $\sum\limits_{n=1}^{\infty}z_n$ 的前 n 项和为

$$s_n = z_1 + z_2 + \cdots + z_n$$

称为**部分和**. 若 n 分别取自然数, 可得一复数序列 $\{s_n\}$. 当部分和序列 $\{s_n\}$ 存在极限时, 称复数项级数 $\sum\limits_{n=1}^{\infty} z_n$ 是**收敛的**. 称极限

$$s = \lim_{n \to \infty} s_n$$

为复数项级数 $\sum\limits_{n=1}^{\infty} z_n$ 的**和**, 记作 $s = \sum\limits_{n=1}^{\infty} z_n$. 反之, 若部分和序列 $\{s_n\}$ 不收敛, 则称复数项级数 $\sum\limits_{n=1}^{\infty} z_n$ 是**发散的**.

由复数项级数收敛的概念, 结合定理 4.1, 可以把复数项级数的敛散问题转变成相应的实数项级数的敛散问题.

定理 4.2 复数项级数 $\sum\limits_{n=1}^{\infty} z_n (z_n = a_n + ib_n, n = 1, 2, \cdots)$ 收敛的充要条件是实数项级数 $\sum\limits_{n=1}^{\infty} a_n$ 和级数 $\sum\limits_{n=1}^{\infty} b_n$ 同时收敛.

证明 注意到 $\sum\limits_{n=1}^{\infty} z_n$ 的部分和为

$$s_n = z_1 + z_2 + \cdots + z_n = (a_1 + a_2 + \cdots + a_n) + i(b_1 + b_2 + \cdots + b_n) = \sigma_n + i\tau_n$$

这里 $\sigma_n = \sum\limits_{k=1}^{n} a_k, \tau_n = \sum\limits_{k=1}^{n} b_k$ 分别为 $\sum\limits_{n=1}^{\infty} a_n$ 和 $\sum\limits_{n=1}^{\infty} b_n$ 的前 n 项和. 由级数收敛定义及定理 4.1 知, 复数项级数 $\sum\limits_{n=1}^{\infty} z_n$ 收敛 $\Leftrightarrow$ 部分和序列 $\{s_n\}$ 收敛 $\Leftrightarrow$ 实数序列 $\{\sigma_n\}$、$\{\tau_n\}$ 同时收敛 $\Leftrightarrow$ 实数项级数 $\sum\limits_{n=1}^{\infty} a_n$、$\sum\limits_{n=1}^{\infty} b_n$ 同时收敛.

假定复数项级数 $\sum\limits_{n=1}^{\infty} z_n$ 收敛, 由定理 4.2 必有实数项级数 $\sum\limits_{n=1}^{\infty} a_n$、$\sum\limits_{n=1}^{\infty} b_n$ 同时收敛. 由实数项级数收敛的必要条件, 可得

$$\lim_{n \to \infty} a_n = 0, \quad \lim_{n \to \infty} b_n = 0$$

从而有

$$\lim_{n \to \infty} z_n = \lim_{n \to \infty} a_n + i \lim_{n \to \infty} b_n = 0$$

于是得到下述结论.

定理 4.3 复数项级数 $\sum\limits_{n=1}^{\infty} z_n$ 收敛的必要条件是 $\lim\limits_{n \to \infty} z_n = 0$.

定理 4.4 如果 $\sum\limits_{n=1}^{\infty} |z_n|$ 收敛, 那么 $\sum\limits_{n=1}^{\infty} z_n$ 也收敛.

证明　由于 $\displaystyle\sum_{n=1}^{\infty}|z_n|=\sum_{n=1}^{\infty}\sqrt{a_n^2+b_n^2}$，且有

$$|a_n|\leqslant\sqrt{a_n^2+b_n^2},\quad |b_n|\leqslant\sqrt{a_n^2+b_n^2}$$

根据正项级数的比较准则可知，级数 $\displaystyle\sum_{n=1}^{\infty}|a_n|$ 及 $\displaystyle\sum_{n=1}^{\infty}|b_n|$ 都收敛，因而 $\displaystyle\sum_{n=1}^{\infty}a_n$ 和 $\displaystyle\sum_{n=1}^{\infty}b_n$ 也都收敛. 由定理 4.2 可知，$\displaystyle\sum_{n=1}^{\infty}z_n$ 是收敛的.

容易看出，定理 4.4 的逆命题不成立，即 $\displaystyle\sum_{n=1}^{\infty}z_n$ 收敛，不能保证 $\displaystyle\sum_{n=1}^{\infty}|z_n|$ 收敛.

另外，因为 $\displaystyle\sum_{n=1}^{\infty}|z_n|$ 的各项都是非负实数，所以它的收敛性可以用正项级数的判别法来判定.

设 $\displaystyle\sum_{n=1}^{\infty}z_n$ 为收敛级数. 若 $\displaystyle\sum_{n=1}^{\infty}|z_n|$ 收敛，则称 $\displaystyle\sum_{n=1}^{\infty}z_n$ 为**绝对收敛**；若 $\displaystyle\sum_{n=1}^{\infty}|z_n|$ 不收敛，则称 $\displaystyle\sum_{n=1}^{\infty}z_n$ 为**条件收敛**.

在定理 4.4 的证明过程中，可以注意到，若 $\displaystyle\sum_{n=1}^{\infty}z_n$ 绝对收敛，则 $\displaystyle\sum_{n=1}^{\infty}a_n$ 和 $\displaystyle\sum_{n=1}^{\infty}b_n$ 都是绝对收敛的. 反过来，若 $\displaystyle\sum_{n=1}^{\infty}a_n$ 和 $\displaystyle\sum_{n=1}^{\infty}b_n$ 绝对收敛，可以证明 $\displaystyle\sum_{n=1}^{\infty}z_n$ 绝对收敛. 事实上，由于 $\sqrt{a_n^2+b_n^2}\leqslant|a_n|+|b_n|$，因此

$$\sum_{n=1}^{n}\sqrt{a_n^2+b_n^2}\leqslant\sum_{n=1}^{n}|a_n|+\sum_{n=1}^{n}|b_n|$$

所以当 $\displaystyle\sum_{n=1}^{\infty}a_n$ 和 $\displaystyle\sum_{n=1}^{\infty}b_n$ 绝对收敛时，$\displaystyle\sum_{n=1}^{\infty}|z_n|=\sum_{n=1}^{\infty}\sqrt{a_n^2+b_n^2}$ 也收敛，即 $\displaystyle\sum_{n=1}^{\infty}z_n$ 绝对收敛. 由此得到下面的定理.

定理 4.5　设 $z_n=a_n+\mathrm{i}b_n(n=1,2,\cdots)$，则级数 $\displaystyle\sum_{n=1}^{\infty}z_n$ 绝对收敛的充要条件是 $\displaystyle\sum_{n=1}^{\infty}a_n$ 和 $\displaystyle\sum_{n=1}^{\infty}b_n$ 绝对收敛.

例 4.2　判断下列级数是否收敛，是否绝对收敛.

(1) $\displaystyle\sum_{n=1}^{\infty}\left(\frac{1}{n}+\frac{\mathrm{i}}{2^n}\right)$;　　(2) $\displaystyle\sum_{n=1}^{\infty}\frac{(1+\mathrm{i})^2}{2n^2}$;

(3) $\displaystyle\sum_{n=1}^{\infty}\left[\frac{(-1)^n}{n}+\frac{\mathrm{i}}{2^n}\right]$.

解　(1) 因为 $\displaystyle\sum_{n=1}^{\infty}a_n=\sum_{n=1}^{\infty}\frac{1}{n}$ 发散，所以尽管 $\displaystyle\sum_{n=1}^{\infty}b_n=\sum_{n=1}^{\infty}\frac{1}{2^n}$ 收敛，但原级数仍发

散.

(2) 因为 $\left|\dfrac{(1+i)^2}{2n^2}\right| = \dfrac{1}{n^2}$,而级数 $\sum\limits_{n=1}^{\infty} \dfrac{1}{n^2}$ 为 $p=2$ 时的 p - 级数,因而收敛,故原级数收敛且为绝对收敛.

(3) 因为 $\sum\limits_{n=1}^{\infty} \dfrac{(-1)^n}{n}$ 收敛,$\sum\limits_{n=1}^{\infty} \dfrac{i}{2^n}$ 也收敛,故原级数收敛. 但因为 $\sum\limits_{n=1}^{\infty} \dfrac{(-1)^n}{n}$ 为条件收敛,所以原级数为条件收敛.

练习题 4.1

1. 下列复数序列是否收敛? 如果收敛,求出其极限.

(1) $z_n = e^{-\frac{n\pi i}{2}}$;　　(2) $z_n = \dfrac{1}{n} + i^n$;　　(3) $z_n = \left(1 + \dfrac{i}{2}\right)^{-n}$;　　(4) $z_n = \dfrac{n!}{n^n} i^n$.

2. 判断下列级数是否收敛,若收敛,是否绝对收敛.

(1) $\sum\limits_{n=1}^{\infty} \dfrac{(8i)^n}{n!}$;　　(2) $\sum\limits_{n=1}^{\infty} \left(\dfrac{1}{2^n} + \dfrac{i}{n}\right)$;　　(3) $\sum\limits_{n=1}^{\infty} \dfrac{i^n}{\ln n}$;　　(4) $\sum\limits_{n=1}^{\infty} \dfrac{\cos(in)}{2^n}$.

3. 证明:级数 $\sum\limits_{n=1}^{\infty} z^n$ 当 $|z| < 1$ 时绝对收敛.

4.2 幂 级 数

4.2.1 幂级数的概念

1. 函数项级数

设 $\{f_n(z)\}(n=1,2,\cdots)$ 为一复变函数序列,其中各项在区域 G 内有定义. 表达式

$$\sum_{n=1}^{\infty} f_n(z) = f_1(z) + f_2(z) + \cdots + f_n(z) + \cdots \tag{4.1}$$

称为**复变函数项级数**. 它最前面 n 项之和

$$s_n(z) = f_1(z) + f_2(z) + \cdots + f_n(z)$$

称为该级数的**部分和**.

对于 G 内的某一点 z_0,如果极限 $\lim\limits_{n \to \infty} s_n(z_0) = s(z_0)$ 存在,那么称 z_0 为式(4.1)所示级数的**收敛点**,而 $s(z_0)$ 称为它的**和**,记作

$$s(z_0) = f_1(z_0) + f_2(z_0) + \cdots + f_n(z_0) + \cdots$$

如果极限 $\lim\limits_{n \to \infty} s_n(z_0) = s(z_0)$ 不存在,那么称式(4.1)所示级数在 z_0 是**发散的**. 式(4.1)

所示级数的一切收敛点所组成的集合称为该级数的**收敛域**.

设 D 是式(4.1)所示级数的收敛域,那么对于 D 内的每一点 z,都有

$$\lim_{n\to\infty} s_n(z) = s(z)$$

这样就确定了一个函数 $s(z)$,称为式(4.1)所示级数的**和函数**,记作

$$s(z) = f_1(z) + f_2(z) + \cdots + f_n(z) + \cdots$$

2. 幂级数

在式(4.1)中,当 $f_n(z) = c_{n-1}(z-a)^{n-1}$ 或 $f_n(z) = c_{n-1}z^{n-1}$ 时,就得到函数项级数的特殊情形:

$$\sum_{n=0}^{\infty} c_n(z-a)^n = c_0 + c_1(z-a) + \cdots + c_n(z-a)^n + \cdots \tag{4.2}$$

或

$$\sum_{n=0}^{\infty} c_n z^n = c_0 + c_1 z + \cdots + c_n z^n + \cdots \tag{4.3}$$

这种级数称为**幂级数**.

如果令 $z - a = \zeta$,那么式(4.2)就成为 $\sum_{n=0}^{\infty} c_n \zeta^n$,这是式(4.3)的形式.为了方便,本节主要就式(4.3)来讨论.

4.2.2　幂级数的收敛性

1. 收敛定理

关于式(4.3)所示幂级数的收敛性,有下列定理.

定理 4.6(阿贝尔(Abel)定理)　如果级数 $\sum_{n=0}^{\infty} c_n z^n$ 在 $z = z_0 (\neq 0)$ 收敛,那么对于满足 $|z| < |z_0|$ 的 z,级数必绝对收敛.如果在 $z = z_1$ 级数发散,那么对于满足 $|z| > |z_1|$ 的 z,级数必发散.

证明　由于级数 $\sum_{n=0}^{\infty} c_n z_0^n$ 收敛,根据收敛的必要条件,有 $\lim_{n\to\infty} c_n z_0^n = 0$,因而存在正数 M,使对所有的 n 有 $|c_n z_0^n| < M$.如果 $|z| < |z_0|$,那么 $\dfrac{|z|}{|z_0|} = q < 1$,从而

$$|c_n z^n| = |c_n z_0^n| \cdot \left| \frac{z}{z_0} \right|^n < Mq^n$$

由于 $\sum_{n=0}^{\infty} Mq^n$ 为公比小于 1 的等比级数,故收敛.于是根据正项级数的比较审敛法知

$$\sum_{n=0}^{\infty} |c_n z^n| = |c_0| + |c_1 z| + \cdots + |c_n z^n| + \cdots$$

收敛,从而级数 $\sum_{n=0}^{\infty} c_n z^n$ 是绝对收敛的.

定理的另一部分用反证法易得.

2. 收敛圆与收敛半径

对幂级数 $\sum\limits_{n=0}^{\infty} c_n z^n$ 来说，它的收敛情形不外乎下述三种：

（1）对所有的正实数都是收敛的，这时，根据阿贝尔定理可知级数在复平面内处处绝对收敛.

例如，级数

$$1+z+\frac{z^2}{2^2}+\cdots+\frac{z^n}{n^n}+\cdots$$

对于任意给定的复数 z，从某个 n 开始，总有 $\frac{|z|}{n}<\frac{1}{2}$，于是有 $\left|\frac{z^n}{n^n}\right|<\left(\frac{1}{2}\right)^n$. 故该级数对任意的 z 都绝对收敛.

（2）对所有的正实数都是发散的，这时，级数在复平面内除原点外处处发散.

例如，级数

$$1+z+2^2 z^2+\cdots+n^n z^n+\cdots$$

当 $z\neq 0$ 时，通项 $n^n z^n$ 在 $n\to\infty$ 时不趋于零，根据级数收敛的必要条件知级数发散.

（3）既存在使级数收敛的正实数，也存在使级数发散的正实数. 设 $z=\alpha$（正实数）时，级数收敛，$z=\beta$（正实数）时，级数发散，那么在以原点为中心，α 为半径的圆周 C_α 内，级数绝对收敛. 在以原点为中心，β 为半径的圆周 C_β 外，级数发散. 显然，$\alpha<\beta$. 否则，级数将在 α 处发散. 这时，可以证明存在正数 R，在以原点为中心，R 为半径的圆周 C_R 的内部级数绝对收敛，在 C_R 的外部，级数发散（见图 4.1）. 圆周 C_R 称为幂级数的**收敛圆**，收敛圆的半径 R 称为**收敛半径**.

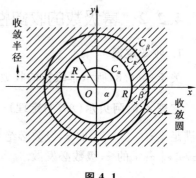

图 4.1

例如，级数 $\sum\limits_{n=0}^{\infty} z^n = 1+z+z^2+\cdots+z^n+\cdots$，它的部分和为

$$s_n=1+z+z^2+\cdots+z^{n-1}=\frac{1-z^n}{1-z}\quad (z\neq 1)$$

当 $|z|<1$ 时，由于 $\lim\limits_{n\to\infty} z^n=0$，从而有

$$\lim_{n\to\infty} s_n=\frac{1}{1-z}$$

即 $|z|<1$ 时，级数 $\sum\limits_{n=0}^{\infty} z^n$ 收敛，和函数为 $\frac{1}{1-z}$；当 $|z|\geqslant 1$ 时，由于 $n\to\infty$ 时，级数的

一般项 z^n 不趋于零,故级数发散.由阿贝尔定理知级数的收敛范围为一单位圆域 $|z| < 1$.在此圆域内,级数不仅收敛,而且绝对收敛.因此级数 $\sum_{n=0}^{\infty} z^n$ 的收敛圆为单位圆 $|z| = 1$,收敛半径为1,并有

$$\frac{1}{1-z} = 1 + z + z^2 + \cdots + z^n + \cdots, \quad |z| < 1 \tag{4.4}$$

为了统一起见,称上述情形(1)对应级数的收敛半径为 $R = +\infty$,情形(2)对应级数的收敛半径为 $R = 0$.所以式(4.3)所示幂级数的收敛范围是以原点为中心的圆域.

对式(4.2)所示幂级数来说,它的收敛范围是以 $z = a$ 为中心的圆域.级数在其收敛圆的圆周上是收敛还是发散,不能作一般的结论,要对具体级数进行具体分析.

3. 收敛半径的求法

根据以上分析,确定幂级数收敛域的关键在于找到它的收敛半径.关于幂级数收敛半径的求法,有下面两个定理.

定理 4.7(比值法)　如果 $\lim_{n \to \infty} \left| \frac{c_{n+1}}{c_n} \right| = \lambda$,那么幂级数 $\sum_{n=0}^{\infty} c_n z^n$ 的收敛半径

$$R = \begin{cases} \dfrac{1}{\lambda}, & \lambda \neq 0 \\ 0, & \lambda = +\infty \\ +\infty, & \lambda = 0 \end{cases}$$

证明　对于级数 $\sum_{n=0}^{\infty} c_n z^n$,有

$$\lim_{n \to \infty} \frac{|c_{n+1}||z|^{n+1}}{|c_n||z|^n} = \lim_{n \to \infty} \left| \frac{c_{n+1}}{c_n} \right| |z| = \lambda |z| \tag{4.5}$$

下面分三种情况证明.

(1) 当 $\lambda = 0$ 时,由式(4.5)知正项级数 $\sum_{n=0}^{\infty} |c_n||z|^n$ 对任意的复数 z 都收敛,根据定理 4.4,级数 $\sum_{n=0}^{\infty} c_n z^n$ 在复平面内处处收敛,所以 $R = +\infty$.

(2) $\lambda = +\infty$ 时,由式(4.5)易知,对任意的 $z \neq 0$, $\lim_{n \to \infty} c_n z_0^n \neq 0$.再由定理 4.3 知,级数 $\sum_{n=0}^{\infty} c_n z^n$ 发散,所以 $R = 0$.

(3) 当 $\lambda \neq 0$ 时,由式(4.5)知,正项级数 $\sum_{n=0}^{\infty} |c_n||z|^n$ 对任意的复数 $|z| < \frac{1}{\lambda}$ 都收敛,根据定理 4.4,级数 $\sum_{n=0}^{\infty} c_n z^n$ 在圆 $|z| < \frac{1}{\lambda}$ 内收敛.再证当 $|z| > \frac{1}{\lambda}$ 时,级数 $\sum_{n=0}^{\infty} c_n z^n$ 发散.事实上,假设在圆 $|z| = \frac{1}{\lambda}$ 外有一点 z_0,使级数 $\sum_{n=0}^{\infty} c_n z_0^n$ 收敛.在圆外再

取一点 z_1，使 $|z_1|<|z_0|$，那么根据阿贝尔定理，级数 $\sum\limits_{n=0}^{\infty}|c_n||z_1^n|$ 必收敛．然而

$|z_1|>\dfrac{1}{\lambda}$，所以

$$\lim_{n\to\infty}\frac{|c_{n+1}||z_1|^{n+1}}{|c_n||z_1|^n}=\lambda|z_1|>1$$

这与 $\sum\limits_{n=0}^{\infty}|c_n||z_1|^n$ 收敛相矛盾，即在圆周 $|z|=\dfrac{1}{\lambda}$ 外有一点 z_0，使级数 $\sum\limits_{n=0}^{\infty}c_n z_0^n$ 收

敛的假定不能成立．因而 $\sum\limits_{n=0}^{\infty}c_n z^n$ 在圆 $|z|=\dfrac{1}{\lambda}$ 外发散．

以上的结果表明，当 $\lambda\neq0$ 时，级数的收敛半径 $R=\dfrac{1}{\lambda}$．

定理 4.8(根值法) 如果 $\lim\limits_{n\to\infty}\sqrt[n]{|c_n|}=\mu$，那么幂级数 $\sum\limits_{n=0}^{\infty}c_n z^n$ 的收敛半径

$$R=\begin{cases} \dfrac{1}{\mu}, & \mu\neq0 \\ 0, & \mu=+\infty \\ +\infty, & \mu=0 \end{cases}$$

证明从略．

不难看出，式(4.2)所示幂级数收敛半径的求法与式(4.3)所示幂级数的是一样的，不同的是收敛圆的圆心由原点移到了 a(见式(4.2))．

例 4.3 求下列幂级数的收敛半径：

(1) $\sum\limits_{n=1}^{\infty}\dfrac{z^n}{2^n}$；

(2) $\sum\limits_{n=0}^{\infty}\dfrac{z^n}{n^2}$(并讨论在收敛圆周上的情形)；

(3) $\sum\limits_{n=1}^{\infty}\dfrac{(z-1)^n}{n}$(并讨论 $z=0,2$ 时的情形)．

解 (1) 因为 $\lim\limits_{n\to\infty}\left|\dfrac{c_{n+1}}{c_n}\right|=\lim\limits_{n\to\infty}\dfrac{2^n}{2^{n+1}}=\dfrac{1}{2}$，或 $\lim\limits_{n\to\infty}\sqrt[n]{c_n}=\lim\limits_{n\to\infty}\sqrt[n]{\dfrac{1}{2^n}}=\dfrac{1}{2}$，所以收敛半径

$R=2$．

(2) 因为 $\lim\limits_{n\to\infty}\left|\dfrac{c_{n+1}}{c_n}\right|=\lim\limits_{n\to\infty}\dfrac{n^2}{(n+1)^2}=1$，所以收敛半径 $R=1$．在收敛圆 $|z|=1$ 上，

由于 $\sum\limits_{n=0}^{\infty}\left|\dfrac{z^n}{n^2}\right|=\sum\limits_{n=0}^{\infty}\dfrac{1}{n^2}$，故级数是绝对收敛的．

(3) $\lim\limits_{n\to\infty}\left|\dfrac{c_{n+1}}{c_n}\right|=\lim\limits_{n\to\infty}\dfrac{n}{n+1}=1$，即 $R=1$．在收敛圆 $|z-1|=1$ 上，当 $z=0$ 时，原级

数成为 $\sum_{n=1}^{\infty}(-1)^n\dfrac{1}{n}$,它是交错级数,根据莱布尼茨准则,级数收敛.当 $z=2$ 时,原级

数成为 $\sum_{n=1}^{\infty}\dfrac{1}{n}$,它是调和级数,所以发散.这个例子表明,在收敛圆周上可能既有级数的收敛点,也有级数的发散点.

4.2.3 幂级数的运算及性质

复变幂级数也像实变幂级数一样,具有下列一些运算及性质(证明从略).

1. 幂级数的有理运算

设幂级数 $\sum_{n=0}^{\infty}a_nz^n$ 和 $\sum_{n=0}^{\infty}b_nz^n$ 的收敛半径分别为 r_1 和 r_2,记 $R=\min(r_1,r_2)$,则有

$$\sum_{n=0}^{\infty}a_nz^n \pm \sum_{n=0}^{\infty}b_nz^n = \sum_{n=0}^{\infty}(a_n\pm b_n)z^n, \quad |z|<R$$

$$\left(\sum_{n=0}^{\infty}a_nz^n\right)\cdot\left(\sum_{n=0}^{\infty}b_nz^n\right) = \sum_{n=0}^{\infty}(a_nb_0+a_{n-1}b_1+\cdots+a_0b_n)z^n, \quad |z|<R$$

2. 幂级数的复合运算

设 $f(z)=\sum_{n=0}^{\infty}a_nz^n(|z|<r)$,函数 $g(z)$ 在 $|z|<R$ 内解析且满足 $|g(z)|<r$,则有

$$f[g(z)]=\sum_{n=0}^{\infty}a_n[g(z)]^n, \quad |z|<R$$

例如,由式(4.4)知

$$f(z)=\frac{1}{1-z}=1+z+z^2+\cdots+z^n+\cdots, \quad |z|<1$$

因此,设 $g(z)=\dfrac{z}{2}$,当 $|g(z)|=\left|\dfrac{z}{2}\right|<1$,即 $|z|<2$ 时,有

$$f\left(\frac{z}{2}\right)=1+\frac{z}{2}+\frac{z^2}{2^2}+\cdots+\frac{z^n}{2^n}+\cdots, \quad |z|<2$$

即有

$$\frac{2}{2-z}=1+\frac{z}{2}+\frac{z^2}{2^2}+\cdots+\frac{z^n}{2^n}+\cdots, \quad |z|<2$$

例 4.4 把函数 $\dfrac{1}{z-b}$ 表示成形如 $\sum_{n=0}^{\infty}c_n(z-a)^n$ 的幂级数,其中 a 与 b 是不相等的复常数.

解 把函数 $\dfrac{1}{z-b}$ 写成如下的形式:

$$\frac{1}{z-b} = \frac{1}{(z-a)-(b-a)} = -\frac{1}{b-a} \cdot \frac{1}{1-\frac{z-a}{b-a}}$$

设 $|b-a| = R$，由式(4.4)知道，当 $\left|\frac{z-a}{b-a}\right| < 1$，即 $|z-a| < R$ 时，有

$$\frac{1}{1-\frac{z-a}{b-a}} = 1 + \left(\frac{z-a}{b-a}\right) + \left(\frac{z-a}{b-a}\right)^2 + \cdots + \left(\frac{z-a}{b-a}\right)^n + \cdots$$

从而得到

$$\frac{1}{z-b} = -\frac{1}{b-a} - \frac{1}{(b-a)^2}(z-a) - \cdots - \frac{1}{(b-a)^{n+1}}(z-a)^n - \cdots, \quad |z-a| < R$$

3. 幂级数的性质

设幂级数 $\sum_{n=0}^{\infty} c_n(z-a)^n$ 在收敛圆 $|z-a| < R$ 内的和函数为 $f(z)$，即 $f(z) = \sum_{n=0}^{\infty} c_n(z-a)^n$，$|z-a| < R$，则有

(1) $f(z)$ 是收敛圆内的解析函数.

(2) $f(z)$ 在收敛圆内的导数可通过其幂级数逐项求导得到，即

$$f'(z) = \sum_{n=1}^{\infty} nc_n(z-a)^{n-1}$$

(3) $f(z)$ 在收敛圆内可以逐项积分，即

$$\int_C f(z)\mathrm{d}z = \sum_{n=0}^{\infty} c_n \int_C (z-a)^n \mathrm{d}z, \quad C \in |z-a| < R$$

或

$$\int_a^z f(\zeta)\mathrm{d}\zeta = \sum_{n=0}^{\infty} \frac{c_n}{n+1}(z-a)^{n+1}$$

例 4.5 求级数 $\sum_{n=0}^{\infty} (n+1)z^n$ 的收敛半径与和函数.

解 因为

$$\lim_{n\to\infty} \frac{|c_{n+1}|}{|c_n|} = \lim_{n\to\infty} \frac{n+2}{n+1} = 1$$

所以级数的收敛半径 $R=1$. 在收敛圆内逐项求积得

$$\int_0^z \sum_{n=0}^{\infty} (n+1)z^n \mathrm{d}z = \sum_{n=0}^{\infty} \int_0^z (n+1)z^n \mathrm{d}z = \sum_{n=0}^{\infty} z^{n+1} = \frac{z}{1-z}$$

因此和函数

$$f(z) = \sum_{n=0}^{\infty} (n+1)z^n = \left(\frac{z}{1-z}\right)' = \frac{1}{(1-z)^2}, \quad |z| < 1$$

练习题 4.2

1. 求下列幂级数的收敛半径.

(1) $\sum_{n=1}^{\infty} \frac{z^n}{n^3}$(并讨论在收敛圆周上的情形);　　(2) $\sum_{n=1}^{\infty} \frac{z^n}{n^p}$($p$ 为正整数);

(3) $\sum_{n=1}^{\infty} \frac{(n!)}{n^n} z^n$;　　　　　　　　　(4) $\sum_{n=1}^{\infty} (1+\mathrm{i})^n z^n$.

2. 证明:若幂级数 $\sum_{n=0}^{\infty} c_n z^n$ 在 $z = z_0$ 条件收敛,则其收敛半径 $R = |z_0|$.

3. 求幂级数 $\sum_{n=1}^{\infty} (2^n - 1) z^{n-1}$ 的收敛半径与和函数.

4. 计算 $\oint_C \left(\sum_{n=-1}^{\infty} z^n \right) \mathrm{d}z$,其中 C 为 $|z| = \frac{1}{2}$.

4.3　Taylor 级数

上一节中,已经知道一个幂级数在其收敛圆内收敛于一个解析函数. 那么一个解析函数是否能用幂级数表示?本节将证明解析函数在解析的某个邻域内一定能够展成**泰勒**(Taylor)**级数**. 这是解析函数的重要特征,也是其与有实变函数的重大差别之一. 在高等数学中,把一个函数在一点的邻域内展开成 Taylor 级数是很重要的一个问题,能够展开成 Taylor 级数的条件是函数在该邻域内具有各阶导数,且当 $n \to \infty$ 时,Taylor 展开式的余项 $R_n(x)$ 必须趋于零. 然而,验证余项趋于零往往是比较困难的事情. 但是,对于复变函数而言,问题就变得相对简单了.

4.3.1　Taylor 展开定理

定理 4.9　设 $f(z)$ 在区域 D 内解析,z_0 为 D 内的一点,d 为 z_0 到 D 的边界上各点的最短距离(见图 4.2(a)),那么当 $|z - z_0| < d$ 时,有

$$f(z) = \sum_{n=0}^{\infty} c_n (z - z_0)^n$$

成立,其中 $c_n = \frac{1}{n!} f^{(n)}(z_0)$,$n = 0, 1, 2, \cdots$.

证明　以 z_0 为中心,$r(r < d)$ 为半径作圆周 $K|\zeta - z_0| = r$,则它的内部全含于 D 内,又设 z 为 K 内任意一点(见图 4.2(b)). 由柯西积分公式,有

$$f(z) = \frac{1}{2\pi\mathrm{i}} \oint_K \frac{f(\zeta)}{\zeta - z} \mathrm{d}\zeta \tag{4.6}$$

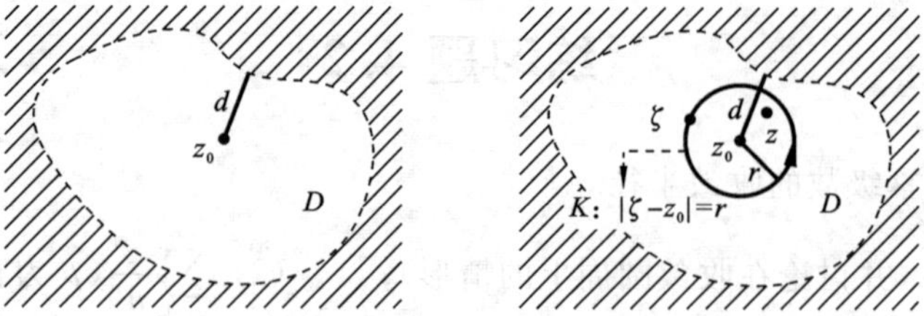

(a) (b)

图 4.2

由于积分变量 ζ 取在圆周 K 上，而 z 取在 K 的内部，因此 $\left|\dfrac{z-z_0}{\zeta-z_0}\right|<1$. 类似于例 4.4，有

$$\frac{1}{\zeta-z}=\frac{1}{\zeta-z_0}\frac{1}{1-\dfrac{z-z_0}{\zeta-z_0}}$$

$$=\frac{1}{\zeta-z_0}\left[1+\left(\frac{z-z_0}{\zeta-z_0}\right)+\left(\frac{z-z_0}{\zeta-z_0}\right)^2+\cdots+\left(\frac{z-z_0}{\zeta-z_0}\right)^n+\cdots\right]$$

$$=\sum_{n=0}^{\infty}\frac{1}{(\zeta-z_0)^{n+1}}(z-z_0)^n$$

以此代入式(4.6)，并把它写成

$$f(z)=\sum_{n=0}^{N-1}\left[\frac{1}{2\pi i}\oint_K\frac{f(\zeta)\mathrm{d}\zeta}{(\zeta-z)^{n+1}}\right](z-z_0)^n+R_N(z)\tag{4.7}$$

式中：

$$R_N(z)=\frac{1}{2\pi i}\oint_K\left[\sum_{n=N}^{\infty}\frac{f(\zeta)}{(\zeta-z_0)^{n+1}}(z-z_0)^n\right]\mathrm{d}\zeta$$

由高阶导数公式，式(4.7)又可表示为

$$f(z)=\sum_{n=0}^{N-1}\frac{f^{(n)}(z_0)}{n!}(z-z_0)^n+R_N(z)\tag{4.8}$$

下证 $\lim\limits_{N\to\infty}R_N(z)=0$ 在 K 内成立. 为此，令

$$\left|\frac{z-z_0}{\zeta-z_0}\right|=\frac{|z-z_0|}{r}=q$$

显然，q 是与积分变量 ζ 无关的量，且 $0\leqslant q<1$. 由于 K 含于 D，而 $f(z)$ 在 D 内解析，从而在 K 上连续. 因此，$f(\zeta)$ 在 K 上也连续. 于是 $f(\zeta)$ 在 K 上有界，即存在一个正数 M，使得在 K 上 $|f(\zeta)|\leqslant M$. 于是

$$\left|\sum_{n=N}^{\infty}\frac{f(\zeta)}{(\zeta-z_0)^{n+1}}(z-z_0)^n\right|\leqslant\sum_{n=N}^{\infty}\frac{|f(\zeta)|}{|\zeta-z_0|}\left|\frac{z-z_0}{\zeta-z_0}\right|^n\leqslant\sum_{n=N}^{\infty}\frac{M}{r}q^n=\frac{Mq^N}{r(1-q)}$$

根据积分不等式，有

$$\mid R_N(z) \mid = \left| \frac{1}{2\pi i} \oint_K \left[\sum_{n=N}^{\infty} \frac{f(\zeta)}{(\zeta - z_0)^{n+1}} (z - z_0)^n \right] d\zeta \right| \leqslant \frac{1}{2\pi} \frac{Mq^N}{r(1-q)} \cdot 2\pi r = \frac{Mq^N}{1-q}$$

因为 $\lim\limits_{N \to \infty} q^N = 0$，所以 $\lim\limits_{N \to \infty} R_N(z) = 0$ 在 K 内成立.

最后，对式(4.8)取 $N \to \infty$ 即得

$$f(z) = \sum_{n=0}^{\infty} \frac{f^{(n)}(z_0)}{n!} (z - z_0)^n \tag{4.9}$$

定理 4.9 称为 Taylor **展开定理**，下面对该定理作几点说明.

(1) 式(4.9)的右端称为 $f(z)$ 在 z_0 的 Taylor **级数**. 若式(4.9)成立，则称 $f(z)$ 可以展开成在 z_0 的 Taylor 级数，式(4.9)称为 $f(z)$ 在 z_0 的 Taylor **展开式**.

(2) 如果 $f(z)$ 在 z_0 解析，那么使 $f(z)$ 在 z_0 的 Taylor 展开式成立的圆域的半径 R 就等于从 z_0 到 $f(z)$ 的距 z_0 最近一个奇点 a 之间的距离，即 Taylor 级数的收敛半径 $R = |a - z_0|$.

(3) 结合幂级数的性质和定理 4.9，可以得到关于解析函数的一个重要结论：**函数在一点解析和函数在该点可以展开成 Taylor 级数是等价的**.

(4) 任何解析函数展开成幂级数的结果是唯一的，就是它的 Taylor 级数.

事实上，设 $f(z)$ 在 z_0 已经用另外的方法展开为幂级数：

$$f(z) = a_0 + a_1 (z - z_0) + \cdots + a_n (z - z_0)^n + \cdots$$

那么

$$a_0 = f(z_0)$$

由幂级数逐项求导性质，得

$$f'(z) = a_1 + 2a_2 (z - z_0) + \cdots$$

于是

$$a_1 = f'(z_0)$$

同理可得

$$a_n = \frac{1}{n!} f^{(n)}(z_0)$$

由此可见，任何解析函数展开成幂级数的结果就是 Taylor 级数，因而是唯一的.

4.3.2　函数展开成幂级数

将在 z_0 解析的函数 $f(z)$ 展开成关于 $z - z_0$ 的幂级数，也就是将 $f(z)$ 展开成在 z_0 的 Taylor 级数，通常有两种方法，即**直接法和间接法**. 下面通过例题分别说明这两种方法.

1. 直接法

这种方法通过直接计算 $f(z)$ 在 z_0 处的各阶导数，得到 Taylor 级数的系数

$$c_n = \frac{1}{n!} f^{(n)}(z_0), \quad n = 0, 1, 2, \cdots$$

然后依据 Taylor 展开定理将函数表示成

$$f(z) = \sum_{n=0}^{\infty} c_n (z - z_0)^n$$

例 4.6　将指数函数 e^z 展开成 $z = 0$ 处的 Taylor 级数.

解　由于

$$(e^z)^{(n)} |_{z=0} = e^z |_{z=0} = 1, \quad n = 0, 1, 2, \cdots$$

因此 Taylor 级数的系数 $c_n = \dfrac{1}{n!}$. 因为函数 e^z 在复平面内处处解析,因此可以展开成 $z = 0$ 处的 Taylor 级数,即有

$$e^z = 1 + z + \frac{z^2}{2!} + \cdots + \frac{z^n}{n!} + \cdots = \sum_{n=0}^{\infty} \frac{z^n}{n!} \tag{4.10}$$

在复平面内处处成立.

用同样的方法,可求得 $\sin z$ 和 $\cos z$ 在 $z = 0$ 的 Taylor 展开式.

$$\sin z = z - \frac{z^3}{3!} + \frac{z^5}{5!} - \cdots + (-1)^n \frac{z^{2n+1}}{(2n+1)!} + \cdots, \quad |z| < +\infty \tag{4.11}$$

$$\cos z = 1 - \frac{z^2}{2!} + \frac{z^4}{4!} - \cdots + (-1)^n \frac{z^{2n}}{(2n)!} + \cdots, \quad |z| < +\infty \tag{4.12}$$

*例 4.7**　将函数 $f(z) = e^{\frac{1}{1-z}}$ 展开成 z 的幂级数.

解　由于 $f(z)$ 有一个奇点 $z = 1$,故可在 $|z| < 1$ 内展开为 z 的幂级数. 对 $f(z)$ 求导得

$$f'(z) = e^{\frac{1}{1-z}} \frac{1}{(1-z)^2}$$

即

$$(1-z)^2 f'(z) - f(z) = 0$$

将此微分方程逐次求导,得

$$(1-z)^2 f''(z) + (2z-3) f'(z) = 0$$
$$(1-z)^2 f'''(z) + (4z-5) f''(z) + 2 f'(z) = 0$$
$$\vdots$$

由于 $f(0) = e$,由上述微分方程可求出

$$f'(0) = e, \quad f''(0) = 3e, \quad f'''(0) = 13e, \cdots$$

从而

$$f(z) = e^{\frac{1}{1-z}} = e\left(1 + z + \frac{3}{2!} z^2 + \frac{13}{3!} z^3 + \cdots\right), \quad |z| < 1$$

2. 间接法

这种方法以 Taylor 展开式的唯一性为依据,借助一些已知函数的展开式,结合

解析函数的性质、幂级数运算性质(如逐项求导、逐项积分等)和其他数学技巧(如代换等),将函数展开成幂级数.这种方法的优点在于不需要求函数的各阶导数和级数收敛半径,因此比直接法更为简捷,使用范围也更为广泛.

例 4.8 将函数 $\dfrac{1}{(1+z)^2}$ 展开成 z 的幂级数.

解 由于函数 $\dfrac{1}{(1+z)^2}$ 在单位圆周 $|z|=1$ 上有一奇点 $z=-1$,而在 $|z|<1$ 内处处解析,因此它在 $|z|<1$ 内可展开成 z 的幂级数.把式(4.4)中的 z 换成 $-z$,得

$$\frac{1}{1+z}=1-z+z^2-\cdots+(-1)^n z^n+\cdots, \quad |z|<1 \tag{4.13}$$

再把上式两边逐项求导后两边乘以 -1,即得所求的展开式

$$\frac{1}{(1+z)^2}=1-2z+3z^2-4z^3+\cdots+(-1)^{n-1}nz^{n-1}+\cdots, \quad |z|<1$$

例 4.9 求对数函数的主值 $\ln(1+z)$ 在 $z=0$ 处的 Taylor 展开式.

解 我们知道,$\ln(1+z)$ 在从 $z=-1$ 向左沿负实轴剪开的平面内是解析的,而 -1 是它的一个奇点,所以它在 $|z|<1$ 内可以展开成 z 的幂级数(见图 4.3).

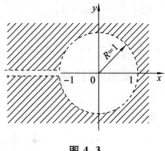

图 4.3

因为 $[\ln(1+z)]'=\dfrac{1}{1+z}$,而 $\dfrac{1}{1+z}$ 有展开式(式(4.13)).在此展开式的收敛圆 $|z|<1$ 内,任取一条从 0 到 z 的积分路线 C,把式(4.13)的两端沿 C 逐项积分,得

$$\int_0^z \frac{1}{1+z}\mathrm{d}z=\int_0^z \mathrm{d}z-\int_0^z z\mathrm{d}z+\int_0^z z^2\mathrm{d}z-\cdots+\int_0^z (-1)^n z^n\mathrm{d}z+\cdots$$

即

$$\ln(1+z)=z-\frac{z^2}{2}+\frac{z^3}{3}-\cdots+(-1)^n \frac{z^{n+1}}{n+1}+\cdots, \quad |z|<1 \tag{4.14}$$

这就是所求的 Taylor 展开式.

例 4.10 求函数 $f(z)=\dfrac{1}{z-2}$ 在 $z=-1$ 处的 Taylor 展开式.

解 这是要求把函数 $f(z)$ 展开成 $z+1$ 的幂级数.因 $f(z)$ 存在唯一的奇点 $z=2$,使 $f(z)$ 在 $z=-1$ 处的 Taylor 展开式成立的圆域的半径 $R=|2-(-1)|=3$,所以它在 $|z+1|<3$ 内可以展开成 $z+1$ 的幂级数(见图 4.4).按照例 4.4 的思路,有

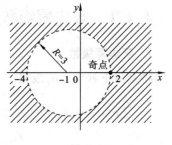

图 4.4

$$\frac{1}{z-2} = \frac{1}{(z+1)-3} = \frac{1}{-3} \cdot \frac{1}{1-\frac{z+1}{3}}$$

$$= -\frac{1}{3}\left[1 + \frac{z+1}{3} + \left(\frac{z+1}{3}\right)^2 + \cdots + \left(\frac{z+1}{3}\right)^n + \cdots\right]$$

$$= \sum_{n=0}^{\infty} \frac{-1}{3^{n+1}}(z+1)^n, \quad |z+1| < 3$$

练习题 4.3

1. 将下列函数展开成 z 的幂级数,并指出它们的收敛半径:

(1) $\dfrac{1}{1+z^2}$;　　(2) $\dfrac{1}{(1+z^2)^2}$;　　(3) $\cos z^2$;　　(4) $\mathrm{e}^{\frac{z}{z-1}}$.

2. 将下列函数在指定点 z_0 处展开成 Taylor 级数,并指出它们的收敛半径.

(1) $\dfrac{z-1}{z+1}, z_0 = 1$;　　　　　(2) $\dfrac{1}{z^2}, z_0 = -1$;

(3) $\dfrac{1}{4-3z}, z_0 = 1+\mathrm{i}$;　　　　(4) $\tan z, z_0 = \dfrac{\pi}{4}$.

3. 证明:对任意的 z,有

$$|\mathrm{e}^z - 1| \leqslant \mathrm{e}^{|z|} - 1 \leqslant |z| \mathrm{e}^{|z|}$$

4.4　洛朗 Laurent 级数

由 Taylor 展开定理知道,一个在以 z_0 为中心的圆域内解析的函数 $f(z)$ 可以在该圆域内展开成 $z-z_0$ 的幂级数.如果 $f(z)$ 在 z_0 处不解析,那么在 z_0 的邻域内就不能展开成 $z-z_0$ 的幂级数.但是在实际问题中却经常遇到这种情况,虽然函数在 z_0 不解析,但在以 z_0 为中心的某圆环域内解析,需要在该圆环域内将函数表示为级数.因此,本节将讨论在以 z_0 为中心的圆环域内的解析函数的级数表示法.

4.4.1　双边幂级数及其收敛性

1. 双边幂级数

将具有下列形式的级数:

$$\sum_{n=-\infty}^{\infty} c_n(z-z_0)^n = \cdots + c_{-n}(z-z_0)^{-n} + \cdots + c_{-1}(z-z_0)^{-1}$$

$$+ c_0 + c_1(z-z_0) + \cdots + c_n(z-z_0)^n + \cdots \tag{4.15}$$

称为**双边幂级数**,其中 z_0 及 $c_n(n=0,\pm 1,\pm 2,\cdots)$ 都是常数.

为了研究双边幂级数的收敛性,把式(4.15)所示级数分成两部分来考虑,即

$$\sum_{n=0}^{\infty} c_n(z-z_0)^n = c_0 + c_1(z-z_0) + \cdots + c_n(z-z_0)^n + \cdots \qquad (4.16)$$

和

$$\sum_{n=1}^{\infty} c_{-n}(z-z_0)^{-n} = c_{-1}(z-z_0)^{-1} + \cdots + c_{-n}(z-z_0)^{-n} + \cdots \qquad (4.17)$$

并分别称为**正幂项(包括常数项)部分**和**负幂项部分**.

对于双边幂级数的收敛性,作如下规定:

双边幂级数收敛,当且仅当它的正幂项部分和负幂项部分同时收敛,并把式(4.15)所示级数看作式(4.16)与式(4.17)所示级数的和.

2. 双边幂级数的收敛区域

先分别研究正幂项部分和负幂项部分的收敛情况.

(1) 正幂项部分(式(4.16))是一个通常的幂级数,它的收敛范围是一个圆域. 设它的收敛半径为 R_2,那么:当 $|z-z_0| < R_2$ 时,级数收敛;当 $|z-z_0| > R_2$ 时,级数发散(见图 4.5(a)).

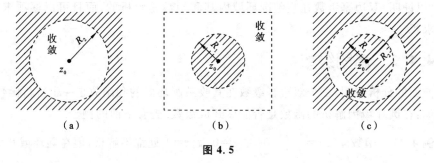

图 4.5

(2) 负幂项部分(式(4.17))是一个新型的级数. 如果令 $\zeta = (z-z_0)^{-1}$,那么就得到级数

$$\sum_{n=1}^{\infty} c_{-n}(z-z_0)^{-n} = \sum_{n=1}^{\infty} c_{-n}\zeta^n = c_{-1}\zeta + \cdots + c_{-n}\zeta^n + \cdots \qquad (4.18)$$

对变数 ζ 来说,式(4.18)所示级数是一个通常的幂级数. 设它的收敛半径为 R,那么:当 $|\zeta| < R$ 时,级数收敛;当 $|\zeta| > R$ 时,级数发散. 因此,如果要判定式(4.17)所示级数的收敛范围,只需把 ζ 用 $(z-z_0)^{-1}$ 代回去就可以了. 如果令 $\dfrac{1}{R} = R_1$,那么:当 $|\zeta| < R$ 时,$|z-z_0| > R_1$;当 $|\zeta| > R$ 时,$|z-z_0| < R_1$. 由此可知,式(4.17)所示级数当 $|z-z_0| > R_1$ 时收敛;当 $|z-z_0| < R_1$ 时发散(见图 4.5(b)).

综上所述,当 $R_1 > R_2$ 时,式(4.16)所示级数与式(4.17)所示级数没有公共的收敛范围,所以,根据前述双边幂级数收敛性中的规定,式(4.15)所示级数处处发散;当 $R_1 < R_2$ 时式(4.16)所示级数与式(4.17)所示级数的公共收敛范围是圆环域 $R_1 <$

$|z-z_0|<R_2$,所以,式(4.15)所示级数在这个圆环域内收敛,在这个圆环域外发散(见图 4.5(c)).在圆环域的边界上可能有些点收敛,有些点发散.这就是说,双边幂级数(式(4.15))的收敛区域一般为圆环域 $R_1<|z-z_0|<R_2$.在特殊情形下,圆环域的内半径 R_1 可能等于零,外半径 R_2 可能是无穷大.图 4.6 给出了几种常见的特殊圆环域.

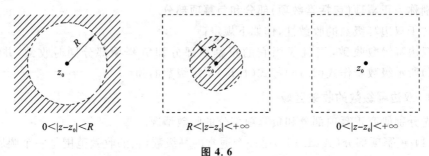

$$0<|z-z_0|<R \qquad R<|z-z_0|<+\infty \qquad 0<|z-z_0|<+\infty$$

图 4.6

幂级数在收敛圆内所具有的许多性质,双边幂级数在收敛圆环域内也具有.例如,可以证明,双边幂级数在收敛圆环域内其和函数是解析的,而且可以逐项求导和逐项求积.

4.4.2　洛朗级数

前面的分析表明,一个双边幂级数在其收敛圆环内的和函数是一个解析函数.现在考虑:在圆环域内解析的函数是否能展开成级数.先看下面的例子.

例 4.11　函数 $f(z)=\dfrac{1}{z(1-z)}$ 在 $z=0$ 及 $z=1$ 处都不解析,但在圆环域 $0<|z|<1$ 及 $0<|z-1|<1$ 内都是处处解析的.试将函数 $f(z)$ 分别在这两个圆环域内展开成级数.

解　首先,研究在圆环域 $0<|z|<1$ 内的情形.将函数表示为

$$f(z)=\frac{1}{z(1-z)}=\frac{1}{z}+\frac{1}{1-z}$$

由式(4.4)知,当 $|z|<1$ 时,有

$$\frac{1}{1-z}=1+z+z^2+\cdots+z^n+\cdots$$

所以

$$f(z)=\frac{1}{z(1-z)}=z^{-1}+1+z+z^2+\cdots+z^n+\cdots$$

由此可见,$f(z)$ 在 $0<|z|<1$ 内是可以展开为级数的.

其次,在圆环域 $0<|z-1|<1$ 内函数也可以展开为级数:

$$f(z)=\frac{1}{z(1-z)}=\frac{1}{1-z}\left[\frac{1}{1-(1-z)}\right]$$

$$= \frac{1}{1-z}[1+(1-z)+(1-z)^2+\cdots+(1-z)^n+\cdots]$$

$$= (1-z)^{-1}+1+(1-z)+(1-z)^2+\cdots+(1-z)^n+\cdots$$

从例 4.11 的结果可以看出,在圆环域内解析的函数是可以展开为级数的,只是这个级数含有负幂项,即为双边幂级数.事实上,在圆环域 $R_1<|z-z_0|<R_2$ 内处处解析的函数,都可展开成形如式(4.15)的双边幂级数.

定理 4.10　设 $f(z)$ 在圆环域 $R_1<|z-z_0|<R_2$ 内处处解析,那么

$$f(z) = \sum_{n=-\infty}^{+\infty} c_n(z-z_0)^n \tag{4.19}$$

式中:

$$c_n = \frac{1}{2\pi i}\oint_C \frac{f(\zeta)}{(\zeta-z_0)^{n+1}}d\zeta, \quad n=0,\pm1,\pm2,\cdots \tag{4.20}$$

这里 C 为在圆环域内绕 z_0 的任何一条正向简单闭曲线(见图 4.7).

该定理称为**洛朗定理**,证明从略.下面对洛朗定理作几点补充说明.

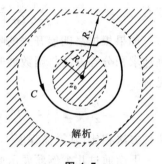

图 4.7

(1) 式(4.19)右边的级数称为 $f(z)$ 的**洛朗级数**.若式(4.19)成立,则称**函数可以展开成洛朗级数**,此时也称式(4.19)为函数 $f(z)$ 的**洛朗展开式**.因此,定理 4.10 表明:如果函数在某圆环域内处处解析,那么在该圆环域内可以展开成洛朗级数.

(2) 一个在某一圆环域内解析的函数展开成的双边幂级数是唯一的,这个级数就是 $f(z)$ 的洛朗级数.

事实上,假定 $f(z)$ 在圆环域 $R_1<|z-z_0|<R_2$ 内不论用何种方法已展成了双边幂级数

$$f(z) = \sum_{n=-\infty}^{+\infty} a_n(z-z_0)^n$$

并设 C 为圆环域内任何一条绕 z_0 的正向简单闭曲线,ζ 为 C 上任一点,那么

$$f(\zeta) = \sum_{n=-\infty}^{+\infty} a_n(\zeta-z_0)^n$$

以 $(\zeta-z_0)^{-p-1}$ 去乘上式两边,这里 p 为任一整数,并沿 C 积分,得

$$\oint_C \frac{f(\zeta)}{(\zeta-z_0)^{p+1}}d\zeta = \sum_{n=-\infty}^{\infty} a_n\oint_C (\zeta-z_0)^{n-p-1}d\zeta = 2\pi i a_p$$

从而

$$a_p = \frac{1}{2\pi i}\oint_C \frac{f(\zeta)}{(\zeta-z_0)^{p+1}}d\zeta, \quad p=0,\pm1,\pm2,\cdots$$

这就是式(2.20),即洛朗级数的系数.

（3）洛朗定理给出了将一个在圆环域内解析的函数展开成洛朗级数的一般方法.

例如，要把函数 $f(z)=\dfrac{e^z}{z^2}$ 在以 $z=0$ 为中心的圆环域 $0<|z|<+\infty$ 内展开成洛朗级数时，如果用式（4.20）计算 c_n，那么就有

$$c_n=\frac{1}{2\pi i}\oint_C\frac{e^\zeta}{\zeta^{n+3}}d\zeta$$

式中：C 为圆环域内的任意一条简单闭曲线.

当 $n+3\leqslant 0$，即 $n\leqslant -3$ 时，由于 $e^z z^{-n-3}$ 在圆环域内解析，故由柯西-古萨定理知，$c_n=0$，即 $c_{-3}=0,c_{-4}=0,\cdots$. 当 $n\geqslant 2$ 时，由高阶导数公式知

$$c_n=\frac{1}{2\pi i}\oint_C\frac{e^\zeta}{\zeta^{n+3}}d\zeta=\frac{1}{(n+2)!}(e^\zeta)^{n+2}\Big|_{\zeta=0}=\frac{1}{(n+2)!}$$

故有

$$\frac{e^z}{z^2}=\sum_{n=-2}^{\infty}\frac{z^n}{(n+2)!}=\frac{1}{z^2}+\frac{1}{z}+\frac{1}{2!}+\frac{1}{3!}z+\frac{1}{4!}z^2+\cdots$$

如果根据洛朗展开式的唯一性，用别的方法，特别是代数运算、代换、逐项求导和逐项求积分等方法将函数展开成洛朗级数，则往往会简便得多. 事实上，对于此种情况有

$$\frac{e^z}{z^2}=\frac{1}{z^2}\Big(1+z+\frac{z^2}{2!}+\frac{z^3}{3!}+\cdots\Big)=\frac{1}{z^2}+\frac{1}{z}+\frac{1}{2!}+\frac{1}{3!}z+\frac{1}{4!}z^2+\cdots$$

两种方法相比，其繁简程度不可同日而语.

下面通过几个例题展示如何将在圆环域内解析的函数展开成洛朗级数.

例 4.12 将函数 $f(z)=\dfrac{1}{(z-1)(z-2)}$ 分别在 $z=0$ 和 $z=1$ 两点展开为洛朗级数.

解 （1）因为 $f(z)$ 有两个奇点 $z=1$ 及 $z=2$，所以有 3 个以点 $z=0$ 为中心的圆环域：$|z|<1,1<|z|<2$ 和 $|z|>2$.

在 $|z|<1$ 内，有

$$f(z)=\frac{1}{z-2}-\frac{1}{z-1}=-\frac{1}{2}\cdot\frac{1}{1-\dfrac{z}{2}}+\frac{1}{1-z}$$

$$=-\frac{1}{2}\sum_{n=0}^{\infty}\Big(\frac{z}{2}\Big)^n+\sum_{n=0}^{\infty}z^n=\sum_{n=0}^{\infty}\Big(1-\frac{1}{2^{n+1}}\Big)z^n$$

此结果中不含负幂项，这是由于 $f(z)$ 在 $z=0$ 处是解析的，故它在 $|z|<1$ 内的展开式自然就是 Taylor 展开式.

在 $1<|z|<2$ 内，有

$$f(z)=-\frac{1}{2}\cdot\frac{1}{1-\dfrac{z}{2}}-\frac{1}{z}\cdot\frac{1}{1-\dfrac{1}{z}}=-\frac{1}{2}\sum_{n=0}^{\infty}\Big(\frac{z}{2}\Big)^n-\frac{1}{z}\sum_{n=0}^{\infty}\Big(\frac{1}{z}\Big)^n$$

$$=-\sum_{n=0}^{\infty}\frac{z^n}{2^{n+1}}-\sum_{n=0}^{\infty}\frac{1}{z^{n+1}}$$

在 $|z|>2$ 内,有

$$f(z)=\frac{1}{z-2}-\frac{1}{z-1}=\frac{1}{z}\cdot\frac{1}{1-\dfrac{2}{z}}-\frac{1}{z}\cdot\frac{1}{1-\dfrac{1}{z}}$$

$$=\frac{1}{z}\Big[\sum_{n=0}^{\infty}\Big(\frac{2}{z}\Big)^n-\sum_{n=0}^{\infty}\Big(\frac{1}{z}\Big)^n\Big]$$

$$=\sum_{n=0}^{\infty}\frac{2^n-1}{z^{n+1}}$$

(2) 以 $z=1$ 为中心的圆环域有 2 个:$0<|z-1|<1$ 和 $|z-1|>1$. 在 $0<|z-1|<1$ 内,有

$$f(z)=\frac{1}{z-2}-\frac{1}{z-1}=-\frac{1}{1-(z-1)}-\frac{1}{z-1}$$

$$=-\sum_{n=0}^{\infty}(z-1)^n-\frac{1}{z-1}$$

在 $|z-1|>1$ 内,有

$$f(z)=\frac{1}{z-2}-\frac{1}{z-1}=\frac{1}{z-1}\cdot\frac{1}{1-\dfrac{1}{z-1}}-\frac{1}{z-1}$$

$$=\frac{1}{z-1}\sum_{n=0}^{\infty}\Big(\frac{1}{z-1}\Big)^n-\frac{1}{z-1}=\sum_{n=0}^{\infty}\frac{1}{(z-1)^{n+1}}-\frac{1}{z-1}$$

$$=\sum_{n=1}^{\infty}\frac{1}{(z-1)^{n+1}}$$

从本例可看出,若要求函数在某一点 $z=z_0$ 展开为洛朗级数,则应找出以点 z_0 为中心的圆环域,使 $f(z)$ 在圆环内解析,而圆环域的确定取决于点 z_0 与各奇点之间的距离. 以点 z_0 为中心,以点 z_0 与各奇点的距离为半径分别作同心圆,就可以依次找出 $f(z)$ 的一个个解析圆环. 从本例还可看出,同一函数在不同的圆环域中的展开式是不同的,这与洛朗展开式的唯一性并不矛盾. 唯一性是指函数在某个给定的圆环域内的洛朗展开式是唯一的.

例 4.13　将函数 $\dfrac{\sin z}{z}$ 在 $z_0=0$ 去心邻域内展开成洛朗级数.

解　利用 $\sin z$ 的 Taylor 展开式(式(4.11))可得

$$f(z)=\frac{\sin z}{z}=\frac{1}{z}\Big[z-\frac{1}{3!}z^3+\frac{1}{5!}z^5-\cdots+(-1)^n\frac{z^{2n+1}}{(2n+1)!}+\cdots\Big]$$

$$=\sum_{n=0}^{\infty}\frac{(-1)^n z^{2n}}{(2n+1)!}\quad(0<|z|<\infty)$$

例 4.14 将函数 $f(z) = \dfrac{1}{z(z-2)}$ 在圆环域 $0 < |z-2| < 2$ 内展开成洛朗级数.

解 这里要求将函数展开成含 $z-2$ 的正、负次幂的级数. 因此有

$$f(z) = \frac{1}{z(z-2)} = \frac{1}{z-2} \cdot \frac{1}{2+(z-2)} = \frac{1}{z-2}\left[\frac{1}{2} \cdot \frac{1}{1+\dfrac{z-2}{2}}\right]$$

$$= \sum_{n=0}^{\infty} \frac{(-1)^n}{2^{n+1}} (z-2)^{n-1} = \frac{1}{2(z-2)} - \frac{1}{2^2} + \frac{z-2}{2^3} - \frac{(z-2)^2}{2^4} + \cdots$$

例 4.15 将函数 $f(z) = \dfrac{1}{z^2(z-i)}$ 在 $0 < |z-i| < 1$ 内展开为洛朗级数.

解 在 $0 < |z-i| < 1$ 内，因为

$$\frac{1}{z} = \frac{1}{i+z-i} = \frac{1}{i\left(1+\dfrac{z-i}{i}\right)} = \frac{1}{i}\sum_{n=0}^{\infty}(-1)^n\left(\frac{z-i}{i}\right)^n = \frac{1}{i}\sum_{n=0}^{\infty}i^n(z-i)^n$$

$$\frac{1}{z^2} = -\left(\frac{1}{z}\right)' = \frac{-1}{i}\sum_{n=1}^{\infty}ni^n(z-i)^{n-1}$$

所以

$$f(z) = \frac{1}{z-i} \cdot \frac{1}{z^2} = \sum_{n=1}^{\infty}ni^{n+1}(z-i)^{n-2}$$

$$= \sum_{n=-1}^{\infty}(n+2)i^{n+3}(z-i)^n$$

练习题 4.4

1. 将下列各函数在指定的圆环域内展开成洛朗级数：

(1) $\dfrac{1}{(z^2+1)(z+2)}, 1 < |z| < 2$;

(2) $\dfrac{1}{z(1-z)^2}, 0 < |z| < 1; 0 < |z-1| < 1$;

(3) $z^2 e^{\frac{1}{z}}, 0 < |z| < +\infty$;

(4) $\sin\dfrac{1}{1-z}, 0 < |z-1| < +\infty$.

2. 将函数 $f(z) = \dfrac{1}{z^2-3z+2}$ 在 $z=1$ 处展开为洛朗级数.

3. 分别将函数 $f(z) = \dfrac{(z-1)(z-2)}{(z-3)(z-4)}$ 在下列区域内展开为洛朗级数：

(1) $3 < |z| < 4$;　　　　　　(2) $4 < |z| < +\infty$.

综合练习题 4

1. 判断下列数列是否收敛. 如果收敛, 求出其极限.

(1) $z_n = \dfrac{1+n\mathrm{i}}{1-n\mathrm{i}}$;　　　　(2) $z_n = n\cos\mathrm{i}n$;　　　　(3) $z_n = \left(\dfrac{z}{\bar z}\right)^n$.

2. 判断下列级数是否收敛, 若收敛, 是否绝对收敛.

(1) $\displaystyle\sum_{n=1}^{\infty} \dfrac{\mathrm{i}^n}{n}$;　　　　(2) $\displaystyle\sum_{n=0}^{\infty} (1+\mathrm{i})^n$;　　　　(3) $\displaystyle\sum_{n=0}^{\infty} \dfrac{(6+5\mathrm{i})^n}{8^n}$.

3. 求下列幂级数的收敛半径.

(1) $\displaystyle\sum_{n=1}^{\infty} \mathrm{e}^{\mathrm{i}\frac{\pi}{n}} z^n$;　　　　(2) $\displaystyle\sum_{n=1}^{\infty} \left(\dfrac{z}{\ln\mathrm{i}n}\right)^n$;　　　　(3) $\displaystyle\sum_{n=1}^{\infty} \left(1+\dfrac{1}{n}\right)^{n^2} z^n$.

4. 将下列函数在指定点 z_0 处展开成 Taylor 级数, 并指出它们的收敛半径.

(1) $\dfrac{1}{(z-a)(z-b)} \ (a\neq 0, b\neq 0), z_0 = 0$;　　　　(2) $\sin^2 z, z_0 = 0$;

(3) $\dfrac{z}{(z+1)(z+2)}, z_0 = 2$.

5. 将函数 $f(z) = \dfrac{\mathrm{e}^z}{1+z}$ 展开成 z 的幂级数.

6. 将函数 $f(z) = \dfrac{1}{(1-z)^2}$ 展开成 $z-\mathrm{i}$ 的幂级数.

7. 将下列各函数在指定的圆环域内展开成洛朗级数:

(1) $\dfrac{z+1}{z^2(z-1)}, 0 < |z| < 1, 1 < |z| < +\infty$.

(2) $\dfrac{z^2 - 2z + 5}{(z^2+1)(z-2)}, 1 < |z| < 2, 0 < |z-2| < \sqrt{5}$.

8. 将函数 $f(z) = \dfrac{1}{1+z^2}$ 在以 i 为中心的圆环域内展开成洛朗级数.

数学家简介

柯西（Augustin Louis Cauchy，1789—1857，见图 4.8），法国著名数学家，在数学领域有很高的建树和造诣. 很多数学的定理和公式也都以他的名字来命名，如柯西不等式、柯西积分公式等.

柯西在纯数学和应用数学方面的功力是相当深厚的，在数学写作上，他是被认为在数量上仅次于欧拉的人. 他一生一共写了 789 篇论文和几本书，其中许多还是经典之作.

图 4.8

柯西在幼年时，他的父亲常带领他到法国参议院内的办公室，并且在那里指导他进行学习，因此他有机会遇到参议员拉普拉斯和拉格朗日两位大数学家. 他们对他的才能十分赏识，拉格朗日认为他将来必定会成为大数学家.

柯西于 1813 年在巴黎被任命为运河工程的工程师. 他在巴黎休养和担任工程师期间，继续潜心研究数学并且参加学术活动. 这一时期他的主要贡献是：① 研究代换理论，发表了关于代换理论和群论的基本论文. ② 证明了费马关于多角形数的猜测，即任何正整数可表示为角形数的和. 这一猜测当时已提出了 100 多年，经过许多数学家的研究，都没有能够解决. 以上两项研究是柯西在瑟堡时开始进行的. ③ 用复变函数的积分计算实积分，这是复变函数论中柯西积分定理的出发点. ④ 研究液体表面波的传播问题，得到流体力学中的一些经典结论. 他于 1815 年获得法国科学院数学大奖. 以上突出成果的发表给柯西带来了很高的声誉，他成为当时一位国际上著名的青年数学家.

柯西是一位多产的数学家，他的全集从 1882 年开始出版到 1974 年才出齐最后一卷，总计 28 卷. 他的主要贡献如下. ① 单复变函数论：柯西最重要和最具首创性的工作是关于单复变函数论的. 18 世纪的数学家们采用过上、下限是虚数的定积分，但没有给出明确的定义. 柯西首先阐明了有关概念，并且用这种积分来研究多种多样的问题，如实定积分的计算、级数与无穷级数的展开、用含参变量的积分表示微分方程的解等. ② 分析基础：柯西在综合工科学校所授分析课程及有关教材给数学界造成了极大的影响. 自从牛顿和莱布尼茨发明微积分（即无穷小分析，简称分析）以来，这门学科的理论基础是模糊的. 为了进一步发展，必须建立严格的理论. 柯西为此首先成功地建立了极限论.③常微分方程:柯西对微分方程的重要贡献是他提出了两个基本问题:一是解的存在性并不是不言而喻的,尽管有限微分方程的解不能用算式得到,但其存在性是可以证明的;二是解的唯一性是由初值(或边值)决定而不是由积分常数决定.后者是偏微分方程中著名的柯西问题.④ 其他贡献:虽然柯西主要研究分析,但在数学各领域都有贡献,关于用到数学的其他学科,他在天文和光学方面的成果是次要的,可是他却是数理弹性理论的奠基人之一.

　　1857 年 5 月 23 日,他突然去世,享年 68 岁.他因为热病去世,临终前,他还与巴黎大主教在说话,他说的最后一句话是:"人总是要死的,但是,他们的功绩永存."

第 5 章 留数及其应用

留数是复变函数独具特色的概念之一.留数理论是复积分和复级数理论相结合的产物,在数学和工程技术中均有重要应用.本章首先以洛朗级数为工具,先对复变函数的孤立奇点进行分类,再对它在孤立奇点邻域内的性质进行研究,而后引进留数的概念,并介绍留数的计算方法及留数定理.利用留数定理可以将计算沿闭路的积分转化为计算闭路内孤立奇点的留数.利用留数定理还可以计算一些广义定积分,从而用复变函数的方法解决某些用高等数学方法难以解决的积分计算问题.

5.1 孤 立 奇 点

第 3.1 节已经定义,复变函数不解析的点称为奇点.奇点分为孤立和非孤立两类,本章只讨论前者.

5.1.1 孤立奇点的概念及其分类

设 z_0 为 $f(z)$ 的一个奇点.如果 $f(z)$ 在 z_0 的某一去心邻域 $0<|z-z_0|<\delta$ 内处处解析,那么称 z_0 为 $f(z)$ 的**孤立奇点**.

例如,函数 $f(z)=\dfrac{1}{z}$,$g(z)=\sin\dfrac{1}{z}$ 都以 $z=0$ 为孤立奇点,函数 $h(z)=\dfrac{1}{(z-1)(z+\mathrm{i})}$ 有两个孤立奇点 $z_1=1,z_2=-\mathrm{i}$.

例 5.1 设 $f(z)=\dfrac{1}{\sin\dfrac{1}{z}}$,$z=0$ 是它的一个奇点,除此以外,$z=\dfrac{1}{n\pi}(n=\pm 1,\pm 2,\cdots)$ 也都是它的奇点.当 n 的绝对值逐渐增大时,$\dfrac{1}{n\pi}$ 可任意接近 $z=0$.换句话说,在 $z=0$ 的不论怎样小的去心邻域内总有 $f(z)$ 的奇点存在.所以,$z=0$ 不是 $f(z)$ 的孤立奇点(见图 5.1).

若 z_0 为 $f(z)$ 的一个孤立奇点,根据定义,存在圆环域 $0<|z-z_0|<\delta$,$f(z)$ 在该圆环域解析,因而可以展开成洛朗级数:

$$f(z)=\cdots+c_{-n}(z-z_0)^{-n}+\cdots+c_{-1}(z-z_0)^{-1}+c_0+c_1(z-z_0)+\cdots+c_n(z-z_0)^n+\cdots$$

根据洛朗级数展开式中负幂项部分系数取零值的不同情况,可将孤立奇点分成可去奇点、极点和本性奇点三大类.

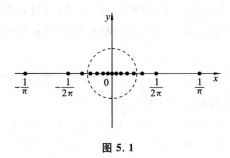

图 5.1

1. 可去奇点

设 z_0 为 $f(z)$ 的孤立奇点,如果在 $f(z)$ 的洛朗展开式中不含 $z-z_0$ 的负幂项,那么 z_0 称为 $f(z)$ 的**可去奇点**.

例如,$z=0$ 是 $f(z)=\dfrac{\sin z}{z}$ 的可去奇点,因为这个函数在 $z=0$ 的去心邻域内的洛朗展开式中不含负幂项(见例 4.13).

例 5.2　说明 $z=0$ 为函数 $f(z)=\dfrac{\mathrm{e}^z-1}{z}$ 的可去奇点,并求 $\lim\limits_{z\to 0}\dfrac{\mathrm{e}^z-1}{z}$.

解　显然 $z=0$ 为 $f(z)$ 的孤立奇点.因为 $f(z)$ 的洛朗展开式为

$$\frac{\mathrm{e}^z-1}{z}=\frac{1}{z}\left(1+z+\frac{z^2}{2!}+\cdots-1\right)=1+\frac{z}{2!}+\frac{z^2}{3!}+\cdots$$

所以 $z=0$ 为 $f(z)$ 的可去奇点.又因为洛朗展开式的常数项 $c_0=1$,所以

$$\lim_{z\to 0}\frac{\mathrm{e}^z-1}{z}=1$$

由例 5.2 可发现,当 z 趋于可去奇点 z_0 时,洛朗级数或函数 $f(z)$ 的极限存在,即

$$\lim_{z\to z_0}f(z)=\lim_{z\to z_0}[c_0+c_1(z-z_0)+\cdots+c_n(z-z_0)^n+\cdots]=c_0$$

由此,得出可去奇点的特征,也可用其作为可去奇点的判定方法.

定理 5.1　孤立奇点 z_0 为函数 $f(z)$ 的可去奇点的充要条件为 $\lim\limits_{z\to z_0}f(z)=c_0$,其中 c_0 为 $f(z)$ 的洛朗展开式的常数项.

例 5.3　证明 $z=\mathrm{i}$ 为函数 $\dfrac{z-\mathrm{i}}{z(1+z^2)}$ 的可去奇点.

证明　显然 $z=\mathrm{i}$ 为 $f(z)$ 的孤立奇点.又因

$$\lim_{z\to \mathrm{i}}\frac{z-\mathrm{i}}{z(1+z^2)}=\lim_{z\to \mathrm{i}}\frac{z-\mathrm{i}}{z(z+\mathrm{i})(z-\mathrm{i})}=\lim_{z\to \mathrm{i}}\frac{1}{z(z+\mathrm{i})}=-\frac{1}{2}$$

所以 $z=\mathrm{i}$ 为函数 $\dfrac{z-\mathrm{i}}{z(1+z^2)}$ 的可去奇点.

若定义 $f(z_0)=c_0$,则 $\lim\limits_{z\to z_0}f(z)=f(z_0)$,即此时 $f(z)$ 在点 z_0 连续,再根据幂级

数展开式,可知 z_0 变成了函数 $f(z)$ 的解析点.可见,这种奇点被称为"可去"是有道理的,而且可以采用高等数学里寻找可去间断点的方法来得到可去奇点.

2. 极点

设 z_0 为 $f(z)$ 的孤立奇点,如果 $f(z)$ 的洛朗展开式中只有有限多个 $z-z_0$ 的负幂项,且其中关于负幂项的最高幂为 $(z-z_0)^{-m}$,即

$$f(z)=c_{-m}(z-z_0)^{-m}+\cdots+c_{-2}(z-z_0)^{-2}+c_{-1}(z-z_0)^{-1}$$
$$+c_0+c_1(z-z_0)+\cdots \quad (m\geqslant 1,c_{-m}\neq 0)$$

那么 z_0 称为函数 $f(z)$ 的 **m 阶极点**.特别地,若 $m=1$,则 z_0 称为函数 $f(z)$ 的一阶极点,或称**简单极点**,简称**单极点**.

上式也可写成

$$f(z)=\frac{1}{(z-z_0)^m}g(z) \tag{5.1}$$

其中 $g(z)=c_{-m}+c_{-m+1}(z-z_0)+c_{-m+2}(z-z_0)^2+\cdots$ 在 $|z-z_0|<\delta$ 内是解析函数,且有 $g(z_0)\neq 0$.反过来,当任何一个函数 $f(z)$ 能表示为式(5.1)的形式,且 $g(z_0)\neq 0$ 时,z_0 是 $f(z)$ 的 m 阶极点.

由式(5.1)可以证明下述定理.

定理 5.2 孤立奇点 z_0 为函数 $f(z)$ 的极点的充要条件为 $\lim\limits_{z\to z_0}f(z)=\infty$,为函数 $f(z)$ 的 m 阶极点的充要条件为 $\lim\limits_{z\to z_0}(z-z_0)^m f(z)=c_{-m}$,这里 c_{-m} 是一个非零常数.

例 5.4 对于有理分式函数 $f(z)=\dfrac{z-i}{z^3(z-2)}$,说明 $z=0$ 是它的三阶极点,$z=2$ 是它的一阶极点.

解 显然 $z=0$ 和 $z=2$ 都是 $f(z)$ 的孤立奇点,由于

$$f(z)=\frac{1}{z^3}\cdot\frac{z-i}{z-2}$$

且在 $z=0$ 的邻域 $|z|<2$ 内,$g(z)=\dfrac{z-i}{z-2}$ 解析,又有 $g(0)\neq 0$,所以 $z=0$ 是 $f(z)$ 的三阶极点.类似地,由于

$$f(z)=\frac{1}{z-2}\cdot\frac{z-i}{z^3}$$

且在 $z=2$ 的邻域 $|z-2|<2$ 内,$h(z)=\dfrac{z-i}{z^3}$ 解析,又有 $h(2)\neq 0$,所以 $z=2$ 是 $f(z)$ 的一阶极点.

3. 本性奇点

设 z_0 为 $f(z)$ 的孤立奇点,如果 $f(z)$ 的洛朗展开式中含无穷多个 $z-z_0$ 的负幂项,那么 z_0 称为函数 $f(z)$ 的**本性奇点**.

显然,如果 $f(z)$ 的孤立奇点 z_0 既不是可去奇点,也不是极点,那么必然为本性奇点.因此,由定理 5.1 和定理 5.2 立即可得下面的定理.

定理 5.3　孤立奇点 z_0 为函数 $f(z)$ 的本性奇点的充要条件为 $\lim\limits_{z \to z_0} f(z)$ 不存在且不为 ∞.

例 5.5　函数 $f(z) = \mathrm{e}^{\frac{1}{z}}$ 以 $z = 0$ 为它的本性奇点.因为在其洛朗展开式

$$\mathrm{e}^{\frac{1}{z}} = 1 + z^{-1} + \frac{1}{2!} z^{-2} + \cdots + \frac{1}{n!} z^{-n} + \cdots$$

中含有无穷多个 z 的负幂项.同时可知 $\lim\limits_{z \to 0} \mathrm{e}^{\frac{1}{z}}$ 不存在且不为 ∞.

至此,依据洛朗展开式的不同特征对孤立奇点进行了分类,同时得到了函数在各类奇点处的极限特征.各类奇点的不同特征列在表 5.1 中.

表 5.1

孤立奇点的种类	洛朗展开式的特征	$\lim\limits_{z \to z_0} f(z)$ 的特征
可去奇点	无负幂项	存在
m 阶极点	含有限个负幂项, 关于 $(z - z_0)^{-1}$ 的最高幂为 $(z - z_0)^{-m}$	∞
本性极点	含无穷多个负幂项	不存在,且不为 ∞

5.1.2　函数的零点与极点的关系

1. 零点的概念及判定

为了进一步研究极点,引入函数的零点概念.

如果不恒等于零的解析函数 $f(z)$ 能表示成

$$f(z) = (z - z_0)^m \varphi(z) \tag{5.2}$$

其中 $\varphi(z)$ 在 z_0 解析并且 $\varphi(z_0) \neq 0$,m 为某一正整数,那么称 z_0 为 $f(z)$ 的 m 阶零点.

例如,$z = 0$ 与 $z = 2$ 分别是函数 $f(z) = z(z-2)^3$ 的一阶与三阶零点.

例 5.6　讨论函数 $f(z) = z - \sin z$ 的零点的阶数.

解　显然 0 是 $f(z)$ 的唯一零点,且 $f(z)$ 在 $z = 0$ 处解析,而

$$f(z) = z - \left(z - \frac{z^3}{3!} + \frac{z^5}{5!} - \cdots \right) = z^3 \left(\frac{1}{3!} - \frac{z^2}{5!} + \cdots \right)$$

可见,$z = 0$ 是 $f(z)$ 的三阶零点.

关于函数的零点有下列结论:

定理 5.4　点 z_0 为解析函数 $f(z)$ 的 m 阶零点的充要条件是

$$f^{(n)}(z_0)=0 \quad (n=0,1,2,\cdots,m-1), \quad f^{(m)}(z_0)\neq0$$

证明　先证必要性.如果 z_0 是 $f(z)$ 的 m 阶零点,那么根据零点的定义有

$$f(z)=(z-z_0)^m\varphi(z)=(z-z_0)^m\sum_{n=0}^{\infty}c_n(z-z_0)^n$$

$$=c_0(z-z_0)^m+\cdots+c_n(z-z_0)^{m+n}+\cdots$$

这个式子说明,$f(z)$ 在 z_0 的 Taylor 展开式的前 m 项系数都为零,由 Taylor 级数的系数公式可知,这时

$$f'(z_0)=f''(z_0)=\cdots=f^{(m-1)}(z_0)=0, \quad f^{(m)}(z_0)=m!c_0\neq0$$

由于函数 $f(z)$ 在 z_0 解析,上述证明过程反推也是成立的,这样就可以证明充分性.

例 5.7　讨论函数 $f(z)=1-\cos z$ 的零点的阶数.

解　函数的零点为 $z=2k\pi,k\in\mathbf{Z}$,显然

$$(1-\cos z)'|_{z=2k\pi}=0, \quad (1-\cos z)''|_{z=2k\pi}=1\neq0$$

因此,这些零点都是二阶零点.

2. 零点与极点的关系

现在来讨论零点和极点的关系.若点 z_0 是函数 $f(z)$ 的 m 阶零点,即

$$f(z)=(z-z_0)^m\varphi(z)$$

其中 $\varphi(z)$ 在点 z_0 处解析,且 $\varphi(z_0)\neq0$.由于函数的连续性,可知 $\varphi(z)$ 在 z_0 的某个邻域内都不等于零,从而可知 $\dfrac{1}{\varphi(z)}$ 在该邻域内解析(这也说明了该零点是孤立零点).求 $f(z)$ 的倒数可得

$$\frac{1}{f(z)}=\frac{1}{(z-z_0)^m\varphi(z)}$$

不难看出,z_0 为 $\dfrac{1}{f(z)}$ 的 m 阶极点.反之,若 z_0 为 $f(z)$ 的 m 阶极点,则 z_0 为 $\dfrac{1}{f(z)}$ 的 m 阶零点.

定理 5.5　z_0 为 $f(z)$ 的 m 阶极点的充要条件是 z_0 为 $\dfrac{1}{f(z)}$ 的 m 阶零点;z_0 为 $f(z)$ 的 m 阶零点的充要条件是 z_0 为 $\dfrac{1}{f(z)}$ 的 m 阶极点.

证明　由于定理中的两部分是等价的,因此只给出第一部分的证明.充分性根据零点和极点的定义直接可得.下面证明必要性.若 z_0 为 $f(z)$ 的 m 阶极点,则存在一个在 z_0 的某个邻域 $U(z_0,\delta)$ 内解析的函数 $\phi(z)$,使得

$$f(z)=\frac{1}{(z-z_0)^m}\phi(z), \quad \phi(z_0)\neq0$$

令 $\varphi(z)=\phi^{-1}(z)$,根据 $\phi(z)$ 的性质,可知 $\varphi(z)$ 在邻域 $U(z_0,\delta)$ 内也是解析的,且由

$\phi(z)$的连续性和有界性可知$\varphi(z_0)\neq0$,因此

$$\frac{1}{f(z)}=(z-z_0)^m\varphi(z)$$

由$\varphi(z_0)\neq0$,且根据零点的定义知,z_0为$\dfrac{1}{f(z)}$的m阶零点.

利用定理 5.5 可以将对极点的判定转化为对零点的判定.

例 5.8　确定函数$\dfrac{1}{\sin^2z}$有哪些奇点. 如果是极点,指出它的阶.

解　函数$\dfrac{1}{\sin^2z}$的奇点显然是使$\sin z=0$的点. 所以函数的所有奇点为

$$z=k\pi \quad (k=0,\pm1,\pm2,\cdots)$$

很明显它们是孤立奇点. 由于

$$\sin^2z|_{z=k\pi}=0, \quad (\sin^2z)'|_{z=k\pi}=2\sin z\cos z|_{z=k\pi}=0$$

而

$$f''(k\pi)=2\cos2z|_{z=k\pi}=2\neq0$$

即$z=k\pi$为函数$\sin^2z$的二阶零点,因而为函数$\dfrac{1}{\sin^2z}$的二阶极点.

值得注意的是,在考察形如$\dfrac{\phi(z)}{\varphi(z)}$的函数的极点时,除要讨论$\varphi(z)$的零点外,还要注意$\phi(z)$在这些点的情况. 若$\phi(z)$在这些点的函数值都不为零,则$\varphi(z)$零点的阶数就是$\dfrac{\phi(z)}{\varphi(z)}$极点的阶数. 若$\phi(z)$在这些点(或其中某些点)的函数值为零,则要看情况具体讨论.

例 5.9　讨论函数$f(z)=\dfrac{\ln(1+z)}{z^2}$极点的阶数.

解　虽然$z=0$是分母的二阶零点,但由于

$$\lim_{z\to0}z\cdot\frac{\ln(1+z)}{z^2}=1$$

故$z=0$是该函数的简单极点.

*5.1.3　函数在无穷远点的性态

到现在为止,都是在有限复平面内讨论函数的解析性和它的孤立奇点,但在某些问题的讨论中,将无穷远点考虑在内是必要的,也是方便的. 现在在扩充复平面上对无穷远点加以讨论.

在实变函数的研究中,我们知道,直接研究函数在无穷远的性态是不方便的,这时通常用一种"倒代换"的方法将无穷远点的问题转化为原点的问题来研究. 这里采取同样的思路来研究复变函数在无穷远点的性态.

把围绕无穷远点的邻域记为$R<|z|<+\infty$. 讨论函数$f(z)=\dfrac{1}{z}$,显然$z=0$是

其孤立奇点. 令 $\omega = \dfrac{1}{z}$, 则 $z \to 0$ 等价于 $\omega \to \infty$. 再令 $\varphi(\omega) = \omega$, 则

$$\lim_{z \to 0} \frac{1}{z} = \infty \Leftrightarrow \lim_{\omega \to \infty} \omega = \infty$$

对于该等价性, 有此一问: 由于 $z = 0$ 是函数 $f(z) = \dfrac{1}{z}$ 的 (简单) 极点, 因此极限 $\lim\limits_{z \to 0} \dfrac{1}{z} = \infty$, 那么极限 $\lim\limits_{\omega \to \infty} \omega = \infty$ 是否可以说明, $\omega = \infty$ 也是函数 $\varphi(\omega) = \omega$ 的极点呢?

先给出如下定义:

如果函数 $f(z)$ 在无穷远点的邻域 $R < |z| < +\infty$ 内解析, 则无穷远点就称为 $f(z)$ 的孤立奇点.

这一定义的条件和有限孤立奇点的条件是相反的.

设函数 $f(z)$ 具有洛朗展开式

$$f(z) = \sum_{n=-\infty}^{+\infty} c_n z^n, \quad R < |z| < +\infty \tag{5.3}$$

若对 $n > 0$, 都有 $c_n = 0$, 则称 $z = \infty$ 为 $f(z)$ 的**可去奇点**; 若存在正整数 m, 使得 $c_m \neq 0$, 且对任意 $n > m$, 都有 $c_n = 0$, 则称 $z = \infty$ 为 $f(z)$ 的 **m 阶极点**. 特别地, 若 $m = 1$, 则称 $z = \infty$ 为 $f(z)$ 的**一阶极点或简单极点**; 若有无穷多个 $n > 0$, 使得 $c_n \neq 0$, 则称 $z = \infty$ 为 $f(z)$ 的**本性奇点**.

这样一来, 对于无穷远点来说, 它的特性与其洛朗级数的关系与有限点的情形相反, 它是以函数在无穷远点邻域的洛朗展开式中正幂项的系数取零的多少来分类的.

例 5.10 说明下列函数的孤立奇点 ∞ 的类型:

(1) $f(z) = \dfrac{z}{z+1}$;   (2) $f(z) = z + \dfrac{1}{z}$;   (3) $\sin z$.

解 (1) 函数 $f(z) = \dfrac{z}{z+1}$ 在圆环域 $1 < |z| < +\infty$ 内可以展开成

$$f(z) = \frac{1}{1 + \dfrac{1}{z}} = 1 - \frac{1}{z} + \frac{1}{z^2} - \frac{1}{z^3} + \cdots + (-1)^n \frac{1}{z^n} + \cdots$$

它不含正幂项, 所以 ∞ 是 $f(z)$ 的可去奇点. 如果取 $f(\infty) = 1$, 那么 $f(z)$ 就在 ∞ 解析.

(2) 函数 $f(z) = z + \dfrac{1}{z}$ 含有正幂项, 且 z 为最高正幂项, 所以 ∞ 为它的一阶极点.

(3) 函数 $\sin z$ 的展开式

$$\sin z = z - \frac{z^3}{3!} + \frac{z^5}{5!} - \cdots + (-1)^n \frac{z^{2n+1}}{(2n+1)!} + \cdots$$

含有无穷多的正幂项, 所以 ∞ 是它的本性奇点.

利用倒数可以将无穷远点变为坐标原点, 这时处理无穷远点作为孤立奇点的方

法具有更广泛的意义(如在共形映射中也可这样处理).令

$$\omega = \frac{1}{z}, \quad \varphi(\omega) = f(z)$$

即

$$\varphi(\omega) = f\left(\frac{1}{\omega}\right) = \sum_{n=-\infty}^{+\infty} c_n \omega^{-n} = \sum_{n=-\infty}^{+\infty} b_n \omega^n, \quad 0 < |\omega| < \frac{1}{R} \qquad (5.4)$$

将式(5.4)与式(5.3)对照,根据洛朗展开式的唯一性,可知对任意 $n \in \mathbf{Z}$,都有 $b_n = c_{-n}$.因此 $\omega = 0$ 是 $\varphi(\omega)$ 的可去奇点,等价于 $z = \infty$ 是 $f(z)$ 的可去奇点; $\omega = 0$ 是 $\varphi(\omega)$ 的 m 阶极点,等价于 $z = \infty$ 是 $f(z)$ 的 m 阶极点; $\omega = 0$ 是 $\varphi(\omega)$ 的本性奇点,等价于 $z = \infty$ 是 $f(z)$ 的本性奇点.同理,也可以得到无穷远点作为孤立奇点的特征.

设函数 $f(z)$ 在无穷远区域 $0 < R < |z| < +\infty$ 内解析,则无穷远点作为奇点的特征如下:

(1) $z = \infty$ 是 $f(z)$ 的可去奇点等价于 $\lim\limits_{z\to\infty} f(z) = c_0$ (有限);

(2) $z = \infty$ 是 $f(z)$ 的极点等价于 $\lim\limits_{z\to\infty} f(z) = \infty$,特别地, $z = \infty$ 是 $f(z)$ 的 m 阶极点等价于 $\lim\limits_{z\to\infty} f(z) = \infty$ 且 $\lim\limits_{z\to\infty} z^{-m} f(z) = c_m$;

(3) $z = \infty$ 是 $f(z)$ 的本性奇点等价于极限 $\lim\limits_{z\to\infty} f(z)$ 振荡,即不是有限的,也不是无穷大.

例 5.11　讨论下列函数无穷远点作为奇点的类型:

(1) $\dfrac{z}{1+z^2}$; 　　(2) $1+2z+3z^2+4z^3$; 　　(3) e^z; 　　(4) $\dfrac{1}{\sin z}$.

解　(1) 由于

$$\lim_{z\to\infty} \frac{z}{1+z^2} = 0$$

因此 $z = \infty$ 是可去奇点.

(2) 由于

$$\lim_{z\to\infty} (1+2z+3z^2+4z^3) = \infty$$

且

$$\lim_{z\to\infty} z^{-3}(1+2z+3z^2+4z^3) = 4$$

因此 $z = \infty$ 是三阶极点.

(3) 由于

$$\lim_{z\to x+\infty} e^z \neq \lim_{z\to x-\infty} e^z$$

即极限不存在,也不是无穷大,因此 $z = \infty$ 是本性奇点.

(4) 由于函数 $\dfrac{1}{\sin z}$ 的奇点为 $z_k = k\pi, k \in \mathbf{Z}$,而这个奇点序列 $\{z_k\}$ 以 $z = \infty$ 为聚点,

因此 $z=\infty$ 虽然是 $\dfrac{1}{\sin z}$ 的奇点但并非孤立奇点.

练习题 5.1

1. 确定下列函数的孤立奇点并对它们进行分类,如果是极点,指出它的阶.

$(1)\ \dfrac{\cos z}{z^2}$;　　　　$(2)\ \mathrm{e}^{\frac{1}{z}}(z+2\mathrm{i})$;　　　　$(3)\ \dfrac{\cos 2z}{(z-1)^2(1+z^2)}$;

$(4)\ \dfrac{z-\mathrm{i}}{z^2+1}$;　　$(5)\ \dfrac{z}{z^4-1}$;　　$(6)\ \dfrac{1}{\cos z}$;

$(7)\ \dfrac{1}{z^2}\mathrm{e}^{\mathrm{i}z}$;　　$(8)\ \dfrac{\mathrm{e}^{2\pi}}{(z+1)^4}$;　　$(9)\ \dfrac{\sin z}{(z+\pi)^2}$.

2. 证明:如果 z_0 是 $f(z)$ 的 m 阶零点,那么 z_0 是 $f'(z)$ 的 $m-1$ 阶零点.

3. 证明:如果 $f(z)$ 和 $g(z)$ 是以 z_0 为零点的两个不恒等于零的解析函数,那么

$$\lim_{z\to z_0}\frac{f(z)}{g(z)}=\lim_{z\to z_0}\frac{f'(z)}{g'(z)}\quad(\text{或两端均为 } z\to\infty)$$

4. 判断 ∞ 是否为下列函数的孤立奇点,如果是孤立奇点,指明它的类型.

$(1)\ f(z)=z+z^2+\dfrac{1}{z}$;　　$(2)\ \dfrac{1}{z(z-1)}$;　　$(3)\ \dfrac{1}{\mathrm{e}^z-1}$.

5.2 留数的概念与计算

5.2.1 留数与留数定理

设函数 $f(z)$ 在以 z_0 为中心的圆环域 $0<|z-z_0|<R$ 内解析,C 为该邻域内的任意一条正向简单闭曲线(见图 5.2). 积分 $\displaystyle\oint_C f(z)\mathrm{d}z$ 的值除以 $2\pi\mathrm{i}$ 后所得的数称为 $f(z)$ 在 z_0 的**留数**,记作 $\mathrm{Res}[f(z),z_0]$,即

$$\mathrm{Res}[f(z),z_0]=\frac{1}{2\pi\mathrm{i}}\oint_C f(z)\mathrm{d}z$$

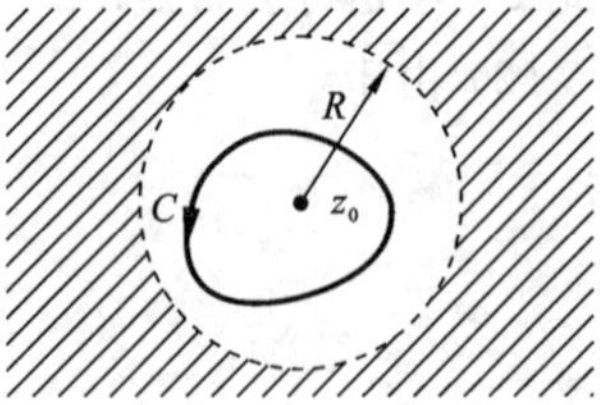

如果 z_0 为函数 $f(z)$ 的解析点,那么由柯西-古萨定理知 $\displaystyle\oint_C f(z)\mathrm{d}z=0$,因此

图 5.2

$$\mathrm{Res}[f(z),z_0]=0$$

如果 z_0 为函数 $f(z)$ 的孤立奇点,将函数 $f(z)$ 在邻域 $0<|z-z_0|<R$ 内展开成洛朗级数

$$f(z) = \cdots + c_{-n}(z-z_0)^{-n} + \cdots + c_{-1}(z-z_0)^{-1}$$
$$+ c_0 + c_1(z-z_0) + \cdots + c_n(z-z_n)^n + \cdots$$

再对此展开式的两端沿 C 逐项积分可得

$$\oint_C f(z)\mathrm{d}z = \cdots + c_{-n}\oint_C (z-z_0)^{-n}\mathrm{d}z + \cdots + c_{-1}\oint_C (z-z_0)^{-1}\mathrm{d}z + \cdots$$
$$+ \oint_C c_0\mathrm{d}z + \oint_C c_1(z-z_0)\mathrm{d}z + \cdots + \oint_C c_n(z-z_0)^n\mathrm{d}z + \cdots$$

根据第 2 章例 2.25 的结果式(2.14)和柯西积分定理可知,右端各项积分除留下 $c_{-1}(z-z_0)^{-1}$ 对应的一项等于 $2\pi\mathrm{i}c_{-1}$ 外,其余各项的积分都等于零,所以

$$\oint_C f(z)\mathrm{d}z = 2\pi\mathrm{i}c_{-1}$$

(留下的)这个积分值除以 $2\pi\mathrm{i}$ 后所得的数就是 $\dfrac{1}{2\pi\mathrm{i}}\oint_C f(z)\mathrm{d}z$,即为 $f(z)$ 在 z_0 的留数 $\mathrm{Res}[f(z), z_0]$,这就是留数这个名称的来由. 从而有

$$\mathrm{Res}[f(z), z_0] = c_{-1}$$

也就是说,$f(z)$ 在 z_0 的留数就是 $f(z)$ 以 z_0 为中心的圆环域内的洛朗展开式中负幂项 $(z-z_0)^{-1}$ 的系数 c_{-1}.

关于留数,有下面的基本定理.

定理 5.6(留数定理) 设函数 $f(z)$ 在区域 D 内除有限个孤立奇点 $z_1, z_2, \cdots, z_n$ 外处处解析. C 是 D 内包围诸奇点的一条正向简单闭曲线,那么

$$\oint_C f(z)\mathrm{d}z = 2\pi\mathrm{i}\sum_{k=1}^{n}\mathrm{Res}[f(z), z_k]$$

证明 把在 C 内的孤立奇点 $z_k(k=1,2,\cdots,n)$ 用互不包含也互不相交的正向简单闭曲线 C_k 围绕起来(见图 5.3),那么根据复合闭路定理有

$$\oint_C f(z)\mathrm{d}z$$
$$= \oint_{C_1} f(z)\mathrm{d}z + \oint_{C_2} f(z)\mathrm{d}z + \cdots + \oint_{C_n} f(z)\mathrm{d}z$$

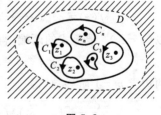

图 5.3

上式两边除以 $2\pi\mathrm{i}$,得

$$\frac{1}{2\pi\mathrm{i}}\oint_C f(z)\mathrm{d}z = \mathrm{Res}[f(z), z_1] + \mathrm{Res}[f(z), z_2] + \cdots + \mathrm{Res}[f(z), z_n]$$

即

$$\oint_C f(z)\mathrm{d}z = 2\pi\mathrm{i}\sum_{k=1}^{n}\mathrm{Res}[f(z), z_k]$$

利用这个定理,求沿封闭曲线 C 的积分,就转化为求被积函数在 C 的内部的各孤立奇点处的留数. 留数定理的效用有赖于如何求出 $f(z)$ 在孤立奇点 z_0 处的留数.

5.2.2 留数的计算规则

一般说来,求函数在其孤立奇点 z_0 处的留数,只需求出它在以 z_0 为中心的圆环域内的洛朗级数中 $c_{-1}(z-z_0)^{-1}$ 项的系数 c_{-1} 就可以了.如果能先知道奇点的类型,对求留数有时更为有利.例如,如果 z_0 为 $f(z)$ 的可去奇点,则有 $\mathrm{Res}[f(z),z_0]=0$. 如果 z_0 为 $f(z)$ 的本性奇点,那往往就只能将函数展开成洛朗级数去求 c_{-1}. 下面给出当 z_0 为极点时的几个求留数的规则.

函数在极点处的留数有以下计算规则:

规则 5.1 如果 z_0 为 $f(z)$ 的一阶极点,那么

$$\mathrm{Res}[f(z),z_0]=\lim_{z\to z_0}(z-z_0)f(z) \tag{5.5}$$

规则 5.2 如果 z_0 为 $f(z)$ 的 m 阶极点,那么

$$\mathrm{Res}[f(z),z_0]=\frac{1}{(m-1)!}\lim_{z\to z_0}\frac{\mathrm{d}^{m-1}}{\mathrm{d}z^{m-1}}[(z-z_0)^m f(z)] \tag{5.6}$$

规则 5.3 设 $f(z)=\dfrac{P(z)}{Q(z)}$,其中 $P(z)$ 及 $Q(z)$ 在 z_0 都解析,如果 $P(z_0)\neq0$, $Q(z_0)=0$,且 $Q'(z_0)\neq0$,那么

$$\mathrm{Res}[f(z),z_0]=\frac{P(z_0)}{Q'(z_0)} \tag{5.7}$$

证明 显然,规则 5.1 是规则 5.2 中 $m=1$ 时的特殊情形.在规则 5.3 中,z_0 为函数 $f(z)$ 的一阶极点,不难利用规则 5.1 推出规则 5.3.因此,仅需要证明规则 5.2.

由于 z_0 为 $f(z)$ 的 m 阶极点,因此 $f(z)$ 在 z_0 的洛朗展开式为

$$f(z)=c_{-m}(z-z_0)^{-m}+\cdots+c_{-1}(z-z_0)^{-1}+c_0+c_1(z-z_0)+\cdots$$

以 $(z-z_0)^m$ 乘上式的两端,得

$$(z-z_0)^m f(z)=c_{-m}+\cdots+c_{-1}(z-z_0)^{m-1}+c_0(z-z_0)^m+\cdots$$

两边求 $m-1$ 阶导数,得

$$\frac{\mathrm{d}^{m-1}}{\mathrm{d}z^{m-1}}[(z-z_0)^m f(z)]=(m-1)!\,c_{-1}+\{含因子(z-z_0)的项\}$$

令 $z\to z_0$,两端求极限,右端的极限为 $(m-1)!\,c_{-1}$,即有

$$\lim_{z\to z_0}\frac{\mathrm{d}^{m-1}}{\mathrm{d}z^{m-1}}[(z-z_0)^m f(z)]=(m-1)!\,c_{-1}$$

两端除以 $(m-1)!$,立即可得

$$\mathrm{Res}[f(z),z_0]=c_{-1}=\frac{1}{(m-1)!}\lim_{z\to z_0}\frac{\mathrm{d}^{m-1}}{\mathrm{d}z^{m-1}}[(z-z_0)^m f(z)]$$

从上述证明过程不难看出,如果 z_0 为 $f(z)$ 的 m 阶极点,那么对任意整数 $n\geq m$,均有

$$\text{Res}[f(z),z_0]=\frac{1}{(n-1)!}\lim_{z\to z_0}\frac{\mathrm{d}^{n-1}}{\mathrm{d}z^{n-1}}[(z-z_0)^n f(z)] \qquad (5.8)$$

但由于 n 越大,求导的阶数会越高,因此通常取 $n=m$.

例 5.12　求解下列函数在孤立奇点 0 处的留数:

(1) $z\mathrm{e}^{1/z}$;　　　　(2) $z^2\cos\dfrac{1}{z}$;　　　　(3) $\dfrac{\sin z}{z}$.

解　(1) 由于 $z=0$ 是函数的本性奇点,在 $0<|z|<+\infty$ 内,有

$$z\mathrm{e}^{1/z}=z+1+\frac{1}{2!}\frac{1}{z}+\frac{1}{3!}\frac{1}{z^2}+\cdots+\frac{1}{n!}\frac{1}{z^{n-1}}+\cdots$$

所以 $\text{Res}[z\mathrm{e}^{1/z},0]=\dfrac{1}{2!}$.

(2) 由于 $z=0$ 是函数的本性奇点,在 $0<|z|<+\infty$ 内,有

$$z^2\cos\frac{1}{z}=z^2-\frac{1}{2!}+\frac{1}{4!}\frac{1}{z^2}+\cdots+(-1)^n\frac{1}{(2n)!}\frac{1}{z^{2n-2}}+\cdots$$

所以 $\text{Res}\left[z^2\cos\dfrac{1}{z},0\right]=0$.

(3) 因 $z=0$ 是函数 $\dfrac{\sin z}{z}$ 的可去奇点,则 $\text{Res}\left[\dfrac{\sin z}{z},0\right]=0$.

例 5.13　求函数 $f(z)=\dfrac{z-6\mathrm{i}}{(z-2)^2(z+4\mathrm{i})}$ 在其孤立奇点处的留数.

解　显然 $z=-4\mathrm{i}$ 为 $f(z)$ 的一阶极点,根据规则 5.1 有

$$\text{Res}[f(z),-4\mathrm{i}]=\lim_{z\to-4\mathrm{i}}(z+4\mathrm{i})\frac{z-6\mathrm{i}}{(z-2)^2(z+4\mathrm{i})}=\lim_{z\to-4\mathrm{i}}\frac{z-6\mathrm{i}}{(z-2)^2}$$

$$=\frac{-4\mathrm{i}-6\mathrm{i}}{(-4\mathrm{i}-2)^2}=-\frac{2}{5}+\frac{3}{10}\mathrm{i}$$

又有 $z=2$ 为 $f(z)$ 的二阶极点,根据规则 5.2 有

$$\text{Res}[f(z),2]=\frac{1}{(2-1)!}\lim_{z\to2}\frac{\mathrm{d}}{\mathrm{d}z}\left[(z-2)^2\frac{z-6\mathrm{i}}{(z-2)^2(z+4\mathrm{i})}\right]$$

$$=\lim_{z\to2}\frac{\mathrm{d}}{\mathrm{d}z}\left(\frac{z-6\mathrm{i}}{z+4\mathrm{i}}\right)=\lim_{z\to2}\frac{10\mathrm{i}}{(z+4\mathrm{i})^2}$$

$$=\frac{10\mathrm{i}}{(2+4\mathrm{i})^2}=\frac{10}{26}-\frac{15}{26}\mathrm{i}$$

例 5.14　求函数 $f(z)=\dfrac{6\mathrm{i}z-1}{\sin z}$ 在其孤立奇点处的留数.

解　函数的孤立奇点为 $z=n\pi(n=0,\pm1,\pm2,\cdots)$,且均为一阶极点,根据规则 5.3 有

$$\text{Res}[f(z),n\pi]=\frac{6\mathrm{i}z-1}{(\sin z)'}\Bigg|_{z=n\pi}=\frac{6\mathrm{i}n\pi-1}{\cos n\pi}=(-1)^n(-1+6n\pi\mathrm{i})$$

例 5.15 求函数 $f(z)=\dfrac{z-\sin z}{z^6}$ 在 $z=0$ 处的留数.

解 利用洛朗展开式求 c_{-1},因为

$$\frac{z-\sin z}{z^6}=\frac{1}{z^6}\left[z-\left(z-\frac{1}{3!}z^3+\frac{1}{5!}z^5-\cdots\right)\right]=\frac{1}{3!}\frac{1}{z^3}-\frac{1}{5!}\frac{1}{z}+\cdots$$

所以

$$\mathrm{Res}\left[\frac{z-\sin z}{z^6},0\right]=c_{-1}=-\frac{1}{5!}$$

此例如果用规则 5.2 求解,先应定出极点 $z=0$ 的阶数.由于

$$P(0)=(z-\sin z)|_{z=0}=0,\quad P'(0)=(1-\cos z)|_{z=0}=0$$
$$P''(0)=\sin z|_{z=0}=0,\quad P'''(0)=\cos z|_{z=0}=1\neq0$$

因此 $z=0$ 是 $z-\sin z$ 的三阶零点,从而由 $f(z)$ 的表达式知,$z=0$ 是 $f(z)$ 的三阶极点.直接应用规则 5.2,得

$$\mathrm{Res}\left[\frac{z-\sin z}{z^6},0\right]=\frac{1}{(3-1)!}\lim_{z\to0}\frac{\mathrm{d}^2}{\mathrm{d}z^2}\left[z^3\cdot\frac{z-\sin z}{z^6}\right]=\frac{1}{2!}\lim_{z\to0}\frac{\mathrm{d}^2}{\mathrm{d}z^2}\left(\frac{z-\sin z}{z^3}\right)$$

往下的运算要先对一个分式函数求二阶导数,然后要对求导结果求极限,这就十分复杂.另一方面,根据式(5.8),取 $n=6$(大于极点的实际阶数 $m=3$),则有

$$\mathrm{Res}\left[\frac{z-\sin z}{z^6},0\right]=\frac{1}{(6-1)!}\lim_{z\to0}\frac{\mathrm{d}^5}{\mathrm{d}z^5}\left[z^6\cdot\frac{z-\sin z}{z^6}\right]=\frac{1}{5!}\lim_{z\to0}(-\cos z)=-\frac{1}{5!}$$

由此可见,求留数的关键在于根据具体问题灵活选择方法,不要拘泥于套用公式.

例 5.16 计算积分 $\displaystyle\oint_C\frac{z\mathrm{e}^z}{z^2-1}\mathrm{d}z$,其中 C 为正向圆周 $|z|=2$.

解 由于 $f(z)=\dfrac{z\mathrm{e}^z}{z^2-1}$ 有两个一阶极点 ±1,而这两个极点都在圆周 $|z|=2$ 内,因此

$$\oint_C\frac{z\mathrm{e}^z}{z^2-1}\mathrm{d}z=2\pi\mathrm{i}\{\mathrm{Res}[f(z),1]+\mathrm{Res}[f(z),-1]\}$$

由规则 5.1,得

$$\mathrm{Res}[f(z),1]=\lim_{z\to1}(z-1)\frac{z\mathrm{e}^z}{z^2-1}=\lim_{z\to1}\frac{z\mathrm{e}^z}{z+1}=\frac{\mathrm{e}}{2}$$

$$\mathrm{Res}[f(z),-1]=\lim_{z\to-1}(z+1)\frac{z\mathrm{e}^z}{z^2-1}=\lim_{z\to-1}\frac{z\mathrm{e}^z}{z-1}=\frac{\mathrm{e}^{-1}}{2}$$

因此,所求积分为

$$\oint_C\frac{z\mathrm{e}^z}{z^2-1}\mathrm{d}z=2\pi\mathrm{i}\left(\frac{\mathrm{e}^{-1}}{2}+\frac{\mathrm{e}}{2}\right)$$

例 5.17 计算积分 $\displaystyle\oint_C\frac{z}{z^4-1}\mathrm{d}z$,其中 C 为正向圆周 $|z|=2$.

解　被积函数 $f(z)=\dfrac{z}{z^4-1}$ 有四个一阶极点 $z=\pm1,\pm\mathrm{i}$ 都在圆周 $|z|=2$ 内，所以

$$\oint_C \frac{z}{z^4-1}\mathrm{d}z$$
$$=2\pi\mathrm{i}\{\mathrm{Res}[f(z),1]+\mathrm{Res}[f(z),-1]+\mathrm{Res}[f(z),\mathrm{i}]+\mathrm{Res}[f(z),-\mathrm{i}]\}$$

由规则 5.3，有

$$\mathrm{Res}[f(z),z_0]=\frac{z}{4z^3}\bigg|_{z=z_0}=\frac{1}{4z^2}\bigg|_{z=z_0}$$

分别取 $z_0=\pm1,\pm\mathrm{i}$，可得

$$\oint_C \frac{z}{z^4-1}\mathrm{d}z=2\pi\mathrm{i}\left(\frac{1}{4}+\frac{1}{4}-\frac{1}{4}-\frac{1}{4}\right)=0$$

*5.2.3　无穷远点的留数

若函数的无穷远点为孤立奇点，也可以定义 $f(z)$ 在无穷远点的留数．

设函数 $f(z)$ 在圆环域 $R<|z|<+\infty$ 内解析，C 为该圆环域内绕原点的任何一条正向简单闭曲线，那么积分 $\dfrac{1}{2\pi\mathrm{i}}\oint_{C^-}f(z)\mathrm{d}z$ 的值与 C 无关，称此定值为 $f(z)$ 在 ∞ 点的留数，记作

$$\mathrm{Res}[f(z),\infty]=\frac{1}{2\pi\mathrm{i}}\oint_{C^-}f(z)\mathrm{d}z$$

值得注意的是，这里积分路线的方向是负的，也就是取顺时针的方向．

根据定理 4.10 知，在圆环域 $R<|z|<+\infty$ 内，$f(z)$ 的洛朗展开式的系数为

$$c_n=\frac{1}{2\pi\mathrm{i}}\oint_C \frac{f(\zeta)}{\zeta^{n+1}}\mathrm{d}\zeta,\quad n=0,\pm1,\pm2,\cdots$$

取 $n=-1$ 可得

$$c_{-1}=\frac{1}{2\pi\mathrm{i}}\oint_C f(z)\mathrm{d}z=-\frac{1}{2\pi\mathrm{i}}\oint_{C^{-1}}f(z)\mathrm{d}z$$

因此，由无穷远点的留数定义可知

$$\mathrm{Res}[f(z),\infty]=-c_{-1}$$

也就是说，$f(z)$ 在无穷远点的留数等于它在无穷远点的去心邻域 $R<|z|<+\infty$ 内的洛朗展开式中 z^{-1} 系数的相反数．

下面的定理在计算留数时是很有用的．

定理 5.7　如果函数 $f(z)$ 在扩充复平面内只有有限个孤立奇点，那么 $f(z)$ 在所有各奇点（包括无穷远点）的留数的总和必等于零．

证明　除无穷远点外，设 $f(z)$ 的有限个奇点为 $z_k(k=1,2,\cdots,n)$．又设 C 为一条绕原点的并将 $z_k(k=1,2,\cdots,n)$ 包含在它内部的正向简单闭曲线，那么根据留数定

理及在无穷远点的留数定义,就有

$$\mathrm{Res}[f(z),\infty]+\sum_{k=1}^{n}\mathrm{Res}[f(z),z_k]=\frac{1}{2\pi\mathrm{i}}\oint_{C^-}f(z)\mathrm{d}z+\frac{1}{2\pi\mathrm{i}}\oint_{C}f(z)\mathrm{d}z=0$$

关于函数在无穷远点的留数的计算有下列规则:

规则 5.4 $\mathrm{Res}[f(z),\infty]=-\mathrm{Res}\left[f\left(\dfrac{1}{z}\right)\cdot\dfrac{1}{z^2},0\right].$

证明 在无穷远点的留数定义中,取正向简单闭曲线 C 为半径足够大的正向圆周 $|z|=\rho.$ 令 $z=\dfrac{1}{\zeta}$,并设 $z=\rho\mathrm{e}^{\mathrm{i}\theta}$,$\zeta=r\mathrm{e}^{\mathrm{i}\varphi}$,那么 $\rho=\dfrac{1}{r}$,$\theta=-\varphi$,于是有

$$\mathrm{Res}[f(z),\infty]=\frac{1}{2\pi\mathrm{i}}\oint_{C^-}f(z)\mathrm{d}z=\frac{1}{2\pi\mathrm{i}}\int_0^{-2\pi}f(\rho\mathrm{e}^{\mathrm{i}\theta})\rho\mathrm{i}\,\mathrm{e}^{\mathrm{i}\theta}\mathrm{d}\theta$$

$$=-\frac{1}{2\pi\mathrm{i}}\int_0^{2\pi}f\left(\frac{1}{r\mathrm{e}^{\mathrm{i}\varphi}}\right)\frac{\mathrm{i}}{r\mathrm{e}^{\mathrm{i}\varphi}}\mathrm{d}\varphi=-\frac{1}{2\pi\mathrm{i}}\int_0^{2\pi}f\left(\frac{1}{r\mathrm{e}^{\mathrm{i}\varphi}}\right)\frac{1}{(r\mathrm{e}^{\mathrm{i}\varphi})^2}\mathrm{d}(r\mathrm{e}^{\mathrm{i}\varphi})$$

$$=-\frac{1}{2\pi\mathrm{i}}\oint_{|\zeta|=\frac{1}{\rho}}f\left(\frac{1}{\zeta}\right)\frac{1}{\zeta^2}\mathrm{d}\zeta$$

其中 $|\zeta|=\dfrac{1}{\rho}$ 取正向. 由于 $f(z)$ 在 $\rho<|z|<+\infty$ 内解析,从而 $f\left(\dfrac{1}{\zeta}\right)$ 在 $0<|\zeta|<\dfrac{1}{\rho}$ 内解析,因此 $f\left(\dfrac{1}{\zeta}\right)\cdot\dfrac{1}{\zeta^2}$ 在 $|\zeta|<\dfrac{1}{\rho}$ 内除 $\zeta=0$ 外没有其他奇点. 由留数定理,得

$$\frac{1}{2\pi\mathrm{i}}\oint_{|\zeta|=\frac{1}{\rho}}f\left(\frac{1}{\zeta}\right)\frac{1}{\zeta^2}\mathrm{d}\zeta=\mathrm{Res}\left[f\left(\frac{1}{\zeta}\right)\frac{1}{\zeta^2},0\right]$$

即规则 5.4 成立.

定理 5.7 与规则 5.4 提供了计算函数沿闭曲线积分的又一种方法,在很多情况下,它比利用第 5.2.2 小节中的方法更简便. 例如在前面的例 5.17 中,被积函数 $\dfrac{z}{z^4-1}$ 在 $|z|=2$ 的外部,除无穷远点外没有其他奇点,因此根据定理 5.7 与规则 5.4,有

$$\oint_C\frac{z}{z^4-1}\mathrm{d}z=-2\pi\mathrm{i}\mathrm{Res}[f(z),\infty]=2\pi\mathrm{i}\mathrm{Res}\left[f\left(\frac{1}{z}\right)\frac{1}{z^2},0\right]$$

$$=2\pi\mathrm{i}\mathrm{Res}\left[\frac{z}{1-z^4},0\right]=0$$

这样做就比例 5.17 中的解法简便得多了.

例 5.18 计算积分 $\displaystyle\oint_C\frac{\mathrm{d}z}{(z+\mathrm{i})^{10}(z-1)(z-3)}$,其中 C 为正向圆周 $|z|=2.$

解 除无穷远点外,被积函数

$$f(z)=\frac{1}{(z+\mathrm{i})^{10}(z-1)(z-3)}$$

的奇点是 $-\mathrm{i}$,1 与 3,其中 $-\mathrm{i}$ 和 1 在 C 的内部. 根据定理 5.6 有

$$\oint_c \frac{\mathrm{d}z}{(z+\mathrm{i})^{10}(z-1)(z-3)} = 2\pi\mathrm{i}\{\mathrm{Res}[f(z),-\mathrm{i}]+\mathrm{Res}[f(z),1]\}$$

由于 $-\mathrm{i}$ 为函数的 10 阶极点,直接计算此点处的留数会很麻烦.换一个角度,由定理 5.7 有

$$\mathrm{Res}[f(z),-\mathrm{i}]+\mathrm{Res}[f(z),1]+\mathrm{Res}[f(z),3]+\mathrm{Res}[f(z),\infty]=0$$

即有

$$\mathrm{Res}[f(z),-\mathrm{i}]+\mathrm{Res}[f(z),1]=-\{\mathrm{Res}[f(z),3]+\mathrm{Res}[f(z),\infty]\}$$

这样就有

$$\oint_c \frac{\mathrm{d}z}{(z+\mathrm{i})^{10}(z-1)(z-3)} = -2\pi\mathrm{i}\{\mathrm{Res}[f(z),3]+\mathrm{Res}[f(z),\infty]\}$$

分别利用规则 5.1 和规则 5.4 易得

$$\mathrm{Res}[f(z),3]=\frac{1}{2(3+\mathrm{i})^{10}}, \quad \mathrm{Res}[f(z),\infty]=0$$

于是

$$\oint_c \frac{\mathrm{d}z}{(z+\mathrm{i})^{10}(z-1)(z-3)} = -2\pi\mathrm{i}\left[\frac{1}{2(3+\mathrm{i})^{10}}+0\right]=-\frac{\pi\mathrm{i}}{(3+\mathrm{i})^{10}}$$

练习题 5.2

1. 在有限复平面内求下列函数 $f(z)$ 在其孤立奇点处的留数.

(1) $\dfrac{z+1}{z^2-2z}$;　　　　(2) $\dfrac{z^4+1}{(z^2+1)^3}$;　　　　(3) $\dfrac{1-\mathrm{e}^{2z}}{z^4}$;　　　　(4) $\dfrac{z}{\cos z}$;

(5) $\cos\dfrac{1}{1-z}$;　　　(6) $z^2\sin\dfrac{1}{z}$;　　　　　(7) $\dfrac{1}{z\sin z}$;　　　　(8) $\dfrac{\mathrm{e}^z-\mathrm{e}^{-z}}{\mathrm{e}^z+\mathrm{e}^{-z}}$.

2. 利用留数计算下列积分:

(1) $\displaystyle\oint_c \frac{(1+z^2)\mathrm{d}z}{(z+2\mathrm{i})(z-1)^2}$,其中 C 为正向圆周 $|z+\mathrm{i}|=7$;

(2) $\displaystyle\oint_c \frac{\mathrm{e}^z}{z}\mathrm{d}z$,其中 C 为正向圆周 $|z+3\mathrm{i}|=2$;

(3) $\displaystyle\oint_c \frac{z+\mathrm{i}}{z^2+6}\mathrm{d}z$,其中 C 为中心在原点,边长为 8 且两组对边分别平行于坐标轴的正方形的正向边界;

(4) $\displaystyle\oint_c \frac{\mathrm{e}^{2z}}{z(z-4\mathrm{i})}\mathrm{d}z$,其中 C 为任意包含 0 和 $4\mathrm{i}$ 的正向简单闭曲线.

3. 求下列函数在无穷远点的留数:

(1) $\dfrac{2z}{3+z^2}$;　　　　　(2) $\dfrac{\mathrm{e}^z}{z^2-1}$;　　　　　(3) $\dfrac{1}{z(z+1)^4(z-4)}$.

4. 计算下列积分：

(1) $\oint_c \dfrac{z^{15}}{(z^2+1)^2(z^4+2)^3}dz$，其中 C 为正向圆周 $|z|=3$；

(2) $\oint_c \dfrac{z^3}{1+z}e^{\frac{1}{z}}dz$，其中 C 为正向圆周 $|z|=2$.

*5.3　留数在实积分计算中的应用

留数定理为某些类型的积分计算提供了极为有效的方法. 在高等数学某些实际问题中，常常需要求出一些定积分或广义积分的值，而这些积分中被积函数的原函数不能用初等函数表示，或求出原函数的方法比较复杂且有一定的难度. 利用留数定理，计算某些实积分可以转化为计算某些解析函数的孤立奇点的留数，从而简化实变函数定积分的计算，这种方法称为**围道积分法**.

围道积分法就是把实变函数的积分化为复变函数的沿闭曲线的积分，然后利用留数定理计算积分的方法. 要想使用留数计算，需要两个条件：首先，被积函数与某个解析函数有关；其次，定积分可化为某个沿闭曲线的积分. 本节主要就三种类型的函数举例说明.

5.3.1　有理函数的积分

设有理函数 $R(x)=\dfrac{p(x)}{q(x)}=\dfrac{x^n+a_1x^{n-1}+\cdots+a_n}{x^m+b_1x^{m-1}+\cdots+b_m}$ 为已约分式，分母的次数至少比分子的次数高 2 次，并设对应的复变函数 $R(z)$ 在实轴上没有孤立奇点，这时积分 $\displaystyle\int_{-\infty}^{+\infty}R(x)dx$ 是存在的，现在说明如何利用留数来计算该积分.

取积分路径如图 5.4 所示，其中 C_r 是以原点为中心，r 为半径的在上半平面的半圆周. 取 r 适当大，使 $R(z)$ 所有在上半平面内的极点 $z_1,z_2,\cdots,z_N$（这里 N 为某一确定的正整数）都包含在这个积分路线内. 根据留数定理，得

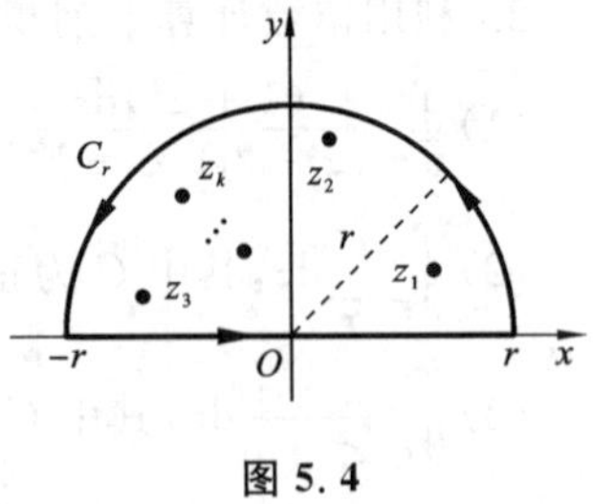

图 5.4

$$\int_{-r}^{r}R(x)dx+\int_{C_r}R(z)dz=2\pi i\sum_{k=1}^{N}\text{Res}[R(z),z_k]$$

$$(5.9)$$

这个等式不因 C_r 的半径 r 不断增大而有所改变. 当 $r\to+\infty$ 时，有

$$\int_{-r}^{r}R(x)dx\to\int_{-\infty}^{+\infty}R(x)dx$$

因为 $q(z)$ 的次数至少比 $p(z)$ 的高 2 次，这表明 $z^2p(z)$ 的次数不高于 $q(z)$ 的次数，

所以,对充分大的 r,$\dfrac{z^2 p(z)}{q(z)}$ 是有界的,即存在正数 M,使得当 $|z|>r$ 时,$\left|\dfrac{z^2 p(z)}{q(z)}\right| \leqslant M$,于是

$$\left|\frac{p(z)}{q(z)}\right| \leqslant \frac{M}{|z|^2} \leqslant \frac{M}{r^2} \quad (|z|>r)$$

又因为 C_r 的长度为 πr,故由积分不等式有

$$\int_{C_r} R(z)\mathrm{d}z \leqslant \frac{M}{r^2}(\pi r) \to 0 \quad (r \to +\infty)$$

对式(5.9)两端取 $r \to +\infty$ 时的极限可得

$$\int_{-\infty}^{+\infty} R(x)\mathrm{d}x = 2\pi\mathrm{i} \sum_{k=1}^{N} \mathrm{Res}[R(z), z_k]$$

即积分 $\displaystyle\int_{-\infty}^{+\infty} R(x)\mathrm{d}x$ 的值为 $2\pi\mathrm{i}$ 乘以 $R(z)$ 在上半平面内的奇点处的留数之和.

例 5.19　计算积分 $I = \displaystyle\int_{-\infty}^{+\infty} \dfrac{x^2\,\mathrm{d}x}{(x^2+a^2)(x^2+b^2)}(a>0,b>0)$ 的值.

解　这里 $m=4,n=2,m-n=2$,并且 $R(z)$ 在实轴上没有奇点,因此积分是存在的. 函数 $\dfrac{z^2}{(z^2+a^2)(z^2+b^2)}$ 的一阶极点为 $\pm ai$、$\pm bi$,其中 ai、bi 在上半平面内. 由于

$$\mathrm{Res}[R(z), ai] = \lim_{z \to ai}\left[(z-ai)\frac{z^2}{(z^2+a^2)(z^2+b^2)}\right]$$

$$= \frac{-a^2}{2ai(b^2-a^2)} = \frac{a}{2\mathrm{i}(a^2-b^2)}$$

$$\mathrm{Res}[R(z), bi] = \frac{b}{2\mathrm{i}(b^2-a^2)}$$

所以

$$I = 2\pi\mathrm{i}\left[\frac{a}{2\mathrm{i}(a^2-b^2)} + \frac{b}{2\mathrm{i}(b^2-a^2)}\right] = \frac{\pi}{a+b}$$

5.3.2　三角函数有理式的积分

下面考虑形如 $\displaystyle\int_0^{2\pi} R(\cos\theta, \sin\theta)\mathrm{d}\theta$ 的积分,其中 $R(\cos\theta, \sin\theta)$ 为 $\cos\theta$ 与 $\sin\theta$ 的有理函数且在 $0 \leqslant \theta \leqslant 2\pi$ 上有界.

令 $z = \mathrm{e}^{\mathrm{i}\theta}$,那么 $\mathrm{d}z = \mathrm{i}\mathrm{e}^{\mathrm{i}\theta}\mathrm{d}\theta$. 又因为

$$\sin\theta = \frac{1}{2\mathrm{i}}(\mathrm{e}^{\mathrm{i}\theta} - \mathrm{e}^{-\mathrm{i}\theta}) = \frac{z^2-1}{2\mathrm{i}z}, \quad \cos\theta = \frac{1}{2}(\mathrm{e}^{\mathrm{i}\theta} + \mathrm{e}^{-\mathrm{i}\theta}) = \frac{z^2+1}{2z}$$

从而,所设积分化为沿正向单位圆周的积分:

$$\oint_{|z|=1} R\left[\frac{z^2+1}{2z}, \frac{z^2-1}{2\mathrm{i}z}\right]\frac{\mathrm{d}z}{\mathrm{i}z} = \oint_{|z|=1} f(z)\mathrm{d}z$$

其中 $f(z)$ 为 z 的有理函数,且在单位圆周 $|z|=1$ 上分母不为零,所以满足留数定理

的条件. 根据留数定理, 得所求的积分

$$\int_0^{2\pi} R(\cos\theta, \sin\theta)\mathrm{d}\theta = 2\pi\mathrm{i}\sum_{k=1}^{n}\operatorname{Res}[f(z), z_k]$$

其中 $z_k(k=1, 2, \cdots, n)$ 为包含在单位圆周 $|z|=1$ 内的孤立奇点.

例 5.20　计算 $I = \int_0^{2\pi} \dfrac{\cos 2\theta}{1 - 2p\cos\theta + p^2}\mathrm{d}\theta(0 < p < 1)$ 的值.

解　由于 $0 < p < 1$, 被积函数的分母

$$1 - 2p\cos\theta + p^2 = (1-p)^2 + 2p(1-\cos\theta)$$

在 $0 \leqslant \theta \leqslant 2\pi$ 内不为零, 因而积分是有意义的. 由于

$$\cos 2\theta = \frac{1}{2}(\mathrm{e}^{2\mathrm{i}\theta} + \mathrm{e}^{-2\mathrm{i}\theta}) = \frac{1}{2}(z^2 + z^{-2})$$

因此

$$I = \oint_{|z|=1} \frac{z^2 + z^{-2}}{2} \cdot \frac{1}{1 - 2p \cdot \dfrac{z + z^{-1}}{2} + p^2} \cdot \frac{\mathrm{d}z}{\mathrm{i}z}$$

$$= \oint_{|z|=1} \frac{1 + z^4}{2\mathrm{i}z^2(1 - pz)(z - p)}\mathrm{d}z = \oint_{|z|=1} f(z)\mathrm{d}z$$

在被积函数的三个极点 $z=0, p, \dfrac{1}{p}$ 中只有前两个在圆周 $|z|=1$ 内, 其中 $z=0$ 为二阶极点, $z=p$ 为一阶极点, 而

$$\operatorname{Res}[f(z), 0] = \lim_{z \to 0} \frac{\mathrm{d}}{\mathrm{d}z}\left[z^2 \cdot \frac{1 + z^4}{2\mathrm{i}z^2(1 - pz)(z - p)}\right]$$

$$= \lim_{z \to 0} \frac{(z - pz^2 - p + p^2z)4z^3 - (1 + z^4)(1 - 2pz + p^2)}{2\mathrm{i}(z - pz^2 - p + p^2z)^2} = -\frac{1 + p^2}{2\mathrm{i}p^2}$$

$$\operatorname{Res}[f(z), p] = \lim_{z \to p}\left[(z - p) \cdot \frac{1 + z^4}{2\mathrm{i}z^2(1 - pz)(z - p)}\right] = \frac{1 + p^4}{2\mathrm{i}p^2(1 - p^2)}$$

因此

$$I = 2\pi\mathrm{i}\left[-\frac{1 + p^2}{2\mathrm{i}p^2} + \frac{1 + p^4}{2\mathrm{i}p^2(1 - p^2)}\right] = \frac{2\pi p^2}{1 - p^2}$$

5.3.3　有理函数与三角函数乘积的积分

设 $a > 0$, 考虑下列形式的积分: $\int_{-\infty}^{+\infty} R(x)\cos ax\,\mathrm{d}x$ 和 $\int_{-\infty}^{+\infty} R(x)\sin ax\,\mathrm{d}x$, 其中 $R(x)$ 为有理函数, 分母的次数至少比分子的次数高 1 次, 并且 $R(z)$ 在实轴上没有孤立奇点. 这时积分是存在的. 利用欧拉公式易知这两个积分实际上是积分

$$\int_{-\infty}^{+\infty} R(x)\mathrm{e}^{\mathrm{i}ax}\,\mathrm{d}x \tag{5.10}$$

的实部和虚部, 因此只需研究式(5.10)的求法.

在正式说明式(5.10)的求法之前,先来介绍一个引理,该引理在以后的章节中还要用到.

引理 5.1(约当引理) 设函数 $g(z)$ 在闭区域 $\theta_1 \leqslant \arg z \leqslant \theta_2$, $r_0 \leqslant |z| \leqslant +\infty$ ($r_0 \geqslant 0$, $0 \leqslant \theta_2 - \theta_1 \leqslant \pi$) 上连续,并设 C_r 是该闭区域内的一段以原点为中心,$r(r > r_0)$ 为半径的圆弧(见图 5.5(a)). 如果在此闭区域上有

$$\lim_{z \to \infty} g(z) = 0$$

那么对任意 $a > 0$,有

$$\lim_{r \to +\infty} \int_{C_r} g(z) e^{iaz} dz = 0$$

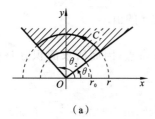 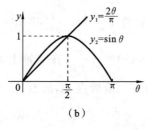

(a)　　　　　　　(b)

图 5.5

证明　由条件 $\lim_{z \to \infty} g(z) = 0$ 可知,对任意给定的 $\varepsilon > 0$,存在 $r_1 > 0$,使得当 $r > r_1$ 时,对一切 C_r 上的 z,有

$$|g(z)| < \varepsilon$$

于是

$$\left| \int_{C_r} g(z) e^{iaz} dz \right| = \left| \int_{\theta_1}^{\theta_2} g(re^{i\theta}) e^{iare^{i\theta}} re^{i\theta} i d\theta \right| \leqslant r\varepsilon \int_0^{\pi} e^{-ar\sin\theta} d\theta = 2r\varepsilon \int_0^{\frac{\pi}{2}} e^{-ar\sin\theta} d\theta$$

由微分学的知识易知(直观地,如图 5.5(b)所示)

$$\frac{2\theta}{\pi} \leqslant \sin\theta, \quad 0 \leqslant \theta \leqslant \frac{\pi}{2}$$

所以

$$\left| \int_{C_r} g(z) e^{iaz} dz \right| \leqslant 2r\varepsilon \int_0^{\frac{\pi}{2}} e^{-\frac{2ar\theta}{\pi}} d\theta = \frac{\pi\varepsilon}{a}(1 - e^{-ar}) < \frac{\pi\varepsilon}{a}$$

从而有 $\lim\limits_{r \to +\infty} \int_{C_r} g(z) e^{iaz} dz = 0$.

下面来计算 $\int_{-\infty}^{+\infty} R(x) e^{iax} dx$. 和第 5.3.1 小节中的处理方式类似,作图 5.4 中那样的区域,使上半平面内的孤立奇点 $z_1, z_2, \cdots, z_N$ 全含在上半圆内. 由留数定理得

$$\int_{-r}^{r} R(x) e^{iax} dx + \int_{C_r} R(z) e^{iaz} dz = 2\pi i \sum_{k=1}^{N} \text{Res}[R(z) e^{iaz}, z_k] \tag{5.11}$$

由于 $R(z)$ 的分母的次数至少比分子的次数高一次,故 $\lim\limits_{z \to \infty} R(z) = 0$,由约当引理知

$$\lim_{r \to +\infty} \int_{C_r} R(z) e^{iaz} dz = 0$$

在式(5.11)两端取 $r \to +\infty$ 时的极限可得

$$\int_{-\infty}^{+\infty} R(x) e^{iax} dx = 2\pi i \sum_{k=1}^{N} \text{Res}[R(z) e^{iaz}, z_k]$$

于是

$$\int_{-\infty}^{+\infty} R(x) \cos ax \, dx = \text{Re}\left\{ 2\pi i \sum_{k=1}^{N} \text{Res}[R(z) e^{iaz}, z_k] \right\}$$

$$\int_{-\infty}^{+\infty} R(x) \sin ax \, dx = \text{Im}\left\{ 2\pi i \sum_{k=1}^{N} \text{Res}[R(z) e^{iaz}, z_k] \right\}$$

例 5.21 计算 $I = \int_0^{+\infty} \dfrac{x \sin x}{x^2 + a^2} dx (a > 0)$ 的值.

解 这里 $R(z) = \dfrac{z}{z^2 + a^2}$ 在实轴上无孤立奇点,因而所求的积分是存在的. 在上半平面内 $R(z)$ 有一阶极点 ai,故有

$$\int_{-\infty}^{+\infty} \frac{x}{x^2 + a^2} e^{ix} dx = 2\pi i \text{Res}[R(z) e^{iz}, ai] = 2\pi i \cdot \frac{e^{-a}}{2} = \pi i e^{-a}$$

因此

$$\int_0^{+\infty} \frac{x \sin x}{x^2 + a^2} dx = \frac{1}{2} \int_{-\infty}^{+\infty} \frac{x \sin x}{x^2 + a^2} dx = \frac{1}{2} \text{Im}(\pi i e^{-a}) = \frac{1}{2} \pi e^{-a}$$

练习题 5.3

1. 计算下列有理函数的积分:

(1) $\displaystyle\int_{-\infty}^{+\infty} \frac{1}{x^6 + 64} dx$;

(2) $\displaystyle\int_0^{+\infty} \frac{x^2}{1 + x^4} dx$.

2. 计算下列三角函数有理式的积分:

(1) $\displaystyle\int_0^{2\pi} \frac{\sin^2 x}{2 + \cos x} dx$;

(2) $\displaystyle\int_0^{2\pi} \frac{1}{5 + 3\sin x} dx$.

3. 计算下列有理函数与三角函数乘积的积分:

(1) $\displaystyle\int_{-\infty}^{+\infty} \frac{\cos x}{x^2 + 4} dx$;

(2) $\displaystyle\int_{-\infty}^{+\infty} \frac{\cos x}{x^2 + 4x + 5} dx$.

综合练习题 5

1. 判断 $z = 0$ 是否为下列函数的孤立奇点:

(1) $\dfrac{1}{\sin z}$;

(2) $\cot \dfrac{1}{z}$.

2. 设函数 $\varphi(z)$ 与 $\psi(z)$ 分别以 $z=a$ 为 m 阶与 n 阶极点（或零点），分析下列三个函数在 $z=a$ 处的性态.

(1) $\varphi(z)\psi(z)$;　　　　　(2) $\dfrac{\varphi(z)}{\psi(z)}$;　　　　　(3) $\varphi(z)+\psi(z)$.

3. 确定下列函数在有限复平面内的奇点类型，如果是极点，指明它们的阶：

(1) $\dfrac{\sin z}{(z+\pi)^2}$;　　　(2) $\dfrac{z-1}{\cos^4 z\left(z-\dfrac{\pi}{2}\right)^2}$;　　　(3) $\dfrac{1}{\sin z+\cos z}$;

(4) $\dfrac{\ln(1+z)}{z}$;　　　(5) $\dfrac{1}{e^z-1}-\dfrac{1}{z}$;　　　(6) $\dfrac{z^{2n}}{1+z^n}$（n 为正整数）.

4. 在有限复平面内求下列函数 $f(z)$ 在其孤立奇点处的留数：

(1) $e^{\frac{1}{z}}$;　　　(2) $\dfrac{e^z}{(z+2i)^3(z+i)}$;　　　(3) $\dfrac{\sin z}{z^2(z^2+4)}$.

5. 判定 ∞ 是下列函数 $f(z)$ 的什么类型的奇点，若为孤立奇点，求出函数在 ∞ 的留数：

(1) $\dfrac{\sin z}{z}$;　　　(2) $\sin z-\cos z$;　　　(3) $z-e^{\frac{1}{z}}$.

6. 计算下列积分：

(1) $\oint_C \dfrac{e^z(z^2-4)^2}{(z+i)^2}dz$，其中 C 为正向圆周 $|z-1-2i|=4$;

(2) $\oint_C \dfrac{ze^z}{z^4+i}dz$，其中 C 为正向圆周 $|z-5|=1$;

(3) $\oint_C \dfrac{(z-2i)^2}{z^2-2z+2}dz$，其中 C 为正向圆周 $|z|=8$;

(4) $\oint_C \dfrac{2z-3}{(z+i)^3}dz$，其中 C 为正向圆周 $|z-2i|=4$;

(5) $\oint_C \dfrac{z-\cos(4iz)}{(1+z^2)(z^2-1)}dz$，其中 C 为正向圆周 $|z+i|=1$.

7. 计算积分 $\oint_C \dfrac{2iz-\cos z}{z^3+z}dz$，其中 C 为不经过被积函数奇点的任意一条正向闭曲线.

*8. 计算下列积分：

(1) $\displaystyle\int_{-\infty}^{+\infty} \dfrac{1}{(x^2+a^2)(x^2+\beta^2)}dx$ $(\alpha,\beta>0)$;

(2) $\displaystyle\int_0^\pi \dfrac{1}{\alpha+\beta\cos\theta}d\theta$ $(0<\beta<\alpha)$;

(3) $\displaystyle\int_{-\infty}^{+\infty} \dfrac{\cos(cx)}{(x^2+a^2)(x^2+\beta^2)}dx$ $(c,\alpha,\beta>0,\alpha\neq\beta)$.

数学家简介

魏尔斯特拉斯(Karl Theodor Wilhelm Weierstrass, 1815 年 10 月 31 日—1897 年 2 月 19 日,见图 5.6),德国数学家,1815 年 10 月 31 日生于奥斯登费尔特,1897 年 2 月 19 日卒于柏林. 魏尔斯特拉斯是数学分析算术化的完成者、解析函数论的奠基人,是一位无与伦比的数学大师.

图 5.6

魏尔斯特拉斯是一位海关官员之子,在青年时代已显示出对语言学和数学的才华. 他在中学期间,每门课程的成绩都十分优异,有一年他获得了 7 项奖. 他通常是德文第一名,并获得过拉丁文、希腊文及数学这三门课程的第一名. 但是 1834 年他上完中学后,其父却把他送到波恩大学学习法律与财政学. 由于事与愿违,他精神委顿,把时间消磨在击剑和饮酒之中,4 年以后未获得学位返家. 1839 年,他为取得中学教师的资格而进入阔斯特学院,并在数学家古德曼(Gudermann)指导下自修数学. 1841 年,他通过考试而获得中学教师的职务,先后在蒙斯特、达赤克郎、布伦斯堡等中小城镇的中学任教达 15 年之久. 他除了教数学外还教物理、德语、作文、地理、体育,甚至教儿童写字. 魏尔斯特拉斯酷爱数学. 虽然他废寝忘食地研究,写出过不少数学论文,但由于只是一位中学教师而未受到科学界的重视,直到 1854 年他在克莱尔(Crelle)主编的《纯粹与应用数学杂志》上发表了论文《关于阿贝尔函数理论》,该论文成功地解决了椭圆积分的逆问题,才轰动了数学界. 柯尼斯堡大学也立即授予他名誉博士学位. 1856 年他被聘为柏林大学助理教授,1864 年成为该校教授,这一职位一直保持到 1897 年去世. 他还被选为法国科学院和柏林科学院院士.

魏尔斯特拉斯是将分析学置于严密的逻辑基础之上的一位大师,被后人誉为"现代分析之父". 他在分析严密化方面的工作改进了阿贝尔、波尔查诺、柯西等人的工作. 他的口号是"分析的算术化",他追求严谨,力求避免直观,而把分析奠基在算术概念的基础上,给出了现今微积分教材中的"ε-δ"的极限定义和函数在一点连续的定义,从而把莱布尼茨的"固定无穷小"、柯西的"无限趋近""想要多小就多小""无穷小量的最后比"等不明确的提法给以精确形式的描述. 他运用波尔查诺在证明"有界实数集存在上确界"时所采用的区间套方法,证明了现在被称为魏尔斯特拉斯-波尔查诺的聚点定理——"有界无限点集,必有聚点".他陈述了闭区间上连续函数必定达到其上确界和下确界的性质,他在幂级数的基础上建立解析函数的理论和解析延拓的方法,提出了级数理论中关于一致收敛的概念及其判别准则.特别值得指出的是,他给出了一个病态函数,即一个处处不可微的连续函数.这个病态函数使数学界大为震惊.因为它说明了连续且不解析的函数有可微性,也说明函数可以具有各种各样的与人们直观相悖的反常性质.其历史意义是巨大的,它使数学家们再也不敢直观地或想当然地对待某些问题了,也促使数学家们清楚地认识到重新考虑分析基础是多么必要,特别是,有理数在实直线上留下的空洞必须用新定义的实数(无理数)加以填补,否则分析学不会有牢靠的基础.魏尔斯特拉斯还用"递增有界序列"的极限来定义无理数,使实数系统得以完备.

魏尔斯特拉斯除了对分析基础作出了巨大贡献之外,还写下了超椭圆积分、阿贝尔函数等方面的论文.在变分学方面,他给出了泛函达到强极值的充分条件,该充分条件是用现在的魏尔斯特拉斯函数表述的,还研究了含有参数的泛函的变分问题及变分问题的间断性.在微分几何方面,他研究过测地线和最小面积.在线性代数方面,他和史密斯一道创立了 λ 矩阵和初等因子理论,并对双线性和二次型做过深入研究.

在数学中以他的姓氏命名的有魏尔斯特拉斯函数、魏尔斯特拉斯定理、魏尔斯特拉斯公理、魏尔斯特拉斯变换、魏尔斯特拉斯多项式、魏尔斯特拉斯公式、魏尔斯特拉斯形式、魏尔斯特拉斯准则、魏尔斯特拉斯点、魏尔斯特拉斯元、魏尔斯特拉斯环、魏尔斯特拉斯不变量、魏尔斯特拉斯存在域、魏尔斯特拉斯条件、魏尔斯特拉斯典型积、魏尔斯特拉斯无穷积、魏尔斯特拉斯初等因子、魏尔斯特拉斯素数乘子、魏尔斯特拉斯解析开拓原理等.

1897 年初,他染上流行性感冒,后转为肺炎,终至不治,于 2 月 19 日溘然长逝,享年 82 岁.

第6章 共形映射

在第 2 章介绍过复变函数 $\omega = f(z)$ 在几何上可以看作是 z 平面上的一个点集 D 到 ω 平面上的另一个点集 $f(D)$ 的映射或变换.我们将会看到,对解析函数所构成的映射来说,在变换过程中还能够保持点集上的某些几何特征具有不变性,称这种映射为共形的.本章就来研究共形映射.共形映射具有重要研究价值的原因在于,它能把在比较复杂区域上讨论的问题转到在比较简单的区域上去讨论.因而,这种映射在各领域,如在电学、流体力学、热学中都有重要应用.

本章首先介绍共形映射的概念,分析解析函数所构成的映射具有的几何特性;然后重点研究分式线性映射和几个初等函数所构成的共形映射的性质,并介绍一些典型区域之间的变换;最后简要介绍共形映射在求解若干实际问题中的应用.

6.1 共形映射的基本概念

6.1.1 共形映射的定义

如图 6.1(a)所示,设曲线 C 为 z 平面内一条有向光滑曲线,其参数方程为
$$z = z(t), \quad \alpha \leqslant t \leqslant \beta$$
它的正向取为参数 t 增大的方向.现在先来考察曲线上点 $z_0 = z(t_0)$,$\alpha < t_0 < \beta$ 处的切线的方向.为此,在曲线 C 上再取一点 $z(t_0 + \Delta t)$,曲线过 $z(t_0)$ 与 $z(t_0 + \Delta t)$ 的割线的一个方向向量大小为
$$\frac{z(t_0 + \Delta t) - z(t_0)}{\Delta t}$$
不难看出其方向与曲线的正向一致.我们知道,当 $\Delta t \to 0$ 时,割线的极限位置就是 C 上 z_0 处的切线.记
$$z'(t_0) = \lim_{\Delta t \to 0} \frac{z(t_0 + \Delta t) - z(t_0)}{\Delta t}$$
如果 $z'(t_0) \neq 0$,那么表示 $z'(t_0)$ 的向量(把起点放在 z_0)与 C 相切于点 $z_0 = z(t_0)$ 且方向与 C 的正向一致.由此作以下规定:

(1) 向量 $z'(t_0)$ 的方向为 C 上点 z_0 处切线的正向,即有 $\arg z'(t_0)$ 就是 x 轴正向与 C 上点 z_0 处的切线正向之间的夹角;

(2) 平面上相交于 z_0 的两条曲线 C_1 与 C_2 正向之间的夹角就是 C_1 与 C_2 在交

点处的两条切线正向之间的夹角 θ(见图 6.1(b)).

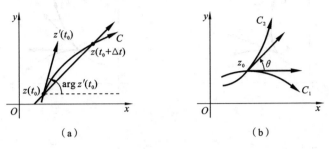

（a）　　　　　　　（b）

图 6.1

设函数 $\omega = f(z)$ 是一一对应的,它把 z 平面内通过点 z_0 的一条有向光滑曲线 C 映射成 ω 平面内通过点 $\omega_0 = f(z_0)$ 的一条有向光滑曲线 Γ.

1. 映射的保角性

假定 z 平面上的 x 轴与 y 轴分别与 ω 平面上的 u 轴与 v 轴的正向相同(见图 6.2),将原来切线的正向与映射过后的切线的正向之间的夹角称为曲线 C 经过 $\omega = f(z)$ 映射后在 z_0 处的**转动角**.若曲线 C 的参数方程为 $z = z(t)$,$\alpha \leqslant t \leqslant \beta$,$\Gamma$ 的参数方程为 $\omega = \omega(t)$,$\alpha \leqslant t \leqslant \beta$,则转动角

$$\theta = \arg\omega'(t_0) - \arg z'(t_0) \tag{6.1}$$

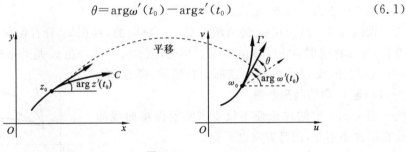

图 6.2

如果任意一条通过 z_0 的曲线经 $\omega = f(z)$ 映射后在 z_0 转动角的大小与方向均相同,则称映射 $\omega = f(z)$ 具有**转动角的不变性**.这时不难看出,相交于 z_0 的任何两条曲线 C_1 与 C_2 的像曲线 Γ_1 与 Γ_2 之间的夹角,在其大小和方向上都等同于 C_1 与 C_2 之间的夹角(见图 6.3),即这种映射具有保持两曲线间夹角的大小和方向不变的性质,因此称这种映射具有**保角性**.

2. 映射的伸缩率不变性

用 Δs 表示曲线 C 上的点 z_0 与 z 之间的一段弧长,$\Delta\sigma$ 表示 Γ 上对应点 ω_0 与 ω 之间的弧长(见图 6.4).如果极限 $\lim\limits_{z \to z_0} \dfrac{\Delta\sigma}{\Delta s}$ 存在,则称这个极限为曲线 C 在 z_0 的**伸缩率**.

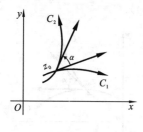
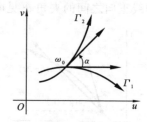

图 6.3

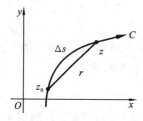
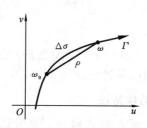

图 6.4

如果经过 $\omega = f(z)$ 映射后通过 z_0 的任何曲线的伸缩率与曲线 C 的形状和方向无关,则称这种映射具有**伸缩率的不变性**.

基于以上两个概念,给出共形映射的如下定义.

设函数 $\omega = f(z)$ 在 z_0 的邻域内是一一对应的,且在 z_0 具有保角性和伸缩率不变性,那么称映射 $\omega = f(z)$ 在 z_0 是共形的,或称 $\omega = f(z)$ 在 z_0 是共形映射.如果映射 $\omega = f(z)$ 在区域 D 内的每一点都是共形的,那么称 $\omega = f(z)$ 是 D 内的**共形映射**.

定义 6.1 中的保角性不仅要求映射保持曲线间夹角的大小不变,而且方向也不变.

例 6.1 考虑映射 $\omega = \bar{z}$,在第 2.1.1 小节中已经介绍过,该映射为关于实轴的对称映射.在图 6.5 中,把 z 平面和 ω 平面重合在一起,映射把从 z_0 出发夹角为 α 的两条曲线 C_1 与 C_2 映射成夹角为 $-\alpha$ 的两条曲线 Γ_1 与 Γ_2,因而映射 $\omega = \bar{z}$ 不是共形的.

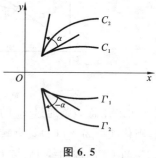

图 6.5

6.1.2 解析函数的导数的几何意义

对于解析函数所构成的映射,还必须做一些具体研究,下面从分析解析函数的导数的几何意义入手来分析解析函数所构成的映射的特征.

1. 导数的辐角

设函数 $\omega = f(z)$ 在区域 D 内解析,z_0 为 D 内一点,且 $f'(z_0) \neq 0$. 如前所述(见图

6.2),假设 C 为 z 平面内通过点 z_0 的一条有向光滑曲线,它的参数方程为

$$z=z(t), \quad \alpha \leqslant t \leqslant \beta$$

正向相应于参数 t 增大的方向,且 $z_0=z(t_0)$,$z'(t_0) \neq 0$,$\alpha < t_0 < \beta$. 映射 $\omega=f(z)$ 就将曲线 C 映射成 ω 平面内通过点 $\omega_0=f(z_0)$ 的一条有向光滑曲线 Γ,它的参数方程是

$$\omega=f[z(t)], \quad \alpha \leqslant t \leqslant \beta$$

正向相应于参数 t 增大的方向.

根据复合函数的求导法则,易得

$$\omega'(t_0)=f'(z_0)z'(t_0) \neq 0$$

由此可知曲线 Γ 在 ω_0 也有切线存在. 由式(6.1)知,曲线 C 经 $\omega=f(z)$ 映射后在 z_0 处的转动角为

$$\begin{aligned}
\theta &= \arg \omega'(t_0) - \arg z'(t_0) \\
&= \arg f'(z_0) + \arg z'(z_0) - \arg z'(t_0) \\
&= \arg f'(z_0)
\end{aligned}$$

由此可知,解析函数的导数的辐角 $\arg f'(z_0)$ 就是曲线 C 经 $\omega=f(z)$ 映射后在 z_0 处的转动角. 显然,这个值与曲线 C 无关,即任意一条经过 z_0 的曲线经 $\omega=f(z)$ 映射后在 z_0 的转动角均为 $\arg f'(z_0)$. 因此,解析函数所构成的映射具有转动角的不变性. 进而,相交于 z_0 的任何两条曲线经解析函数映射后曲线的夹角将保持不变,因此解析函数所构成的映射具有保角性.

2. 导数的模

假定在图 6.4 中涉及的映射为解析函数 $\omega=f(z)$,并设 $z-z_0=r\mathrm{e}^{\mathrm{i}\theta}$,$\omega-\omega_0=\rho\mathrm{e}^{\mathrm{i}\varphi}$. 由于

$$\frac{\omega-\omega_0}{z-z_0}=\frac{f(z)-f(z_0)}{z-z_0}=\frac{\rho\mathrm{e}^{\mathrm{i}\varphi}}{r\mathrm{e}^{\mathrm{i}\theta}}=\frac{\Delta\sigma}{\Delta s}\frac{\rho}{\Delta\sigma}\frac{\Delta s}{r}\mathrm{e}^{\mathrm{i}(\varphi-\theta)}$$

注意到 $\lim\limits_{z\to z_0}\dfrac{\rho}{\Delta\sigma}=1$,$\lim\limits_{z\to z_0}\dfrac{\Delta s}{r}=1$,对上式两端取 $z\to z_0$ 时的极限可得

$$f'(z)=\lim\limits_{z\to z_0}\frac{\Delta\sigma}{\Delta s}\mathrm{e}^{\mathrm{i}(\varphi-\theta)}$$

于是

$$|f'(z_0)|=\left|\lim\limits_{z\to z_0}\frac{\Delta\sigma}{\Delta s}\mathrm{e}^{\mathrm{i}(\varphi-\theta)}\right|=\lim\limits_{z\to z_0}\frac{\Delta\sigma}{\Delta s}$$

由此可知,解析函数的导数的模 $|f'(z_0)|$ 就是曲线 C 在 z_0 的伸缩率. 同样,由于 $|f'(z_0)|$ 的值与曲线 C 的形状和方向无关,因此解析函数所构成的映射又具有伸缩率的不变性.

根据以上分析,可得关于解析函数所构成映射的如下定理.

定理 6.1　设函数 $f(z)$ 在 z_0 的邻域内是一一对应的,如果 $f(z)$ 在 z_0 解析,且

$f'(z_0) \neq 0$,那么映射 $\omega = f(z)$ 在 z_0 是共形的,而且 $\arg f'(z_0)$ 表示这个映射在 z_0 的转动角,$|f'(z_0)|$ 表示伸缩率,如果 $f(z)$ 是 D 内一一对应的解析函数,且 $f'(z) \neq 0$,那么 $\omega = f(z)$ 就是 D 内的共形映射.

例 6.2 求映射 $\omega = f(z) = z^2 + 2z$ 在 $z = -1 + 2i$ 处的转动角,并说明该映射将平面上的哪一部分的图形放大,哪一部分的图形缩小.

解 因为 $f'(z) = 2z + 2$,所以在 $z = -1 + 2i$ 的转动角为

$$\arg f'(z)|_{z=-1+2i} = \arg(2z+2)|_{z=-1+2i} = \arg(4i) = \frac{\pi}{2}$$

由于该映射在任意点 $z = x + iy$ 处的伸缩率为

$$|f'(z)| = 2\sqrt{(x+1)^2 + y^2}$$

故当 $|f'(z)| < 1$,即 $(x+1)^2 + y^2 < \frac{1}{4}$ 时将图形缩小,反之放大. 因此,该映射将在以 $z = -1$ 为中心,半径为 $\frac{1}{2}$ 的圆内的图形缩小;在以 $z = -1$ 为中心,半径为 $\frac{1}{2}$ 的圆外的图形放大.

6.1.3 共形映射的基本问题

在第 2 章中曾经提到过研究映射要解决的两个基本问题,对于共形映射,这两个问题可以进一步表述如下:

问题 6.1 对于给定的区域 D 和定义在 D 上的函数 $\omega = f(z)$,求像集 $G = f(D)$,并讨论 $f(z)$ 是否将 D 共形地映射为 G.

问题 6.2 给定两个区域 D 和 G,求一个映射 $\omega = f(z)$,将 D 共形地映射为 G.

下面对问题 6.1 给出一些定性的结论,这些结论的证明较为复杂,故从略.

定理 6.2(保域性定理) 设函数 $\omega = f(z)$ 在区域 D 内解析,且不恒为常数,则像集合 $G = f(D)$ 仍为区域.

定理 6.3(边界对应原理) 设区域 D 的正向边界为简单闭曲线 C,函数 $\omega = f(z)$ 在闭域 $\overline{D} = D \cup C$ 上解析,且将 C 一一地映射为简单闭曲线 Γ. 当 z 沿 C 的正向绕行时,相应的 ω 的绕行方向规定为 Γ 的正向,则 $\omega = f(z)$ 将区域 D 共形地映射为区域 G,且区域 G 以 Γ 为正向边界曲线.

定理 6.2 说明了解析函数把区域映射为区域,而定理 6.3 则为像区域的确定提供了一个简便的方法,即不需要对整个区域进行考虑,而是只需求出 D 的正向边界曲线 C 对应的有向曲线 Γ,则以 Γ 为正向边界的区域就是像区域.

需要注意的是,在第 1 章中已经指明,所谓区域的正向边界的正向是指沿该方向运动时,区域始终在运动方向的左侧. 如图 6.6(a)所示,区域 D 的边界 C 的正向为逆时针方向. 当 z 沿 C 的正向依次取 z_1、z_2、z_3 时,若对应的像 ω_1、ω_2、ω_3 的绕行方向也

是逆时针方向，则 Γ 的正向就规定为逆时针方向，而以 Γ 为正向边界的区域就是 Γ 的内部，这时像区域 G 就是 Γ 的内部(见图 6.6(b))；当 z 沿 C 的正向依次取 z_1、z_2、z_3 时，若对应的像 ω_1、ω_2、ω_3 的绕行方向是顺时针方向，则 Γ 的正向就规定为顺时针方向，而以 Γ 为正向边界的区域就是 Γ 的外部，这时像区域 G 就是 Γ 的外部(见图 6.6(c))。

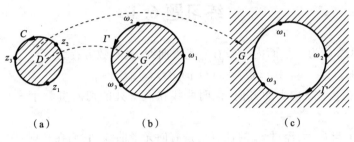

图 6.6

例 6.3 设区域 $D=\left\{z:0<\arg z<\dfrac{\pi}{2},0<|z|<1\right\}$，求 D 在映射 $\omega=z^2$ 下的像区域.

解 如图 6.7 所示，设区域 D 的正向边界为 $C_1+C_2+C_3$，其中 C_1 的方程为 $z=\mathrm{e}^{i\theta}\left(\theta \text{ 从 } 0 \text{ 到 } \dfrac{\pi}{2}\right)$，相应的像曲线 Γ_1 的方程为

$$\omega=\mathrm{e}^{2i\theta}=\mathrm{e}^{i\varphi} \quad (\varphi \text{ 从 } 0 \text{ 到 } \pi)$$

C_2 的方程为 $z=\mathrm{i}y(y \text{ 从 } 1 \text{ 到 } 0)$，相应的像曲线 Γ_2 的方程为

$$\omega=(\mathrm{i}y)^2=-y^2=u(u \text{ 从 } -1 \text{ 到 } 0)$$

C_3 的方程为 $z=x(x \text{ 从 } 0 \text{ 到 } 1)$，相应的像曲线 Γ_3 的方程为

$$\omega=x^2=u(u \text{ 从 } 0 \text{ 到 } 1)$$

因此 $C_1+C_2+C_3$ 被映射为 $\Gamma_1+\Gamma_2+\Gamma_3$，由于它们有相同的绕向，即均为逆时针方向，所以像区域为

$$G=\{\omega|0<\arg\omega<\pi,0<|\omega|<1\}$$

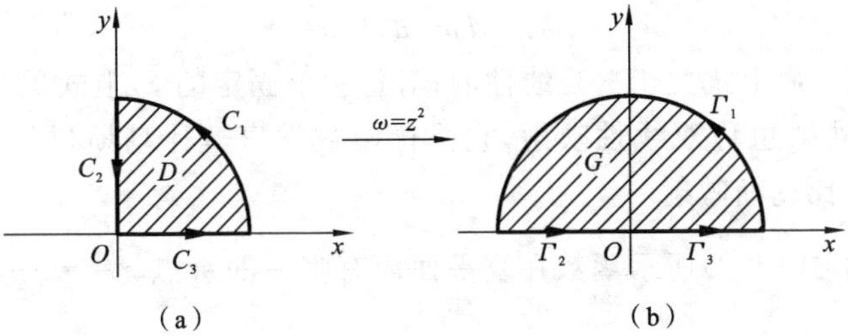

图 6.7

对于问题 6.2，需要建立两个区域 D 与 G 之间的共形映射，这是共形映射要研究的核心问题. 在某些实际应用中，往往需要通过建立两个区域之间的共形映射使问

题得到简化.一般来说,这又是一个十分困难的问题.它关系到映射是否存在、是否唯一及如何构造等一系列问题.因此,在接下来的几节中,我们只是针对几种相对简单但又非常有用的特殊形式的函数所构成的映射进行讨论.在第 6.4 节中我们将对这一问题给出一个定性的结论.

练习题 6.1

1. 设曲线 C 为 z 平面内一条有向光滑曲线,其参数方程为
$$z(t) = x(t) + iy(t), \quad \alpha \leqslant t \leqslant \beta$$
它的正向取为参数 t 增大的方向.证明曲线在点 z 处的切向量大小 $z'(t) = x'(t) + iy'(t)$.

2. 设 C_1 与 C_2 为经过 z_0 的任意两条有向光滑曲线,它们在映射 $\omega = f(z)$ 下的像曲线 Γ_1 与 Γ_2 也是光滑曲线且相交于 ω_0.证明:如果 $\omega = f(z)$ 在 z_0 具有转动角不变性,那么 Γ_1 与 Γ_2 的夹角等于 C_1 与 C_2 的夹角.

3. 求映射 $\omega = z^2 - 2z$ 在点 $z_0 = 1 + 2i$ 处的转动角与伸缩率.

4. 证明映射 $\omega = z^2$ 在 $z = 0$ 处不具有保角性.

6.2 分式线性映射

6.2.1 基本概念

由分式

$$\omega = \frac{az + b}{cz + d} \quad (ad - bc \neq 0) \tag{6.2}$$

确定的映射称为**分式线性映射**.其中 a、b、c、d 均为常数.

式(6.2)可化为

$$c\omega z + d\omega - az - b = 0$$

对每一个固定的 ω,上式关于 z 是线性的;对每一个固定的 z,上式关于 ω 是线性的.因此分式线性映射也称**双线性映射**,它是德国数学家莫比乌斯(Möbius)首先研究的,因此也称**莫比乌斯映射**.

当 $c \neq 0$ 时,式(6.2)所示函数在复平面内有唯一的奇点 $z = -\dfrac{d}{c}$,且当 $z \neq -\dfrac{d}{c}$ 时有

$$\frac{d\omega}{dz} = \frac{ad - bc}{(cz + d)^2}$$

因此,条件 $ad - bc \neq 0$ 就是为了保证导数不为零,而这对于研究共形映射是必需的.

分式线性映射式(6.2)的逆映射为

$$z=\frac{-d\omega+b}{c\omega-a}\quad((-a)(-d)-bc\neq0)$$

所以分式线性映射的逆映射仍为分式线性映射.

下面讨论三种相对简单的分式线性映射.为了方便起见,暂且将 ω 平面看成是与 z 平面重合的.

1. 平移映射 $\omega=z+b$

在该映射下点 z 沿向量 $\boldsymbol{b}$(即复数 b 所表示的向量)的方向平行移动一段距离 $|b|$ 后,就得到 ω(见图 6.8).

2. 旋转/伸缩映射 $\omega=az(a\neq0)$

设 $z=re^{i\theta}$,$a=\lambda e^{i\alpha}$,那么 $\omega=r\lambda e^{i(\theta+\alpha)}$.因此把 z 先旋转一个角度 α,再将 $|z|$ 伸长(或缩短)到 $|a|=\lambda$ 倍后,就得到 ω(见图 6.9).

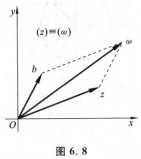

图 6.8

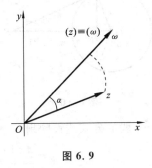

图 6.9

3. 反演映射 $\omega=\dfrac{1}{z}$

在映射 $\omega=\dfrac{1}{z}$ 下,当 $|z|<1$ 时,$|\omega|>1$;当 $|z|>1$ 时,$|\omega|<1$;当 $|z|=1$ 时,$|\omega|=1$;当 $\arg z=\theta$ 时,$\arg\omega=-\theta$.因此,通常称此映射为反演映射.该映射可分解为

$$\omega=\overline{\omega_1},\quad\omega_1=\frac{1}{\bar{z}}$$

这样,如果能用几何方法由 z 找到 ω_1,那么最终就能确定 ω.为此,下面介绍关于已知圆周的一对对称点的概念.

设 C 为以原点为中心,r 为半径的圆周,在以圆心为起点的一条半直线上,如果有两点 P 与 P' 满足 $OP\cdot OP'=r^2$,那么称这两点为关于圆周 C 的**对称点**.

利用平面几何知识,不难得到作点 P 关于已知圆周 C 的对称点 P' 的方法.

不妨设 P 在 C 外,从 P 作圆周 C 的切线 PT,由 T 作 OP 的垂线 TP',与 OP 交于 P',那么 P 与 P' 即为圆周 C 的一对对称点(见图 6.10).

事实上,$\triangle OP'T\backsim\triangle OTP$,因此,$OP':OT=OT:OP$,即 $OP\cdot OP'=OT^2$

$=r^2.$

不难看出,当 P 无限远离原点时,它的对称点 P' 将无限接近原点.据此,规定无穷远点的对称点是圆心 O.

现在来看如何由 z 作出 ω.设 $z=r\mathrm{e}^{\mathrm{i}\theta}$,则有

$$\omega=\overline{\omega_1}=\frac{1}{r}\mathrm{e}^{-\mathrm{i}\theta}, \quad \omega_1=\frac{1}{\bar{z}}=\frac{1}{r}\mathrm{e}^{\mathrm{i}\theta}$$

从而 z 和 ω_1 在同一条从原点出发的半直线上,且有 $|\omega_1||z|=1$. 由此可知,z 与 ω_1 是关于单位圆周 $|z|=1$ 的对称点.因此要从 z 作出 $\omega=\dfrac{1}{z}$,应先作出 z 关于圆周 $|z|=1$ 的对称点 ω_1,然后再作出点 ω_1 关于实轴的对称点,即得 ω(见图 6.11).

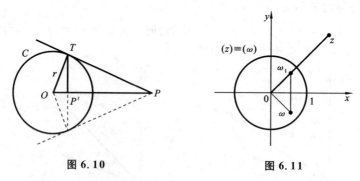

图 6.10   图 6.11

对于一个一般的分式线性映射

$$\omega=\frac{az+b}{cz+d} \quad (ad-bc\neq0)$$

可以通过一系列平移、旋转/伸缩、反演映射得到.事实上,若 $c=0$,则

$$\omega=\frac{a}{d}z+\frac{b}{d}$$

可以经过一个旋转/伸缩映射和一个平移映射得到

$$z \xrightarrow{\text{旋转/伸缩}} \frac{a}{d}z \xrightarrow{\text{平移}} \frac{a}{d}z+\frac{b}{d}=\omega$$

若 $c\neq0$,则 $f(z)$ 可以经过如下一系列映射得到

$$z \xrightarrow{\text{旋转/伸缩}} cz \xrightarrow{\text{平移}} cz+d$$

$$\xrightarrow{\text{反演}} \frac{1}{cz+d} \xrightarrow{\text{旋转/伸缩}} \frac{bc-ad}{c}\frac{1}{cz+d}$$

$$\xrightarrow{\text{平移}} \frac{bc-ad}{c}\frac{1}{cz+d}+\frac{a}{c}=\frac{az+b}{cz+d}=\omega$$

将一个分式线性映射分解为若干个简单映射的目的有两个:第一,可以通过分析简单映射的性质得到一般的分式线性映射的性质;第二,也是最重要的,可以利用一系列简单映射构造区域之间的共形映射.

6.2.2　性质

下面通过分别研究平移映射、旋转/伸缩映射和反演映射的性质,得到一般分式线性映射的性质.

1. 保形性

首先,讨论反演映射 $\omega=\dfrac{1}{z}$,根据第 1 章关于 ∞ 的运算的规定(3)知,这个映射将 ∞ 映射为 0,将 0 映射为 ∞. 由此可见,在扩充复平面内映射 $\omega=\dfrac{1}{z}$ 是一一对应的. 当 $z\neq0$ 及 $z\neq\infty$ 时,由于

$$\frac{\mathrm{d}\omega}{\mathrm{d}z}=-\frac{1}{z^2}\neq0$$

故映射 $\omega=\dfrac{1}{z}$ 是共形的. 当 $z=0$ 及 $z=\infty$ 时,做如下规定:两条伸向无穷远点的曲线在无穷远点 ∞ 处的夹角,等于它们在映射 $\zeta=\dfrac{1}{z}$ 下所映射成的通过原点 $\zeta=0$ 的两条像曲线的夹角. 这样,映射 $\omega=\dfrac{1}{z}=\zeta$ 在 $\zeta=0$ 处解析,且 $\omega'(\zeta)|_{\zeta=0}=1\neq0$. 所以映射 $\omega=\zeta$ 在 $\zeta=0$ 处,即映射 $\omega=\dfrac{1}{z}$ 在 $z=\infty$ 处是共形的. 再由 $z=\dfrac{1}{\omega}$ 知在 $\omega=\infty$ 处映射 $z=\dfrac{1}{\omega}$ 是共形的,也就是说在 $z=0$ 处映射 $\omega=\dfrac{1}{z}$ 是共形的. 所以 $\omega=\dfrac{1}{z}$ 在扩充复平面上是处处共形的,为共形映射.

其次,对平移映射与旋转/伸缩映射的复合映射 $\omega=az+b(a\neq0)$ 进行讨论. 显然,这个映射在扩充复平面上是一一对应的,且当 $z\neq\infty$ 时,$\omega'=a\neq0$,所以当 $z\neq\infty$ 时,映射是共形的. 当 $z=\infty$ 时,$\omega=\infty$,通过反演变换将问题转化到零点来讨论.令

$$\omega=\frac{1}{\eta},\quad z=\frac{1}{\zeta}$$

这时映射 $\omega=az+b$ 变成

$$\eta=\frac{\zeta}{a+b\zeta}$$

它在 $\zeta=0$ 处解析,且有

$$\eta'|_{\zeta=0}=\frac{a}{(a+b\zeta)^2}\bigg|_{\zeta=0}=\frac{1}{a}\neq0$$

因而在 $\zeta=0$ 处共形,即 $\omega=az+b(a\neq0)$ 在 $\omega=\infty$ 处共形. 所以 $\omega=az+b(a\neq0)$ 在扩充复平面上是处处共形的,为共形映射.

由于任意一个分式线性映射可分解为这三种映射,故有下面的定理.

定理 6.4 分式线性映射在扩充复平面上是共形映射.

2. 保圆性

接下来将说明,分式线性映射具有将圆周映射成圆周或直线、将直线映射成圆周或直线的性质.在第 1 章曾提到过,扩充复平面内的直线可以看作过无穷远点的圆周.因此,上述性质可以简单地叙述为:分式线性映射具有将圆周映射为圆周的性质.这个性质称为**保圆性**.

根据前面的讨论,只需说明平移映射、旋转/伸缩映射和反演映射具有保圆性即可.

对于平移映射 $\omega=z+b$ 和旋转/伸缩映射 $\omega=az(a\neq0)$ 来说,是将 z 平面中的一点经过平移、旋转和伸缩而得到像点 ω 的,因此保圆性显然成立.

下面说明映射 $\omega=\dfrac{1}{z}$ 也具有保圆性.为此,令

$$z=x+\mathrm{i}y,\quad \omega=\frac{1}{z}=u+\mathrm{i}v$$

由此可得

$$x+\mathrm{i}y=\frac{1}{u+\mathrm{i}v}=\frac{u}{u^2+v^2}+\mathrm{i}\frac{-v}{u^2+v^2}$$

即有

$$x=\frac{u}{u^2+v^2},\quad y=\frac{-v}{u^2+v^2}$$

因此,映射 $\omega=\dfrac{1}{z}$ 将方程

$$a(x^2+y^2)+bx+cy+d=0$$

变为方程

$$d(u^2+v^2)+bu-cv+a=0$$

这意味着 $\omega=\dfrac{1}{z}$ 可能将圆周映射为圆周($a\neq0,d\neq0$);将圆周映射为直线($a\neq0,d=0$);将直线映射为圆周($a=0,d\neq0$);将直线映射为直线($a=0,d=0$).也就是说,映射 $\omega=\dfrac{1}{z}$ 具有保圆性.

综合以上分析,就可以得到以下定理.

定理 6.5 分式线性映射将扩充 z 平面上的圆周映射成扩充 ω 平面上的圆周,即具有保圆性.

根据保圆性易知,在分式线性映射下,如果给定的圆周或直线上没有点映射成无穷远点,那么它就映射成半径为有限的圆.如果有一点映射成无穷远点,那么它就映射成直线.如果两个相交圆周的一个交点映射成无穷远点,那么这两个圆周就映射成

了两条相交的直线.

在分式线性映射下,给定的圆周 C 将被映射为圆周 Γ. 根据边界对应原理,C 的内部将会被映射成以 Γ 为边界的区域,即 C 的内部要么被映射成 Γ 的内部,要么被映射成 Γ 的外部,至于到底是内部还是外部,可以按如下方式来确定:在 C 上任取三点 z_1、z_2、z_3,它们的像分别为 ω_1、ω_2、ω_3,若 $z_1 \to z_2 \to z_3$ 与 $\omega_1 \to \omega_2 \to \omega_3$ 的绕向相同,则 C 的内部就映射成了 Γ 的内部,否则 C 的内部就映射成了 Γ 的外部,如图 6.6 所示. 当然,也可以在 C 内任取一点,若它的像在 Γ 的内部,则 C 的内部就映射成了 Γ 的内部,否则 C 的内部就映射成了 Γ 的外部.

例 6.4　求区域 $|z-1|<1$ 在映射 $\omega = \dfrac{z-2}{z\mathrm{i}}$ 下的像区域.

解　显然圆周 $|z-1|=1$ 上的点 $z_1=0$ 被映射为 $\omega_1=\infty$,根据分式线性映射的保圆性知,圆周 $|z-1|=1$ 被映射为过无穷远点的圆,即为直线.

再在圆周 $|z-1|=1$ 上取 $z_2=2$,得 $\omega_2=0$;取 $z_3=1+\mathrm{i}$,得 $\omega_3=1$. 因此圆周 $|z-1|=1$ 被映射为过点 $\omega_2=0$ 与 $\omega_3=1$ 的直线,即为实轴.

根据边界对应原理,圆周 $|z-1|=1$ 上的三点 $z_1=0,z_2=2,z_3=1+\mathrm{i}$ 与实轴上三点 $\omega_1=\infty,\omega_2=0,\omega_3=1$ 的绕向相同,因此圆周内部被映射成上半平面(见图6.12).

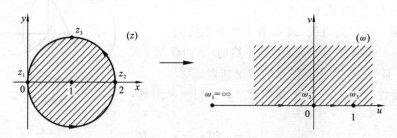

图 6.12

例 6.5　确定中心分别在 $z=1$ 与 $z=-1$,半径为 $\sqrt{2}$ 的两个圆弧所围成的区域(见图 6.13(a))在映射 $\omega = \dfrac{z-\mathrm{i}}{z+\mathrm{i}}$ 下所映射成的区域.

解　两个弧的交点为 $z=\mathrm{i},z=-\mathrm{i}$,且相互正交,而 $z=-\mathrm{i}$ 映成无穷远点,$z=\mathrm{i}$ 映成原点,故所围区域被映射成以原点为顶点的角形区域,张角为 $\dfrac{\pi}{2}$(保角性).

取所给圆弧 C_1 与正实轴的交点 $z=\sqrt{2}-1$,它对应的点

$$\omega = \frac{\sqrt{2}-1-\mathrm{i}}{\sqrt{2}-1+\mathrm{i}} = \frac{(\sqrt{2}-1-\mathrm{i})^2}{(\sqrt{2}-1)^2+\mathrm{i}} = \frac{1-\sqrt{2}+\mathrm{i}(1-\sqrt{2})}{2-\sqrt{2}}$$

这一点在第三象限的角分线 Γ_1 上,由保角性知 C_2 映射成第二象限的分角线 Γ_2,从而映射成的角形区域如图 6.13(b)所示.

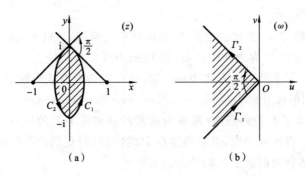

图 6.13

本题也可先确定两圆弧的像的位置,然后根据绕向来判定像区域的位置.

3. 保对称性

分式线性映射还有保持对称点不变的性质,简称**保对称性**.为了证明这个结论,先来证明关于对称点的一个重要特性.

引理 6.1 扩充复平面上的两点 z_1、z_2 关于圆周 C: $|z-z_0|=R$ 对称的充要条件是经过 z_1、z_2 的任何圆周 Γ 与 C 正交(见图 6.14).

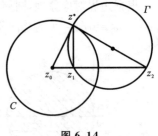

图 6.14

证明 若 C 为直线,或 C 为半径有限的圆,且 z_1、z_2 中有一个是无穷远点,结论是显然的.下面仅就 $0<R<+\infty$ 且 z_1、z_2 均为有限点的情况加以证明.

必要性.设 z_1、z_2 关于圆周 C: $|z-z_0|=R$ 对称,则有

$$|z_1-z_0||z_2-z_0|=R^2$$

又设 Γ 为任意一个过 z_1、z_2 的圆.从 z_0 作 Γ 的切线,记切点为 z^*. 由切割线定理有

$$|z^*-z_0|^2=|z_1-z_0||z_2-z_0|=R^2$$

因此 z^* 在圆周 C 上,即 Γ 的切线就是 C 的半径,因此 Γ 与 C 正交.

充分性.因为经过 z_1、z_2 的任意圆周都与 C 正交,作为特殊情况,过 z_1、z_2 的直线也与 C 正交,因而必过 z_0.又设 Γ 为其他任意一个过 z_1、z_2 的圆,且与 C 正交于 z^*,那么 C 的半径 z_0z^* 就是 Γ 的切线.于是同样由切割线定理有

$$|z_1-z_0||z_2-z_0|=|z^*-z_0|^2=R^2$$

即 z_1、z_2 是关于圆周 C 的对称点.

利用引理 6.1 可以证明以下定理.

定理 6.6 设点 z_1、z_2 是关于圆周 C 的一对称点,那么在分式线性映射下,它们的像点 ω_1 与 ω_2 也是关于 C 的像曲线 C' 的一对称点.

证明 设经过 ω_1 与 ω_2 的任一圆周 Γ' 是经过 z_1 与 z_2 的圆周 Γ 由分式线性映射

映射而来的,由于 Γ 与 C 正交,而分式线性映射具有保角性,因此 Γ' 与 C' 也必正交,故 ω_1 与 ω_2 是一对关于 C' 的对称点.

6.2.3　唯一确定分式线性映射的条件

表面上看,分式线性映射式(6.2)中含有四个待定的常数 a、b、c、d. 由于它们不全为零,用其中某个不为零的数去除分子、分母,就可以将式(6.2)化为三个待定常数. 因此,只要给出三个独立的条件,就能确定一个分式线性映射. 实际上,有下面的定理:

定理 6.7(三点定理)　在 z 平面上任意给定三个相异的点 z_1、z_2、z_3,在 ω 平面上也任意给定三个相异的点 ω_1、ω_2、ω_3,则存在唯一的分式线性映射将 z_1、z_2、z_3 依次映射成 ω_1、ω_2、ω_3.

证明　先证存在性.构造映射

$$\frac{\omega-\omega_1}{\omega-\omega_2}\cdot\frac{\omega_3-\omega_2}{\omega_3-\omega_1}=\frac{z-z_1}{z-z_2}\cdot\frac{z_3-z_2}{z_3-z_1} \tag{6.3}$$

显然该映射为分式线性映射,而且将 z_1、z_2、z_3 依次映射成 ω_1、ω_2、ω_3.

再证唯一性.设 $\omega=\dfrac{az+b}{cz+d}(ad-bc\neq0)$ 为任意一个将 z_1、z_2、z_3 依次映射成 ω_1、ω_2、ω_3 的映射,即

$$\omega_k=\frac{az_k+b}{cz_k+d}\quad(k=1,2,3)$$

因而有

$$\omega-\omega_k=\frac{(z-z_k)(ad-bc)}{(cz+d)(cz_k+d)}\quad(k=1,2)$$

及

$$\omega_3-\omega_k=\frac{(z_3-z_k)(ad-bc)}{(cz_3+d)(cz_k+d)}\quad(k=1,2)$$

由此易得式(6.3),这样就证明了唯一性.

式(6.3)左右两边分别称为 ω_1、ω_2、ω_3、ω 及 z_1、z_2、z_3、z 的**交比**. 设分式线性映射将 z_1、z_2、z_3、z_4 依次映射成 ω_1、ω_2、ω_3、ω_4,则有

$$\frac{\omega_4-\omega_1}{\omega_4-\omega_2}\cdot\frac{\omega_3-\omega_2}{\omega_3-\omega_1}=\frac{z_4-z_1}{z_4-z_2}\cdot\frac{z_3-z_2}{z_3-z_1}$$

因此,分式线性映射具有**交比不变性**.

在式(6.3)中,如果 z_1、z_2、z_3 或 ω_1、ω_2、ω_3 中有一个为 ∞,则只需将公式中含该点的项换为 1. 例如,当 $\omega_3=\infty$ 时,有

$$\frac{\omega-\omega_1}{\omega-\omega_2}=\frac{z-z_1}{z-z_2}\cdot\frac{z_3-z_2}{z_3-z_1}$$

同时,由三点定理和保圆性可知:扩充 z 平面上任何一个圆,可以用一个分式线性映射将其映射成 ω 平面上任何一个圆.事实上,在 z 平面及 ω 平面的已给圆上,分

别选不同的三点 z_1、z_2、z_3 及不同三点 ω_1、ω_2、ω_3，则将 z_1、z_2、z_3 分别映射为 ω_1、ω_2、ω_3 的分式线性映射，就把过 z_1、z_2、z_3 的圆映射成过 ω_1、ω_2、ω_3 的圆.

例 6.6 求把点 3、$1-i$ 和 $2-i$ 依次映射为点 i、4 和 $6+2i$ 的分式线性映射.

解 设 $z_1=3$，$z_2=1-i$，$z_3=2-i$，$\omega_1=i$，$\omega_2=4$，$\omega_3=6+2i$，代入式(6.3)得

$$\frac{\omega-i}{\omega-4}\cdot\frac{6+2i-4}{6+2i-i}=\frac{z-3}{z-(1-i)}\cdot\frac{2-i-(1-i)}{2-i-3}$$

解出 ω 得

$$\omega=\frac{(20+4i)z-(68+16i)}{(6+5i)z-(22+7i)}$$

6.2.4 区域间分式线性映射的建立

下面通过例子来展示如何建立给定区域间的分式线性映射.

例 6.7 求将上半平面 $\mathrm{Im}z>0$ 映射成单位圆 $|\omega|<1$ 的分式线性映射(见图 6.15).

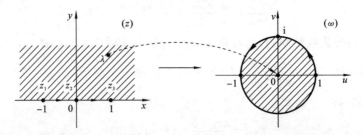

图 6.15

解法 1 在 x 轴上任取三点 $z_1=-1$，$z_2=0$，$z_3=1$，使它们依次对应于 $|\omega|=1$ 上的三点：$\omega_1=1$，$\omega_2=i$，$\omega_3=-1$，那么由式(6.3)知，使得 x 轴映射成单位圆的分式线性映射为

$$\frac{\omega-1}{\omega-i}\cdot\frac{-1-i}{-1-1}=\frac{z+1}{z+0}\cdot\frac{1-0}{1+1}$$

化简后得 $\omega=\dfrac{z-i}{iz-1}$，因为 $z_1\to z_2\to z_3$ 与 $\omega_1\to\omega_2\to\omega_3$ 的绕向相同，所以该映射即为所求.

显然，在这种解法中若对应点的选择不同，得到的映射也会不同. 也就是说，将上半平面 $\mathrm{Im}z>0$ 映射成单位圆 $|\omega|<1$ 的分式线性映射并不唯一. 为了得到一般形式的映射，我们给出下面的解法.

解法 2 由于上半平面总有一点 $z=\lambda$ 要映射成单位圆 $|\omega|=1$ 的圆心 $\omega=0$，实轴要映射成单位圆，而 $z=\lambda$ 与 $z=\bar{\lambda}$ 是关于实轴的一对对称点，$\omega=0$ 与 $\omega=\infty$ 是与之对应的关于圆周 $|\omega|=1$ 的一对对称点，根据保对称性知，$z=\bar{\lambda}$ 必映射成 ∞，从而所求分式线性映射具有下列形式：

$$\omega=k\left(\frac{z-\lambda}{z-\bar{\lambda}}\right)$$

其中 k 为常数. 对于这个映射, 有 $|\omega|=|k|\left|\dfrac{z-\lambda}{z-\bar{\lambda}}\right|$. 特别地, 当 z 取实数时(对应实轴

上的点), $|\omega|=1$ 且有 $\left|\dfrac{z-\lambda}{z-\bar{\lambda}}\right|=1$. 由此可知 $|k|=1$, 即 $k=\mathrm{e}^{\mathrm{i}\theta}$, 这里 θ 是任意实数. 因

此所求的分式线性映射的一般形式为

$$\omega=\mathrm{e}^{\mathrm{i}\theta}\left(\frac{z-\lambda}{z-\bar{\lambda}}\right), \quad \mathrm{Im}\lambda>0 \tag{6.4}$$

反之, 具有上述形式的分式线性映射一定将上半平面 $\mathrm{Im}z>0$ 映射成单位圆 $|\omega|<1$. 这是因为当 z 为实数时, 有

$$|\omega|=\left|\mathrm{e}^{\mathrm{i}\theta}\left(\frac{z-\lambda}{z-\bar{\lambda}}\right)\right|=|\mathrm{e}^{\mathrm{i}\theta}|\left|\frac{z-\lambda}{z-\bar{\lambda}}\right|=1$$

即把实轴映射成 $|\omega|=1$. 又因上半平面中的 $z=\lambda$ 映射成 $\omega=0$, 所以式(6.4)必将 $\mathrm{Im}z>0$ 映射成 $|\omega|<1$.

当式(6.4)中的 θ 和 λ 取不同的值时, 就得到不同的满足要求的映射. 解法 1 中的结果就是取 $\lambda=\mathrm{i}, \theta=\dfrac{\pi}{2}$ 得到的. 又如, 取 $\lambda=\mathrm{i}, \theta=0$ 可得另一个满足条件的分式线性映射:

$$\omega=\frac{z-\mathrm{i}}{z+\mathrm{i}}$$

例 6.8 求将上半平面 $\mathrm{Im}z>0$ 映射成单位圆 $|\omega|<1$, 且满足条件 $\omega(2\mathrm{i})=0$, $\arg\omega'(2\mathrm{i})=0$ 的分式线性映射.

解 由条件 $\omega(2\mathrm{i})=0$ 知, 所求映射将上半平面中的点 $z=2\mathrm{i}$ 映射成了单位圆的圆心 $\omega=0$. 所以, 利用例 6.7 的结果可设所求映射为

$$\omega=\mathrm{e}^{\mathrm{i}\theta}\left(\frac{z-2\mathrm{i}}{z+2\mathrm{i}}\right)$$

又因为 $\omega'(z)=\mathrm{e}^{\mathrm{i}\theta}\dfrac{4\mathrm{i}}{(z+2\mathrm{i})^2}$, 所以有 $\omega'(2\mathrm{i})=\mathrm{e}^{\mathrm{i}\theta}\left(-\dfrac{\mathrm{i}}{4}\right)$, 于是有

$$\arg\omega'(2\mathrm{i})=\arg\mathrm{e}^{\mathrm{i}\theta}+\arg\left(-\frac{\mathrm{i}}{4}\right)=\theta+\left(-\frac{\pi}{2}\right)$$

再利用条件 $\arg\omega'(2\mathrm{i})=0$, 可得 $\theta=\dfrac{\pi}{2}$. 从而所求的映射为

$$\omega=\mathrm{i}\left(\frac{z-2\mathrm{i}}{z+2\mathrm{i}}\right)$$

例 6.9 如图 6.16 所示, 求将单位圆 $|z|<1$ 映射成单位圆 $|\omega|<1$ 的分式线性映射.

解 设 z 平面上单位圆 $|z|<1$ 内部的一点 α 映射成 ω 平面上的单位圆 $|\omega|<1$ 的中心 $\omega=0$, 这时与点 α 对称于单位圆 $|z|=1$ 的点 $\dfrac{1}{\bar{\alpha}}$ 应该被映射成 ω 平面上的无穷

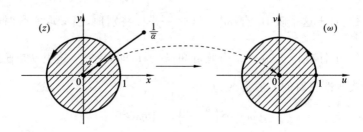

图 6.16

远点(即与 $\omega=0$ 对称的点). 因此当 $z=\alpha$ 时,$\omega=0$,而当 $z=\dfrac{1}{\bar{\alpha}}$ 时,$\omega=\infty$. 从而所求分式线性映射具有下列形式:

$$\omega=k\left(\frac{z-\alpha}{z-\dfrac{1}{\bar{\alpha}}}\right)=k\bar{\alpha}\left(\frac{z-\alpha}{\bar{\alpha}z-1}\right)=k^*\left(\frac{z-\alpha}{1-\bar{\alpha}z}\right)$$

其中 $k^*=-k\bar{\alpha}$. 由于 z 平面上单位圆周上的点要映射成 ω 平面上单位圆周上的点,因此当 $|z|=1$ 时,$|\omega|=1$. 将圆周 $|z|=1$ 上的点 $z=1$ 代入上式并考虑到 $|1-\alpha|=|1-\bar{\alpha}|$,得

$$|k^*|\left|\frac{1-\alpha}{1-\bar{\alpha}}\right|=|\omega|=1$$

于是 $|k^*|=1$,即 $k^*=\mathrm{e}^{\mathrm{i}\varphi}$,这里 φ 为任意实数. 由此可知,所求的分式线性映射的一般表示式是

$$\omega=\mathrm{e}^{\mathrm{i}\varphi}\left(\frac{z-\alpha}{1-\bar{\alpha}z}\right),\quad |\alpha|<1$$

反之易证形如上式的分式线性映射必将单位圆 $|z|<1$ 映射成单位圆 $|\omega|<1$.

例 6.10 求将单位圆映射成单位圆且满足条件 $\omega\left(\dfrac{1}{2}\right)=0,\omega'\left(\dfrac{1}{2}\right)>0$ 的分式线性映射.

解 由条件 $\omega\left(\dfrac{1}{2}\right)=0$ 及例 6.9 的结果可设所求分式线性映射为

$$\omega=\mathrm{e}^{\mathrm{i}\varphi}\left(\frac{z-\dfrac{1}{2}}{1-\dfrac{1}{2}z}\right)$$

由此得

$$\omega'\left(\frac{1}{2}\right)=\mathrm{e}^{\mathrm{i}\varphi}\left.\frac{\left(1-\dfrac{1}{2}z\right)+\left(z-\dfrac{1}{2}\right)\dfrac{1}{2}}{\left(1-\dfrac{1}{2}z\right)^2}\right|_{z=\frac{1}{2}}=\mathrm{e}^{\mathrm{i}\varphi}\frac{4}{3}$$

故 $\arg\omega'\left(\dfrac{1}{2}\right)=\varphi$. 由于 $\omega'\left(\dfrac{1}{2}\right)>0$, 因此 $\omega'\left(\dfrac{1}{2}\right)$ 为正实数, 从而 $\arg\omega'\left(\dfrac{1}{2}\right)=0$, 即 $\varphi=0$. 所以所求的分式线性映射为

$$\omega=\frac{z-\dfrac{1}{2}}{1-\dfrac{1}{2}z}=\frac{2z-1}{2-z}$$

例 6.11　求将 $\mathrm{Im}\,z>0$ 映射成 $|\omega-2\mathrm{i}|<2$ 且满足条件 $\omega(2\mathrm{i})=2\mathrm{i}$, $\arg\omega'(2\mathrm{i})=-\dfrac{\pi}{2}$ 的分式线性映射.

解　首先把 $\mathrm{Im}\,z>0$ 映射成 ζ 平面内的单位圆, 并把 $2\mathrm{i}$ 映射成单位圆的圆心. 利用例 6.8 的结果可设

$$\zeta=\mathrm{e}^{\mathrm{i}\theta}\left(\frac{z-2\mathrm{i}}{z+2\mathrm{i}}\right)$$

再将 ζ 平面上的单位圆映射成 $|\omega-2\mathrm{i}|<2$, 易得 $\omega=2(\mathrm{i}+\zeta)$. 故有

$$\omega=2\left(\mathrm{i}+\mathrm{e}^{\mathrm{i}\theta}\frac{z-2\mathrm{i}}{z+2\mathrm{i}}\right)$$

由此可得

$$\omega'(2\mathrm{i})=2\mathrm{e}^{\mathrm{i}\theta}\frac{1}{4\mathrm{i}},\quad \arg\omega'(2\mathrm{i})=\arg(2\mathrm{e}^{\mathrm{i}\theta})+\arg\left(\frac{1}{4\mathrm{i}}\right)=\theta-\frac{\pi}{2}$$

由于已知 $\arg\omega'(2\mathrm{i})=-\dfrac{\pi}{2}$, 从而得 $\theta=0$. 于是, 如图 6.17 所示所求的分式线性映射为

$$\omega=2\left(\mathrm{i}+\frac{z-2\mathrm{i}}{z+2\mathrm{i}}\right)=2(1+\mathrm{i})\frac{z-2}{z+2\mathrm{i}}$$

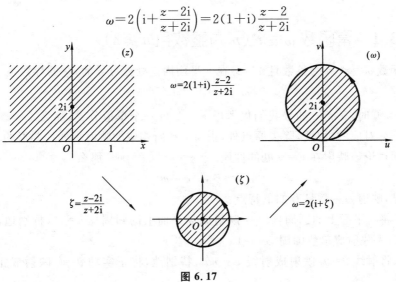

图 6.17

练习题 6.2

1. 将下列分式线性映射分解为平移映射、旋转/伸缩映射和反演映射:

(1) $\omega=\dfrac{\mathrm{i}z-4}{z}$;　　(2) $\omega=\mathrm{i}(z+6)-2+\mathrm{i}$;　　(3) $\omega=\dfrac{(-2+3\mathrm{i})z}{z+4}$.

2. 确定下列直线或圆周在所给分式线性映射下的像曲线:

(1) $\mathrm{Im}z=2,\omega=\dfrac{2z+\mathrm{i}}{z-\mathrm{i}}$;　　(2) $\mathrm{Re}z=5,\omega=2\mathrm{i}z-4$.

3. 求下列曲线在映射 $\omega=\dfrac{1}{z}$ 下的像曲线:

(1) $x^2+y^2=4$;　　(2) $y=x$.

4. 求把点 $z=1,\mathrm{i},-\mathrm{i}$ 依次映射为点 $\omega=1,0,-1$ 的分式线性映射,并说明所求映射将圆 $|z|<1$ 映射成了什么.

5. 求将上半平面映射为单位圆的内部且满足下列条件的分式线性映射 $\omega=f(z)$:

(1) $f(\mathrm{i})=0,f(-1)=1$;　　(2) $f(\mathrm{i})=0,\arg f'(\mathrm{i})=0$.

6. 求将 $|z|<1$ 映射为 $|\omega|<1$ 且满足下列条件的分式线性映射 $\omega=f(z)$:

(1) $f\left(\dfrac{1}{2}\right)=0,f(-1)=1$;　　(2) $f\left(\dfrac{1}{2}\right)=0,\arg f'\left(\dfrac{1}{2}\right)=\dfrac{\pi}{2}$.

6.3　几个初等函数所构成的映射

6.3.1　幂函数 $\omega=z^n(n$ 为整数且 $n\geqslant2)$

幂函数 $\omega=z^n(n$ 为整数且 $n\geqslant2)$ 在 z 平面内是处处可导的,它的导数是

$$\omega'=(z^n)'=nz^{n-1}$$

因而当 $z\neq0$ 时,$\omega'\neq0$. 如果我们仅考虑 $z=\sqrt[n]{\omega}$ 的一个单值分支,那么 $\omega=z^n$ 在 z 平面内是一一对应的. 因此,除去原点外,由 $\omega=z^n$ 所构成的映射是处处共形的.

下面讨论该映射在 $z=0$ 处的性质. 令 $z=r\mathrm{e}^{\mathrm{i}\theta},\omega=\rho\mathrm{e}^{\mathrm{i}\varphi}$,那么

$$\rho=r^n,\quad\varphi=n\theta$$

由此可见,映射 $\omega=z^n$ 具有如下特点:

(1) 将 z 平面上的圆周 $|z|=r$ 映射成 ω 平面上的圆周 $|\omega|=r^n$,特别地,将单位圆周 $|z|=1$ 映射成单位圆周 $|\omega|=1$.

(2) 将射线 $\theta=\theta_0$ 映射成射线 $\varphi=n\theta_0$,特别地,将正实轴 $\theta=0$ 映射成正实轴 $\varphi=0$.

（3）将角形域 $0<\theta<\theta_0\left(<\dfrac{2\pi}{n}\right)$ 映射成角形域 $0<\varphi<n\theta_0$（见图 6.18(a)）.特别地,将角形域 $0<\theta<\dfrac{2\pi}{n}$ 映射成沿正实轴剪开的 ω 平面 $0<\varphi<2\pi$,它的一边 $\theta=0$ 映射成 ω 平面正实轴的上岸 $\varphi=0$,另外一边 $\theta=\dfrac{2\pi}{n}$ 映射成 ω 平面正实轴的下岸 $\varphi=2\pi$（见图6.18(b)）.由此可以看出,在 $z=0$ 处角形域的张角经过这一映射后变成了原来的 n 倍.因此,当 $n\geqslant2$ 时,映射 $\omega=z^n$ 在 $z=0$ 处没有保角性.

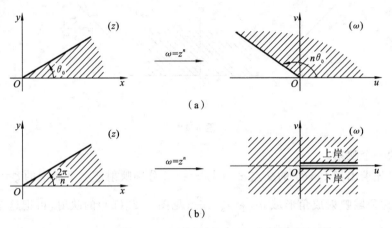

图 6.18

由于幂函数所构成的映射具有把以原点为顶点的角形域映射成以原点为顶点的角形域的特性,因此,如果要将角形域映射成角形域,经常利用幂函数.

例 6.12　求把角形域 $0<\arg z<\dfrac{\pi}{3}$ 映射成单位圆 $|\omega|<1$ 的一个映射.

解　可以分两步来完成:第一步,将角形域映射为上半平面,由于上半平面也是角形域,因此可以利用幂函数所构成的映射来实现;第二步,将上半平面映射成单位圆,根据第 6.2 节的讨论,这可以通过分式线性映射来实现.

事实上,$\zeta=z^3$ 将所给角形域 $0<\arg z<\dfrac{\pi}{3}$（见图 6.19(a)）映射成上半平面 $\mathrm{Im}\,\zeta>0$（见图 6.19(b)）.又根据例 6.7 知,映射

$$\omega=\frac{\zeta-\mathrm{i}}{\zeta+\mathrm{i}}$$

就可以将上半平面映射成单位圆 $|\omega|<1$（见图 6.19(c)）.因此所求的一个映射为

$$\omega=\frac{z^3-\mathrm{i}}{z^3+\mathrm{i}}$$

例 6.13　求把图 6.20(a)中圆弧 C_1 与 C_2 所围成的交角为 $\dfrac{\pi}{6}$ 的月牙域映射成上

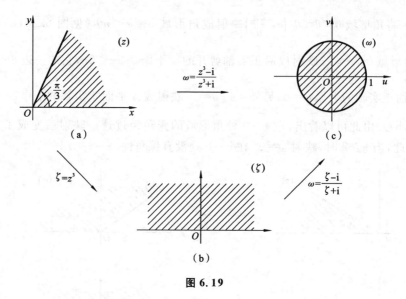

图 6.19

半平面的一个映射.

解 先求出把 C_1、C_2 的交点 $z=\mathrm{i}$ 与 $z=-\mathrm{i}$ 分别映射成 ζ 平面中的 $\zeta=0$ 与 $\zeta=\infty$,并使月牙域映射成角形域 $0<\arg\zeta<\dfrac{\pi}{6}$(见图 6.20(b))的映射;再把这个角形域通过幂函数 $\omega=\zeta^6$ 即可映射成上半平面(见图 6.20(c)).

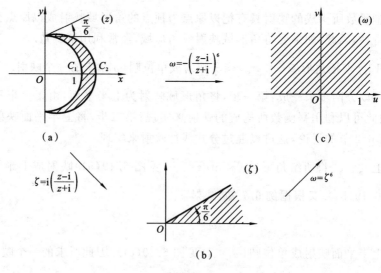

图 6.20

将所给月牙域映射成 ζ 平面中的角形域的映射是具有以下形式的分式线性函数:

$$\zeta=k\left(\frac{z-\mathrm{i}}{z+\mathrm{i}}\right)$$

其中 k 为待定的复常数. 这个映射把 C_1 上的点 $z=1$ 映射成

$$\zeta=k\left(\frac{1-\mathrm{i}}{1+\mathrm{i}}\right)=-\mathrm{i}k$$

可取 $k=\mathrm{i}$ 使 $\zeta=1$, 这样, 映射

$$\zeta=\mathrm{i}\left(\frac{z-\mathrm{i}}{z+\mathrm{i}}\right)$$

就把 C_1 映射成 ζ 平面上的正实轴. 根据保角性, 它把所给的月牙域映射成角形域 $0<\arg\zeta<\frac{\pi}{6}$. 由此得所求的映射为

$$\omega=-\left(\frac{z-\mathrm{i}}{z+\mathrm{i}}\right)^{6}$$

6.3.2 指数函数 $\omega=\mathrm{e}^z$

由于指数函数 $\omega=\mathrm{e}^z$ 在 z 平面内有

$$\omega'=(\mathrm{e}^z)'=\mathrm{e}^z\neq0$$

如果仅考虑 $z=\mathrm{Ln}\omega$ 的一个单值分支, 那么在 z 平面内映射 $\omega=\mathrm{e}^z$ 是一一对应的. 因此, 由 $\omega=\mathrm{e}^z$ 所构成的映射是一个全平面上的共形映射.

设 $z=x+\mathrm{i}y, \omega=\rho\mathrm{e}^{\mathrm{i}\varphi}$, 那么

$$\rho=\mathrm{e}^x, \quad \varphi=y$$

由此可知, 映射 $\omega=\mathrm{e}^z$ 具有如下特点:

(1) 将 z 平面上的直线 $x=$ 常数映射成 ω 平面上的圆周 $\rho=$ 常数.

(2) 将 z 平面上的直线 $y=$ 常数映射成射线 $\varphi=$ 常数, 特别地, 将实轴 $y=0$ 映射成正实轴 $\varphi=0$.

(3) 当实轴 $y=0$ 平行移动到直线 $y=a(0<a\leqslant2\pi)$ 时, 带形域 $0<\mathrm{Im}z<a$ 映射成角形域 $0<\arg\omega<a$. 特别地, 带形域 $0<\mathrm{Im}z<2\pi$ 映射成沿正实轴剪开的 ω 平面: $0<\arg\omega<2\pi$ (见图 6.21), 它们之间的点是一一对应的.

由于指数函数 $\omega=\mathrm{e}^z$ 具有将水平的带形域映射成角形域的特性, 因此, 如果要把带形域映射成角形域, 常常利用指数函数.

例 6.14 求把带形域 $0<\mathrm{Im}z<\pi$ (见图 6.22(a)) 映射成单位圆 $|\omega|<1$ 的一个映射.

解 可以分两步来完成: 第一步, 将带形域映射为上半平面 (角形域), 这可以利用指数函数所构成的映射来实现; 第二步, 将上半平面映射成单位圆, 这可以通过分式线性映射来实现.

由以上的讨论知, 映射 $\zeta=\mathrm{e}^z$ 将所给的带形域映射成 ζ 平面的上半平面 $\mathrm{Im}\zeta>0$

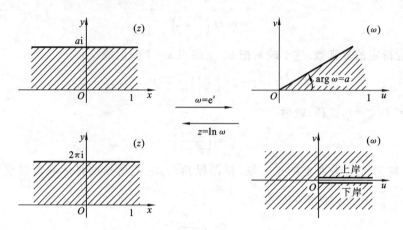

图 6.21

(见图 6.22(b)). 又根据例 6.7 知,映射

$$\omega = \frac{\zeta - i}{\zeta + i}$$

可以将上半平面映射成单位圆$|\omega| < 1$(见图 6.22(c)). 因此所求的一个映射为

$$\omega = \frac{e^z - i}{e^z + i}$$

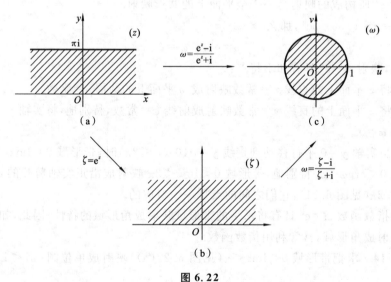

图 6.22

例 6.15 求把带形域 $a < \mathrm{Re}z < b$(见图 6.23(a))映射成上半平面 $\mathrm{Im}\omega > 0$ 的一个映射.

解 带形域 $a < \mathrm{Re}z < b$ 经过平移、旋转/伸缩映射

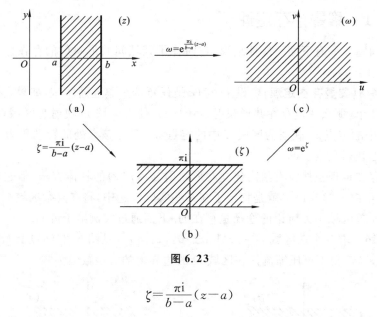

图 6.23

$$\zeta = \frac{\pi i}{b-a}(z-a)$$

后,映射成带形域 $0 < \mathrm{Im}\zeta < \pi$(见图 6.23(b)). 再用映射 $\omega = e^{\zeta}$ 就把带形域 $0 < \mathrm{Im}\zeta < \pi$ 映射成上半平面 $\mathrm{Im}\omega > 0$(见图 6.23(c)). 因此所求的映射为

$$\omega = e^{\frac{\pi i}{b-a}(z-a)}$$

练习题 6.3

1. 求将区域 $D = \{z \mid |z| < 1, \mathrm{Im}z > 0, \mathrm{Re}z > 0\}$ 映射为上半平面的共形映射.

2. 求一个共形映射,将角形域 $D = \left\{z \mid 0 < \arg z < \frac{\pi}{5}\right\}$ 映射为单位圆内部 $|\omega| < 1$.

3. 求将带形域 $D = \left\{z \mid \frac{\pi}{2} < \mathrm{Im}z < \pi\right\}$ 映射为上半平面的共形映射.

4. 求一个共形映射,将区域 $D = \{z \mid |z| < 2, |z-1| > 1\}$ 映射为上半平面.

*6.4 共形映射的应用

在第 6.1 节中提到过共形映射的两个基本问题,其中问题 6.2 是要建立两个区域间的共形映射,这也是研究共形映射的目的所在. 因为只有这样,才可能把在复杂区域上讨论的问题转到简单区域上去讨论. 前面介绍了一些常用的映射,也通过一些例子展示了如何建立区域之间的共形映射. 本节首先给出问题 6.2 的一个一般性结论,然后介绍如何通过建立区域间的共形映射来解决某些实际问题.

6.4.1 黎曼存在定理

关于问题 6.2 有下面一般性结论,它回答了区域间共形映射的存在性与唯一性问题.

定理 6.8(黎曼存在定理) 设 D 与 G 是任意两个单连通区域,如果它们的边界点不少于 2 个,那么一定存在共形映射 $\omega = f(z)$,使得区域 D 映射为区域 G. 如果使得区域 D 中的定点 z_0 映射为区域 G 中的定点 ω_0,且在该点处的转动角为某定值 θ,则这种共形映射是唯一的.

黎曼存在定理虽然没有给出建立共形映射 $\omega = f(z)$ 的具体方法,但它肯定了这种函数是存在的.这实际上就是肯定了在某些实际问题中,将在复杂区域上讨论的问题转到在简单区域上去讨论的途径是存在的.下面通过实例给予说明.

例 6.16 求一个在区域 $D = \{z \mid \text{Im} z > 0, |z| > 1\}$(见图 6.24(a))上无源无旋的流速场 $f(z)$,使得不可压缩流体在区域 D 的边界上的流函数恒为零.

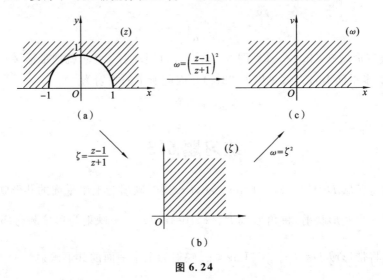

图 6.24

解 由第 3.5 小节中的讨论知,一个无源无旋的流速场对应着一个复势函数.设这个复势函数为 $\omega = g(z)$,该函数在区域 D 内是解析的,$\text{Im} \omega$ 为该流速场的流函数.因为流速场在区域 D 的边界上的流函数恒为零,所以函数 $\omega = g(z)$ 将区域 D 的边界映射成 $\text{Im} \omega = 0$.下面来求满足这一条件的映射 $\omega = g(z)$.

首先取分式线性映射

$$\zeta = \frac{z-1}{z+1}$$

则该映射将区域 D 的边界上的圆弧部分映射为 ζ 平面上虚轴的正半轴,将区域 D 的边界上的两条射线映射为 ζ 平面上实轴的正半轴(见图 6.24(b)).其次取映射

$$\omega = \zeta^2$$

该映射将虚轴的正半轴映射为实轴的负半轴,而实轴的正半轴依然映射为实轴的正半轴(见图 6.24(b)).这两个映射的复合

$$\omega = \left(\frac{z-1}{z+1}\right)^2$$

即为将区域 D 的边界映射为 $\mathrm{Im}\omega = 0$ 的映射(见图 6.24(c)).

至此,就求出了流速场的一个复势函数

$$g(z) = \left(\frac{z-1}{z+1}\right)^2 = 1 - \frac{4}{z+1} + \frac{4}{(z+1)^2}$$

因此,所求的流速场为

$$f(z) = \overline{g'(z)} = 4\left[\frac{1}{(z+1)^2} - \frac{2}{(z+1)^3}\right]$$

6.4.2　Laplace 方程的边值问题

在许多物理应用中,经常遇到这样的问题,就是要求一个二元的实变函数,它在已知区域中满足 Laplace 方程,并且在区域的边界上满足已知条件,在一些区域比较简单的情形下,可以从某些熟知的解析函数直接去求,但当区域复杂时,可通过一个适当的共形映射把复杂的区域映射成一个简单的区域,这时,原来的边界条件也变成了新的边界条件.这样做能取得成效的主要原因是:一个 Laplace 方程的解经过共形映射仍然是相应的 Laplace 方程的解,即有下列定理.

定理 6.9　如果 $\varphi(x,y)$ 是 Laplace 方程

$$\frac{\partial^2 \varphi}{\partial x^2} + \frac{\partial^2 \varphi}{\partial y^2} = 0$$

的解,那么当 $\varphi(x,y)$ 由一个共形映射变成一个关于 u、v 的函数时,这个函数仍满足 Laplace 方程

$$\frac{\partial^2 \varphi}{\partial u^2} + \frac{\partial^2 \varphi}{\partial v^2} = 0$$

证明　设 $\omega = f(z) = u(x,y) + \mathrm{i}v(x,y)$ 为一个共形映射,它把 $\varphi(x,y)$ 变成关于 u、v 的函数,那么

$$\frac{\partial \varphi}{\partial x} = \frac{\partial \varphi}{\partial u} \cdot \frac{\partial u}{\partial x} + \frac{\partial \varphi}{\partial v} \cdot \frac{\partial v}{\partial x}, \qquad \frac{\partial \varphi}{\partial y} = \frac{\partial \varphi}{\partial u} \cdot \frac{\partial u}{\partial y} + \frac{\partial \varphi}{\partial v} \cdot \frac{\partial v}{\partial y}$$

求二阶导数,有

$$\frac{\partial^2 \varphi}{\partial x^2} = \frac{\partial \varphi}{\partial u} \cdot \frac{\partial^2 u}{\partial x^2} + \left(\frac{\partial^2 \varphi}{\partial u^2} \cdot \frac{\partial u}{\partial x} + \frac{\partial^2 \varphi}{\partial v \partial u} \cdot \frac{\partial v}{\partial x}\right)\frac{\partial u}{\partial x} + \frac{\partial \varphi}{\partial v} \cdot \frac{\partial^2 v}{\partial x^2}$$
$$+ \left(\frac{\partial^2 \varphi}{\partial u \partial v} \cdot \frac{\partial u}{\partial x} + \frac{\partial^2 \varphi}{\partial v^2} \cdot \frac{\partial v}{\partial x}\right)\frac{\partial u}{\partial x}$$

$$\frac{\partial^2 \varphi}{\partial y^2} = \frac{\partial \varphi}{\partial u} \cdot \frac{\partial^2 u}{\partial y^2} + \left(\frac{\partial^2 \varphi}{\partial u^2} \cdot \frac{\partial u}{\partial y} + \frac{\partial^2 \varphi}{\partial v \partial u} \cdot \frac{\partial v}{\partial y} \right) \frac{\partial u}{\partial y} + \frac{\partial \varphi}{\partial v} \cdot \frac{\partial^2 v}{\partial y^2}$$

$$+ \left(\frac{\partial^2 \varphi}{\partial u \partial v} \cdot \frac{\partial u}{\partial y} + \frac{\partial^2 \varphi}{\partial v^2} \cdot \frac{\partial v}{\partial y} \right) \frac{\partial v}{\partial y}$$

把这两式相加,得

$$\frac{\partial^2 \varphi}{\partial x^2} + \frac{\partial^2 \varphi}{\partial y^2} = \frac{\partial \varphi}{\partial u} \left(\frac{\partial^2 u}{\partial x^2} + \frac{\partial^2 u}{\partial y^2} \right) + \frac{\partial^2 \varphi}{\partial u^2} \left[\left(\frac{\partial u}{\partial x} \right)^2 + \left(\frac{\partial u}{\partial y} \right)^2 \right]$$

$$+ 2 \frac{\partial^2 \varphi}{\partial u \partial v} \left(\frac{\partial u}{\partial x} \cdot \frac{\partial v}{\partial x} + \frac{\partial u}{\partial y} \cdot \frac{\partial v}{\partial y} \right) + \frac{\partial \varphi}{\partial v} \left(\frac{\partial^2 v}{\partial x^2} + \frac{\partial^2 v}{\partial y^2} \right)$$

$$+ \frac{\partial^2 \varphi}{\partial v^2} \left[\left(\frac{\partial v}{\partial x} \right)^2 + \left(\frac{\partial v}{\partial y} \right)^2 \right]$$

由假设 $\omega = u + iv$ 是解析函数,得 u、v 满足 Laplace 方程,从而上式中第 1 项、第 4 项为零. 又因 u、v 满足柯西-黎曼方程,所以第 3 项为零,在其余的两项中再用一次柯西-黎曼方程,得

$$\frac{\partial^2 \varphi}{\partial x^2} + \frac{\partial^2 \varphi}{\partial y^2} = \frac{\partial^2 \varphi}{\partial u^2} \left[\left(\frac{\partial u}{\partial x} \right)^2 + \left(-\frac{\partial v}{\partial x} \right)^2 \right] + \frac{\partial^2 \varphi}{\partial v^2} \left[\left(\frac{\partial v}{\partial x} \right)^2 + \left(\frac{\partial u}{\partial x} \right)^2 \right]$$

$$= \left[\left(\frac{\partial u}{\partial x} \right)^2 + \left(\frac{\partial v}{\partial x} \right)^2 \right] \left(\frac{\partial^2 \varphi}{\partial u^2} + \frac{\partial^2 \varphi}{\partial v^2} \right) = |f'(z)|^2 \left(\frac{\partial^2 \varphi}{\partial u^2} + \frac{\partial^2 \varphi}{\partial v^2} \right)$$

因为 $\omega = f(z)$ 为共形映射,所以 $f'(z) \neq 0$,当 $\frac{\partial^2 \varphi}{\partial x^2} + \frac{\partial^2 \varphi}{\partial y^2} = 0$ 时,有

$$\frac{\partial^2 \varphi}{\partial u^2} + \frac{\partial^2 \varphi}{\partial v^2} = 0$$

下面举例说明具有边界条件的 Laplace 方程的解法.

例 6.17 一块金属薄板在 z 平面上占有区域 $D = \{z \mid |z-1| < 1, |z-i| < 1\}$(见图 6.25(a)),假定它的上下两侧面均绝热,因此热流严格限制在区域 D 内. 如果薄板在 $|z-1| = 1$ 对应的边界上的温度为零,在 $|z-i| < 1$ 对应的边界上的温度值为 π,求该金属薄板上定常的温度分布函数 $T(x, y)$.

解 我们知道,所求的定常温度分布 T 必满足 Laplace 方程

$$\frac{\partial^2 T}{\partial x^2} + \frac{\partial^2 T}{\partial y^2} = 0$$

并满足边界上的条件. 区域 D 比较复杂,为了方便求解,找一个共形映射 $\omega = f(z)$,使得将区域 D 映射为相对简单的带形域 $0 < \text{Im} \omega < \pi$. 这就使问题变为在 ω 平面中的带形域内,按新的边界条件解 Laplace 方程. 我们早就知道,任何一个解析函数的实部和虚部都满足 Laplace 方程. 所以如果能够找到一个 ω 的函数,它在带形域内解析,以及它的实部或虚部当 ω 为边界上的点时取得边值,就可得到所求的解.

下面先来求这个共形映射. 取映射 $\zeta_1 = \dfrac{z}{z-1-i}$,将 z 平面上的区域 D 映射为 ζ_1

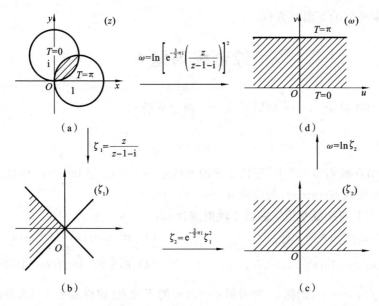

图 6.25

平面上的角形域 $\frac{3\pi}{4}<\arg\zeta_1<\frac{5\pi}{4}$(见图 6.25(b));取映射 $\zeta_2=e^{-\frac{3}{2}\pi i}\zeta_1^2$,将上述角形域映射为 ζ_2 平面上的上半平面 $\mathrm{Im}\zeta_2>0$(见图 6.25(c));再取映射 $\omega=\ln\zeta_2$,将上半平面 $\mathrm{Im}\zeta_2>0$ 映射为 ω 平面上的带形域 $0<\mathrm{Im}\omega<\pi$.上述三个映射的复合

$$\omega=\ln\left[e^{-\frac{3}{2}\pi i}\left(\frac{z}{z-1-i}\right)^2\right]=2\ln z-2\ln(z-1-i)-\frac{3}{2}\pi i$$

即为所求的将区域 D 映射为带形域 $0<\mathrm{Im}\omega<\pi$ 的共形映射.

接下来找一个在带形域 $0<\mathrm{Im}\omega<\pi$ 内解析的函数 $g(\omega)$,使得它的实部或者虚部当 ω 为带形域的边界上的点时取得边值.显然函数

$$g(\omega)=\omega$$

就是满足上述要求的函数,它的虚部 $\mathrm{Im}\omega$ 在带形域的边界上取得边值.

最后,为了回到 z 平面,设 $z=x+y\mathrm{i}$,则可得所求的一个温度分布函数为

$$T(x,y)=\mathrm{Im}\omega=2\arctan\frac{y}{x}-2\arctan\arg\frac{y-1}{x-1}-\frac{3}{2}\pi$$

练习题 6.4

1. 已知 z 平面内的静电场在射线 $x=0$,$y\geq a(a>0)$ 上的电势为 v_0,在实轴上的电势为零,求该静电场的复势.

2. 已知在正实轴上的温度 $T=100\ ℃$,在正虚轴上的温度 $T=0\ ℃$,求在 ω 平面

中第一象限外部的等温线方程.

综合练习题 6

1. 证明映射 $\omega = z + \dfrac{1}{z}$ 把圆周 $|z| = c$ 映射成椭圆：

$$u = \left(c + \frac{1}{c}\right)\cos\theta, \quad v = \left(c - \frac{1}{c}\right)\sin\theta$$

2. 证明在映射 $\omega = e^{iz}$ 下,互相正交的直线族 $\text{Re}z = c_1$ 与 $\text{Im}z = c_2$ 依次映射为互相正交的直线族 $v = u\tan c_1$ 与圆族 $u^2 + v^2 = e^{-2c_2}$.

3. 确定下列区域在指定映射下映射成什么：

(1) $\text{Re}z > 0, \omega = iz + i$;　　　　　　　　(2) $\text{Im}z > 0, \omega = (1+i)z$;

(3) $\text{Re}z > 0, \text{Im}z > 0, \omega = \dfrac{1}{z}$;　　　　(4) $\text{Re}z > 0, 0 < \text{Im}z < 1, \omega = \dfrac{i}{z}$.

4. 若 $f(z_0) = z_0$,则称 z_0 为映射 $\omega = f(z)$ 的不动点.假设 $\omega = f(z)$ 为分式线性映射,但不是平移映射,也不是恒等映射 $f(z) = z$.证明 $f(z)$ 必有一个或两个不动点,但不可能有三个不动点.

5. 如果分式线性映射 $\omega = \dfrac{az+b}{cz+d}$ 将 z 平面上的直线映射成 ω 平面上的单位圆周,那么它的系数应满足什么条件?

6. 求把下列给定的 z_1、z_2、z_3 依次映射为指定点 ω_1、ω_2、ω_3 的分式线性映射,并说明所求映射将过 z_1、z_2、z_3 的圆的内部映射成了什么：

(1) $z_1 = 6 + i, z_2 = i, z_3 = 4; \omega_1 = 2 - i, \omega_2 = 3i, \omega_3 = -i$.

(2) $z_1 = 1, z_2 = 2i, z_3 = 4; \omega_1 = 1 + i, \omega_2 = 3 - i, \omega_3 = \infty$.

7. 求把点 -1、∞、i 分别依次映射为下列各点的分式线性映射：

(1) i、1、$1+i$;　　　　(2) ∞、i、1;　　　　(3) 0、∞、1.

8. 求把上半平面 $\text{Im}z > 0$ 映射成单位圆 $|\omega| < 1$ 且满足条件 $f(i) = 0, \arg f'(i) = \dfrac{\pi}{2}$ 的分式线性映射.

9. 求把单位圆 $|z| < 1$ 映射成单位圆 $|\omega| < 1$ 且满足条件 $f(a) = a, \arg f'(a) = \varphi$ 的分式线性映射.

10. 求把带形域 $-\dfrac{\pi}{2} < \text{Im}z < \dfrac{\pi}{2}$ 映射为单位圆 $|\omega| < 1$ 的一个映射.

11. 求把区域 $-\dfrac{\pi}{2} < \text{Re}z < \dfrac{\pi}{2}, \text{Im}z < 0$ 映射为上半平面的映射.

12. 求把角形域 $-\dfrac{\pi}{6} < \arg z < \dfrac{\pi}{6}$ 映射为单位圆 $|\omega| < 1$ 的一个共形映射.

13. 求把扇形域 $0 < \arg z < \dfrac{\pi}{2}, 0 < |z| < 1$ 映射成单位圆 $|\omega| < 1$ 的一个共形映射.

14. 求把圆域 $|z| < 2$ 映射成区域 $u + v > 0$ 的共形映射(见图 6.26).

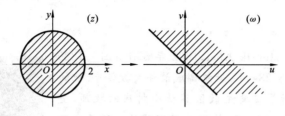

图 6.26

*15. 一块金属薄板吻合于 z 平面的第一象限,假定它的上下两侧面均绝热,因此热流严格限制在平面内. 如果薄板在边界上的温度如图 6.27 所示,求该金属薄板上定常的温度分布函数 $T(x, y)$.

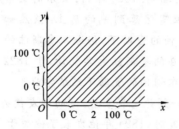

图 6.27

数学家简介

阿贝尔(Niels Henrik Abel,1802 年 8 月 5 日—1829
年 4 月 6 日,见图 6.28),19 世纪挪威最伟大数学家. 他的
父亲是挪威克里斯蒂安桑主教区芬杜小村庄的牧师,全
家生活在穷困之中. 1815 年,他进入奥斯陆的一所天主教
学校读书,他的数学才华便显露出来. 在他的老师霍尔姆
伯的引导下,他学习了不少著名数学家的著作,包括牛
顿、欧拉、拉格朗日及高斯等. 他不仅了解他们的理论,而
且可以找出他们一些微小的漏洞. 1820 年,阿贝尔的父亲
去世,照顾全家七口的重担突然落到他的肩上. 虽然如
此,1821 年阿贝尔在霍尔姆伯的资助下,仍进入奥斯陆的
克里斯蒂安尼亚大学,即现在的奥斯陆大学就读,于 1822
年获大学预颁学位,并在霍尔姆伯的资助下继续学业.

图 6.28

　　1823 年当阿贝尔的第一篇论文发表后,他的朋友便力请挪威政府资助他到德国
及法国进修. 当等待政府回复时,1824 年他发表了他关于"一元五次方程没有代数一
般解"的论文,可望为他带来肯定地位. 他把论文寄给了当时有名的数学家高斯,可惜
高斯错过了这篇论文,也不知道这个著名的代数难题已被解破. 1825—1826 年的冬
季,他远赴柏林,并认识了克列尔. 克列尔是个土木工程师,而且对数学很有热诚,他
跟阿贝尔成为很要好的朋友. 1826 年,在阿贝尔的鼓励下,克列尔创立了一份纯数学
和应用数学杂志,该杂志的第一期便刊登了阿贝尔在五次方程方面的工作成果,另外
还有方程理论、泛函方程及理论力学等方面的论文.

　　1826 年夏天,他在巴黎造访了当时顶尖的数学家,并且完成了一份有关超越函
数的研究报告. 这些工作展示出一个代数函数理论,即现在的阿贝尔定理,而这个定
理也是后期阿贝尔积分及阿贝尔函数的理论基础. 他在离开巴黎前染顽疾,最初以为
只是感冒,后来才知道是肺结核病. 他辗转回到挪威,但欠下不少债务. 他只好靠教书
及大学的微薄津贴为生. 1828 年,他找到一份代课教师之职来维持生计. 他的穷困及
病况并没有减弱他对数学的热诚,他在这段时间写了大量的论文,主要是方程理论及
椭圆函数理论,也就是有关阿贝尔方程和阿贝尔群的理论. 他比雅可比更快完善了椭
圆函数的理论.

　　1828 年冬天,阿贝尔的病情逐渐严重起来. 他圣诞节去芬罗兰探望他的未婚妻

期间,病情恶化.到 1829 年 1 月时,他已知自己寿命不长.出血的症状已无法控制. 1829 年 4 月 6 日凌晨,阿贝尔去世了.在阿贝尔死后两天,克列尔写信说为阿贝尔成功争取到柏林大学数学教授的职位,可惜已经太迟,一代天才数学家已经在收到这个消息前去世了.

第2篇 积分变换

人们在处理和分析工程实际问题时,常常需要利用某种手段将问题进行转化,从另一个角度进行分析,目的是使问题的性质更清楚,更便于分析和求解,数学上将此方法称为**变换**.例如,解析几何中的直角坐标与极坐标之间的转换就是一种变换,它使我们更灵活方便地处理一些问题.又如,对数也是一种变换,它能将乘除运算转换成加减运算,从而能用来求解一些复杂的代数方程.由此可见,变换的思想是数学中简化问题的常用方法.

积分变换的理论和方法也是简化问题的一种重要而有效的数学方法,它是在19世纪英国著名的无线电工程师赫维赛德(Heaviside)为了求解电工学、物理学领域中的线性微分方程,逐步形成的一种符号法基础上演变而来的.积分变换是通过积分运算的方法,把一个函数变成另一个函数的变换,同时将复杂、耗时的函数微积分运算转换为简单、快速的代数运算.

本篇着重介绍两种常用的积分变换:Fourier **变换**和 Laplace **变换**.

Fourier 变换是一种分析信号的方法,用正弦波作为信号的成分,它既可以用来分析信号的成分,也可以用这些成分合成信号.在不同研究领域,Fourier 变换具有补充的变体形式,如连续 Fourier 变换和离散 Fourier 变换等,其中离散 Fourier 变换在当今数字时代仍然具有广泛的应用前景和巨大的研究空间.

Laplace 变换是为简化计算而建立的实变函数和复变函数之间的一种函数变换.在经典控制理论中,用直观简便的图解方法来确定控制系统的整个特性,分析控制系统的运动过程,综合控制系统的校正装置等,都是建立在 Laplace 变换的基础上的.

第7章 Fourier 变换及其应用

Fourier 变换是一种对连续时间函数的积分变换,它通过 Fourier 积分建立了函数之间的对应关系.本章从周期函数在区间 $\left[-\dfrac{T}{2},\dfrac{T}{2}\right]$ 上的 Fourier 级数展开出发,讨论当周期 $T \to +\infty$ 时它的极限形式,从而得到非周期函数的 Fourier 积分公式,然后在此基础上引入 Fourier 变换的概念,并讨论它的一些性质和简单应用.

7.1 Fourier 级数与积分

在应用的可行性方面,Fourier 变换远远超过了 Fourier 级数,但为了知识的连贯性,我们有必要先回顾一下高等数学中学习的 Fourier 级数.

7.1.1 Fourier 级数

1804 年,傅里叶(Fourier)首次提出一个令他同时代科学家震惊的观点,即"在有限区间上由任意图形定义的任意函数都可以表示为单纯的正弦函数与余弦函数的级数",但他并没有给出严格的证明.1829 年,法国数学家狄里克雷(Dirichlet)证明了下面的定理,为 Fourier 级数奠定了理论基础.

定理 7.1 设函数 $f_T(t)$ 是以 T 为周期的实变函数,且在区间 $t \in \left[-\dfrac{T}{2},\dfrac{T}{2}\right]$ 上满足 Dirichlet 条件,即 $f_T(t)$ 在 $\left[-\dfrac{T}{2},\dfrac{T}{2}\right]$ 上满足连续或只有有限个第一类间断点、只有有限个极值点,则在 $f_T(t)$ 的连续点处有

$$f_T(t) = \frac{a_0}{2} + \sum_{n=1}^{+\infty}(a_n\cos n\omega_0 t + b_n\sin n\omega_0 t) \tag{7.1}$$

式中:

$$\omega_0 = \frac{2\pi}{T}, \quad a_0 = \frac{2}{T}\int_{-T/2}^{T/2}f_T(t)\mathrm{d}t$$

$$a_n = \frac{2}{T}\int_{-T/2}^{T/2}f_T(t)\cos n\omega_0 t\mathrm{d}t \quad (n = 1,2,\cdots)$$

$$b_n = \frac{2}{T}\int_{-T/2}^{T/2}f_T(t)\sin n\omega_0 t\mathrm{d}t \quad (n = 1,2,\cdots)$$

而在间断点 t_0 处,定义

$$f_T(t_0) = \frac{1}{2}\left[f_T(t_0^-) + f_T(t_0^+)\right]$$

由于正弦函数和余弦函数可以统一地由指数函数表示,由此可以得到另外一种更为简洁的形式.根据欧拉公式可知

$$\cos n\omega_0 t = \frac{1}{2}(e^{jn\omega_0 t} + e^{-jn\omega_0 t}), \quad \sin n\omega_0 t = \frac{j}{2}(e^{-jn\omega_0 t} - e^{jn\omega_0 t})$$

其中 $j = \sqrt{-1} = i$,这里是用工程学中通常的写法.代入式(7.1)可得

$$f_T(t) = \frac{a_0}{2} + \sum_{n=1}^{+\infty}\left(\frac{a_n - jb_n}{2}e^{jn\omega_0 t} + \frac{a_n + jb_n}{2}e^{-jn\omega_0 t}\right)$$

令 $c_0 = \dfrac{a_0}{2}, c_n = \dfrac{a_n - jb_n}{2}, c_{-n} = \dfrac{a_n + jb_n}{2}, n = 1, 2, \cdots,$ 则在连续点处可得

$$f_T(t) = \sum_{n=-\infty}^{+\infty} c_n e^{jn\omega_0 t} \tag{7.2}$$

式中:

$$c_n = \frac{1}{T}\int_{-T/2}^{T/2} f_T(t) e^{-jn\omega_0 t} dt \quad (n \in \mathbf{Z})$$

这可根据其与 a_n、b_n 的关系以及 a_n、b_n 的计算公式得到,且 c_n 具有唯一性.

式(7.1)称为 Fourier 级数的**三角形式**,式(7.2)称为 Fourier 级数的**指数形式**.工程上一般采用指数形式.

Fourier 级数有非常明确的物理意义.在式(7.1)中,令

$$A_0 = \frac{a_0}{2}, \quad A_n = \sqrt{a_n^2 + b_n^2}, \quad \cos\theta_n = \frac{a_n}{A_n}, \quad \sin\theta_n = \frac{-b_n}{A_n} \quad (n \in \mathbf{N})$$

则式(7.1)变为

$$f_T(t) = A_0 + \sum_{n=1}^{+\infty} A_n(\cos\theta_n \cos n\omega_0 t - \sin\theta_n \sin n\omega_0 t)$$

$$= A_0 + \sum_{n=1}^{+\infty} A_n \cos(n\omega_0 t + \theta_n)$$

若以 $f_T(t)$ 代表信号,则上式说明,一个周期为 T 的信号可以分解为简谐波之和.这些简谐波的(角)频率分别为某个基频 ω_0 的整数倍.换言之,信号 $f_T(t)$ 并不含有各种频率成分,而仅由一系列具有离散频率的谐波构成,其中:A_n 反映了频率为 $n\omega_0$ 的简谐波在 $f_T(t)$ 中所占的份额,即振幅;θ_n 则反映了频率为 $n\omega_0$ 的简谐波沿时间轴移动的大小,即相位.这两个指标完全刻画了信号 $f_T(t)$ 的性态.由式(7.2)和图 7.1 (横、纵坐标分别表示 a_n、b_n 的变化)可以看出,c_n 与

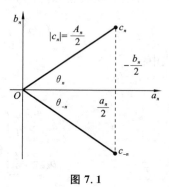

图 7.1

a_n、b_n 满足如下的关系：

$$c_0 = A_0, \quad \arg c_n = -\arg c_{-n} = \theta_n$$

$$|c_n| = |c_{-n}| = \frac{1}{2}\sqrt{a_n^2 + b_n^2} = \frac{A_n}{2} \quad (n = 1, 2, \cdots)$$

因此 c_n 作为一个复数，其模与辐角正好反映了信号 $f_T(t)$ 中频率为 $n\omega_0$ 的简谐波的振幅与相位，其中振幅 A_n 被平均分配到正负频率上. 负频率的出现完全是为了数学表示的方便，它与正频率一起构成一个简谐波. 由此可见，仅由系数 c_n 就可以完全刻画信号 $f_T(t)$ 的频率特性. 因此，称 c_n 为周期函数 $f_T(t)$ 的**离散频谱**（discrete frequency spectral），$|c_n|$ 为**离散振幅谱**（discrete amplitude spectral），$\arg c_n$ 为**离散相位谱**（discrete phase spectral）. 为了进一步明确 c_n 与频率 $n\omega_0$ 的对应关系，常记 $c_n = F(n\omega_0)$，即频率 $n\omega_0$ 的函数.

例 7.1 求以 T 为周期的函数

$$f_T(t) = \begin{cases} 0, & -\dfrac{T}{2} < t < 0 \\ 2, & 0 < t < \dfrac{T}{2} \end{cases}$$

的离散频谱及其 Fourier 级数的复指数形式、离散振幅谱、离散相位谱.

解 令 $\omega_0 = 2\pi/T$，当 $n = 0$ 时，

$$c_0 = F(0) = \frac{1}{T}\int_{-T/2}^{T/2} f_T(t)\,\mathrm{d}t = \frac{1}{T}\int_0^{T/2} 2\,\mathrm{d}t = 1$$

当 $n \neq 0$ 时，

$$c_n = F(n\omega_0) = \frac{1}{T}\int_{-T/2}^{T/2} f_T(t)\mathrm{e}^{-\mathrm{j}n\omega_0 t}\,\mathrm{d}t$$

$$= \frac{2}{T}\int_0^{T/2} \mathrm{e}^{-\mathrm{j}n\omega_0 t}\,\mathrm{d}t = \frac{\mathrm{j}}{n\pi}(\mathrm{e}^{-\mathrm{j}n\omega_0 T/2} - 1)$$

$$= \frac{\mathrm{j}}{n\pi}(\mathrm{e}^{-\mathrm{j}n\pi} - 1) = \begin{cases} 0, & n \text{ 为偶数} \\ -\dfrac{2\mathrm{j}}{n\pi}, & n \text{ 为奇数} \end{cases}$$

因此函数 $f_T(t)$ 的 Fourier 级数的复指数形式为

$$f_T(t) = 1 + \sum_{n=-\infty}^{+\infty} \frac{-2\mathrm{j}}{(2n-1)\pi}\mathrm{e}^{\mathrm{j}(2n-1)\omega_0 t}$$

离散振幅谱为

$$|c_n| = |F(n\omega_0)| = \begin{cases} 1, & n = 0, \\ 0, & n = \pm 2, \pm 4, \cdots \\ \dfrac{2}{|n|\pi}, & n = \pm 1, \pm 3, \cdots \end{cases}$$

离散相位谱为

$$\arg F(n\omega_0) = \begin{cases} 0, & n = 0, \pm 2, \pm 4, \cdots \\ -\dfrac{\pi}{2}, & n = 1, 3, 5, \cdots \\ \dfrac{\pi}{2}, & n = -1, -3, \cdots \end{cases}$$

相应图形如图 7.2 所示.

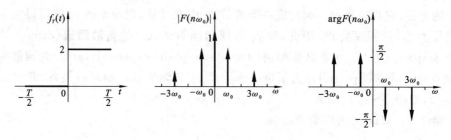

图 7.2

7.1.2　Fourier 积分

通过前面的讨论可知,一个周期函数可以展开为 Fourier 级数,对非周期函数是否同样适合呢? 从物理意义上讲,Fourier 级数展开说明了周期为 T 的函数 $f_T(t)$ 仅包含离散的频率成分,即它可由一系列以 $\omega_0 = \dfrac{2\pi}{T}$ 为间隔的离散频率所形成的简谐波合成(求和),因而其频谱以 ω_0 为间隔离散取值. 当 T 越来越大时,取值间隔 ω_0 越来越小. 可以这样考虑,当 T 趋于无穷大时,周期函数变成了非周期函数,其频谱将在 ω 上连续取值,即一个非周期函数将包含所有的频率成分. 如此一来,离散函数的求和就变成连续函数的积分.

上述分析推导了非周期函数的 Fourier 积分公式,这里只是形式上的推导,严格的证明可参考数学分析方面的相关教材. 令 $T \to +\infty$,由式(7.2)可得

$$f(t) = \lim_{T \to +\infty} \frac{1}{T} \sum_{n=-\infty}^{+\infty} \left[\int_{-\frac{T}{2}}^{\frac{T}{2}} f_T(\tau) \mathrm{e}^{-\mathrm{j}\omega_n \tau} \, \mathrm{d}\tau \right] \mathrm{e}^{\mathrm{j}\omega_n t} \tag{7.3}$$

当 n 取一切整数时,$\omega_n = n\omega$ 所对应的点便均匀地分布在整个数轴上,如图 7.3 所示. 若两个相邻的点的距离以 $\Delta \omega_n$ 表示,即

$$\Delta \omega_n = \omega_n - \omega_{n-1} = \frac{2\pi}{T}, \quad 即 \quad T = \frac{2\pi}{\Delta \omega_n}$$

则当 $T \to +\infty$ 时,有 $\Delta \omega_n \to 0$,所以式(7.3)又可以写为

$$f(t) = \lim_{\Delta \omega_n \to 0} \frac{1}{2\pi} \sum_{n=-\infty}^{+\infty} \left[\int_{-\frac{T}{2}}^{\frac{T}{2}} f_T(\tau) \mathrm{e}^{-\mathrm{j}\omega_n \tau} \, \mathrm{d}\tau \right] \mathrm{e}^{\mathrm{j}\omega_n t} \Delta \omega_n \tag{7.4}$$

当 t 固定时,$\dfrac{1}{2\pi} \left[\int_{-\frac{T}{2}}^{\frac{T}{2}} f_T(\tau) \mathrm{e}^{-\mathrm{j}\omega_n \tau} \, \mathrm{d}\tau \right] \mathrm{e}^{\mathrm{j}\omega_n t}$ 是参数 ω_n 的函数,记为 $\Phi_T(\omega_n)$,即

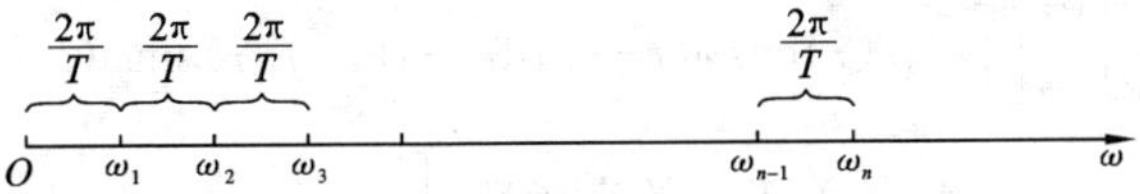

图 7.3

$$\Phi_T(\omega_n) = \frac{1}{2\pi}\left[\int_{-\frac{T}{2}}^{\frac{T}{2}} f_T(\tau) e^{-j\omega_n \tau} d\tau\right] e^{j\omega_n t}$$

于是式(7.4)变为

$$f(t) = \lim_{\Delta\omega_n \to 0}\sum_{n=-\infty}^{+\infty}\Phi_T(\omega_n)\Delta\omega_n$$

易见,当 $\Delta\omega_n \to 0$,即 $T \to +\infty$ 时,有 $\Phi_T(\omega_n) \to \Phi(\omega_n)$,即

$$\Phi(\omega_n) = \lim_{T \to +\infty}\Phi_T(\omega_n) = \frac{1}{2\pi}\left[\int_{-\infty}^{+\infty} f(\tau) e^{-j\omega_n \tau} d\tau\right] e^{j\omega_n t}$$

从而 $f(t)$ 可以看作是 $\Phi(\omega_n)$ 在 $(-\infty, +\infty)$ 上的积分

$$f(t) = \int_{-\infty}^{+\infty}\Phi(\omega_n) d\omega_n$$

即

$$f(t) = \int_{-\infty}^{+\infty}\Phi(\omega) d\omega$$

也即

$$f(t) = \frac{1}{2\pi}\int_{-\infty}^{+\infty}\left[\int_{-\infty}^{+\infty} f(\tau) e^{-j\omega \tau} d\tau\right] e^{j\omega t} d\omega$$

需注意的是,上式只是形式上的,是不严格的. 关于一个非周期函数在什么条件下可以用 Fourier 积分公式表示,有如下定理:

定理 7.2(Fourier 积分定理) 若 $f(t)$ 在 $(-\infty, +\infty)$ 上满足:

(1) 在任一有限区间上满足 Dirichlet 条件,

(2) 在无限区间 $(-\infty, +\infty)$ 上绝对可积 $\left(\text{即} \int_{-\infty}^{+\infty} |f(t)| dt \text{ 收敛}\right)$,

则在 $f(t)$ 的连续点有

$$f(t) = \frac{1}{2\pi}\int_{-\infty}^{+\infty}\left[\int_{-\infty}^{+\infty} f(\tau) e^{-j\omega \tau} d\tau\right] e^{j\omega t} d\omega \tag{7.5}$$

当 t 为 $f(t)$ 的第一类间断点时,有

$$\frac{1}{2\pi}\int_{-\infty}^{+\infty}\left[\int_{-\infty}^{+\infty} f(\tau) e^{-j\omega \tau} d\tau\right] e^{j\omega t} d\omega = \frac{f(t+0) + f(t-0)}{2}$$

式(7.5)称为非周期函数 $f(t)$ 的 Fourier **积分公式**.

利用欧拉公式,可将它转化为三角形式.

$$f(t) = \frac{1}{2\pi}\int_{-\infty}^{+\infty}\left[\int_{-\infty}^{+\infty} f(\tau) e^{-j\omega \tau} d\tau\right] e^{j\omega t} d\omega = \frac{1}{2\pi}\int_{-\infty}^{+\infty}\left[\int_{-\infty}^{+\infty} f(\tau) e^{j\omega(t-\tau)} d\tau\right] d\omega$$

$$= \frac{1}{2\pi} \int_{-\infty}^{+\infty} \left[\int_{-\infty}^{+\infty} f(\tau) \cos\omega(t-\tau) \mathrm{d}\tau + \mathrm{j} \int_{-\infty}^{+\infty} f(\tau) \sin\omega(t-\tau) \mathrm{d}\tau \right] \mathrm{d}\omega$$

由于 $\int_{-\infty}^{+\infty} f(\tau) \sin\omega(t-\tau) \mathrm{d}\tau$ 是关于 ω 的奇函数,$\int_{-\infty}^{+\infty} f(\tau) \cos\omega(t-\tau) \mathrm{d}\tau$ 是关于 ω 的偶函数,从而上式可化为

$$f(t) = \frac{1}{\pi} \int_0^{+\infty} \left[\int_{-\infty}^{+\infty} f(\tau) \cos\omega(t-\tau) \mathrm{d}\tau \right] \mathrm{d}\omega \tag{7.6}$$

称式(7.6)为 $f(t)$ 的 Fourier **积分的三角形式**.

利用三角公式,式(7.6)可化为

$$f(t) = \frac{1}{\pi} \int_0^{+\infty} \left[\int_{-\infty}^{+\infty} f(\tau) (\cos\omega\tau \cos\omega t + \sin\omega\tau \sin\omega t) \mathrm{d}\tau \right] \mathrm{d}\omega$$

$$= \frac{1}{\pi} \int_0^{+\infty} \left[\int_{-\infty}^{+\infty} f(\tau) \cos\omega\tau \mathrm{d}\tau \right] \cos\omega t \, \mathrm{d}\omega + \frac{1}{\pi} \int_0^{+\infty} \left[\int_{-\infty}^{+\infty} f(\tau) \sin\omega\tau \mathrm{d}\tau \right] \sin\omega t \, \mathrm{d}\omega$$

$$= \int_0^{+\infty} \left[A(\omega) \cos\omega t + B(\omega) \sin\omega t \right] \mathrm{d}\omega$$

式中:

$$A(\omega) = \frac{1}{\pi} \int_{-\infty}^{+\infty} f(\tau) \cos\omega\tau \mathrm{d}\tau$$

$$B(\omega) = \frac{1}{\pi} \int_{-\infty}^{+\infty} f(\tau) \sin\omega\tau \mathrm{d}\tau$$

当 $f(t)$ 为奇函数时,

$$A(\omega) = 0$$

$$B(\omega) = \frac{2}{\pi} \int_0^{+\infty} f(\tau) \sin\omega\tau \mathrm{d}\tau$$

此时得到

$$f(t) = \int_0^{+\infty} B(\omega) \sin\omega t \, \mathrm{d}\omega = \frac{2}{\pi} \int_0^{+\infty} \left[\int_0^{+\infty} f(\tau) \sin\omega\tau \mathrm{d}\tau \right] \sin\omega t \, \mathrm{d}\omega \tag{7.7}$$

称式(7.7)为**正弦** Fourier **积分公式**.

同理,当 $f(t)$ 为偶函数时,

$$A(\omega) = \frac{2}{\pi} \int_0^{+\infty} f(\tau) \cos\omega\tau \mathrm{d}\tau$$

$$B(\omega) = 0$$

此时得到

$$f(t) = \int_0^{+\infty} A(\omega) \cos\omega t \, \mathrm{d}\omega = \frac{2}{\pi} \int_0^{+\infty} \left[\int_0^{+\infty} f(\tau) \cos\omega\tau \mathrm{d}\tau \right] \cos\omega t \, \mathrm{d}\omega \tag{7.8}$$

称式(7.8)为**余弦** Fourier **积分公式**.

例 7.2 求 $f(t) = \mathrm{e}^{-\beta|t|}$ $(\beta > 0)$ 的 Fourier 积分.

解 由 Fourier 积分公式,得

$$f(t) = \frac{1}{2\pi}\int_{-\infty}^{+\infty}\left[\int_{-\infty}^{+\infty}f(\tau)\,\mathrm{e}^{-\mathrm{j}\omega\tau}\,\mathrm{d}\tau\right]\mathrm{e}^{\mathrm{j}\omega t}\,\mathrm{d}\omega$$

$$= \frac{1}{2\pi}\int_{-\infty}^{+\infty}\left[\int_{-\infty}^{+\infty}\mathrm{e}^{-\beta|\tau|}\,\mathrm{e}^{-\mathrm{j}\omega\tau}\,\mathrm{d}\tau\right]\mathrm{e}^{\mathrm{j}\omega t}\,\mathrm{d}\omega$$

其中:

$$\int_{-\infty}^{+\infty}\mathrm{e}^{-\beta|\tau|}\,\mathrm{e}^{-\mathrm{j}\omega\tau}\,\mathrm{d}\tau = \int_{-\infty}^{0}\mathrm{e}^{\beta\tau}\,\mathrm{e}^{-\mathrm{j}\omega\tau}\,\mathrm{d}\tau + \int_{0}^{+\infty}\mathrm{e}^{-\beta\tau}\,\mathrm{e}^{-\mathrm{j}\omega\tau}\,\mathrm{d}\tau$$

$$= \int_{-\infty}^{0}\mathrm{e}^{(\beta-\mathrm{j}\omega)\tau}\,\mathrm{d}\tau + \int_{0}^{+\infty}\mathrm{e}^{-(\beta+\mathrm{j}\omega)\tau}\,\mathrm{d}\tau$$

$$= \frac{1}{\beta-\mathrm{j}\omega}\mathrm{e}^{(\beta-\mathrm{j}\omega)\tau}\Big|_{-\infty}^{0} - \frac{1}{\beta+\mathrm{j}\omega}\mathrm{e}^{-(\beta+\mathrm{j}\omega)\tau}\Big|_{0}^{+\infty}$$

$$= \frac{1}{\beta-\mathrm{j}\omega} + \frac{1}{\beta+\mathrm{j}\omega}$$

$$= \frac{2\beta}{\beta^2+\omega^2}$$

则有

$$f(t) = \frac{1}{2\pi}\int_{-\infty}^{+\infty}\frac{2\beta}{\beta^2+\omega^2}\mathrm{e}^{\mathrm{j}\omega t}\,\mathrm{d}\omega$$

$$= \frac{1}{\pi}\int_{-\infty}^{+\infty}\frac{\beta}{\beta^2+\omega^2}(\cos\omega t + \mathrm{j}\sin\omega t)\,\mathrm{d}\omega$$

$$= \frac{1}{\pi}\left(\int_{-\infty}^{+\infty}\frac{\beta}{\beta^2+\omega^2}\cos\omega t\,\mathrm{d}\omega + \mathrm{j}\int_{-\infty}^{+\infty}\frac{\beta}{\beta^2+\omega^2}\sin\omega t\,\mathrm{d}\omega\right)$$

因为 $\dfrac{\beta}{\beta^2+\omega^2}\cos\omega t$ 是关于 ω 的偶函数，$\dfrac{\beta}{\beta^2+\omega^2}\sin\omega t$ 是关于 ω 的奇函数，所以

$$f(t) = \frac{2\beta}{\pi}\int_{0}^{+\infty}\frac{\cos\omega t}{\beta^2+\omega^2}\,\mathrm{d}\omega$$

由此可得一个含参量的广义积分

$$\int_{0}^{+\infty}\frac{\cos\omega t}{\beta^2+\omega^2}\,\mathrm{d}\omega = \frac{\pi}{2\beta}\mathrm{e}^{-\beta|t|}$$

例 7.3 求函数 $f(t)=\begin{cases}1, & 0<t<1 \\ 0, & t>1\end{cases}$ 的 Fourier 积分，并由此证明

$$\int_{0}^{+\infty}\frac{\sin x}{x}\,\mathrm{d}x = \frac{\pi}{2}$$

解 由于 $f(t)$ 只在 $(0,+\infty)$ 上有定义，因此可作偶延拓，$t=1$ 为 $f(t)$ 的间断点，在连续点处，由余弦 Fourier 积分公式，有

$$f(t) = \frac{2}{\pi}\int_{0}^{+\infty}\cos\omega t\,\mathrm{d}\omega\int_{0}^{+\infty}f(\tau)\cos\omega\tau\,\mathrm{d}\tau = \frac{2}{\pi}\int_{0}^{+\infty}\cos\omega t\,\mathrm{d}\omega\int_{0}^{1}\cos\omega\tau\,\mathrm{d}\tau$$

$$= \frac{2}{\pi}\int_{0}^{+\infty}\frac{\sin\omega\cos\omega t}{\omega}\,\mathrm{d}\omega$$

当 $t=1$ 时,有

$$\frac{2}{\pi}\int_0^{+\infty}\frac{\sin\omega\cos\omega t}{\omega}\mathrm{d}\omega = \frac{f(1-0)+f(1+0)}{2} = \frac{1}{2}$$

即

$$\int_0^{+\infty}\frac{\sin\omega\cos\omega t}{\omega}\mathrm{d}\omega = \frac{\pi}{4}$$

所以

$$\int_0^{+\infty}\frac{\sin\omega\cos\omega t}{\omega}\mathrm{d}\omega = \begin{cases} \dfrac{\pi}{2}, & 0 < t < 1 \\[2mm] \dfrac{\pi}{4}, & t = 1 \\[2mm] 0, & t > 1 \end{cases}$$

将 $t = 1$ 代入,有

$$\int_0^{+\infty}\frac{\sin\omega\cos\omega}{\omega}\mathrm{d}\omega = \frac{\pi}{4}$$

也即

$$\int_0^{+\infty}\frac{\sin2\omega}{2\omega}\mathrm{d}\omega = \frac{\pi}{4}$$

令 $2\omega = x$,则有

$$\frac{1}{2}\int_0^{+\infty}\frac{\sin x}{x}\mathrm{d}x = \frac{\pi}{4}$$

因此

$$\int_0^{+\infty}\frac{\sin x}{x}\mathrm{d}x = \frac{\pi}{2}$$

此积分称为**狄利克雷**(Dirichlet)**积分**.

练习题 7.1

1. 求下列函数的 Fourier 积分.

(1) $f(t) = \begin{cases} 1-t^2, & |t|<1 \\ 0, & |t|>1 \end{cases}$;

(2) $f(t) = \begin{cases} \sin t, & |t|\leqslant\pi \\ 0, & |t|>\pi \end{cases}$.

2. 求指数衰减函数 $f(t) = \begin{cases} 0, & t<0 \\ \mathrm{e}^{-\beta t}, & t\geqslant0 \end{cases}$ $(\beta>0)$的 Fourier 积分,证明:

$$\int_0^{+\infty}\frac{\beta\cos\omega t + \omega\sin\omega t}{\beta^2+\omega^2}\mathrm{d}\omega = \begin{cases} 0, & t < 0 \\[2mm] \dfrac{\pi}{2}, & t = 0. \\[2mm] \pi\mathrm{e}^{-\beta t}, & t > 0 \end{cases}$$

7.2 Fourier 变换

7.2.1 Fourier 变换的定义

在 Fourier 积分公式中,若记

$$F(\omega) = \int_{-\infty}^{+\infty} f(t) e^{-j\omega t} dt, \quad \omega \in (-\infty, +\infty) \tag{7.9}$$

则

$$f(t) = \frac{1}{2\pi} \int_{-\infty}^{+\infty} F(\omega) e^{j\omega t} d\omega \tag{7.10}$$

称 $F(\omega)$ 为 $f(t)$ 的**像函数**或 Fourier **变换**,记为 $\mathscr{F}[f(t)]$;$f(t)$ 为 $F(\omega)$ 的**像原函数**或 Fourier **逆变换**,记为 $\mathscr{F}^{-1}[F(\omega)]$.

显然,式(7.9)和式(7.10)定义了一个变换对,即对任一已知函数 $f(t)$,通过指定的积分运算,可以得到一个与之对应的函数 $F(\omega)$,而由 $F(\omega)$ 通过类似的积分运算,可以回到 $f(t)$.它们具有非常优美的对称形式.之后将会看到,它们还具有明确的物理含义和极好的数学性质.

类似地,可以用正弦 Fourier 积分和余弦 Fourier 积分给出正弦 Fourier 变换和余弦 Fourier 变换.

当 $f(t)$ 为奇函数时,有正弦 Fourier 积分公式

$$f(t) = \frac{2}{\pi} \int_0^{+\infty} \left[\int_0^{+\infty} f(\tau) \sin\omega\tau \, d\tau \right] \sin\omega t \, d\omega$$

若记

$$\mathscr{F}_s[f(t)] = F_s(\omega) = \int_0^{+\infty} f(t) \sin\omega t \, dt \tag{7.11}$$

则

$$\mathscr{F}_s^{-1}[F_s(\omega)] = f(t) = \frac{2}{\pi} \int_0^{+\infty} F_s(\omega) \sin\omega t \, d\omega \tag{7.12}$$

分别称式(7.11)和式(7.12)为**正弦 Fourier 变换**和**正弦 Fourier 逆变换**.

当 $f(t)$ 为偶函数时,有余弦 Fourier 积分公式

$$f(t) = \frac{2}{\pi} \int_0^{+\infty} \left[\int_0^{+\infty} f(\tau) \cos\omega\tau \, d\tau \right] \cos\omega t \, d\omega$$

若记

$$\mathscr{F}_c[f(t)] = F_c(\omega) = \int_0^{+\infty} f(t) \cos\omega t \, dt \tag{7.13}$$

则

$$\mathscr{F}_c^{-1}[F_c(\omega)] = f(t) = \frac{2}{\pi}\int_0^{+\infty} F_c(\omega)\cos\omega t\,\mathrm{d}\omega \qquad (7.14)$$

分别称式(7.13)和式(7.14)为**余弦 Fourier 变换**和**余弦 Fourier 逆变换**.

例 7.4　求指数衰减函数 $f(t)=\begin{cases}0, & t<0\\ \mathrm{e}^{-\beta t}, & t\geqslant 0\end{cases}$ $(\beta>0)$(见图 7.4)的 Fourier 变换.

解　根据式(7.9),得

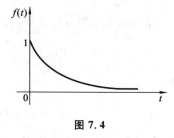

$$F(\omega) = \mathscr{F}[f(t)] = \int_{-\infty}^{+\infty} f(t)\mathrm{e}^{-\mathrm{j}\omega t}\,\mathrm{d}t$$

$$= \int_0^{+\infty} \mathrm{e}^{-\beta t}\mathrm{e}^{-\mathrm{j}\omega t}\,\mathrm{d}t = \int_0^{+\infty} \mathrm{e}^{-(\beta+\mathrm{j}\omega)t}\,\mathrm{d}t$$

$$= -\frac{1}{\beta+\mathrm{j}\omega}\mathrm{e}^{-(\beta+\mathrm{j}\omega)t}\Big|_0^{+\infty} = \frac{1}{\beta+\mathrm{j}\omega}$$

图 7.4

例 7.5　求函数 $f(t)=\begin{cases}2, & 0\leqslant t<1\\ 0, & t\geqslant 1\end{cases}$ 的正弦 Fourier 变换和余弦 Fourier 变换.

解　根据式(7.11),$f(t)$ 的正弦 Fourier 变换为

$$\mathscr{F}_s[f(t)] = \int_0^{+\infty} f(t)\sin\omega t\,\mathrm{d}t$$

$$= \int_0^1 2\sin\omega t\,\mathrm{d}t$$

$$= \frac{2-2\cos\omega}{\omega}$$

根据式(7.13),$f(t)$ 的余弦 Fourier 变换为

$$\mathscr{F}_c[f(t)] = \int_0^{+\infty} f(t)\cos\omega t\,\mathrm{d}t$$

$$= \int_0^1 2\cos\omega t\,\mathrm{d}t$$

$$= \frac{2\sin\omega}{\omega}$$

*7.2.2　非周期函数的频谱

在频谱分析中,Fourier 变换的物理意义是将连续信号从时域[1]表达式 $f(t)$ 变换到频域[2]表达式 $F(\omega)$;而 Fourier 逆变换是从连续信号频域表达式 $F(\omega)$ 求得时域表达式 $f(t)$.因此,Fourier 变换对是一个信号的时域表达式 $f(t)$ 和频域表达式 $F(\omega)$ 之间的一一对应关系.

---

①　时域(时间域):自变量是时间,即横轴是时间,纵轴是信号的变化.其动态信号是描述信号在不同时刻取值的函数.

②　频域(频率域):自变量是频率,即横轴是频率,纵轴是该频率信号的幅度,也就是通常说的频谱图.

设 $f(t)$ 是满足 Fourier 积分定理条件的非周期函数,称其 Fourier 变换

$$F(\omega)=\int_{-\infty}^{+\infty} f(t)\mathrm{e}^{-\mathrm{j}\omega t}\,\mathrm{d}t$$

为 $f(t)$ 的**频谱函数**,而称频谱函数的模 $|F(\omega)|$ 为 $f(t)$ 的**振幅频谱**,简称**频谱**,称 $\arg F(\omega)$ 为**相位谱**.

频谱图指的是频率 ω 与频谱 $|F(\omega)|$ 的关系图. 由于 ω 是连续变化的,这时的频谱图是连续曲线,因此称这种频谱为**连续频谱**.

不难证明,频谱为偶函数,即 $|F(\omega)|=|F(-\omega)|$.

例 7.6 求指数衰减函数 $f(t)=\begin{cases} 0, & t<0 \\ \mathrm{e}^{-\beta t}, & t\geqslant 0 \end{cases}(\beta>0)$ 的频谱函数并作出频谱图.

解 频谱函数就是指数衰减函数的 Fourier 变换,由例 7.4 结果知

$$F(\omega)=\frac{1}{\beta+\mathrm{j}\omega}$$

所以

$$|F(\omega)|=\frac{1}{\sqrt{\beta^2+\omega^2}}$$

频谱图如图 7.5 所示.

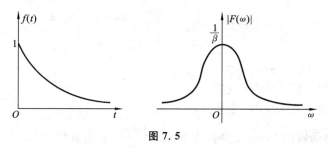

图 7.5

例 7.7 已知 $f(t)$ 的频谱

$$F(\omega)=\begin{cases} 1, & |\omega|\leqslant\alpha \\ 0, & |\omega|>\alpha \end{cases}$$

其中 $\alpha>0$,求 $f(t)$.

解 由式(7.10)有

$$f(t)=\mathscr{F}^{-1}[F(\omega)]=\frac{1}{2\pi}\int_{-\infty}^{+\infty} F(\omega)\mathrm{e}^{\mathrm{j}\omega t}\,\mathrm{d}\omega$$

$$=\frac{1}{2\pi}\int_{-\alpha}^{+\alpha}\mathrm{e}^{\mathrm{j}\omega t}\,\mathrm{d}\omega=\frac{\sin\alpha t}{\pi t}=\frac{\alpha}{\pi}\cdot\frac{\sin\alpha t}{\alpha t}$$

记 $\mathrm{Sa}(t)=\dfrac{\sin t}{t}$,则将

$$f(t)=\frac{\alpha}{\pi}\mathrm{Sa}(\alpha t)$$

称为**抽样信号**(sampling signal),其中当 $t=0$ 时,定义 $f(0)=\dfrac{\alpha}{\pi}$. 由于抽样信号具有非常特殊的频谱形式,因而在连续时间的离散化、离散时间信号的恢复以及信号滤波中发挥着重要作用. 其波形如图 7.6 所示.

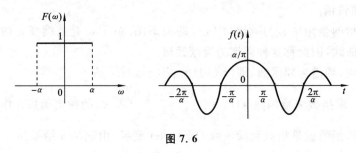

图 7. 6

练习题 7.2

1. 求函数 $f(t)=\begin{cases} \sin t, & |t|\leqslant\pi \\ 0, & |t|>\pi \end{cases}$ 的 Fourier 变换,并证明:

$$\int_0^{+\infty} \frac{\sin\omega\pi\sin\omega t}{1-\omega^2}\mathrm{d}\omega = \begin{cases} \dfrac{\pi}{2}\sin t, & |t|\leqslant\pi \\ 0, & |t|>\pi \end{cases}.$$

2. 已知 $f(t)=\mathrm{e}^{-t}, t\geqslant 0$,求

(1) $f(t)$ 的正弦 Fourier 变换;

(2) $f(t)$ 的余弦 Fourier 变换.

3. 已知某函数的 Fourier 变换为 $F(\omega)=\dfrac{\sin\omega}{\omega}$,求该函数 $f(t)$.

4. 求函数 $f(t)=\cos\left(3t+\dfrac{\pi}{6}\right)$ 的 Fourier 变换.

7.3 单位脉冲函数与广义 Fourier 变换

Fourier 级数与 Fourier 变换以不同的形式反映了周期函数与非周期函数的频谱特性,是否可以借助某种手段将它们统一起来呢? 更具体地说,是否能够将离散频谱以连续频谱的方式表现出来呢? 这就需要引入本节要介绍的单位脉冲函数(即 δ 函数)与广义 Fourier 变换. 这种必要性在对常数函数做 Fourier 变换时,表现得十分清楚. 若 $f(t)\equiv 1$,则

$$\mathscr{F}[f(t)] = \int_{-\infty}^{+\infty} \mathrm{e}^{-\mathrm{j}\omega t}\mathrm{d}t = \int_{-\infty}^{+\infty} (\cos\omega t - \mathrm{j}\sin\omega t)\mathrm{d}t$$

由于正弦和余弦函数在无穷远点都不收敛,因此该积分在经典意义下不存在.

δ 函数是一个极为重要的函数,它的概念中所包含的思想在数学领域中流行了 1 个多世纪.利用 δ 函数可使 Fourier 分析中的许多论证变得极为简捷,可用其表示许多函数的 Fourier 变换.δ 函数不是一般意义下的函数,而是一个广义函数,它在物理学中有着广泛的应用.在工程实际问题中,有许多物理现象具有脉冲特征,它们仅在某一瞬间或某一点出现,如瞬时冲击力、脉冲电流、质点的质量等,这些物理量都不能用通常的函数形式来描述.

下面我们通过几个引例引入 δ 函数的概念.

7.3.1　δ 函数的概念

例 7.8　设有长度为 ε 的均匀细杆放在 x 轴的 $[0,\varepsilon]$ 上,其质量为 m,用 $\rho_{\varepsilon}(x)$ 表示它的线密度,则有

$$\rho_{\varepsilon}(x)=\begin{cases} \dfrac{m}{\varepsilon}, & 0\leqslant x\leqslant \varepsilon \\ 0, & \text{其他} \end{cases}$$

若有一质量为 m 的质点放置在坐标原点,可认为其相当于取 $\varepsilon\rightarrow 0$ 的结果,则质点的密度函数 $\rho(x)$ 为

$$\rho(x)=\lim_{\varepsilon\rightarrow 0}\rho_{\varepsilon}(x)=\begin{cases} \infty, & x=0 \\ 0, & x\neq 0 \end{cases}$$

且满足

$$\int_{-\infty}^{+\infty}\rho(x)\mathrm{d}x = m$$

例 7.9　在原来电流为 0 的电路中,在时间 $t=0$ 时刻输入一单位电量的脉冲,求线路上的电流 $I(t)$.

解　设 $Q(t)$ 表示电路中的电荷函数,则

$$Q(t)=\begin{cases} 1, & t=0 \\ 0, & t\neq 0 \end{cases}$$

而

$$I(t)=Q'(t)=\lim_{\Delta t\rightarrow 0}\frac{Q(t+\Delta t)-Q(t)}{\Delta t}=\begin{cases} \infty, & t=0 \\ 0, & t\neq 0 \end{cases}$$

且电路从 $t=0$ 到以后任意时刻 t_0 的总电量为

$$Q = \int_{0}^{t_0}I(t)\mathrm{d}t = \int_{-\infty}^{+\infty}I(t)\mathrm{d}t = 1$$

显然,从以上两个例子可以看出,在物理上,将满足条件

$$\delta(t) = \begin{cases} 0, & t\neq 0 \\ \infty, & t=0 \end{cases} \quad \text{且} \quad \int_{-\infty}^{+\infty}\delta(t)\mathrm{d}t = 1 \tag{7.15}$$

的函数称为**单位脉冲函数**,简称为 δ 函数.这是由 Dirac 给出的一种直观定义,属于工程定义方式,其中符号 δ 是由 Dirac 在量子力学中引进的,它只是 δ 函数的某种描述.关于 δ 函数的严格数学定义如下.

如图 7.7 所示,令

$$\delta_\varepsilon(t) = \begin{cases} 0, & t<0 \\ \dfrac{1}{\varepsilon}, & 0 \leqslant t \leqslant \varepsilon \\ 0, & t>\varepsilon \end{cases}$$

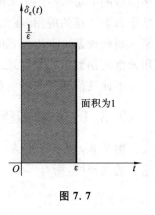

图 7.7

对于任意一个无穷次可微函数 $f(t)$,如果满足

$$\int_{-\infty}^{+\infty} \delta(t)f(t)\mathrm{d}t = \lim_{\varepsilon \to 0}\int_{-\infty}^{+\infty} \delta_\varepsilon(t)f(t)\mathrm{d}t \quad (7.16)$$

则称 $\delta_\varepsilon(t)$ 弱收敛于 $\delta(t)$,记作

$$\delta_\varepsilon(t) \xrightarrow[\varepsilon \to 0]{\text{弱}} \delta(t)$$

或记为

$$\lim_{\varepsilon \to 0}\delta_\varepsilon(t) \xlongequal{\text{弱}} \delta(t)$$

根据式(7.16),取 $f(t)=1$,便得到与式(7.15)相同的结论

$$\int_{-\infty}^{+\infty} \delta(t)\mathrm{d}t = 1$$

7.3.2 δ 函数的性质

性质 7.1(筛选性质) 若 $f(t)$ 为无穷次可微函数,则有

$$\int_{-\infty}^{+\infty} \delta(t)f(t)\mathrm{d}t = f(0) \tag{7.17}$$

证明
$$\int_{-\infty}^{+\infty} \delta(t)f(t)\mathrm{d}t = \lim_{\varepsilon \to 0}\int_{-\infty}^{+\infty} \delta_\varepsilon(t)f(t)\mathrm{d}t$$
$$= \lim_{\varepsilon \to 0}\int_0^\varepsilon \frac{1}{\varepsilon}f(t)\mathrm{d}t$$
$$= \lim_{\varepsilon \to 0}\frac{1}{\varepsilon}\int_0^\varepsilon f(t)\mathrm{d}t$$

因为 $f(t)$ 无穷次可微,由积分中值定理,有

$$\int_{-\infty}^{+\infty} \delta(t)f(t)\mathrm{d}t = \lim_{\varepsilon \to 0}\frac{1}{\varepsilon}\int_0^\varepsilon f(t)\mathrm{d}t = \lim_{\varepsilon \to 0}f(\theta\varepsilon) = f(0) \quad (0<\theta<1)$$

更一般地,有

$$\int_{-\infty}^{+\infty} \delta(t-t_0)f(t)\mathrm{d}t = f(t_0) \tag{7.18}$$

事实上,由式(7.17),令 $u=t-t_0$,有

$$\int_{-\infty}^{+\infty} \delta(t - t_0) f(t) \mathrm{d}t = \int_{-\infty}^{+\infty} \delta(u) f(u + t_0) \mathrm{d}u = f(u + t_0) \Big|_{u=0} = f(t_0)$$

注 式(7.17)也可以作为 δ 函数的定义.

性质 7.2(奇偶性) δ(t)为偶函数,即 δ(−t)=δ(t).

证明 略.

性质 7.3(相似性) $\delta(at) = \dfrac{1}{|a|} \delta(t)$.

证明 当 a>0 时,令 x=at,得

$$\int_{-\infty}^{+\infty} f(t) \delta(at) \mathrm{d}t = \int_{-\infty}^{+\infty} f\left(\frac{x}{a}\right) \delta(x) \frac{1}{a} \mathrm{d}x$$

$$= \frac{1}{a} \int_{-\infty}^{+\infty} f\left(\frac{x}{a}\right) \delta(x) \mathrm{d}x$$

$$= \frac{1}{|a|} f(0)$$

当 a<0 时,令 x=at,得

$$\int_{-\infty}^{+\infty} f(t) \delta(at) \mathrm{d}t = \int_{+\infty}^{-\infty} f\left(\frac{x}{a}\right) \delta(x) \frac{1}{a} \mathrm{d}x$$

$$= -\frac{1}{a} \int_{-\infty}^{+\infty} f\left(\frac{x}{a}\right) \delta(x) \mathrm{d}x$$

$$= -\frac{1}{a} f(0)$$

$$= \frac{1}{|a|} f(0)$$

而

$$\int_{-\infty}^{+\infty} f(t) \frac{\delta(t)}{|a|} \mathrm{d}t = \frac{1}{|a|} \int_{-\infty}^{+\infty} f(t) \delta(t) \mathrm{d}t = \frac{f(0)}{|a|}$$

因此,有

$$\int_{-\infty}^{+\infty} f(t) \delta(at) \mathrm{d}t = \int_{-\infty}^{+\infty} f(t) \frac{1}{|a|} \delta(t) \mathrm{d}t$$

即结论成立.

性质 7.4 若 f(t)为无穷次可微的函数,则有

$$\int_{-\infty}^{+\infty} \delta'(t) f(t) \mathrm{d}t = -f'(0)$$

证明 由分部积分法,有

$$\int_{-\infty}^{+\infty} \delta'(t) f(t) \mathrm{d}t = f(t) \delta(t) \Big|_{-\infty}^{+\infty} - \int_{-\infty}^{+\infty} \delta(t) f'(t) \mathrm{d}t$$

$$= 0 - f'(0)$$

$$= -f'(0)$$

一般地,有

$$\int_{-\infty}^{+\infty} \delta^{(n)}(t) f(t) \mathrm{d}t = (-1)^n f^{(n)}(0)$$

性质 7.5 $$\int_{-\infty}^{t} \delta(\tau) \mathrm{d}\tau = u(t), \quad \frac{\mathrm{d}}{\mathrm{d}t} u(t) = \delta(t)$$

其中,$u(t) = \begin{cases} 0, & t < 0 \\ 1, & t > 0 \end{cases}$ 为**单位阶跃函数**,也称**赫维赛德**(Heaviside)函数.

证明   当 $t < 0$ 时,$\delta(t) = 0$,得 $\int_{-\infty}^{t} \delta(\tau) \mathrm{d}\tau = 0$.

当 $t > 0$ 时,因为 $\delta(t)$ 只在 $t = 0$ 有非零值,所以

$$\int_{-\infty}^{t} \delta(\tau) \mathrm{d}\tau = \int_{-\infty}^{+\infty} \delta(\tau) \mathrm{d}\tau = 1$$

故

$$\int_{-\infty}^{t} \delta(\tau) \mathrm{d}\tau = \begin{cases} 0, & t < 0 \\ 1, & t > 0 \end{cases} = u(t)$$

对上式两端同时关于 t 求导,得

$$\frac{\mathrm{d}}{\mathrm{d}t} u(t) = \delta(t)$$

由性质 7.5 的证明可知

$$\int_{-\infty}^{0^-} \delta(t) \mathrm{d}t = 0, \quad \int_{-\infty}^{0} \delta(t) \mathrm{d}t = \int_{-\infty}^{0^+} \delta(t) \mathrm{d}t = u(t)$$

7.3.3 广义的 Fourier 变换

由 Fourier 变换的定义及 δ 函数的筛选性质可以得出 δ 函数的 Fourier 变换.

$$F(\omega) = \mathscr{F}[\delta(t)] = \int_{-\infty}^{+\infty} \delta(t) \mathrm{e}^{-\mathrm{j}\omega t} \mathrm{d}t = \mathrm{e}^{-\mathrm{j}\omega t} \Big|_{t=0} = 1$$

即单位脉冲函数包含各种频率分量且它们具有相等的幅度,因此称其 Fourier 变换为**均匀频谱**或**白色频谱**. 由此可以得出 $\delta(t)$ 与 1 构成 Fourier 变换对,且根据逆变换公式可得对应的 Fourier 逆变换为

$$\delta(t) = \mathscr{F}^{-1}[1] = \frac{1}{2\pi} \int_{-\infty}^{+\infty} \mathrm{e}^{\mathrm{j}\omega t} \mathrm{d}\omega \tag{7.19}$$

同理可得

$$F(\omega) = \mathscr{F}[\delta(t - t_0)] = \int_{-\infty}^{+\infty} \delta(t - t_0) \mathrm{e}^{-\mathrm{j}\omega t} \mathrm{d}t = \mathrm{e}^{-\mathrm{j}\omega t_0}$$

$$\delta(t - t_0) = \mathscr{F}^{-1}[F(\omega)] = \frac{1}{2\pi} \int_{-\infty}^{+\infty} \mathrm{e}^{\mathrm{j}\omega(t - t_0)} \mathrm{d}\omega$$

可见,$\delta(t - t_0)$ 和 $\mathrm{e}^{-\mathrm{j}\omega t_0}$ 分别构成 Fourier 变换对,而且对任意的 t 还有

$$\int_{-\infty}^{+\infty} e^{j\omega t} \, d\omega = 2\pi\delta(t), \quad \int_{-\infty}^{+\infty} e^{j\omega(t-t_0)} \, d\omega = 2\pi\delta(t - t_0)$$

需要指出的是,这里 $\delta(t)$ 的 Fourier 变换仍采用 Fourier 变换的古典定义,但此时的广义积分是根据 δ 函数的定义和运算性质直接给出的,而不是普通意义下的积分值,故称 $\delta(t)$ 的 Fourier 变换是一种**广义 Fourier 变换**.运用这一概念,可以对一些常用的函数,如常数函数、单位阶跃函数,以及正、余弦函数进行 Fourier 变换,尽管它们并不满足绝对可积条件.

例 7.10 分别求函数 $f_1(t) = 1$ 与 $f_2(t) = e^{j\omega_0 t}$ 的 Fourier 变换.

解 根据 δ 函数的偶函数性质,有

$$F_1(\omega) = \mathscr{F}[f_1(t)] = \int_{-\infty}^{+\infty} e^{-j\omega t} \, dt$$
$$= 2\pi\delta(-\omega) = 2\pi\delta(\omega)$$
$$F_2(\omega) = \mathscr{F}[f_2(t)] = \int_{-\infty}^{+\infty} e^{j\omega_0 t} e^{-j\omega t} \, dt = \int_{-\infty}^{+\infty} e^{j(\omega_0 - \omega)t} \, dt$$
$$= 2\pi\delta(\omega_0 - \omega) = 2\pi\delta(\omega - \omega_0)$$

可见,$\delta(t)$ 和 1 构成 Fourier 变换对,而 1 却和 $2\pi\delta(\omega)$ 构成 Fourier 变换对.

结合式(7.19)和例 7.10,可知

$$\int_{-\infty}^{+\infty} e^{\pm j\omega t} \, dt = 2\pi\delta(\omega) \tag{7.20}$$

例 7.11 求正弦函数 $f(t) = \sin\omega_0 t$ 的 Fourier 变换.

解 由于

$$\sin\omega_0 t = \frac{1}{2j}(e^{j\omega_0 t} - e^{-j\omega_0 t})$$

则根据 Fourier 变换的定义,有

$$F(\omega) = \mathscr{F}[f(t)] = \int_{-\infty}^{+\infty} \sin\omega_0 t e^{-j\omega t} \, dt$$
$$= \frac{1}{2j} \int_{-\infty}^{+\infty} [e^{j(\omega_0 - \omega)t} - e^{j(-\omega_0 - \omega)t}] \, dt$$
$$= -\pi j[\delta(\omega_0 - \omega) - \delta(-\omega - \omega_0)]$$
$$= \pi j[\delta(\omega + \omega_0) - \delta(\omega - \omega_0)]$$

同理还可以得出余弦函数 $f(t) = \cos\omega_0 t$ 的 Fourier 变换为

$$\mathscr{F}[\cos\omega_0 t] = \pi[\delta(\omega + \omega_0) + \delta(\omega - \omega_0)]$$

例 7.12 证明单位阶跃函数 $u(t) = \begin{cases} 0, & t < 0 \\ 1, & t > 0 \end{cases}$ 的 Fourier 变换为

$$F(\omega) = \frac{1}{j\omega} + \pi\delta(\omega)$$

证明 由 Fourier 逆变换公式可得

$$\mathscr{F}^{-1}\big[F(\omega)\big] = \frac{1}{2\pi}\int_{-\infty}^{+\infty}\left[\frac{1}{j\omega}+\pi\delta(\omega)\right]e^{j\omega t}\,d\omega$$

$$= \frac{1}{2\pi}\int_{-\infty}^{+\infty}\frac{1}{j\omega}e^{j\omega t}\,d\omega + \frac{1}{2\pi}\int_{-\infty}^{+\infty}\pi\delta(\omega)e^{j\omega t}\,d\omega$$

$$= \frac{1}{2\pi}\int_{-\infty}^{+\infty}\frac{\cos\omega t+j\sin\omega t}{j\omega}\,d\omega + \frac{1}{2}\int_{-\infty}^{+\infty}\delta(\omega)e^{j\omega t}\,d\omega$$

$$= \frac{1}{2\pi}\int_{-\infty}^{+\infty}\frac{\sin\omega t}{\omega}\,d\omega + \frac{1}{2}e^{j\omega t}\bigg|_{\omega=0}$$

$$= \frac{1}{\pi}\int_{0}^{+\infty}\frac{\sin\omega t}{\omega}\,d\omega + \frac{1}{2}$$

由于

$$\int_{0}^{+\infty}\frac{\sin\omega t}{\omega}\,d\omega = \int_{0}^{+\infty}\frac{\sin\omega t}{\omega t}\,d\omega t$$

当 $t>0$ 时，令 $u=\omega t$，由狄利克雷积分，得

$$\int_{0}^{+\infty}\frac{\sin\omega t}{\omega}\,d\omega = \int_{0}^{+\infty}\frac{\sin u}{u}\,du = \frac{\pi}{2}$$

当 $t<0$ 时，令 $u=\omega t$，得

$$\int_{0}^{+\infty}\frac{\sin\omega t}{\omega}\,d\omega = \int_{0}^{-\infty}\frac{\sin u}{u}\,du \xrightarrow{\;\Diamond\, v=-u\;} -\int_{0}^{+\infty}\frac{\sin v}{v}\,dv = -\frac{\pi}{2}$$

因此，得

$$\mathscr{F}^{-1}\big[F(\omega)\big] = \frac{1}{2\pi}\int_{-\infty}^{+\infty}\left[\frac{1}{j\omega}+\pi\delta(\omega)\right]e^{j\omega t}\,d\omega = \begin{cases}0, & t<0 \\ 1, & t>0\end{cases} = u(t)$$

即结论成立.

因此，单位阶跃函数也可用积分表示为

$$u(t) = \frac{1}{2} + \frac{1}{\pi}\int_{0}^{+\infty}\frac{\sin\omega t}{\omega}\,d\omega$$

练习题 7.3

1. 设 $\delta(t)$ 为单位脉冲函数，则 $\displaystyle\int_{-\infty}^{+\infty}\delta(t)\cos^{2}\left(t+\frac{\pi}{3}\right)dt =$ _____.

2. 求符号函数 $\mathrm{sgn}(t)=\begin{cases}1, & t>0 \\ 0, & t=0 \\ -1, & t<0\end{cases}$ 的 Fourier 变换.（提示：$\mathrm{sgn}(t)=2u(t)-1$

或 $\mathrm{sgn}(t)=u(t)-u(-t)$.）

3. 求函数 $f(t)=\cos 2t\sin 2t$ 的 Fourier 变换.

7.4　Fourier 变换及其逆变换的性质

本节主要讲 Fourier 变换及其逆变换的基本性质. 为叙述方便起见,假定这里需要进行 Fourier 变换的函数都满足 Fourier 积分定理中的条件. 在涉及逆变换时,还假定函数是连续的. 在叙述和证明 Fourier 变换的性质时,不再重复说明这些条件.

7.4.1　基本性质

1. 线性性质

设 $F_1(\omega)=\mathscr{F}[f_1(t)]$,$F_2(\omega)=\mathscr{F}[f_2(t)]$,$k_1$,$k_2$ 是常数,则

$$\mathscr{F}[k_1 f_1(t)+k_2 f_2(t)]=k_1 F_1(\omega)+k_2 F_2(\omega) \tag{7.21}$$

$$\mathscr{F}^{-1}[k_1 F_1(\omega)+k_2 F_2(\omega)]=k_1 f_1(t)+k_2 f_2(t) \tag{7.22}$$

该两式由 Fourier 变换和 Fourier 逆变换的定义易得,请读者自行证明.

例 7.13　求 $f(t)=\cos^2 t$ 的 Fourier 变换.

解　利用线性性质以及 1 和 $\cos\omega_0 t$ 的 Fourier 变换结果,得

$$\mathscr{F}[\cos^2 t]=\mathscr{F}\left[\frac{1+\cos 2t}{2}\right]=\frac{1}{2}\mathscr{F}[1]+\frac{1}{2}\mathscr{F}[\cos 2t]$$

$$=\pi\delta(\omega)+\frac{\pi}{2}[\delta(\omega-2)+\delta(\omega+2)]$$

例 7.14　求 $F(\omega)=\dfrac{1}{(3+\mathrm{j}\omega)(4+\mathrm{j}3\omega)}$ 的 Fourier 逆变换.

解　根据例 7.6,可知当

$$f(t)=\begin{cases} 0, & t<0 \\ \mathrm{e}^{-\beta t}, & t\geqslant 0 \end{cases} \quad (\beta>0)$$

时,有

$$\frac{1}{\beta+\mathrm{j}\omega}=\int_0^{+\infty}\mathrm{e}^{-(\beta+\mathrm{j}\omega)t}\mathrm{d}t=\int_{-\infty}^{+\infty}f(t)\mathrm{e}^{-\mathrm{j}\omega t}\mathrm{d}t$$

由于

$$F(\omega)=\frac{1}{(3+\mathrm{j}\omega)(4+\mathrm{j}3\omega)}=\frac{1}{5}\left[\frac{1}{\frac{4}{3}+\mathrm{j}\omega}-\frac{1}{3+\mathrm{j}\omega}\right]$$

故根据线性性质,则有

$$\mathscr{F}^{-1}[F(\omega)]=\begin{cases} 0, & t<0 \\ \dfrac{1}{5}(\mathrm{e}^{-\frac{4}{3}t}-\mathrm{e}^{-3t}), & t\geqslant 0 \end{cases}$$

若 $\beta<0$,则单边衰减信号的衰减方向改变,如

$$F(\omega)=\frac{\omega^2+10}{(5+j\omega)(9+\omega^2)}=\frac{15/16}{5+j\omega}+\frac{1/12}{3+j\omega}-\frac{1/48}{-3+j\omega}$$

则
$$\mathscr{F}^{-1}\left[\frac{\omega^2+9+1}{(5+j\omega)(9+\omega^2)}\right]=\begin{cases}\dfrac{1}{48}e^{3t}, & t<0\\[2mm]\dfrac{1}{12}e^{-3t}+\dfrac{15}{16}e^{-5t}, & t\geqslant 0\end{cases}$$

2. 位移性质

设 $\mathscr{F}[f(t)]=F(\omega)$，则

$$\mathscr{F}[f(t\pm t_0)]=e^{\pm j\omega t_0}F(\omega) \tag{7.23}$$

$$\mathscr{F}^{-1}[F(\omega\pm\omega_0)]=e^{\mp j\omega_0 t}f(t) \tag{7.24}$$

证明 由 Fourier 变换的定义，得

$$\mathscr{F}[f(t\pm t_0)]=\int_{-\infty}^{+\infty}f(t\pm t_0)e^{-j\omega t}dt\xrightarrow{\ \ \text{令}\ u=t\pm t_0\ \ }\int_{-\infty}^{+\infty}f(u)e^{-j\omega(u\mp t_0)}du$$

$$=e^{\pm j\omega t_0}\int_{-\infty}^{+\infty}f(u)e^{-j\omega u}du=e^{\pm j\omega t_0}F(\omega)$$

再由 Fourier 逆变换的定义，得

$$\mathscr{F}^{-1}[F(\omega\pm\omega_0)]=\frac{1}{2\pi}\int_{-\infty}^{+\infty}F(\omega\pm\omega_0)e^{j\omega t}d\omega\xrightarrow{\ \ \text{令}\ u=\omega\pm\omega_0\ \ }\frac{1}{2\pi}\int_{-\infty}^{+\infty}F(u)e^{j(u\mp\omega_0)t}du$$

$$=e^{\mp j\omega_0 t}\frac{1}{2\pi}\int_{-\infty}^{+\infty}F(u)e^{j\omega u}du=e^{\mp j\omega_0 t}\frac{1}{2\pi}\int_{-\infty}^{+\infty}F(\omega)e^{j\omega t}d\omega$$

$$=e^{\mp j\omega_0 t}\mathscr{F}^{-1}[F(\omega)]=e^{\mp j\omega_0 t}f(t)$$

例 7.15 求 $f(t)=\sin\left(t+\dfrac{\pi}{3}\right)$ 的 Fourier 变换.

解 因为 $\mathscr{F}[\sin t]=j\pi[\delta(\omega+1)-\delta(\omega-1)]$
所以由位移性质，得

$$\mathscr{F}[f(t)]=e^{j\omega\frac{\pi}{3}}\mathscr{F}[\sin t]=e^{j\omega\frac{\pi}{3}}j\pi[\delta(\omega+1)-\delta(\omega-1)]$$

3. 相似性质

设 $\mathscr{F}[f(t)]=F(\omega)$，$a\neq 0$，则

$$\mathscr{F}[f(at)]=\frac{1}{|a|}F\left(\frac{\omega}{a}\right) \tag{7.25}$$

$$\mathscr{F}^{-1}[F(a\omega)]=\frac{1}{|a|}f\left(\frac{t}{a}\right) \tag{7.26}$$

证明 我们只证明 Fourier 变换的相似性质.

令 $u=at$，当 $a>0$ 时，有

$$\mathscr{F}[f(at)]=\frac{1}{a}\int_{-\infty}^{+\infty}f(u)e^{-j\omega\frac{u}{a}}du=\frac{1}{a}F\left(\frac{\omega}{a}\right)$$

当 $a<0$ 时，有

$$\mathscr{F}[f(at)]=-\frac{1}{a}\int_{-\infty}^{+\infty}f(u)\mathrm{e}^{-\mathrm{j}\omega\frac{u}{a}}\mathrm{d}u=-\frac{1}{a}F\left(\frac{\omega}{a}\right)$$

因此当 $a\neq 0$ 时,有

$$\mathscr{F}[f(at)]=\frac{1}{|a|}F\left(\frac{\omega}{a}\right)$$

同理可证 Fourier 逆变换的相似性质,请读者自行完成.

相似性质具有重要的物理意义:若函数(或信号)被压缩($|a|>1$),则其频谱被扩展;若函数(或信号)被扩展($|a|<1$),则其频谱被压缩.

例 7.16　设信号 $f(t)=\dfrac{\sin 2t}{\pi t}$,求信号 $g(t)=f\left(\dfrac{t}{2}\right)$ 的频谱 $G(\omega)$.

解　由例 7.7 知 $f(t)$ 的频谱为

$$F(\omega)=\begin{cases}1,&|\omega|\leqslant 2\\0,&|\omega|>2\end{cases}$$

信号 $f(t)$ 及频谱 $F(\omega)$ 的图形如图 7.8(a)所示.根据相似性可得

$$G(\omega)=\mathscr{F}[g(t)]=\mathscr{F}\left[f\left(\frac{t}{2}\right)\right]$$

$$=2F(2\omega)=\begin{cases}2,&|\omega|\leqslant 1\\0,&|\omega|>1\end{cases}$$

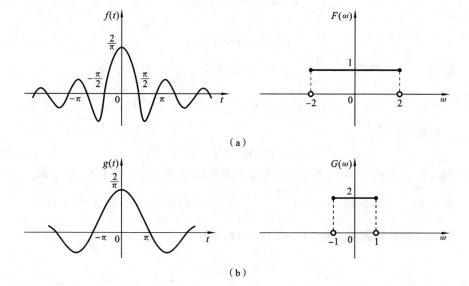

(a)

(b)

图 7.8

信号 $g(t)$ 的频谱 $G(\omega)$ 的图形如图 7.8(b)所示.从图 7.8 可以看出,由 $f(t)$ 扩展后的信号 $g(t)$ 变得平缓,频率范围被压缩.

7.4.2　Fourier 变换的导数与积分

1. 像原函数的微分性质

若 $f(t)$ 在 $(-\infty,+\infty)$ 上连续或只有有限个可去间断点,且当 $|t|\to+\infty$ 时,$f(t)\to0$,则

$$\mathscr{F}[f'(t)]=\mathrm{j}\omega\mathscr{F}[f(t)] \tag{7.27}$$

证明　$\mathscr{F}[f'(t)]=\displaystyle\int_{-\infty}^{+\infty}f'(t)\mathrm{e}^{-\mathrm{j}\omega t}\mathrm{d}t$

$$=f(t)\mathrm{e}^{-\mathrm{j}\omega t}\Big|_{-\infty}^{+\infty}+\mathrm{j}\omega\int_{-\infty}^{+\infty}f(t)\mathrm{e}^{-\mathrm{j}\omega t}\mathrm{d}t$$

$$=\mathrm{j}\omega\mathscr{F}[f(t)]$$

一般地,若 $f^{(k)}(t)$ 在 $(-\infty,+\infty)$ 上连续或只有有限个可去间断点,且当 $|t|\to+\infty$ 时,$f^{(k)}(t)\to0$,$k=0,1,2,\cdots,n-1$,则

$$\mathscr{F}[f^{(n)}(t)]=(\mathrm{j}\omega)^n\mathscr{F}[f(t)] \tag{7.28}$$

这个性质可用于求某些微分方程,将在 7.5 节"Fourier 变换的应用"举例说明.

2. 像函数的微分性质

设 $\mathscr{F}[f(t)]=F(\omega)$,则

$$F'(\omega)=-\mathrm{j}\mathscr{F}[tf(t)]$$

即

$$\mathscr{F}[tf(t)]=\mathrm{j}F'(\omega) \tag{7.29}$$

证明　$F'(\omega)=\dfrac{\mathrm{d}}{\mathrm{d}\omega}\displaystyle\int_{-\infty}^{+\infty}f(t)\mathrm{e}^{-\mathrm{j}\omega t}\mathrm{d}t=\int_{-\infty}^{+\infty}\dfrac{\mathrm{d}}{\mathrm{d}\omega}[f(t)\mathrm{e}^{-\mathrm{j}\omega t}]\mathrm{d}t$

$$=\int_{-\infty}^{+\infty}f(t)(-\mathrm{j}t)\mathrm{e}^{-\mathrm{j}\omega t}\mathrm{d}t=-\mathrm{j}\mathscr{F}[tf(t)]$$

一般地,有

$$\mathscr{F}[t^k f(t)]=\mathrm{j}^k F^{(k)}(\omega) \tag{7.30}$$

当已知 $f(t)$ 的 Fourier 变换时,上述性质可用来求 $t^n f(t)$ 的 Fourier 变换.

例 7.17　已知函数 $f(t)=\begin{cases}0, & t<0\\ \mathrm{e}^{-\beta t}, & t\geqslant0\end{cases}(\beta>0)$,求 $\mathscr{F}[tf(t)]$ 及 $\mathscr{F}[t^2 f(t)]$.

解　因为指数衰减函数 $f(t)$ 的 Fourier 变换为

$$F(\omega)=\frac{1}{\beta+\mathrm{j}\omega}$$

因此,由像函数的微分性质,得

$$\mathscr{F}[tf(t)]=\mathrm{j}F'(\omega)=\mathrm{j}\,\frac{-\mathrm{j}}{(\beta+\mathrm{j}\omega)^2}=\frac{1}{(\beta+\mathrm{j}\omega)^2}$$

$$\mathscr{F}[t^2 f(t)]=\mathrm{j}^2 F''(\omega)=-[F'(\omega)]'=\frac{2\mathrm{j}}{(\beta+\mathrm{j}\omega)^3}$$

3. 积分性质

如果当 $t \to +\infty$ 时，$g(t) = \int_{-\infty}^{t} f(t)\mathrm{d}t \to 0$，则

$$\mathscr{F}\left[\int_{-\infty}^{t} f(t)\mathrm{d}t\right] = \frac{1}{\mathrm{j}\omega}\mathscr{F}[f(t)] \tag{7.31}$$

证明 因为 $\dfrac{\mathrm{d}}{\mathrm{d}t}\displaystyle\int_{-\infty}^{t} f(t)\mathrm{d}t = f(t)$，所以

$$\mathscr{F}\left[\frac{\mathrm{d}}{\mathrm{d}t}\int_{-\infty}^{t} f(t)\mathrm{d}t\right] = \mathscr{F}[f(t)]$$

又由微分性质，得

$$\mathscr{F}\left[\frac{\mathrm{d}}{\mathrm{d}t}\int_{-\infty}^{t} f(t)\mathrm{d}t\right] = \mathrm{j}\omega\mathscr{F}\left[\int_{-\infty}^{t} f(t)\mathrm{d}t\right]$$

因此

$$\mathscr{F}\left[\int_{-\infty}^{t} f(t)\mathrm{d}t\right] = \frac{1}{\mathrm{j}\omega}\mathscr{F}[f(t)]$$

一般地，当 $\lim\limits_{t \to +\infty} g(t) \neq 0$ 时，积分性质应为

$$\mathscr{F}\left[\int_{-\infty}^{t} f(t)\mathrm{d}t\right] = \frac{1}{\mathrm{j}\omega}F(\omega) + \pi F(0)\delta(\omega)$$

*4. 能量积分

设 $F(\omega) = \mathscr{F}[f(t)]$，则有

$$\int_{-\infty}^{+\infty} f^{2}(t)\mathrm{d}t = \frac{1}{2\pi}\int_{-\infty}^{+\infty} |F(\omega)|^{2}\mathrm{d}\omega \tag{7.32}$$

这一等式称为**帕塞瓦尔(Parseval)等式**，式中出现的函数 $S(\omega) = |F(\omega)|^{2}$ 称为**能量密度函数**，简称**能谱密度**. 将它对所有的频率积分就得到 $f(t)$ 的总能量 $\displaystyle\int_{-\infty}^{+\infty} f^{2}(t)\mathrm{d}t$. 故帕塞瓦尔等式又称**能量积分**.

证明 由 $F(\omega) = \mathscr{F}[f(t)] = \displaystyle\int_{-\infty}^{+\infty} f(t)\mathrm{e}^{-\mathrm{i}\omega t}\mathrm{d}t$，有

$$\overline{F(\omega)} = \int_{-\infty}^{+\infty} f(t)\mathrm{e}^{\mathrm{i}\omega t}\mathrm{d}t$$

于是

$$\frac{1}{2\pi}\int_{-\infty}^{+\infty} |F(\omega)|^{2}\mathrm{d}\omega = \frac{1}{2\pi}\int_{-\infty}^{+\infty} F(\omega)\,\overline{F(\omega)}\,\mathrm{d}\omega = \frac{1}{2\pi}\int_{-\infty}^{+\infty} F(\omega)\left[\int_{-\infty}^{+\infty} f(t)\mathrm{e}^{\mathrm{i}\omega t}\mathrm{d}t\right]\mathrm{d}\omega$$

$$= \int_{-\infty}^{+\infty} f(t)\left[\frac{1}{2\pi}\int_{-\infty}^{+\infty} F(\omega)\mathrm{e}^{\mathrm{i}\omega t}\mathrm{d}\omega\right]\mathrm{d}t = \int_{-\infty}^{+\infty} f^{2}(t)\mathrm{d}t$$

例 7.18 求 $\displaystyle\int_{-\infty}^{+\infty} \frac{\sin^{2} t}{t^{2}}\mathrm{d}t$.

解 若设 $f(t) = \dfrac{\sin t}{t}$,则由附录 A 中的 41 得到

$$F(\omega) = \begin{cases} \pi, & |\omega| \leqslant 1 \\ 0, & \text{其他} \end{cases}$$

从而由帕塞瓦尔等式,有

$$\int_{-\infty}^{+\infty} \frac{\sin^2 t}{t^2} dt = \frac{1}{2\pi} \int_{-\infty}^{+\infty} |F(\omega)|^2 d\omega = \frac{1}{2\pi} \int_{-1}^{1} \pi^2 d\omega = \pi$$

由此例可以看出,当求一个函数的平方 $[f(t)]^2$ 在 $(-\infty, +\infty)$ 上的积分,而原函数不好确定时,可取 $f(t)$ 为像原函数,利用帕塞瓦尔等式求出.

7.4.3 卷积与卷积定理

1. 卷积的概念

设 $f_1(t)$、$f_2(t)$ 是定义在 $(-\infty, +\infty)$ 上的两个函数,如果积分

$$\int_{-\infty}^{+\infty} f_1(\tau) f_2(t - \tau) d\tau$$

存在,则称其为函数 $f_1(t)$、$f_2(t)$ 的卷积,记为 $f_1(t) * f_2(t)$,即

$$f_1(t) * f_2(t) = \int_{-\infty}^{+\infty} f_1(\tau) f_2(t - \tau) d\tau \tag{7.33}$$

例 7.19 设 $f_1(t) = \begin{cases} 0, & t < 0 \\ 1, & t \geqslant 0 \end{cases}$, $f_2(t) = \begin{cases} 0, & t < 0 \\ e^{-t}, & t \geqslant 0 \end{cases}$,求 $f_1(t) * f_2(t)$.

解 如图 7.9 所示,当 $t < 0$ 时,$f_1(\tau) f_2(t - \tau) = 0$,从而

$$f_1(t) * f_2(t) = \int_{-\infty}^{+\infty} f_1(\tau) f_2(t - \tau) d\tau = 0$$

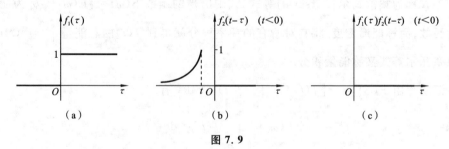

图 7.9

当 $t \geqslant 0$ 时,如图 7.10 所示,$f_1(\tau) f_2(t - \tau) \neq 0$ 的区间为 $[0, t]$,因此,

$$f_1(t) * f_2(t) = \int_{-\infty}^{+\infty} f_1(\tau) f_2(t - \tau) d\tau = \int_0^t 1 \cdot e^{-(t-\tau)} d\tau$$

$$= e^{-t} \int_0^t e^\tau d\tau = e^{-t}(e^t - 1) = 1 - e^{-t}$$

即

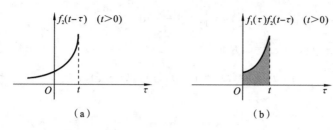

图 7.10

$$f_1(t) * f_2(t) = \begin{cases} 0, & t<0 \\ 1-\mathrm{e}^{-t}, & t\geqslant 0 \end{cases}$$

此外,确定 $f_1(\tau)f_2(t-\tau)\neq 0$ 的区间还可以通过解不等式来实现. 对于例 7.19, 只需

$$\begin{cases} \tau\geqslant 0 \\ t-\tau\geqslant 0 \end{cases}$$

即 $\begin{cases} \tau\geqslant 0 \\ \tau\leqslant t \end{cases}$ 成立. 可见当 $t\geqslant 0$ 时,使得 $f_1(\tau)f_2(t-\tau)\neq 0$ 的区间为 $[0,t]$,因此

$$f_1(t) * f_2(t) = \int_0^t 1 \cdot \mathrm{e}^{-(t-\tau)}\mathrm{d}\tau$$

例 7.20 设 $f_1(t)=\begin{cases} 0, & t<0 \\ 1-t, & 0\leqslant t\leqslant 1 \\ 0, & t>1 \end{cases}$, $f_2(t)=\begin{cases} 0, & t<0 \\ 1, & 0\leqslant t\leqslant 2 \\ 0, & t>2 \end{cases}$, 求 $f_1(t) * f_2(t)$.

解 确定 $f_1(\tau)f_2(t-\tau)\neq 0$ 的区间,需解不等式组

$$\begin{cases} 0\leqslant\tau\leqslant 1 \\ 0\leqslant t-\tau\leqslant 2 \end{cases}$$

即

$$\begin{cases} 0\leqslant\tau\leqslant 1 \\ t-2\leqslant\tau\leqslant t \end{cases}$$

可见,当 $t<0$ 时,此不等式组没有交集,也即 $f_1(\tau)f_2(t-\tau)=0$,从而

$$f_1(t) * f_2(t) = \int_{-\infty}^{+\infty} f_1(\tau)f_2(t-\tau)\mathrm{d}\tau = 0$$

当 $0\leqslant t<1$ 时,$f_1(\tau)f_2(t-\tau)\neq 0$ 的区间为 $[0,t]$,卷积为

$$f_1(t) * f_2(t) = \int_0^t (1-\tau)\mathrm{d}\tau = t-\frac{t^2}{2}$$

当 $1\leqslant t<2$ 时,$f_1(\tau)f_2(t-\tau)\neq 0$ 的区间为 $[0,1]$,卷积为

$$f_1(t) * f_2(t) = \int_0^1 (1-\tau)\mathrm{d}\tau = \frac{1}{2}$$

当 $2\leqslant t\leqslant 3$ 时,$f_1(\tau)f_2(t-\tau)\neq 0$ 的区间为 $[t-2,1]$,卷积为

$$f_1(t) * f_2(t) = \int_{t-2}^{1} (1-\tau) d\tau = \frac{9}{2} - 3t + \frac{t^2}{2}$$

当 $t>3$ 时，$f_1(\tau) f_2(t-\tau) = 0$，从而

$$f_1(t) * f_2(t) = \int_{-\infty}^{+\infty} f_1(\tau) f_2(t-\tau) d\tau = 0$$

综上，得

$$f_1(t) * f_2(t) = \begin{cases} 0 & \text{当 } t<0 \text{ 或 } t>3 \\ t - \dfrac{t^2}{2} & \text{当 } 0 \leqslant t<1 \\ \dfrac{1}{2} & \text{当 } 1 \leqslant t<2 \\ \dfrac{9}{2} - 3t + \dfrac{t^2}{2} & \text{当 } 2 \leqslant t \leqslant 3 \end{cases}$$

2. 卷积的性质

(1) 交换律：$f_1(t) * f_2(t) = f_2(t) * f_1(t)$.

证明 作变量替换 $u = t - \tau$，得

$$\begin{aligned}
f_1(t) * f_2(t) &= \int_{-\infty}^{+\infty} f_1(\tau) f_2(t-\tau) d\tau \\
&= -\int_{-\infty}^{+\infty} f_1(t-u) f_2(u)(-du) \\
&= \int_{-\infty}^{+\infty} f_2(u) f_1(t-u) du \\
&= f_2(t) * f_1(t)
\end{aligned}$$

(2) 结合律：$f_1(t) * [f_2(t) * f_3(t)] = [f_1(t) * f_2(t)] * f_3(t)$.

(3) 分配律：$f_1(t) * [f_2(t) + f_3(t)] = f_1(t) * f_2(t) + f_1(t) * f_3(t)$.

证明 根据卷积的定义，有

$$\begin{aligned}
f_1(t) * [f_2(t) + f_3(t)] &= \int_{-\infty}^{+\infty} f_1(\tau) [f_2(t-\tau) + f_3(t-\tau)] d\tau \\
&= \int_{-\infty}^{+\infty} f_1(\tau) f_2(t-\tau) d\tau + \int_{-\infty}^{+\infty} f_1(\tau) f_3(t-\tau) d\tau \\
&= f_1(t) * f_2(t) + f_1(t) * f_3(t)
\end{aligned}$$

(4) 数乘：$k[f_1(t) * f_2(t)] = [kf_1(t)] * f_2(t) = f_1(t) * [kf_2(t)]$（$k$ 为常数）.

(5) 卷积的微分：$\dfrac{d}{dt}[f_1(t) * f_2(t)] = \dfrac{d}{dt} f_1(t) * f_2(t) = f_1(t) * \dfrac{d}{dt} f_2(t)$.

(6) 卷积的积分：$\displaystyle\int_{-\infty}^{t} [f_1(\xi) * f_2(\xi)] d\xi = f_1(t) * \int_{-\infty}^{t} f_2(\xi) d\xi$

$$= \int_{-\infty}^{t} f_1(\xi) d\xi * f_2(t).$$

(7) 卷积不等式：$|f_1(t) * f_2(t)| \leqslant |f_1(t)| * |f_2(t)|$.

其余结论的证明留给读者自行完成.

3. 卷积定理

设 $\mathscr{F}[f_1(t)] = F_1(\omega)$，$\mathscr{F}[f_2(t)] = F_2(\omega)$，则

(1) $\mathscr{F}[f_1(t) * f_2(t)] = F_1(\omega) \cdot F_2(\omega)$，或 $\mathscr{F}^{-1}[F_1(\omega) \cdot F_2(\omega)] = f_1(t) * f_2(t)$.

(2) $\mathscr{F}[f_1(t) \cdot f_2(t)] = \dfrac{1}{2\pi} F_1(\omega) * F_2(\omega)$.

证明　由卷积与 Fourier 变换的定义，有

$$
\begin{aligned}
\mathscr{F}[f_1(t) * f_2(t)] &= \int_{-\infty}^{+\infty} [f_1(t) * f_2(t)] e^{-j\omega t}\, dt \\
&= \int_{-\infty}^{+\infty} \left[\int_{-\infty}^{+\infty} f_1(\tau) f_2(t-\tau)\, d\tau \right] e^{-j\omega t}\, dt \\
&= \int_{-\infty}^{+\infty} \left[\int_{-\infty}^{+\infty} f_1(\tau) e^{-j\omega\tau} f_2(t-\tau) e^{-j\omega(t-\tau)}\, d\tau \right] dt \\
&= \int_{-\infty}^{+\infty} f_1(\tau) e^{-j\omega\tau}\, d\tau \int_{-\infty}^{+\infty} f_2(t-\tau) e^{-j\omega(t-\tau)}\, dt \\
&= F_1(\omega) \cdot F_2(\omega)
\end{aligned}
$$

其他证明留给读者自行完成.

已知两个函数的 Fourier 变换，利用卷积可用简化这两个函数的卷积计算，同样在卷积易得的情况下，利用卷积定理也可求 Fourier 变换.

例 7.21　设 $f(t) = e^{-2|t|}$，$f(t) = e^{-3|t|}$，求 $f_1(t) * f_2(t)$.

解　由例 7.6 知

$$
F_1(\omega) = \mathscr{F}[e^{-2|t|}] = \frac{4}{4+\omega^2}, \quad F_2(\omega) = \mathscr{F}[e^{-3|t|}] = \frac{6}{9+\omega^2}
$$

由卷积定理可得

$$
\begin{aligned}
f_1(t) * f_2(t) &= \mathscr{F}^{-1}[F_1(\omega) \cdot F_2(\omega)] \\
&= \mathscr{F}^{-1}\left[\frac{4}{4+\omega^2} \cdot \frac{6}{9+\omega^2} \right] \\
&= \frac{24}{5} \mathscr{F}^{-1}\left[\frac{1}{4+\omega^2} - \frac{1}{9+\omega^2} \right] \\
&= \frac{24}{5} \mathscr{F}^{-1}\left[\frac{1}{4+\omega^2} \right] - \frac{24}{5} \mathscr{F}^{-1}\left[\frac{1}{9+\omega^2} \right] \\
&= \frac{6}{5} \mathscr{F}^{-1}\left[\frac{4}{4+\omega^2} \right] - \frac{4}{5} \mathscr{F}^{-1}\left[\frac{6}{9+\omega^2} \right] \\
&= \frac{6}{5} e^{-2|t|} - \frac{4}{5} e^{-3|t|}
\end{aligned}
$$

此例若直接由卷积的定义来计算，则函数中含有绝对值，计算会比较麻烦.

例 7.22 设 $f(t) = e^{-\beta t}u(t)\cos\omega_0 t$，其中常数 $\beta > 0$，求 $\mathscr{F}[f(t)]$.

解 由卷积定理可得

$$\mathscr{F}[f(t)] = \frac{1}{2\pi}\mathscr{F}[e^{-\beta t}u(t)] * \mathscr{F}[\cos\omega_0 t]$$

由于

$$\mathscr{F}[e^{-\beta t}u(t)] = \frac{1}{\beta + j\omega}$$

$$\mathscr{F}[\cos\omega_0 t] = \pi[\delta(\omega + \omega_0) + \delta(\omega - \omega_0)]$$

因此，考虑到 δ 函数的筛选性质有

$$\mathscr{F}[f(t)] = \frac{1}{2\pi}\int_{-\infty}^{+\infty} \frac{\pi}{\beta + j\tau}[\delta(\omega + \omega_0 - \tau) + \delta(\omega - \omega_0 - \tau)]d\tau$$

$$= \frac{1}{2}\left[\frac{1}{\beta + j(\omega + \omega_0)} + \frac{1}{\beta + j(\omega - \omega_0)}\right]$$

$$= \frac{\beta + j\omega}{\omega_0^2 + (\beta + j\omega)^2}$$

本节介绍的 Fourier 变换的性质较多，既有关于像函数的性质，也有关于像原函数的性质. 全面、准确地掌握这些性质，对于灵活应用这些性质解决实际问题是十分重要的.

练习题 7.4

1. 求 $f(t) = \sin^2 2t$ 的 Fourier 变换.

2. 设 $F(\omega) = \mathscr{F}[f(t)]$，证明如下性质.

(1) 翻转性质：$F(-\omega) = \mathscr{F}[f(-t)]$.

(2) 对称性质：$\mathscr{F}[F(\mp t)] = 2\pi f(\pm\omega)$.

3. 设 $F(\omega) = \mathscr{F}[f(t)]$，利用 Fourier 变换的性质求下列函数的 Fourier 变换.

(1) $tf(2t)$;   (2) $(t-2)f(-t)$;   (3) $t^3 f(2t)$;

(4) $tf'(t)$;   (5) $f(2t-3)$;   (6) $f(3-2t)$.

4. 证明 $tu(t)$ 的 Fourier 变换为 $j\pi\delta'(\omega) + \dfrac{1}{(j\omega)^2}$.

5. 求下列函数的 Fourier 变换.

(1) $f(t) = e^{j\omega_0 t}u(t)$;   (2) $f(t) = e^{j\omega_0 t}tu(t)$;

(3) $f(t) = e^{j\omega_0 t}u(t-1)$;   (4) $f(t) = u(t)\sin\omega_0 t$.

6. 若 $f_1(t) = \begin{cases} e^{-t}, & t \geqslant 0 \\ 0, & t < 0 \end{cases}$，$f_2(t) = \begin{cases} \sin t, & 0 \leqslant t \leqslant \dfrac{\pi}{2} \\ 0, & 其他 \end{cases}$，求 $f_1(t) * f_2(t)$.

7. 利用卷积求下列函数的 Fourier 逆变换.

(1) $F(\omega)=\dfrac{1}{(1+\mathrm{j}\omega)^2}$;　　(2) $F(\omega)=\dfrac{\sin 3\omega}{\omega(2+\mathrm{j}\omega)}$.

*7.5 Fourier 变换的应用

数学在其他学科的应用中,首要的任务是建立相应的数学模型.对于比较复杂的系统,可以建立非线性模型,但一般而言,为了求解方便,线性模型是最好的选择.线性系统具有很好的性质,它可以平移、对称、反射、叠加,这些特性在振动力学、无线电技术、自动控制理论、数字图像处理等工程技术领域中都十分重要.本节将应用 Fourier 变换来求解该类系统.

例 7.23　求微积分方程

$$ax'(t)+bx(t)+c\int_{-\infty}^{t}x(t)\mathrm{d}t=h(t)$$

的解 $x(t)$,其中 a、b、c 为常数,$h(t)$ 为已知实变函数.

解　设 $H(\omega)=\mathscr{F}[h(t)]$,方程两边同时施以 Fourier 变换,可得

$$a\mathrm{j}\omega\mathscr{F}[x(t)]+b\mathscr{F}[x(t)]+\frac{c}{\mathrm{j}\omega}\mathscr{F}[x(t)]=H(\omega)$$

合并左边可解出

$$x(t)=\left(a\mathrm{j}\omega+b+\frac{c}{\mathrm{j}\omega}\right)^{-1}\mathscr{F}^{-1}[H(\omega)]$$

此题用 Fourier 变换法可解的关键是 $h(t)$ 的 Fourier 变换必须存在,否则不能使用此方法(在 Fourier 变换不存在的情况下,可以考虑使用下一章的 Laplace 变换).

例 7.24　求解积分方程

$$\int_{0}^{+\infty}f(t)\cos\omega t\,\mathrm{d}t=\begin{cases}1-\omega, & 0\leqslant\omega\leqslant 1\\ 0, & \omega>1\end{cases}$$

解　由于函数 $f(t)$ 的定义域为 $[0,+\infty)$,将其扩充为整个实数空间 $(-\infty,+\infty)$ 的偶函数,则

$$\begin{aligned}
f(t)&=\frac{1}{2\pi}\int_{-\infty}^{+\infty}\left[\int_{-\infty}^{+\infty}f(t')\mathrm{e}^{-\mathrm{j}\omega t'}\mathrm{d}t'\right]\mathrm{e}^{\mathrm{j}\omega t}\mathrm{d}\omega\\
&=\frac{1}{2\pi}\int_{-\infty}^{+\infty}\int_{-\infty}^{+\infty}f(t')\mathrm{e}^{\mathrm{j}\omega(t-t')}\mathrm{d}\omega\mathrm{d}t'\\
&=\frac{1}{2\pi}\int_{-\infty}^{+\infty}\int_{-\infty}^{+\infty}f(t')[\cos\omega(t-t')+\underline{\mathrm{j}\sin\omega(t-t')}]\mathrm{d}\omega\mathrm{d}t'\\
&=\frac{1}{\pi}\int_{-\infty}^{+\infty}\int_{0}^{+\infty}f(t')(\cos\omega t\cos\omega t'+\underline{\sin\omega t\sin\omega t'})\mathrm{d}t'\mathrm{d}\omega\\
&=\frac{2}{\pi}\int_{0}^{+\infty}\left[\int_{0}^{+\infty}f(t')\cos\omega t'\mathrm{d}t'\right]\cos\omega t\,\mathrm{d}\omega
\end{aligned}$$

$$= \frac{2}{\pi} \int_0^1 (1 - \omega) \cos \omega t \, \mathrm{d}\omega = \frac{2(1 - \cos t)}{\pi t^2} \quad (x > 0)$$

其中下划线部分表示其为关于积分变量的奇函数,在对称区间的积分等于 0.

还可以利用卷积定理来求解积分方程.

例 7.25 求解方程

$$\int_{-\infty}^{+\infty} \frac{y(u)\mathrm{d}u}{(x - u)^2 + a^2} = \frac{1}{x^2 + b^2} \quad (0 < a < b)$$

解 由于

$$y(x) * \frac{1}{x^2 + a^2} = \int_{-\infty}^{+\infty} \frac{y(u)\mathrm{d}u}{(x - u)^2 + a^2}$$

由卷积定理,有

$$\mathscr{F}\left[y(x) * \frac{1}{x^2 + a^2}\right] = \mathscr{F}[y(x)] \cdot \mathscr{F}\left[\frac{1}{x^2 + a^2}\right] = \mathscr{F}\left[\frac{1}{x^2 + b^2}\right]$$

而根据围道积分(参见本书第 5.3.3 小节),可得

$$\mathscr{F}\left[\frac{1}{x^2 + a^2}\right] = \int_{-\infty}^{+\infty} \frac{\mathrm{e}^{-\mathrm{j}\omega x}}{x^2 + a^2} \mathrm{d}x = \frac{\pi}{a} \mathrm{e}^{-a|\omega|}$$

同理可得

$$\mathscr{F}\left[\frac{1}{x^2 + b^2}\right] = \frac{\pi}{b} \mathrm{e}^{-b|\omega|}$$

因此

$$\mathscr{F}[y(x)] = \frac{a}{b} \mathrm{e}^{-(b-a)|\omega|}$$

求逆变换可得

$$y(x) = \mathscr{F}^{-1}\left[\frac{a}{b} \mathrm{e}^{-(b-a)|\omega|}\right] = \frac{a}{b\pi} \cdot \frac{b - a}{x^2 + (b - a)^2}$$

Fourier 变换在电路系统数学模型的求解中亦可大显身手.

例 7.26 如图 7.11 所示,求具有电动势 $f(t)$ 的 LRC 电路的电流,其中 L 是电感,R 是电阻,C 是电容,$f(t)$ 是电动势.

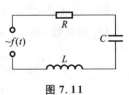

图 7.11

解 设 $I(t)$ 为电路在 t 时刻的电流,由 Kirchhoff(基尔霍夫)定律,其满足微积分方程

$$L \frac{\mathrm{d}I}{\mathrm{d}t} + RI + \frac{1}{C} \int_{-\infty}^t I \mathrm{d}t = f(t)$$

推导出

$$L \frac{\mathrm{d}^2 I}{\mathrm{d}t^2} + R \frac{\mathrm{d}I}{\mathrm{d}t} + \frac{I}{C} = f'(t)$$

对此二阶微分方程两端取 Fourier 变换得

$$\left[L(\mathrm{j}\omega)^2+R\mathrm{j}\omega+\frac{1}{C}\right]\mathscr{F}[I(t)]=\mathrm{j}\omega\mathscr{F}[f(t)]$$

因此

$$I(t)=\mathscr{F}^{-1}\left[\frac{\mathrm{j}\omega\mathscr{F}[f(t)]}{-L\omega^2+R\mathrm{j}\omega+\frac{1}{C}}\right]=\frac{\mathrm{j}\omega f(t)}{-L\omega^2+R\mathrm{j}\omega+\frac{1}{C}}$$

Fourier 变换在常微分方程的求解中更是得心应手.

例 7.27 求常系数非齐次线性微分方程

$$\frac{\mathrm{d}^2}{\mathrm{d}t^2}y(t)-y(t)=-f(t)$$

的解,其中 $f(t)$ 为已知函数.

解 设 $\mathscr{F}[y(t)]=Y(\omega)$,$\mathscr{F}[f(t)]=F(\omega)$,利用 Fourier 变换的线性性质和微分性质,可得

$$(\mathrm{j}\omega)^2Y(\omega)-Y(\omega)=-F(\omega)$$

解出 $Y(\omega)$,再两边同取 Fourier 逆变换,有

$$y(t)=\mathscr{F}^{-1}\left[\frac{1}{1+\omega^2}F(\omega)\right]$$

由于

$$\mathscr{F}[\mathrm{e}^{-|t|}]=\frac{2}{1+\omega^2}$$

因此,由卷积定理得

$$y(t)=\frac{1}{2}\mathrm{e}^{-|t|}*f(t)=\frac{1}{2}\int_{-\infty}^{+\infty}f(\tau)\mathrm{e}^{-|t-\tau|}\mathrm{d}\tau$$

若能确定 $f(t)$ 的表达式,则可确定 $y(t)$ 的表达式.

除了求解常微分方程之外,Fourier 变换对于求解偏微分方程也同样奏效.

例 7.28 利用 Fourier 变换求解一维波动方程的初值问题:

$$\begin{cases}\dfrac{\partial^2 u}{\partial t^2}=\dfrac{\partial^2 u}{\partial x^2} & (x\in\mathbf{R},t>0)\\[2mm]u|_{t=0}=\cos x, & \dfrac{\partial u}{\partial t}\bigg|_{t=0}=\sin x\end{cases}$$

解 根据自变量的定义域,本题关于 x 求 Fourier 变换. 设 $\mathscr{F}[u(x,t)]=U(\omega,t)$,对定解问题两边同取 Fourier 变换,有

$$\mathscr{F}\left[\frac{\partial^2 u}{\partial x^2}\right]=(\mathrm{j}\omega)^2U(\omega,t)=-\omega^2U(\omega,t)$$

$$\mathscr{F}\left[\frac{\partial^2 u}{\partial t^2}\right]=\frac{\partial^2}{\partial t^2}\mathscr{F}[u(x,t)]=\frac{\mathrm{d}^2}{\mathrm{d}t^2}U(\omega,t)$$

$$\mathscr{F}[\cos x]=\pi[\delta(\omega+1)+\delta(\omega-1)]$$

$$\mathscr{F}[\sin x]=\pi\mathrm{j}[\delta(\omega+1)-\delta(\omega-1)]$$

因此,原初值问题转化为

$$\begin{cases} \dfrac{\mathrm{d}^2 U}{\mathrm{d}t^2} = -\omega^2 U(\omega,t) \\ U\big|_{t=0} = \mathscr{F}[\cos x], \quad \dfrac{\partial U}{\partial t}\bigg|_{t=0} = \mathscr{F}[\sin x] \end{cases}$$

其通解为

$$U(\omega,t) = c_1 \sin\omega t + c_2 \cos\omega t$$

由初始条件可得

$$c_1 = \frac{\pi}{\omega}\mathrm{j}[\delta(\omega+1) - \delta(\omega-1)]$$

$$c_2 = \pi[\delta(\omega+1) + \delta(\omega-1)]$$

对 $U(\omega,t)$ 作 Fourier 逆变换,且利用 δ 函数的筛选性质,可得原方程的解为

$$u(x,t) = \mathscr{F}^{-1}[U(\omega,t)] = \cos(t-x)$$

更多有关积分变换在求解微分、积分方程,以及物理、工程等领域的应用,将在下一章"Laplace 变换及其应用"中讲解,因为 Laplace 变换的应用比 Fourier 变换的更为广泛.

练习题 7.5

1. 求积分方程 $x'(t) - 4\displaystyle\int_{-\infty}^{t} x(t)\mathrm{d}t = \mathrm{e}^{-|t|}$ 的解.

2. 求解下列积分方程.

(1) $\displaystyle\int_{-\infty}^{+\infty} \frac{y(\tau)}{(t-\tau)^2 + a^2}\mathrm{d}\tau = \frac{1}{t^2 + b^2}$ $(0 < a < b)$;

(2) $\displaystyle\int_{-\infty}^{+\infty} \mathrm{e}^{-|t-\tau|} y(\tau)\mathrm{d}\tau = \sqrt{2\pi}\mathrm{e}^{-\frac{t^2}{2}}$.

3. 求解下列偏微分方程

(1) $\begin{cases} \dfrac{\partial u}{\partial t} = a^2 \dfrac{\partial^2 u}{\partial x^2} + Au \quad (x \in \mathbf{R}, t > 0, a > 0) \\ u\big|_{t=0} = \delta(x) \end{cases}$;

(2) $\begin{cases} \dfrac{\partial^2 u}{\partial t^2} = \dfrac{\partial^2 u}{\partial x^2} + t\sin x \quad (x \in \mathbf{R}, t > 0) \\ u\big|_{t=0} = 0, \dfrac{\partial u}{\partial t}\bigg|_{t=0} = \sin x \end{cases}$;

(3) $\begin{cases} \dfrac{\partial u}{\partial t} = \dfrac{\partial^2 u}{\partial x^2} + Au \quad (x > 0, t > 0) \\ u\big|_{x=0} = 0, u\big|_{t=0} = \begin{cases} 1, & 0 < x < 1 \\ 0, & x \geq 1 \end{cases} \end{cases}$

综合练习题 7

1. 求函数 $f(t) = \begin{cases} e^t, & t \leqslant 0 \\ 0, & t > 0 \end{cases}$ 的 Fourier 变换.

2. 求函数 $f(t) = \begin{cases} 1 - t^2, & |t| \leqslant 1 \\ 0, & |t| > 1 \end{cases}$ 的 Fourier 变换.

3. 求下列函数的 Fourier 逆变换：

(1) $F(\omega) = \dfrac{2}{(3 + j\omega)(5 + j\omega)}$;　　(2) $F(\omega) = \dfrac{1}{(2 + j\omega)(1 - j\omega)}$.

4. 已知 $\mathscr{F}[f(t)] = F(\omega)$, 且 $f(t)$、$F(\omega)$ 在无穷远处都趋于 0, 求下列函数的 Fourier 变换：

(1) $tf(t)$;　　　(2) $(1 - t)f(1 - t)$;　　　(3) $tf(2t)$;

(4) $f(2t - 2)$;　　(5) $tf'(t)$.

5. 求函数

$$f(t) = \begin{cases} 0, & t < 1 \\ 1, & t \geqslant 1 \end{cases} \quad \text{和} \quad g(t) = \begin{cases} 0, & t < 1 \\ e^{-t}, & t \geqslant 1 \end{cases}$$

的卷积 $f(t) * g(t)$.

6. 设函数 $f(t) = u(t)e^{-at} \ (a > 0)$, $g(t) = u(t)\sin t$, 利用 Fourier 变换的卷积定理, 求卷积 $f(t) * g(t)$.

7. 求解微分方程 $x'(t) + x(t) = \delta(t)$, $-\infty < t < +\infty$ 的解.

8. 设 $f(t) = e^{-\beta t} u(t) \cos\omega_0 t \ (\beta > 0)$, 求 $\mathscr{F}[f(t)]$.

9. 求函数 $f(t) = \sin\omega_0 t \cdot u(t)$ 的 Fourier 变换.

数学家简介

傅里叶(Baron Jean Baptiste Joseph Fourier, 1768 年 3 月 21 日—1830 年 5 月 16 日, 见图 7.12), 法国数学家, 1768 年 3 月 21 日生于欧塞尔, 1830 年 5 月 16 日卒于巴黎. 他 9 岁时父母双亡, 被当地教堂收养; 12 岁时由一位主教送入地方军事学校读书; 17 岁时回乡教数学; 1794 年到巴黎, 成为高等师范学校的首批学员; 次年到巴黎综合工科学校执教; 1798 年随拿破仑远征埃及, 时任军中文书和埃及研究院秘书; 1801 年回国后任伊泽尔省格伦诺布尔地方长官; 1817 年当选为科学院院士; 1822 年任该院终身秘书, 后又任法兰西学院终身秘书和理工科大学校务委员主席.

图 7.12

傅里叶的论文《传热理论的分析与研究》对数学物理学产生了很大影响. 依据他的研究, 固体中的导热现象能通过无穷数学级数来表示, 即以他的名字命名的傅里叶级数. 他通过对典型导热现象的分析研究, 大大促进了数学物理学的发展. 这些研究也就是围绕许多自然现象, 比如, 太阳黑子、潮汐、大气气候等, 即边界问题的求解. 他的研究对这个理论的实际应用产生很大的影响.

傅里叶的主要贡献是在研究热的传播时创立了一套数学理论. 1807 年, 他向巴黎科学院呈交论文《热的传播》, 推导出著名的热传导方程, 并在求解该方程时发现解函数可以由三角函数构成的级数形式表示, 从而提出任意函数都可以展成三角函数的无穷级数. Fourier 级数(即三角级数)、Fourier 分析等理论均由此创始. 1822 年, 傅里叶发表了著名论著《热的解析理论》, 这一著作奠定了导热的理论基础, 描述导热的定律就是以他的名字命名的.

他还有许多其他贡献, 比如最早使用定积分符号, 改进了代数方程符号法则的证法和实根个数的判别法等.

Fourier 变换的基本思想首先由傅里叶提出, 所以以其名字来命名以示纪念.

第8章 Laplace 变换及其应用

Fourier 变换在许多领域发挥了重要作用,特别是在信号处理领域,直到今天它仍然是最基本的分析和处理工具,甚至可以说信号分析本质上即 Fourier 分析(谱分析).但任何方法总有它的局限性,Fourier 变换也是如此.因此人们根据 Fourier 变换的一些不足之处进行了各种各样的改进.这些改进大体上分为两个方面:其一是提高它对问题的刻画能力,如窗口 Fourier 变换、小波变换等;其二是扩大它本身的适用范围.本章介绍的 Laplace 变换是后者.

从第 7 章学习中已经知道,Fourier 变换建立在 Fourier 级数的基础上.一个函数除了要满足 Dirichlet 条件外,一般还要在 $(-\infty, +\infty)$ 上绝对可积,才有古典意义下的 Fourier 变换.然而绝对可积是一个相当强的条件,即使是一些很简单的函数,如线性函数、正(余)弦函数等,也都不满足此条件.引入 δ 函数后,Fourier 变换的适用范围被拓宽了许多,使得缓增函数也能进行 Fourier 变换,但 Fourier 变换对于指数级的增长函数仍无能为力.另外,进行 Fourier 变换必须在整个实轴上有意义,但在工程实际问题中,许多以时间 t 为自变量的函数在 $t<0$ 时是无意义的,或者是不需要考虑的.因此,使用 Fourier 变换处理问题具有一定的局限性.

有鉴于此,19 世纪末,英国工程师 Heaviside 改进了原有的算子法,使其既具有类似 Fourier 变换的性质,又能克服上述的不足.由于其数学根源来自 Laplace,因此称为 Laplace 变换.Laplace 变换的实质仍是积分运算.但因其对像原函数的要求比起 Fourier 变换要弱很多,因此它比 Fourier 变换的使用面要广很多.

8.1 Laplace 变换的概念

引例 8.1 考虑一个定义在 $(-\infty, +\infty)$ 上的函数 $f(t)$,其图形如图 8.1(a)所示.注意到曲线的变化趋势,不难发现 $f(t)$ 不是绝对可积的,一般来说这种函数的 Fourier 变换不存在.然而,如果对 $f(t)$ 进行适当的改造,就可以求 Fourier 变换了.为此,令

$$g(t) = u(t) e^{-\beta t} f(t)$$

其中 $\beta > 0$ 为常数,$u(t)$ 为单位阶跃函数.$g(t)$ 的图形如图 8.1(b)所示.只要 β 选择适当,$g(t)$ 就能够满足绝对可积的条件.下面来求 $g(t)$ 的 Fourier 变换 $G(\omega)$.

根据 Fourier 变换的定义有

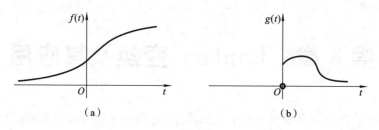

图 8.1

$$G(\omega) = \mathscr{F}[g(t)] = \int_{-\infty}^{+\infty} u(t)\mathrm{e}^{-\beta t}f(t)\mathrm{e}^{-\mathrm{i}\omega t}\,\mathrm{d}t = \int_{0}^{+\infty} f(t)\mathrm{e}^{-(\beta+\mathrm{i}\omega)t}\,\mathrm{d}t$$

这样就得到了一个含有复参数 $\beta+\mathrm{i}\omega$ 的积分,将其记为 $F(\beta+\mathrm{i}\omega)$,即

$$F(\beta+\mathrm{i}\omega) = \int_{0}^{+\infty} f(t)\mathrm{e}^{-(\beta+\mathrm{i}\omega)t}\,\mathrm{d}t$$

若令 $s=\beta+\mathrm{i}\omega$,则函数 $g(t)=u(t)\mathrm{e}^{-\beta t}f(t)$ 的 Fourier 变换最终可表示为

$$F(s) = \int_{0}^{+\infty} f(t)\mathrm{e}^{-st}\,\mathrm{d}t$$

8.1.1　Laplace 变换的定义

设函数 $f(t)$ 在 $t\geqslant0$ 时有定义,如果存在复平面上的某一个区域 D,使得当复参数 $s\in D$ 时,积分 $\int_{0}^{+\infty} f(t)\mathrm{e}^{-st}\,\mathrm{d}t$ 收敛,则由此积分所确定的函数可以写成

$$F(s) = \int_{0}^{+\infty} f(t)\mathrm{e}^{-st}\,\mathrm{d}t, \quad s \in D \tag{8.1}$$

称式(8.1)为函数 $f(t)$ 的 Laplace **变换**,记为 $F(s)=\mathscr{L}[f(t)]$. 相应地,称 $f(t)$ 为 $F(s)$ 的 Laplace **逆变换**,记为 $f(t)=\mathscr{L}^{-1}[F(s)]$. 有时也分别称 $f(t)$ 和 $F(s)$ 为**像原函数和像函数**.

与 Fourier 变换相比,Laplace 变换并不要求函数 $f(t)$ 绝对可积,而且我们已经悄然地将一般的复指数函数引入这种积分变换中.

例 8.1　分别求单位阶跃函数 $u(t)$、符号函数 $\mathrm{sgn}\,t$ 和 $f(t)=1$ 的 Laplace 变换.

解　由式(8.1),当 $\mathrm{Re}(s)>0$ 时(若 $\mathrm{Re}(s)\leqslant0$,积分不收敛),有

$$\mathscr{L}[u(t)] = \int_{0}^{+\infty} u(t)\mathrm{e}^{-st}\,\mathrm{d}t = \int_{0}^{+\infty} \mathrm{e}^{-st}\,\mathrm{d}t = \frac{1}{s}$$

$$\mathscr{L}[\mathrm{sgn}\,t] = \int_{0}^{+\infty} (\mathrm{sgn}\,t)\mathrm{e}^{-st}\,\mathrm{d}t = \int_{0}^{+\infty} \mathrm{e}^{-st}\,\mathrm{d}t = \frac{1}{s}$$

$$\mathscr{L}[1] = \int_{0}^{+\infty} 1 \cdot \mathrm{e}^{-st}\,\mathrm{d}t = \frac{1}{s}$$

该例表明,这三个函数经过 Laplace 变换后,像函数是一样的. 这一点不难理解,因为这三个函数在 $[0,+\infty]$ 上的定义完全一样,而 Laplace 变换仅考虑函数在 $[0,$

$+\infty]$ 上的变化情况. 但为讨论和描述方便,一般约定,在 Laplace 变换中所提到的定义在 $(-\infty,+\infty)$ 上的函数 $f(t)$ 均理解为 $f(t)=u(t)f(t)$,即当 $t<0$ 时函数取值为零. 例如,当对函数 $\sin t$ 求 Laplace 变换时,有

$$f(t)=u(t)\sin t=\begin{cases} \sin t, & t\geqslant 0 \\ 0, & t<0 \end{cases}$$

例 8.2 分别求函数 e^{at}、e^{-at}、$e^{j\omega t}$ $(\alpha>0,\omega\in\mathbf{R})$ 的 Laplace 变换.

解 由式(8.1),有

$$\mathscr{L}[e^{at}]=\int_0^{+\infty}e^{at}e^{-st}\mathrm{d}t=\frac{1}{\alpha-s}e^{(\alpha-s)t}\Big|_0^{+\infty}=\frac{1}{s-\alpha}\quad(\mathrm{Re}(s)>\alpha)$$

$$\mathscr{L}[e^{-at}]=\int_0^{+\infty}e^{-at}e^{-st}\mathrm{d}t=\frac{1}{-\alpha-s}e^{(-\alpha-s)t}\Big|_0^{+\infty}=\frac{1}{s+\alpha}\quad(\mathrm{Re}(s)>-\alpha)$$

$$\mathscr{L}[e^{j\omega t}]=\int_0^{+\infty}e^{j\omega t}e^{-st}\mathrm{d}t=\frac{1}{j\omega-s}e^{(j\omega-s)t}\Big|_0^{+\infty}=\frac{1}{s-j\omega}\quad(\mathrm{Re}(s)>0)$$

8.1.2 Laplace 变换的存在定理

从上面的例子可以看出,Laplace 变换存在的条件要比 Fourier 存在的条件弱得多,但是对一个函数作 Laplace 变换还是要具备一些条件的. 那么哪些函数存在 Laplace 变换呢? 若对应的积分收敛,收敛范围又是什么呢? 遗憾的是这些问题难以给出一个精确的答案,但下面的定理可以部分地回答这些问题. 令人欣慰的是,对于绝大部分实际问题,有这个定理就足够了.

定理 8.1(Laplace **变换的存在定理**) 若函数 $f(t)$ 满足以下条件:

(1) 在 $t>0$ 的任一有限区间上分段连续,

(2) 当 $t\to\infty$ 时,$f(t)$ 的增长速度不超过某一指数函数,即存在常数 $M>0$ 及 $c\geqslant 0$,使得

$$|f(t)|\leqslant Me^{ct}, \quad 0\leqslant t<+\infty$$

成立(此时称函数的增长是**不超过指数级的**,c 称为它的**增长指数**),则 $f(t)$ 的 Laplace 变换 $F(s)$ 在半平面 $\mathrm{Re}(s)>c$ 内一定存在,且为解析函数.

这个定理的证明要涉及一些更深的数学理论,这里从略. 可以这样简单地去理解,一个函数即使它的绝对值随着 t 的增大而增大,只要不比某个指数函数增长得更快,它的 Laplace 变换就存在,这一点可以从前面介绍的 Laplace 变换与 Fourier 变换之间的关系及引例 8.1 得到直观的解释.

需要说明的是,定理的条件是充分而非必要的,物理学和工程技术中常见的函数大都满足这两个条件. 例如,由于

$$|u(t)|\leqslant 1\cdot e^{0t} \quad (\text{此处 } M=1,c=0)$$

$$|\sin kt|\leqslant 1\cdot e^{0t} \quad (\text{此处 } M=1,c=0)$$

$$|t^m|\leqslant 1\cdot e^{t} \quad (\text{当 } t \text{ 充分大时})(\text{此处 } M=1,c=1)$$

故单位阶跃函数、正弦函数、幂函数等的 Laplace 变换都存在,但这些函数并不满足 Fourier 积分定理的绝对可积的条件. 由此可见,对于解决某些工程技术中的实际问题,Laplace 变换的应用更为广泛.

例 8.3 求幂函数 $f(t) = t^m$ 的 Laplace 变换(m 为正整数).

解 根据 Laplace 变换的定义,有

$$\mathscr{L}[f(t)] = \int_0^{+\infty} t^m e^{-st} dt = -\frac{1}{s} \int_0^{+\infty} t^m de^{-st}$$

$$= -\frac{1}{s} t^m e^{-st} \Big|_0^{+\infty} + \frac{m}{s} \int_0^{+\infty} t^{m-1} e^{-st} dt$$

$$= \frac{m}{s} \int_0^{+\infty} t^{m-1} e^{-st} dt$$

于是得到递推关系

$$\mathscr{L}[t^m] = \frac{m}{s} \mathscr{L}[t^{m-1}]$$

又由 $\mathscr{L}[1] = \frac{1}{s}$ 有

$$\mathscr{L}[t^m] = \frac{m!}{s^{m+1}} \quad (\text{Re}(s) > 0)$$

8.1.3 周期函数的 Laplace 变换

设 $f(t)$ 是一个以 p 为周期的函数,当 $f(t)$ 在一个周期上分段连续时,有

$$\mathscr{L}[f(t)] = \int_0^{+\infty} f(t) e^{-st} dt$$

$$= \int_0^p f(t) e^{-st} dt + \int_p^{2p} f(t) e^{-st} dt + \cdots + \int_{kp}^{(k+1)p} f(t) e^{-st} dt + \cdots$$

$$= \sum_{k=0}^{+\infty} \int_{kp}^{(k+1)p} f(t) e^{-st} dt$$

令 $t = u + kp$,则

$$\int_{kp}^{(k+1)p} f(t) e^{-st} dt = \int_0^p f(u + kp) e^{-s(u+kp)} du = e^{-skp} \int_0^p f(u) e^{-su} du$$

$$= e^{-skp} \int_0^p f(t) e^{-st} dt$$

所以

$$\mathscr{L}[f(t)] = \sum_{k=0}^{+\infty} e^{-skp} \int_0^p f(t) e^{-st} dt = \int_0^p f(t) e^{-st} dt \sum_{k=0}^{+\infty} e^{-skp}$$

当 $\beta = \text{Re}(s) > 0$ 时,$|e^{-sp}| = e^{-\beta p} < 1$,级数

$$\sum_{k=0}^{+\infty} e^{-skp} = \frac{1}{1 - e^{-sp}}$$

于是

$$\mathscr{L}[f(t)] = \frac{1}{1-\mathrm{e}^{-sp}} \int_0^p f(t)\mathrm{e}^{-st}\,\mathrm{d}t \quad (\mathrm{Re}(s) > 0) \tag{8.2}$$

这就是周期函数的 Laplace 变换公式.

例 8.4　求周期性三角波

$$f(t) = \begin{cases} t, & 0 \leqslant t < b \\ 2b-t, & b \leqslant t < 2b \end{cases}$$

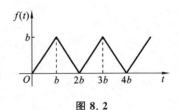

图 8.2

且 $f(t+2b) = f(t)$（其图形见图 8.2）的 Laplace 变换.

解　由于 $f(t)$ 是以 $2b$ 为周期的周期函数,由式 (8.2) 可得

$$\mathscr{L}[f(t)] = \frac{1}{1-\mathrm{e}^{-2bs}} \int_0^{2b} f(t)\mathrm{e}^{-st}\,\mathrm{d}t = \frac{1}{1-\mathrm{e}^{-2bs}} \left[\int_0^b t\mathrm{e}^{-st}\,\mathrm{d}t + \int_b^{2b} (2b-t)\mathrm{e}^{-st}\,\mathrm{d}t\right]$$

$$= \frac{1}{1-\mathrm{e}^{-2bs}} \cdot (1-\mathrm{e}^{-bs})^2 \frac{1}{s^2} = \frac{1}{s^2} \frac{(1-\mathrm{e}^{-bs})^2}{(1-\mathrm{e}^{-bs})(1+\mathrm{e}^{-bs})}$$

$$= \frac{1}{s^2} \frac{1-\mathrm{e}^{-bs}}{1+\mathrm{e}^{-bs}} = \frac{1}{s^2} \frac{\mathrm{e}^{\frac{bs}{2}} - \mathrm{e}^{-\frac{bs}{2}}}{\mathrm{e}^{\frac{bs}{2}} + \mathrm{e}^{-\frac{bs}{2}}}$$

8.1.4　δ 函数的 Laplace 变换

为了研究在原点无界函数（如 δ 函数）的 Laplace 变换,把 Laplace 变换的定义修改为

$$\mathscr{L}_-[f(t)] = \int_{0^-}^{+\infty} f(t)\mathrm{e}^{-st}\,\mathrm{d}t \tag{8.3}$$

对于在原点有界的函数,这样修改后的定义和定义式（式(8.1)）是一致的. 事实上,有

$$\mathscr{L}_-[f(t)] = \int_{0^-}^{+\infty} f(t)\mathrm{e}^{-st}\,\mathrm{d}t$$

$$= \int_{0^-}^{0} f(t)\mathrm{e}^{-st}\,\mathrm{d}t + \int_0^{+\infty} f(t)\mathrm{e}^{-st}\,\mathrm{d}t$$

当 $f(t)$ 在 $t=0$ 附近有界时, $\int_{0^-}^{0} f(t)\mathrm{e}^{-st}\,\mathrm{d}t = 0$,故有

$$\mathscr{L}_-[f(t)] = \mathscr{L}[f(t)]$$

因此,为了书写上的方便,将修改后的定义（式(8.3)）仍写成式(8.1)的形式,即

$$\mathscr{L}[f(t)] = \int_0^{+\infty} f(t)\mathrm{e}^{-st}\,\mathrm{d}t$$

例 8.5　求单位脉冲函数 $\delta(t)$ 的 Laplace 变换.

解　根据上面的讨论,并利用单位脉冲函数的筛选性质,有

$$\mathscr{L}[\delta(t)] = \int_0^{+\infty} \delta(t)\mathrm{e}^{-st}\,\mathrm{d}t = \int_{0^-}^{+\infty} \delta(t)\mathrm{e}^{-st}\,\mathrm{d}t$$

$$= \int_{-\infty}^{+\infty} \delta(t) e^{-st} dt = e^{-st} \mid_{t=0} = 1$$

例 8.6 求函数 $f(t) = e^{-\beta t} \delta(t) - \beta e^{-\beta t} u(t) (\beta > 0)$ 的 Laplace 变换.

解 根据式(8.1),有

$$\mathcal{L}[f(t)] = \int_0^{+\infty} [e^{-\beta t} \delta(t) - \beta e^{-\beta t} u(t)] e^{-st} dt$$

$$= \int_0^{+\infty} \delta(t) e^{-(\beta+s)t} dt - \beta \int_0^{+\infty} e^{-(\beta+s)t} dt$$

$$= e^{-(\beta+s)t} \mid_{t=0} + \frac{\beta e^{-(\beta+s)t}}{s+\beta} \Big|_0^{+\infty}$$

$$= 1 - \frac{\beta}{s+\beta} = \frac{s}{s+\beta} \quad (\mathrm{Re}(s) > -\beta)$$

练习题 8.1

1. 用定义求下列函数的 Laplace 变换,并给出其收敛域:

(1) $f(t) = e^{-2t}$;　　　　　　　　　(2) $f(t) = t^2$;

(3) $f(t) = \sin 2t$;　　　　　　　　　(4) $f(t) = \cos^2 t$.

2. 求下列函数的 Laplace 变换:

(1) $f(t) = e^{2t} + 5\delta(t)$;　　　　　(2) $f(t) = \cos t \cdot \delta(t) - \sin t \cdot u(t)$;

(3) $f(t) = \begin{cases} 3, & 0 \leqslant t < 2 \\ -1, & 2 \leqslant t < 4; \\ 0, & t \geqslant 4 \end{cases}$　　　(4) $f(t) = \begin{cases} 3, & t < \dfrac{\pi}{2} \\ \cos t, & t \geqslant \dfrac{\pi}{2} \end{cases}$.

3. 设 $f(t)$ 是以 6 为周期的函数,且在一个周期内的表达式为

$$f(t) = \begin{cases} 5, & 0 \leqslant t < 3 \\ 0, & 3 \leqslant t < 6 \end{cases}$$

求 $f(t)$ 的 Laplace 变换.

8.2　Laplace 逆变换

在用 Laplace 变换求解实际问题时,往往不仅需要求函数的 Laplace 变换,还需要求函数的 Laplace 逆变换. 由 Laplace 变换的定义知,对于给定的函数 $F(s)$,如果已经知道它是哪个函数的 Laplace 变换,那么就可以写成 $F(s)$ 的 Laplace 逆变换. 然而,对于许多函数来讲,并不能轻易看出它是哪个函数的 Laplace 变换. 例如,函数

$$F(s) = \frac{1}{(s^2-4)(s-1)^2}$$

究竟是哪个函数的 Laplace 变换呢? 这个问题的答案并不显然. 因此,有必要研究求 Laplace 逆变换专门方法. 本节就来解决这个问题.

8.2.1 反演积分公式

对于给定的函数 $F(s)$,如果它是某一函数 $f(t)$ 的 Laplace 变换,则由引例 8.1 知,$F(\beta+\mathrm{i}\omega)$ 实际上就是函数 $u(t)\mathrm{e}^{-\beta t}f(t)$ 的 Fourier 变换. 根据 Fourier 逆变换的定义,在 $u(t)\mathrm{e}^{-\beta t}f(t)$ 的连续点处有

$$u(t)\mathrm{e}^{-\beta t}f(t) = \frac{1}{2\pi}\int_{-\infty}^{+\infty}F(\beta+\mathrm{i}\omega)\mathrm{e}^{\mathrm{i}\omega t}\,\mathrm{d}\omega$$

等式两边同乘以 $\mathrm{e}^{\beta t}$,并考虑到它与积分变量 ω 无关,则

$$u(t)f(t) = \frac{1}{2\pi}\int_{-\infty}^{+\infty}F(\beta+\mathrm{i}\omega)\mathrm{e}^{(\beta+\mathrm{i}\omega)t}\,\mathrm{d}\omega$$

令 $\beta+\mathrm{i}\omega=s$,且仅考虑 $t>0$ 的情形,则有

$$f(t) = \frac{1}{2\pi\mathrm{i}}\int_{\beta-\mathrm{i}\infty}^{\beta+\mathrm{i}\infty}F(s)\mathrm{e}^{st}\,\mathrm{d}s, \quad t>0 \tag{8.4}$$

这就是由像函数 $F(s)$ 求像原函数 $f(t)$ 的一般公式,称为 Laplace **反演积分公式**,其右端的积分称为 Laplace **反演积分**. 此式和 Laplace 变换的定义式

$$F(s) = \int_0^{+\infty}f(t)\mathrm{e}^{-st}\,\mathrm{d}t$$

构成一对互逆的积分变换公式,也称 $f(t)$ 和 $F(s)$ 构成一个 Laplace **变换对**.

要利用反演积分公式计算 Laplace 逆变换,关键在于计算 Laplace 反演积分,这是一个复变量的积分,其积分路径为 s 平面上的一条垂直于实轴的直线 $\mathrm{Re}(s)=\beta$. 这里,β 是一个适当选取的数. 一般要求是,要使得函数 $F(s)$ 不解析的点全在直线 $\mathrm{Re}(s)=\beta$ 的左侧. 这样既能保证 $F(s)$ 在该直线上有定义,又能符合 Laplace 变换存在定理中 $F(s)$ 在某一右半平面内解析的结论. 求复变函数的积分通常都比较困难,但当 $F(s)$ 满足一定条件时,可以用留数方法来计算这个反演积分.

8.2.2 利用留数计算反演积分公式

定理 8.2 设 $s_1,s_2,\cdots,s_n$ 是函数 $F(s)$ 在复平面内所有的孤立奇点,其中 n 为某一确定的正整数. 如果 $\lim\limits_{s\to\infty}F(s)=0$,那么

$$\frac{1}{2\pi\mathrm{i}}\int_{\beta-\mathrm{i}\infty}^{\beta+\mathrm{i}\infty}F(s)\mathrm{e}^{st}\,\mathrm{d}s = \sum_{k=1}^{n}\mathrm{Res}[F(s)\mathrm{e}^{st},s_k]$$

即有

$$f(t) = \sum_{k=1}^{n}\mathrm{Res}[F(s)\mathrm{e}^{st},s_k], \quad t>0 \tag{8.5}$$

证明 在 s 平面内作图 8.3 所示的封闭曲线 Γ $=L_\beta+C_R$，C_R 是包含在区域 $\mathrm{Re}s<\beta$ 内半径为 R 的半圆弧. 选取适当的数 β 和充分大的数 R，可以使 F (s) 的所有奇点都包含在 Γ 内. 由于 e^{st} 在全平面内解析，故 Γ 也就包含了 $F(s)\mathrm{e}^{st}$ 的全部奇点. 由于 $F(s)$ e^{st} 除孤立奇点 $s_1,s_2,\cdots,s_n$ 外是解析的，故由留数定理有

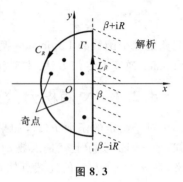

图 8.3

$$\oint_\Gamma F(s)\mathrm{e}^{st}\mathrm{d}s=2\pi\mathrm{i}\sum_{k=1}^n\mathrm{Res}[F(s)\mathrm{e}^{st},s_k]$$

即

$$\frac{1}{2\pi\mathrm{i}}\int_{\beta-\mathrm{i}R}^{\beta+\mathrm{i}R}F(s)\mathrm{e}^{st}\mathrm{d}t+\frac{1}{2\pi\mathrm{i}}\int_{C_R}F(s)\mathrm{e}^{st}\mathrm{d}s=\sum_{k=1}^n\mathrm{Res}[F(s)\mathrm{e}^{st},s_k]$$

又因 $\lim\limits_{s\to\infty}F(s)=0$，由第 5.3.3 小节中介绍的约当引理，当 $t>0$ 时有 $\lim\limits_{R\to+\infty}\int_{C_R}F(s)\mathrm{e}^{st}\mathrm{d}s$ $=0$，因此上式两边取 $R\to+\infty$ 时的极限即可得

$$f(t)=\frac{1}{2\pi\mathrm{i}}\int_{\beta-\mathrm{i}\infty}^{\beta+\mathrm{i}\infty}F(s)\mathrm{e}^{st}\mathrm{d}t=\sum_{k=1}^n\mathrm{Res}[F(s)\mathrm{e}^{st},s_k]$$

上述定理对求有理分式函数的 Laplace 逆变换特别方便. 若函数 $F(s)$ 是有理分式函数 $F(s)=\dfrac{A(s)}{B(s)}$，其中 $A(s)$、$B(s)$ 不含公因式，$A(s)$ 的次数小于 $B(s)$ 的次数，则 $F(s)$ 满足定理的条件，因此可以用式(8.5)求 $F(s)$ 的原函数.

例 8.7 求 $F(s)=\dfrac{1}{s(s-1)^2}$ 的 Laplace 逆变换.

解 显然 $s=0$，$s=1$ 分别为函数 $F(s)$ 的一阶极点与二阶极点，利用式(8.5)及留数的计算法则有

$$f(t)=\mathrm{Res}[F(s)\mathrm{e}^{st},0]+\mathrm{Res}[F(s)\mathrm{e}^{st},1]=\frac{\mathrm{e}^{st}}{(s-1)^2}\bigg|_{s=0}+\lim_{s\to1}\frac{\mathrm{d}}{\mathrm{d}s}\left[\frac{1}{s}\mathrm{e}^{st}\right]$$

$$=1+\lim_{s\to1}\left(\frac{t}{s}\mathrm{e}^{st}-\frac{1}{s^2}\mathrm{e}^{st}\right)=1+(t\mathrm{e}^t-\mathrm{e}^t)=1+\mathrm{e}^t(t-1)$$

下面来求本节开始时给出的函数的 Laplace 变换.

例 8.8 求 $F(s)=\dfrac{1}{(s^2-4)(s-1)^2}$ 的 Laplace 逆变换.

解 函数 $F(s)$ 有两个一阶极点 $s=\pm2$ 和一个二阶极点 $s=1$，先求各点处对应的留数.

$$\mathrm{Res}\left[\frac{\mathrm{e}^{st}}{(s^2-4)(s-1)^2},2\right]=\lim_{s\to2}\frac{\mathrm{e}^{st}}{(s+2)(s-1)^2}=\frac{1}{4}\mathrm{e}^{2t}$$

$$\mathrm{Res}\left[\frac{\mathrm{e}^{st}}{(s^2-4)(s-1)^2},-2\right]=\lim_{s\to-2}\frac{\mathrm{e}^{st}}{(s-2)(s-1)^2}=-\frac{1}{36}\mathrm{e}^{-2t}$$

$$\text{Res}\left[\frac{e^{st}}{(s^2-4)(s-1)^2},1\right]=\lim_{s\to 1}\frac{d}{ds}\left(\frac{e^{st}}{s^2-4}\right)=\lim_{s\to 1}e^{st}\frac{ts^2-4t-2s}{(s^2-4)^2}$$

$$=-\frac{1}{3}te^t-\frac{2}{9}e^t$$

于是 $F(s)$ 的 Laplace 逆变换为

$$f(t)=\frac{1}{3}te^t-\frac{2}{9}e^t+\frac{1}{4}e^{2t}-\frac{1}{36}e^{-2t}$$

在前面两节分别给出了 Laplace 变换及其逆变换的积分表达式,并通过一些例子展示了通过计算积分来求 Laplace 变换及其逆变换的方法. 在实际运用中,可以用专门的数学软件来计算,本书将在第 3 篇中介绍运用 MATLAB 计算积分变换的方法.

表 8.1 列出了一些常见函数的 Laplace 变换.

表 8.1

$f(t)$	$F(s)=\mathscr{L}[f(t)]$	$f(t)$	$F(s)=\mathscr{L}[f(t)]$
(1) 1	$\dfrac{1}{s}$	(9) $t\sin at$	$\dfrac{2as}{(s^2+a^2)^2}$
(2) $t^n(n=1,2,3,\cdots)$	$\dfrac{n!}{s^{n+1}}$	(10) $t\cos at$	$\dfrac{s^2-a^2}{(s^2+a^2)^2}$
(3) $\dfrac{1}{\sqrt{t}}$	$\sqrt{\dfrac{\pi}{s}}$	(11) $e^{at}\sin bt$	$\dfrac{b}{(s-a)^2+b^2}$
(4) e^{at}	$\dfrac{1}{s-a}$	(12) $e^{at}\cos bt$	$\dfrac{s-a}{(s-a)^2+b^2}$
(5) t^ne^{at}	$\dfrac{n!}{(s-a)^{n+1}}$	(13) $\sinh at$	$\dfrac{a}{s^2-a^2}$
(6) $e^{at}-e^{bt}$	$\dfrac{a-b}{(s-a)(s-b)}$	(14) $\cosh at$	$\dfrac{s}{s^2-a^2}$
(7) $\sin at$	$\dfrac{a}{s^2+a^2}$	(15) $\delta(t-a)$	e^{-as}
(8) $\cos at$	$\dfrac{s}{s^2+a^2}$	(16) $e^{-bt}(\sin at+c)$	$\dfrac{(s+b)\sin c+a\cos c}{(s+b)^2+a^2}$

练习题 8.2

求下列函数的 Laplace 逆变换:

(1) $F(s)=\dfrac{s}{s^2+9}$;

(2) $F(s)=\dfrac{1}{(s+5)^3}$;

(3) $F(s)=\dfrac{1}{(s-2)^2(s+4)}$;

(4) $F(s)=\dfrac{1}{s^2+a^2}$;

(5) $F(s) = \dfrac{s}{(s-a)(s-b)}$;　　　　　(6) $F(s) = \dfrac{1}{s(s-a)(s-b)}$;

(7) $F(s) = \dfrac{1}{s^4+1}$;　　　　　　　(8) $F(s) = \dfrac{s^2+2s-1}{s(s-1)^2}$;

(9) $F(s) = \dfrac{1}{s^4+5s^2+4}$;　　　　　(10) $F(s) = \dfrac{s+1}{9s^2+6s+5}$.

8.3　Laplace 变换的性质

本节介绍 Laplace 变换的一些重要性质,它们在 Laplace 变换的实际应用中都具有特定的意义.为了叙述方便,在下面的性质中若无特殊说明,均假定需要求 Laplace 变换的函数都满足 Laplace 变换存在定理中的条件,且把这些函数的增长指数统一取为 c.

8.3.1　基本性质

1. 基本性质

设 α、β 为常数,且有 $\mathscr{L}[f_1(t)] = F_1(s)$,$\mathscr{L}[f_2(t)] = F_2(s)$,则有

$$\mathscr{L}[\alpha f_1(t) + \beta f_2(t)] = \alpha F_1(s) + \beta F_2(s)$$

$$\mathscr{L}^{-1}[\alpha F_1(s) + \beta F_2(s)] = \alpha f_1(t) + \beta f_2(t)$$

该性质表明,函数的线性组合的 Laplace 变换(或逆变换)等于各函数的 Laplace 变换(或逆变换)的线性组合.它的证明只需要根据定义,利用积分的线性性质即可推出.

例 8.9　求 $f(t) = \sin kt$(k 为实常数)的 Laplace 变换.

解　由 $\sin kt = \dfrac{\mathrm{e}^{\mathrm{i}kt} - \mathrm{e}^{-\mathrm{i}kt}}{2\mathrm{i}}$ 以及例 8.2 的结果 $\mathscr{L}[\mathrm{e}^{\mathrm{i}kt}] = \dfrac{1}{s-\mathrm{i}k}$,再利用线性性质有

$$\mathscr{L}[\sin kt] = \frac{1}{2\mathrm{i}}(\mathscr{L}[\mathrm{e}^{\mathrm{i}kt}] - \mathscr{L}[\mathrm{e}^{-\mathrm{i}kt}]) = \frac{1}{2\mathrm{i}}\left(\frac{1}{s-\mathrm{i}k} - \frac{1}{s+\mathrm{i}k}\right) = \frac{k}{s^2+k^2}$$

用类似的方法可得

$$\mathscr{L}[\cos kt] = \frac{s}{s^2+k^2}$$

例 8.10　求 $F(s) = \dfrac{3s-1}{(s+1)(s-2)}$ 的 Laplace 逆变换.

解　先将 $F(s)$ 分解为部分分式

$$F(s) = \frac{3s}{(s+1)(s-2)} = \frac{1}{s+1} + 2\frac{1}{s-2}$$

利用线性性质及例 8.2 的结果可知

$$\mathcal{L}^{-1}\left[\frac{1}{s-\alpha}\right]=\mathrm{e}^{\alpha t}$$

则

$$\mathcal{L}^{-1}[F(s)]=\mathcal{L}^{-1}\left[\frac{1}{s+1}\right]+2\mathcal{L}^{-1}\left[\frac{1}{s-2}\right]=\mathrm{e}^{-t}+2\mathrm{e}^{2t}$$

本例中采用的化部分分式的方法,是求有理分式函数 Laplace 逆变换经常采用的技术. 当然,此题也可用留数方法得到相同的结果.

2. 相似性质

设 $\mathcal{L}[f(t)]=F(s)$,则对任意常数 $a>0$,有

$$\mathcal{L}[f(at)]=\frac{1}{a}F\left(\frac{s}{a}\right)$$

证明 根据 Laplace 变换的定义有

$$\mathcal{L}[f(at)]=\int_0^{+\infty}f(at)\mathrm{e}^{-st}\mathrm{d}t$$

令 $u=at$,则有

$$\mathcal{L}[f(at)]=\frac{1}{a}\int_0^{+\infty}f(u)\mathrm{e}^{-(\frac{s}{a})u}\mathrm{d}u=\frac{1}{a}F\left(\frac{s}{a}\right)$$

3. 像函数的位移性质

设 $\mathcal{L}[f(t)]=F(s)$,则对任意复常数 α,有

$$\mathcal{L}[\mathrm{e}^{\alpha t}f(t)]=F(s-\alpha) \quad (\text{或} \ \mathcal{L}^{-1}[F(s-\alpha)]=\mathrm{e}^{\alpha t}f(t))$$

证明 由定义得

$$\mathcal{L}[\mathrm{e}^{\alpha t}f(t)]=\int_0^{+\infty}\mathrm{e}^{\alpha t}f(t)\mathrm{e}^{-st}\mathrm{d}t=\int_0^{+\infty}f(t)\mathrm{e}^{-(s-\alpha)t}\mathrm{d}t=F(s-\alpha)$$

例 8.11 设 $\mathcal{L}[f(t)]=F(s)$,求 $\mathcal{L}\left[\mathrm{e}^{-\frac{t}{a}}f\left(\frac{t}{a}\right)\right]$,其中常数 $a>0$.

解 根据相似性质有

$$\mathcal{L}\left[f\left(\frac{t}{a}\right)\right]=aF(as)$$

再利用像函数的位移性质有

$$\mathcal{L}\left[\mathrm{e}^{-\frac{t}{a}}f\left(\frac{t}{a}\right)\right]=aF\left[a\left(s+\frac{1}{a}\right)\right]=aF(as+1)$$

例 8.12 设函数 $F(s)=\dfrac{4}{s^2+4s+20}$,求 $\mathcal{L}^{-1}[F(s)]$.

解 由于

$$F(s)=\frac{4}{s^2+4s+20}=\frac{4}{(s+2)^2+16}$$

若令 $G(s)=\dfrac{4}{s^2+16}$,则 $F(s)=G(s+2)$. 可知

$$\mathscr{L}^{-1}[G(s)] = \mathscr{L}^{-1}\left[\frac{4}{s^2+16}\right] = \sin 4t$$

于是由像函数的位移性质有

$$\mathscr{L}^{-1}[F(s)] = \mathscr{L}^{-1}[G(s+2)] = e^{-2t}\mathscr{L}^{-1}[G(s)] = e^{-2t}\sin 4t$$

4. 延迟性质

设 $\mathscr{L}[f(t)] = F(s)$，$u(t)$ 为单位阶跃函数，则对任一非负实数 τ 有

$$\mathscr{L}[u(t-\tau)f(t-\tau)] = e^{-\tau s}F(s) \tag{8.6}$$

证明 由 Laplace 变换的定义，有

$$\mathscr{L}[u(t-\tau)f(t-\tau)] = \int_0^{+\infty} u(t-\tau)f(t-\tau)e^{-st}\,dt$$

$u(t-\tau)$ 是 $u(t)$ 右移 τ 单位后所得的函数，它们的图形如图 8.4 所示.

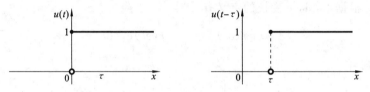

图 8.4

由图 8.4 不难看出

$$u(t-\tau)f(t-\tau) = \begin{cases} 0, & t < \tau \\ f(t-\tau), & t \geqslant \tau \end{cases}$$

于是有

$$\mathscr{L}[u(t-\tau)f(t-\tau)] = \int_\tau^{+\infty} f(t-\tau)e^{-st}\,dt$$

令 $v = t-\tau$ 可得

$$\mathscr{L}[u(t-\tau)f(t-\tau)] = \int_0^{+\infty} f(v)e^{-s(v+\tau)}\,dv = e^{-s\tau}\int_0^{+\infty} f(v)e^{-sv}\,dv$$
$$= e^{-s\tau}F(s)$$

这里，需要对上述性质做一点补充说明. 设 $f(t)$ 是一个信号，在对这个信号作 Laplace 变换时，是从 $t=0$ 时刻开始考虑这个信号的，当 $t<0$ 时，默认 $f(t)=0$. 因此，实际上是对信号 $u(t)f(t)$ 求 Laplace 变换. 而 $u(t-\tau)f(t-\tau)$ 是对该信号做了一个 τ 单位的右移，或者说做了时间为 τ 的延迟. 上述性质则表明，经时间 τ 的延时以后，所得信号的 Laplace 变换等于它的原始信号的 Laplace 变换乘以 $e^{-s\tau}$. 因此，上述性质称为**延迟性质**或像原函数的**右移性质**.

下面来理解函数 $f(t)$、$u(t)f(t)$、$u(t)f(t-\tau)$ 及 $u(t-\tau)f(t-\tau)$ 的区别，对正确应用延迟性质是十分重要的. 图 8.5(a) 至图 8.5(d) 分别给出了当 $f(t)=t^2$ 时对应的上述四个信号的对比图形. 从图 8.5 可以看出，$u(t-\tau)f(t-\tau)$ 才是真正对 $[0,+\infty)$

上的信号 $f(t)$ 做了时间为 τ 的延迟.

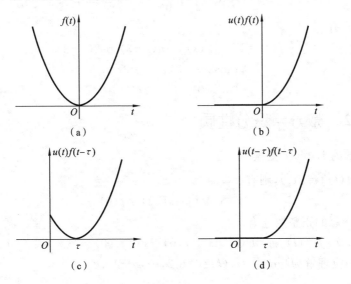

图 8.5

例 8.13 设 $a>0$，求 $u(t-a)$ 的 Laplace 变换.

解 设 $f(t)=1$，由例 8.1 知 $\mathcal{L}[f(t)]=\dfrac{1}{s}$. 由延迟性质有

$$\mathcal{L}[u(t-a)]=\mathcal{L}[u(t-a)f(t-a)]=\mathrm{e}^{-as}\mathcal{L}[f(t)]=\mathrm{e}^{-as}\frac{1}{s}$$

例 8.14 设函数 $g(t)=\begin{cases} 0, & 0\leqslant t<2 \\ t^2+1, & t\geqslant 2 \end{cases}$，求 $\mathcal{L}[g(t)]$.

解 由于直到点 $t=2$ 都有 $g(t)=0$，故可将 $g(t)$ 表示为

$$g(t)=u(t-2)(t^2+1)=u(t-2)[(t-2)^2+4(t-2)+5]$$

设 $f(t)=t^2+4t+5$，利用例 8.3 的结果 $\mathcal{L}[t^m]=\dfrac{m!}{s^{m+1}}$ 有

$$\mathcal{L}[f(t)]=\mathcal{L}[t^2+4t+5]=\mathcal{L}[t^2]+4\mathcal{L}[t]+\mathcal{L}[5]$$

$$=\frac{2}{s^3}+\frac{4}{s^2}+\frac{5}{s}$$

于是

$$\mathcal{L}[g(t)]=\mathcal{L}[u(t-2)f(t-2)]=\mathrm{e}^{-2s}\mathcal{L}[f(t)]$$

$$=\mathrm{e}^{-2s}\left[\frac{2}{s^3}+\frac{4}{s^2}+\frac{5}{s}\right]$$

例 8.15 设函数 $F(s)=\dfrac{s\mathrm{e}^{-3s}}{s^2+4}$，求 $\mathcal{L}^{-1}[F(s)]$.

解 由于

$$F(s) = e^{-3s}\frac{s}{s^2+4} = e^{-3s}\mathscr{L}[\cos 2t]$$

故由式(8.6)有

$$f(t) = \mathscr{L}^{-1}[F(s)] = u(t-3)\cos 2(t-3)$$

$$= \begin{cases} \cos 2(t-3), & t \geqslant 3 \\ 0, & t < 3 \end{cases}$$

8.3.2　微分与积分性质

1. 导数的 Laplace 变换

设 $\mathscr{L}[f(t)] = F(s)$，则有

$$\mathscr{L}[f'(t)] = sF(s) - f(0) \tag{8.7}$$

一般地，对任意的正整数 n 有

$$\mathscr{L}[f^{(n)}(t)] = s^n F(s) - s^{n-1}f(0) - s^{n-2}f'(0) - \cdots - f^{(n-1)}(0) \tag{8.8}$$

其中 $f^{(k)}(0)$ 应理解为 $\lim\limits_{t \to 0^+} f^{(h)}(t)\ (k = 0,1,2,\cdots,n-1)$.

证明　根据 Laplace 变换的定义和分部积分法，有

$$\mathscr{L}[f'(t)] = \int_0^{+\infty} f'(t)e^{-st}\,dt = \int_0^{+\infty} e^{-st}\,df(t)$$

$$= f(t)e^{-st}\Big|_0^{+\infty} + s\int_0^{+\infty} f(t)e^{-st}\,dt$$

由于函数 $f(t)$ 满足 Laplace 变换存在定理的条件，即存在常数 $M > 0$ 及 $c \geqslant 0$，使得 $|f(t)e^{-st}| \leqslant Me^{-(s-c)t}$. 这里 $\mathrm{Re}(s) > c$，因此 $\lim\limits_{t \to +\infty} f(t)e^{-st} = 0$. 因此

$$\mathscr{L}[f'(t)] = -f(0) + s\int_0^{+\infty} f(t)e^{-st}\,dt = sF(s) - f(0)$$

这样就证明了式(8.7)成立. 在此基础上，用数学归纳法不难证明式(8.8).

例 8.16　求函数 $f(t) = t^m$ 的 Laplace 变换，其中 m 为正整数.

解　由于

$$f(0) = f'(0) = \cdots = f^{(m-1)}(0) = 0, \quad f^{(m)}(t) = m!$$

则根据式(8.8)，可得

$$\mathscr{L}[f^{(m)}(t)] = \mathscr{L}[m!] = s^m \mathscr{L}[f(t)]$$

因此

$$\mathscr{L}[f(t)] = \frac{1}{s^m}\mathscr{L}[m!] = \frac{m!}{s^m}\mathscr{L}[1]$$

则知

$$\mathscr{L}[t^m] = \frac{m!}{s^{m+1}} = \frac{\Gamma(m+1)}{s^{m+1}} \quad (\mathrm{Re}(s) > 0)$$

2. Laplace 变换的导数

设 $\mathscr{L}[f(t)] = F(s)$，则有

$$F'(s) = -\mathscr{L}[tf(t)] \tag{8.9}$$

一般地,对任意的正整数 n 有

$$F^{(n)}(s) = (-1)^n \mathscr{L}[t^n f(t)] \tag{8.10}$$

证明　由 $F(s) = \displaystyle\int_0^{+\infty} f(t) e^{-st} dt$ 有

$$F'(s) = \frac{d}{ds} \int_0^{+\infty} f(t) e^{-st} dt = \int_0^{+\infty} \frac{\partial}{\partial s} f(t) e^{-st} dt$$

$$= -\int_0^{+\infty} t f(t) e^{-st} dt = -\mathscr{L}[tf(t)]$$

对 $F'(s)$ 重复以上步骤可得 $F''(s)$,这样反复进行下去就可得式(8.10).其中求导与积分的次序交换是有一定条件的,为了避免更深入的讨论,这里默认这些条件是满足的.后面碰到类似的运算也同样处理.

例 8.17　求 $\mathscr{L}[t\cos kt]$ 及 $\mathscr{L}[t^2 \cos kt]$,其中 k 为实数.

解　由前知 $\mathscr{L}[\cos kt] = \dfrac{s}{s^2 + k^2}$,根据式(8.9)有

$$\mathscr{L}[t\cos kt] = -\frac{d}{ds}\left(\frac{s}{s^2 + k^2}\right) = \frac{s^2 - k^2}{(s^2 + k^2)^2}$$

根据式(8.10)有

$$\mathscr{L}[t^2 \cos kt] = \frac{d^2}{ds^2}\left(\frac{s}{s^2 + k^2}\right) = \frac{2s^3 - 6k^2 s}{(s^2 + k^2)^3}$$

3. 积分的 Laplace 变换

设 $\mathscr{L}[f(t)] = F(s)$,则有

$$\mathscr{L}\left[\int_0^t f(t) dt\right] = \frac{1}{s} F(s) \tag{8.11}$$

一般地,对任意的正整数 n 有

$$\mathscr{L}\left[\underbrace{\int_0^t dt \int_0^t dt \cdots dt \int_0^t f(t) dt}_{n \text{次}}\right] = \frac{1}{s^n} F(s) \tag{8.12}$$

证明　设 $g(t) = \displaystyle\int_0^t f(t) dt$,则 $g'(t) = f(t)$ 且 $g(0) = 0$. 于是有

$$\mathscr{L}\left[\int_0^t f(t) dt\right] = \mathscr{L}[g(t)]$$

另一方面,利用导数的 Laplace 变换公式(式(8.7))有

$$F(s) = \mathscr{L}[f(t)] = \mathscr{L}[g'(t)] = s\mathscr{L}[g(t)] - g(0)$$

$$= s\mathscr{L}[g(t)] = s\mathscr{L}\left[\int_0^t f(t) dt\right]$$

因此有

$$\mathscr{L}\left[\int_0^t f(t) dt\right] = \frac{1}{s} F(s)$$

这样就证明了式(8.11).反复利用式(8.11)即得式(8.12).

例 8.18 求函数 $f(t) = \int_0^t \cos kt \, \mathrm{d}t$ 的 Laplace 变换.

解 利用式(8.11)有

$$\mathscr{L}[f(t)] = \mathscr{L}\left[\int_0^t \cos kt \, \mathrm{d}t\right] = \frac{1}{s}\mathscr{L}[\cos kt]$$

$$= \frac{1}{s}\frac{s}{s^2+k^2} = \frac{1}{s^2+k^2}$$

如果直接计算积分再求 $f(t)$ 的 Laplace 变换, 可得到相同的结果. 事实上

$$f(t) = \int_0^t \cos kt \, \mathrm{d}t = \frac{1}{k}\sin kt$$

这样有

$$\mathscr{L}[f(t)] = \mathscr{L}\left[\frac{\sin kt}{k}\right] = \frac{1}{k}\mathscr{L}[\sin kt] = \frac{1}{k}\frac{k}{s^2+k^2} = \frac{1}{s^2+k^2}$$

4. Laplace 变换的积分

设 $\mathscr{L}[f(t)] = F(s)$, 则有

$$\int_s^\infty F(s)\mathrm{d}s = \mathscr{L}\left[\frac{f(t)}{t}\right] \tag{8.13}$$

一般地, 对任意的正整数 n 有

$$\underbrace{\int_s^\infty \mathrm{d}s\int_s^\infty \mathrm{d}s\cdots\int_s^\infty F(s)\mathrm{d}s}_{n\text{次}} = \mathscr{L}\left[\frac{f(t)}{t^n}\right] \tag{8.14}$$

证明 利用 Laplace 变换的定义有

$$\int_s^\infty F(s)\mathrm{d}s = \int_s^\infty \left[\int_0^{+\infty} f(t)\mathrm{e}^{-st}\mathrm{d}t\right]\mathrm{d}s = \int_0^{+\infty} f(t)\left[\int_s^\infty \mathrm{e}^{-st}\mathrm{d}s\right]\mathrm{d}t$$

$$= \int_0^{+\infty} f(t)\left[-\frac{\mathrm{e}^{-st}}{t}\right]\bigg|_s^\infty \mathrm{d}t = \int_0^{+\infty} \frac{f(t)}{t}\mathrm{e}^{-st}\mathrm{d}t = \mathscr{L}\left[\frac{f(t)}{t}\right]$$

这样就证明了式(8.13). 反复利用式(8.13)即得式(8.14).

例 8.19 求函数 $f(t) = \dfrac{\sin t}{t}$ 的 Laplace 变换.

解 利用式(8.13)有

$$\mathscr{L}[f(t)] = \mathscr{L}\left[\frac{\sin t}{t}\right] = \int_s^\infty \mathscr{L}[\sin t]\mathrm{d}s = \int_s^\infty \frac{1}{s^2+1}\mathrm{d}s$$

$$= -\operatorname{arccot}s\bigg|_s^\infty = \operatorname{arccot}s$$

根据 Laplace 变换的定义, 将上式写成积分的形式为

$$\int_0^{+\infty} \frac{\sin t}{t}\mathrm{e}^{-st}\mathrm{d}t = \operatorname{arccot}s$$

特别地, 取 $s=0$ 可得

$$\int_0^{+\infty} \frac{\sin t}{t}\mathrm{d}t = \operatorname{arccot}0 = \frac{\pi}{2}$$

这表明,利用 Laplace 变换可以求一些函数的广义积分. 实际上,这种方法具有一定的普遍性. 设 $\mathscr{L}[f(t)]=F(s)$,若广义积分 $\int_0^{+\infty} f(t)\mathrm{d}t$、$\int_0^{+\infty} tf(t)\mathrm{d}t$ 及 $\int_0^{+\infty} \dfrac{f(t)}{t}\mathrm{d}t$ 收敛,则在式(8.1)、式(8.9)及式(8.13)中取 $s=0$ 分别可得

$$\int_0^{+\infty} f(t)\mathrm{d}t = F(0) \tag{8.15}$$

$$\int_0^{+\infty} tf(t)\mathrm{d}t = -F'(0) \tag{8.16}$$

$$\int_0^{+\infty} \frac{f(t)}{t}\mathrm{d}t = \int_0^{\infty} F(s)\mathrm{d}s \tag{8.17}$$

例 8.20 计算下列积分:

(1) $\int_0^{+\infty} \mathrm{e}^{-3t}\sin 2t\mathrm{d}t$; \qquad (2) $\int_0^{+\infty} \dfrac{1-\cos t}{t}\mathrm{e}^{-t}\mathrm{d}t$.

解 (1) 由于 $\mathscr{L}[\sin 2t]=\dfrac{2}{s^2+4}$,利用像函数的位移性质有

$$\mathscr{L}[\mathrm{e}^{-3t}\sin 2t]=\frac{2}{(s+3)^2+4}$$

于是,由式(8.15)有

$$\int_0^{+\infty} \mathrm{e}^{-3t}\sin 2t\mathrm{d}t = \left.\frac{2}{(s+3)^2+4}\right|_{s=0} = \frac{2}{13}$$

(2) 由于 $\mathscr{L}[1-\cos t]=\dfrac{1}{s}-\dfrac{s}{s^2+1}$,利用像函数的位移性质有

$$\mathscr{L}[(1-\cos t)\mathrm{e}^{-t}]=\frac{1}{s+1}-\frac{s+1}{(s+1)^2+1}$$

于是,由式(8.17)有

$$\int_0^{+\infty} \frac{1-\cos t}{t}\mathrm{e}^{-t}\mathrm{d}t = \int_0^{\infty} \left[\frac{1}{s+1}-\frac{s+1}{(s+1)^2+1}\right]\mathrm{d}s$$

$$= \left[\frac{1}{2}\ln \frac{(s+1)^2}{(s+1)^2+1}\right]_0^{\infty} = \frac{1}{2}\ln 2$$

8.3.3 Laplace 变换的卷积

1. 卷积的特殊形式

和 Fourier 变换一样,在利用 Laplace 变换求解一些实际问题时,往往也会用到卷积运算. 然而,在求一个函数 $f(t)$ 的 Laplace 变换时,总是假定在 $t<0$ 时函数值为零,因而使得卷积具有更为简单的特殊形式.

在第 7 章中,将两个函数的卷积定义为

$$f_1(t)*f_2(t) = \int_{-\infty}^{+\infty} f_1(\tau)f_2(t-\tau)\mathrm{d}\tau$$

如果在 $t<0$ 时，$f_1(t)=f_2(t)=0$，则有

$$f_1(t) * f_2(t) = \int_{-\infty}^{0} f_1(\tau) f_2(t-\tau) \mathrm{d}\tau + \int_{0}^{t} f_1(\tau) f_2(t-\tau) \mathrm{d}\tau + \int_{t}^{+\infty} f_1(\tau) f_2(t-\tau) \mathrm{d}\tau$$

$$= \int_{0}^{t} f_1(\tau) f_2(t-\tau) \mathrm{d}\tau$$

这样，便得到了卷积的特殊形式

$$f_1(t) * f_2(t) = \int_{0}^{t} f_1(\tau) f_2(t-\tau) \mathrm{d}\tau \tag{8.18}$$

在利用 Laplace 变换分析问题时，都假定 $t<0$ 时函数恒为零．因此，今后如无特别声明，都按式(8.18)来计算函数的卷积．

从上面的分析可以看出，这里定义的卷积和 Fourier 变换中给出的卷积的定义是一致的，因此仍然满足卷积的交换律和线性性质．

例 8.21 求函数 $f_1(t)=t$ 与 $f_2(t)=\sin t$ 的卷积．

解 由式(8.18)，利用分部积分有

$$f_1(t) * f_2(t) = \int_{0}^{t} \tau \sin(t-\tau) \mathrm{d}\tau = \int_{0}^{t} \tau \mathrm{d}\cos(t-\tau)$$

$$= \tau \cos(t-\tau) \Big|_{0}^{t} - \int_{0}^{t} \cos(t-\tau) \mathrm{d}\tau$$

$$= t + \sin(t-\tau) \Big|_{0}^{t} = t - \sin t$$

2. 卷积定理

设 $\mathscr{L}[f_1(t)]=F_1(s)$，$\mathscr{L}[f_2(t)]=F_2(s)$，则有

$$\mathscr{L}[f_1(t) * f_2(t)] = F_1(s) \cdot F_2(s)（或 \mathscr{L}^{-1}[F_1(s) \cdot F_2(s)]=f_1(t) * f_2(t)）$$

$$\tag{8.19}$$

证明 根据定义有

$$\mathscr{L}[f_1(t) * f_2(t)] = \int_{0}^{+\infty} [f_1(t) * f_2(t)] \mathrm{e}^{-st} \mathrm{d}t$$

$$= \int_{0}^{+\infty} \left[\int_{0}^{t} f_1(\tau) f_2(t-\tau) \mathrm{d}\tau \right] \mathrm{e}^{-st} \mathrm{d}t$$

该积分可以看成是一个在 $tO\tau$ 面上的区域 D 内(见图 8.6)的二次积分，交换积分次序得

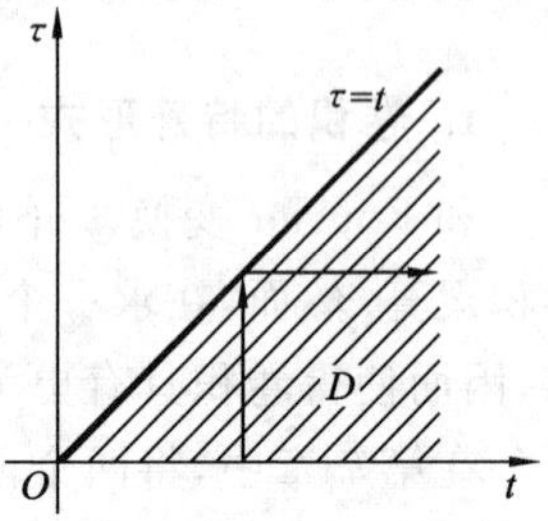

$$\mathscr{L}[f_1(t) * f_2(t)] = \int_{0}^{+\infty} f_1(\tau) \left[\int_{\tau}^{+\infty} f_2(t-\tau) \mathrm{e}^{-st} \mathrm{d}t \right] \mathrm{d}\tau$$

令 $u=t-\tau$，则

$$\int_{\tau}^{+\infty} f_2(t-\tau) \mathrm{e}^{-st} \mathrm{d}t = \int_{0}^{+\infty} f_2(u) \mathrm{e}^{-s(u+\tau)} \mathrm{d}u = \mathrm{e}^{-s\tau} F_2(s)$$

所以

图 8.6

$$\mathscr{L}[f_1(t) * f_2(t)] = \int_{0}^{+\infty} f_1(\tau) \mathrm{e}^{-s\tau} F_2(s) \mathrm{d}\tau$$

$$= F_2(s) \int_0^{+\infty} f_1(\tau) \mathrm{e}^{-s\tau} \mathrm{d}\tau$$

$$= F_1(s) \cdot F_2(s)$$

卷积定理表明,两个函数卷积的 Laplace 变换等于这两个函数 Laplace 变换的乘积. 其逆变换形式则表明,两个函数乘积的 Laplace 逆变换等于这两个函数 Laplace 逆变换的卷积. 卷积定理不难被推广到多个函数的情形.

例 8.22　求函数 $f(t)$ 与单位脉冲函数 $\delta(t)$ 的卷积.

解　由卷积定理有

$$\mathcal{L}[f(t) * \delta(t)] = \mathcal{L}[f(t)] \cdot \mathcal{L}[\delta(t)] = \mathcal{L}[f(t)] \cdot 1 = \mathcal{L}[f(t)]$$

取 Laplace 逆变换可得

$$f(t) * \delta(t) = f(t)$$

也就是说,函数 $f(t)$ 可以表示成它与单位脉冲函数的卷积. 实际上,这正是 δ 函数筛选性质的又一种表现形式.

例 8.23　求函数 $\dfrac{1}{s(s-4)^2}$ 的 Laplace 逆变换.

解　此题可用分解部分分式、留数等多种方法求解. 下面用卷积定理来求解.

$$\mathcal{L}^{-1}\left[\frac{1}{s(s-4)^2}\right] = \mathcal{L}^{-1}\left[\frac{1}{s}\frac{1}{(s-4)^2}\right] = \mathcal{L}^{-1}\left[\frac{1}{s}\right] * \mathcal{L}^{-1}\left[\frac{1}{(s-4)^2}\right]$$

因为 $\mathcal{L}^{-1}\left[\dfrac{1}{s}\right] = 1$,且由像函数的位移性质有

$$\mathcal{L}^{-1}\left[\frac{1}{(s-4)^2}\right] = \mathrm{e}^{4t} \mathcal{L}^{-1}\left[\frac{1}{s^2}\right] = t\mathrm{e}^{4t}$$

故有

$$\mathcal{L}^{-1}\left[\frac{1}{s(s-4)^2}\right] = 1 * t\mathrm{e}^{4t} = t\mathrm{e}^{4t} * 1 = \int_0^t \tau\mathrm{e}^{4\tau} \mathrm{d}\tau$$

$$= \frac{1}{4}t\mathrm{e}^{4t} - \frac{1}{16}\mathrm{e}^{4t} + \frac{1}{16}$$

与 Fourier 变换类似,本节介绍的 Laplace 变换的性质较多,既有关于像函数的性质,也有关于像原函数的性质. 为了方便今后进一步学习以及应用 Laplace 变换求解实际问题,现将这些性质列在表 8.2 中.

表 8.2

$f(t)$	$\mathcal{L}[f(t)] = F(s)$
(1) $\alpha f_1(t) \pm \beta f_2(t)$	$\alpha F_1(s) \pm \beta F_2(s)$
(2) $f(at)$	$\dfrac{1}{a}F\left(\dfrac{s}{a}\right)$
(3) $f'(t)$	$sF(s) - f(0)$

$f(t)$	$\mathscr{L}[f(t)]=F(s)$
(4) $f^{(n)}(t)$	$s^n F(s)-s^{n-1}f(0)-\cdots-f^{(n-1)}(0)$
(5) $\int_0^t f(\tau)\mathrm{d}\tau$	$\dfrac{1}{s}F(s)$
(6) $tf(t)$	$-F'(s)$
(7) $t^n f(t)$	$(-1)^n F^{(n)}(s)$
(8) $\dfrac{1}{t}f(t)$	$\displaystyle\int_s^\infty F(\tau)\mathrm{d}\tau$
(9) $\mathrm{e}^{at}f(t)$	$F(s-a)$
(10) $f(t-a)u(t-a)$	$\mathrm{e}^{-as}F(s)$
(11) $f(t+\tau)=f(t)$	$\dfrac{1}{1-\mathrm{e}^{\tau s}}\displaystyle\int_0^\tau \mathrm{e}^{-st}f(t)\mathrm{d}t$
(12) $f_1(t)*f_2(t)$	$F_1(s)\cdot F_2(s)$

练习题 8.3

1. 求下列函数的 Laplace 变换:

(1) $f(t)=2\sinh t-4$;

(2) $f(t)=4t\sin 2t-4$;

(3) $f(t)=t-5\cos t$;

(4) $f(t)=(t+4)^2$;

(5) $f(t)=t^3-3t-\cos 4t$;

(6) $f(t)=(t^3-3t+2)\mathrm{e}^{-2t}$;

(7) $f(t)=\begin{cases}1, & 0\leqslant t<7\\ \cos t, & t\geqslant 7\end{cases}$;

(8) $f(t)=\begin{cases}t, & 0\leqslant t<3\\ 1-3t, & t\geqslant 3\end{cases}$;

(9) $f(t)=\begin{cases}\cos t, & 0\leqslant t<2\pi\\ 2-\sin t, & t\geqslant 2\pi\end{cases}$;

(10) $f(t)=\begin{cases}t-2, & 0\leqslant t<16\\ -1, & t\geqslant 16\end{cases}$;

(11) $f(t)=\mathrm{e}^{-t}(1-t^2+\sin t)$;

(12) $f(t)=\mathrm{e}^{-5t}(t^4+2t^2+t)$;

(13) $f(t)=t\mathrm{e}^{-2t}\cos 3t$;

(14) $f(t)=t\int_0^t \mathrm{e}^{-3t}\sin 2t\mathrm{d}t$;

(15) $f(t)=\dfrac{\mathrm{e}^{-3t}\sin 2t}{t}$;

(16) $f(t)=\int_0^t \dfrac{\mathrm{e}^{-3t}\sin 2t}{t}\mathrm{d}t$.

2. 求下列函数的 Laplace 逆变换:

(1) $F(s)=\dfrac{-2}{s+16}$;

(2) $F(s)=\dfrac{2s-5}{s^2+16}$;

(3) $F(s)=\dfrac{3}{s-7}+\dfrac{1}{s^2}$;

(4) $F(s)=\dfrac{1}{s-4}+\dfrac{6}{(s-4)^2}$;

(5) $F(s) = \dfrac{1}{s^2 - 4s + 5}$;

(6) $F(s) = \dfrac{se^{-2s}}{s^2 + 9}$;

(7) $F(s) = \dfrac{s+2}{s^2 + 6s + 1}$;

(8) $F(s) = \dfrac{e^{-21s}}{s(s^2 + 16)}$;

(9) $F(s) = \dfrac{1}{(s^2 + 4)(s^2 - 4)}$;

(10) $F(s) = \dfrac{s}{(s^2 + a^2)(s^2 + b^2)}$;

(11) $F(s) = \dfrac{1}{s(s^2 + a^2)^2}$;

(12) $F(s) = \dfrac{1}{s(s+2)} e^{4s}$.

8.4　Laplace 变换的若干应用

Laplace 变换和 Fourier 变换一样,在许多工程技术领域和科学研究领域有着广泛的应用,特别是在力学系统、电学系统、自动控制系统以及随机服务系统等系统科学中都起着重要作用.这些系统对应的数学模型大多数是常微分方程、偏微分方程、积分方程或微分积分方程.本节首先介绍 Laplace 变换在求解微积分方程中应用.然后,展示 Laplace 变换在电路分析中的应用.最后,对线性系统做简单的介绍,揭示 Laplace 变换在线性系统分析中的作用.

8.4.1　利用 Laplace 变换求微分方程

应用式(8.8)可以将 $f(t)$ 的微分方程转化为关于 $F(s)$ 的代数方程,因此该性质为求解线性微分方程提供了一个强有力的工具.具体做法是,首先对方程两边取 Laplace 变换,将微分方程化为像函数的代数方程,解代数方程求出像函数,再取逆变换得到原方程的解.上述过程可通过图 8.7 清晰地展示出来.

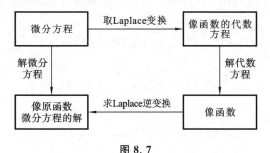

图 8.7

例 8.24　求微分方程 $y'' + 4y' + 3y = e^t$ 满足初始条件 $y(0) = 0, y'(0) = 2$ 的解.

解　记 $\mathscr{L}[y(t)] = Y(s)$,方程两边取 Laplace 变换有

$$[s^2 Y(s) - sy(0) - y'(0)] + 4[sY(s) - y(0)] + 3Y(s) = \dfrac{1}{s-1}$$

将初始条件代入得

$$[s^2Y(s)-2+4sY(s)]+3Y(s)=\frac{1}{s-1}$$

解出 $Y(s)$ 得

$$Y(s)=\frac{2s-1}{(s-1)(s^2+4s+3)}=\frac{2s-1}{(s-1)(s+1)(s+3)}$$

下面用留数方法求 $Y(s)$ 的 Laplace 逆变换,$Y(s)$ 有三个一阶极点,即 $s=1,s=-1$, $s=-3$,各奇点处相应的留数为

$$\text{Res}[Y(s)\mathrm{e}^{st},1]=\lim_{s\to1}\frac{\mathrm{e}^{st}(2s-1)}{(s+1)(s+3)}=\frac{1}{8}\mathrm{e}^t$$

$$\text{Res}[Y(s)\mathrm{e}^{st},-1]=\lim_{s\to-1}\frac{\mathrm{e}^{st}(2s-1)}{(s-1)(s+3)}=\frac{3}{4}\mathrm{e}^{-t}$$

$$\text{Res}[Y(s)\mathrm{e}^{st},-3]=\lim_{s\to-3}\frac{\mathrm{e}^{st}(2s-1)}{(s-1)(s+1)}=-\frac{7}{8}\mathrm{e}^{-3t}$$

于是方程的解为

$$\begin{aligned}y(t)&=\mathscr{L}^{-1}[Y(s)]\\&=\text{Res}[Y(s)\mathrm{e}^{st},1]+\text{Res}[Y(s)\mathrm{e}^{st},-1]+\text{Res}[Y(s)\mathrm{e}^{st},-3]\\&=\frac{1}{8}\mathrm{e}^t+\frac{3}{4}\mathrm{e}^{-t}-\frac{7}{8}\mathrm{e}^{-3t}\end{aligned}$$

从以上可以看出,用 Laplace 变换解微分方程的一个重要特点是不需要求通解, 利用初始条件确定特解.相反,该解法将初始条件自然地融入求解过程之中,最终得 到的就是方程满足初始条件的特解.

例 8.25 求微分方程 $y''-2y'-8y=f(t)$ 满足初始条件 $y(0)=1,y'(0)=0$ 的解.

解 记 $\mathscr{L}[y]=Y(s),\mathscr{L}[f(t)]=F(s)$,方程两边取 Laplace 变换,并考虑到初始 条件可得

$$\mathscr{L}[y''-2y'-8y]=[s^2Y(s)-s]-2[sY(s)-1)]8Y(s)=\mathscr{L}[f(t)]=F(s)$$

整理可得

$$(s^2-2s-8)Y(s)-s+2=F(s)$$

于是

$$Y(s)=\frac{F(s)}{s^2-2s-8}+\frac{s-2}{s^2-2s-8}$$

分解为部分分式可得

$$Y(s)=\frac{1}{6}\frac{1}{s-4}F(s)-\frac{1}{6}\frac{1}{s+2}F(s)+\frac{1}{3}\frac{1}{s-4}+\frac{2}{3}\frac{1}{s+2}$$

取 Laplace 逆变换可得

$$y(t)=\frac{1}{6}\mathrm{e}^{4t}*f(t)-\frac{1}{6}\mathrm{e}^{-2t}*f(t)+\frac{1}{3}\mathrm{e}^{4t}+\frac{2}{3}\mathrm{e}^{-2t}$$

$$= \frac{1}{6}(e^{4t} - e^{-2t}) * f(t) + \frac{1}{3}e^{4t} + \frac{2}{3}e^{-2t}$$

这样,对于任意给定的函数 $f(t)$,方程的解 $y(t)$ 就可以通过 $f(t)$ 与特定函数 $\frac{1}{6}(e^{4t} - e^{-2t})$ 的卷积表示出来. 特别地,当 $f(t) = \delta(t)$ 时,有

$$y(t) = \frac{1}{6}(e^{4t} - e^{-2t}) * \delta(t) + \frac{1}{3}e^{4t} + \frac{2}{3}e^{-2t}$$

$$= \frac{1}{6}(e^{4t} - e^{-2t}) + \frac{1}{3}e^{4t} + \frac{2}{3}e^{-2t}$$

例 8.26 求满足积分方程 $f(t) = 2t^2 + \int_0^t f(t-\tau)e^{-\tau}d\tau$ 的函数 $f(t)$.

解 注意到方程中的积分是函数 $f(t)$ 与 e^{-t} 的卷积,可将方程表示为

$$f(t) = 2t^2 + f(t) * e^{-t}$$

令 $\mathscr{L}[f(t)] = F(s)$,上式取 Laplace 变换可得

$$F(s) = \frac{4}{s^3} + F(s)\frac{1}{s+1}$$

解出 $F(s)$ 有

$$F(s) = \frac{4}{s^3} + \frac{4}{s^4}$$

再求 Laplace 逆变换易得

$$f(t) = 2t^2 + \frac{2}{3}t^3$$

Laplace 变换除了可以求解常微分方程外,对于常微分方程组也可求解.

例 8.27 求解以下常微分方程组的特解:

$$\begin{cases} x'(t) + y(t) + z'(t) = 1 \\ x(t) + y'(t) + z(t) = 0 \\ y(t) + 4z'(t) = 0 \end{cases}$$

且初值为 $x(0) = y(0) = z(0) = 0$.

解 设

$$\mathscr{L}[x(t)] = X(s), \quad \mathscr{L}[y(t)] = Y(s), \quad \mathscr{L}[z(t)] = Z(s)$$

对方程组两边取 Laplace 变换,代入初始条件后可得

$$\begin{cases} sX(s) + Y(s) + sZ(s) = \frac{1}{s} \\ X(s) + sY(s) + Z(s) = 0 \\ Y(s) + 4sZ(s) = 0 \end{cases}$$

解此三元一次方程组,可得

$$X(s) = \frac{4s^2 - 1}{4s^2(s^2 - 1)}, \quad Y(s) = -\frac{1}{s(s^2 - 1)}, \quad Z(s) = \frac{1}{4s^2(s^2 - 1)}$$

分别取 Laplace 逆变换,可得

$$x(t) = \frac{1}{4}\mathscr{L}^{-1}\left[\frac{4s^2-1}{s^2(s^2-1)}\right] = \frac{1}{4}\mathscr{L}^{-1}\left[\frac{3}{s^2-1}+\frac{1}{s^2}\right]$$

$$= \frac{1}{4}(3\sinh t + t)$$

$$y(t) = \mathscr{L}^{-1}\left[-\frac{1}{s(s^2-1)}\right] = \mathscr{L}^{-1}\left[\frac{1}{s}-\frac{s}{s^2-1}\right]$$

$$= 1 - \cosh t$$

$$z(t) = \frac{1}{4}\mathscr{L}^{-1}\left[\frac{1}{s^2(s^2-1)}\right] = \frac{1}{4}\mathscr{L}^{-1}\left[\frac{1}{s^2-1}-\frac{1}{s^2}\right]$$

$$= \frac{1}{4}(\sinh t - t)$$

Laplace 变换在求解偏微分方程时也有用武之地. 求解时先将定解问题中的未知函数看作某一个自变量的函数,对方程及定解条件关于该自变量做 Laplace 变换,把偏微分方程和定解条件化为像函数的常微分方程的定解问题. 剩下的计算过程就和上述常微分方程的求解过程完全一样了.

例 8. 28 利用 Laplace 变换求定解问题:

$$\begin{cases} \dfrac{\partial^2 u}{\partial x \partial y} = 1 & (x>0, y>0) \\ u|_{t=0}=0, \quad \dfrac{\partial u}{\partial t}\Big|_{t=0}=0 \\ u|_{x=0}=y+1, \quad u|_{y=0}=1 \end{cases}$$

解 根据题意,设 $u=u(x,y), x>0, y>0, \mathscr{L}[u(x,y)]=U(s,y)$. 根据边界条件 $u|_{x=0}=u(0,y)=y+1$,因此 $\dfrac{\partial u}{\partial y}\Big|_{x=0}=1$,则对原问题两边关于变量 x 求 Laplace 变换,可得

$$\mathscr{L}\left[\frac{\partial^2 u}{\partial x \partial y}\right] = \mathscr{L}\left[\frac{\partial}{\partial x}\left(\frac{\partial u}{\partial y}\right)\right] = s\mathscr{L}\left[\frac{\partial u}{\partial y}\right] - \frac{\partial u}{\partial y}\Big|_{x=0}$$

$$= s \cdot \frac{\mathrm{d}}{\mathrm{d}y}U(s,y) - 1$$

这就将原定解问题转化为含参数 s 的一阶常系数齐次线性常微分方程的初值问题

$$\begin{cases} \dfrac{\mathrm{d}}{\mathrm{d}y}U(s,y) = \dfrac{1}{s}+\dfrac{1}{s^2} \\ U(s,y)|_{y=0} = \dfrac{1}{s} \end{cases}$$

根据前述方法,可求得其通解为

$$U(s,y) = \frac{1}{s} + \frac{y}{s} + \frac{y}{s^2}$$

取其 Laplace 逆变换,即得

$$u(x,y)=xy+y+1$$

*8.4.2 电路分析

例 8.29 在图 8.8 所示的电路中,假定初始时刻 $t=0$ 时电容器的电量为零,电路中没有电流.当时间 $t=2$ s 时,开关 K 从 B 点切换到 A 点,持续 1 s 后,再切换到 B 点.求电容器两端的输出电压 E_{out},其中电阻 $R=2.5\times10^5$ Ω,电容 $C=10^{-6}$ F,电源电动势 $E_0=10$ V.

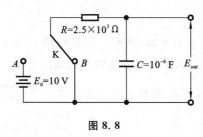

图 8.8

解 根据题意并利用单位阶跃函数 $u(t)$,电路中的外加电动势可表示为

$$E(t)=10[u(t-2)-u(t-3)]$$

由基尔霍夫(Kirchhoff)定律有

$$Ri(t)+\frac{1}{C}q(t)=E(t)$$

其中 $i(t)$ 为电路中的电流,$q(t)$ 表示电量.由于 $i(t)=q'(t)$,故上式又可写为

$$2.5\times10^5 q'(t)+10^6 q(t)=E(t)$$

令 $\mathscr{L}[q(t)]=Q(s)$,等式两边取 Laplace 变换并代入初始条件 $q(0)=0$ 可得

$$2.5\times10^5[sQ(s)-q(0)]+10^6 Q(s)=2.5\times10^5 sQ(s)+10^6 Q(s)=\mathscr{L}[E(t)]$$

由于

$$\mathscr{L}[E(t)]=10\mathscr{L}[u(t-2)]-10\mathscr{L}[u(t-3)]=\frac{10}{s}e^{-2s}-\frac{10}{s}e^{-3s}$$

于是得到方程

$$2.5\times10^5 sQ+10^6 Q=\frac{10}{s}e^{-2s}-\frac{10}{3}e^{-3s}$$

即

$$Q(s)=4(10^{-5})\frac{1}{s(s+4)}e^{-2s}-4(10^{-5})\frac{1}{s(s+4)}e^{-3s}$$

$$=10^{-5}\left[\frac{1}{s}e^{-2s}-\frac{1}{s+4}e^{-2s}\right]-10^{-5}\left[\frac{1}{s}e^{-3s}-\frac{1}{s+4}e^{-3s}\right] \tag{8.20}$$

根据延迟性质易得

$$\mathscr{L}^{-1}\left[\frac{1}{s}\mathrm{e}^{-2s}\right]=u(t-2),\quad \mathscr{L}^{-1}\left[\frac{1}{s+4}\mathrm{e}^{-2s}\right]=u(t-2)\mathrm{e}^{-4(t-2)}$$

$$\mathscr{L}^{-1}\left[\frac{1}{s}\mathrm{e}^{-3s}\right]=u(t-3),\quad \mathscr{L}^{-1}\left[\frac{1}{s+4}\mathrm{e}^{-2s}\right]=u(t-3)\mathrm{e}^{-4(t-3)}$$

对式(8.20)取 Laplace 逆变换有

$$q(t)=10^{-5}\left[u(t-2)-u(t-2)\mathrm{e}^{-4(t-2)}\right]-10^{-5}\left[u(t-3)-u(t-3)\mathrm{e}^{-4(t-3)}\right]$$
$$=10^{-5}u(t-2)\left[1-\mathrm{e}^{-4(t-2)}\right]-10^{-5}u(t-3)\left[1-\mathrm{e}^{-4(t-3)}\right]$$

最后,由于输出电压为 $E_{\text{out}}=\frac{1}{C}q(t)$,因此

$$E_{\text{out}}=10u(t-2)\left[1-\mathrm{e}^{-4(t-2)}\right]-10u(t-3)\left[1-\mathrm{e}^{-4(t-3)}\right]$$

例 8.30 在图 8.9 所示的电路中,假定初始时刻 $t=0$ 时电容器的电量为零,求电路在输入一个单位脉冲的电压后电容器两端的输出电压.

解 输出电压为 $\frac{q(t)}{C}$,因此先求 $q(t)$. 由基尔霍夫电压定律有

$$Li'(t)+Ri(t)+\frac{q(t)}{C}=\delta(t)$$

由于 $i(t)=q'(t)$,再将图 8.9 中的数据代入可得

$$q''+10q'+100q=\delta(t) \tag{8.21}$$

初始条件为 $q(0)=0,q'(0)=0$.

令 $\mathscr{L}[q(t)]=Q(s)$,对式(8.21)取 Laplace 变换并考虑到初始条件有

$$s^2Q(s)+10sQ(s)+100Q(s)=1$$

于是有

$$Q(s)=\frac{1}{s^2+10s+100}=\frac{1}{(s+5)^2+(5\sqrt{3})^2}$$

取逆变换得

$$q(t)=\frac{1}{5\sqrt{3}}\mathrm{e}^{-5t}\sin(5\sqrt{3}t)$$

所以输出电压为

$$E_{\text{out}}=\frac{q(t)}{C}=100q(t)=\frac{20}{\sqrt{3}}\mathrm{e}^{-5t}\sin(5\sqrt{3}t)$$

输出电压的波形如图 8.10 所示.可以看出,尽管该电路没有明确地受到某种频率的强迫振荡,但其输出却是按某一固有频率的阻尼振荡.

例 8.31 在图 8.11 所示的电路中,假定在初始时刻 $t=0$ 时电容器的电量为零,此时闭合开关,求该电路中每个环路中的电流强度.

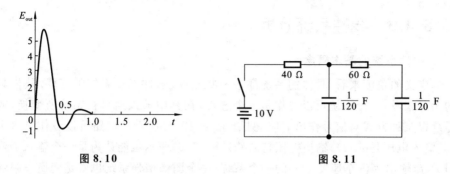

图 8.10   图 8.11

解 设在时刻 t,左、右两个环路中的电流为 $i_1(t)$ 和 $i_2(t)$,电容的电量为 $q_1(t)$ 和 $q_2(t)$. 由基尔霍夫定律得

$$\left.\begin{array}{l} 40i_1+120(q_1-q_2)=10 \\ 60i_2+120q_2=120(q_1-q_2) \end{array}\right\} \tag{8.22}$$

由于 $i(t)=q'(t)$,故有

$$q(t)=\int_0^t i(\tau)\mathrm{d}\tau+q(0)$$

代入式(8.22)并考虑到初始条件可得

$$\begin{cases} 40i_1+120\displaystyle\int_0^t[i_1(\tau)-i_2(\tau)]\mathrm{d}\tau=10 \\ 60i_2+120\displaystyle\int_0^t i_2(\tau)\mathrm{d}\tau=120\displaystyle\int_0^t[i_1(\tau)-i_2(\tau)]\mathrm{d}\tau \end{cases}$$

令 $\mathscr{L}[i_1(t)]=I_1(s)$,$\mathscr{L}[i_2(t)]=I_2(s)$,对上式中每一个方程取 Laplace 变换得

$$\begin{cases} 40I_1+\dfrac{120}{s}I_1-\dfrac{120}{s}I_2=\dfrac{10}{s} \\ 60I_2+\dfrac{120}{s}I_2=\dfrac{120}{s}I_1-\dfrac{120}{s}I_2 \end{cases}$$

化简整理后有

$$\begin{cases} (s+3)I_1-3I_2=\dfrac{1}{4} \\ 2I_1-(s+4)I_2=0 \end{cases}$$

解之可得

$$I_1(s)=\frac{s+4}{4(s+1)(s+6)}=\frac{3}{20}\frac{1}{s+1}+\frac{1}{10}\frac{1}{s+6}$$

$$I_2(s)=\frac{1}{2(s+1)(s+6)}=\frac{1}{10}\frac{1}{s+1}-\frac{1}{10}\frac{1}{s+6}$$

最后,取 Laplace 逆变换即可得到所求的电流强度

$$i_1(t)=\frac{3}{20}\mathrm{e}^{-t}+\frac{1}{10}\mathrm{e}^{-6t},\quad i_2(t)=\frac{1}{10}\mathrm{e}^{-t}-\frac{1}{10}\mathrm{e}^{-6t}$$

*8.4.3　线性系统分析

1. 线性系统的基本概念

从广义的角度来看,具体的系统都是一些元件、器件或子系统的互联. 从信号处理的角度来看,一个系统可以看作是一个过程,在其中输入信号被系统所变换,或者说系统以某种方式对信号作出响应. 例如,图 8.12(a)所示的电路可以看作是一个系统,其输入电压是 $u_s(t)$,输出电压是 $u_C(t)$;8.12(b)所示也能认为是一个输入为汽车牵引力 f,输出为汽车速度 $v(t)$ 的一个系统;一个图像增强系统也就是变换一幅输入图像以使得输出图像具有某些所需要性质的系统,如增强图像对比度等.

这样的系统可统一用图 8.12(c)来表示,图中 $x(t)$ 表示输入,$y(t)$ 表示输出. 通常也称 $y(t)$ 为系统对输入 $x(t)$ 的**响应**,记作

$$x(t) \rightarrow y(t) \tag{8.23}$$

特别地,当输入为单位脉冲 $\delta(t)$ 时,系统的响应 $y_\delta(t)$ 称为**单位脉冲响应**.

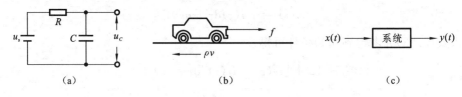

图 8.12

通常把满足以下条件的系统称为线性系统:若 $x_1(t) \rightarrow y_1(t)$,$x_2(t) \rightarrow y_2(t)$,则有

$$\alpha x_1(t) + \beta x_2(t) \rightarrow \alpha y_1(t) + \beta y_2(t)$$

其中 α、β 为任意常数. 也就是说,对于线性系统来讲,若干个信号的线性组合的响应等于各个信号的响应的线性组合.

对一个系统进行理论分析的前提是为系统建立数学模型,也就是对系统加以数学上的描述. 下面来看两个简单的例子.

例 8.32　考虑图 8.12(a)所示的 RC 电路,根据基尔霍夫定律不难得到输入 $v_s(t)$ 和输出 $v_C(t)$ 之间应满足的关系为

$$\frac{\mathrm{d}v_C(t)}{\mathrm{d}t} + \frac{1}{RC}v_C(t) = \frac{1}{RC}v_s(t) \tag{8.24}$$

该方程就是对图 8.12(a)所示系统的数学描述.

例 8.33　考虑图 8.12(b)所示的系统. 若令汽车的质量为 m,ρv 为运动过程中由于摩擦而产生的阻力,根据牛顿第二定律可得

$$m\frac{\mathrm{d}v(t)}{\mathrm{d}t} = f(t) - \rho v(t)$$

即

$$\frac{\mathrm{d}v(t)}{\mathrm{d}t}+\frac{\rho}{m}v(t)=\frac{1}{m}f(t) \tag{8.25}$$

该方程就是对图 8.12(b)所示系统的数学描述.

比较一下上面两个例子中的式(8.24)和式(8.25),可以看到,对于这两个很不相同的物理系统,描述它们输入与输出关系的这两个方程却基本上是一样,它们都是一阶常系数线性微分方程.不难证明,这种可以用常系数线性微分方程来表示输入与输出关系的系统都是线性系统.反过来,一个线性系统也可以用一个常系数线性微分方程来描述.

一个系统的响应由输入信号和系统自身的特性所决定,分析和设计一个系统就是要研究输入和响应同系统本身特性之间的关系.既然一个线性系统可以用一个常系数线性微分方程来描述,那么系统特性又如何通过微分方程来刻画呢?

为了弄清这个问题,我们引入传递函数的概念.

2. 传递函数与系统响应

考虑如下线性系统,它的输入 $x(t)$ 与响应 $y(t)$ 所满足的关系可用下列微分方程来表示:

$$y^{(n)}+p_1 y^{(n-1)}+\cdots+p_{n-1}y'+p_n y=x \tag{8.26}$$

式中:$p_1,p_2,\cdots,p_n$ 为常数;n 为正整数.

设 $\mathscr{L}[y(t)]=Y(s)$,$\mathscr{L}[x(t)]=X(s)$,根据 Laplace 变换的微分性质有

$$\mathscr{L}[y^{(k)}]=s^k Y(s)-s^{k-1}y(0)-s^{k-2}y'(0)-\cdots-y^{(k-1)}(0),\quad k=1,2,\cdots,n$$

对式(8.26)两边取 Laplace 变换并经整理得

$$Y(s)=P(s)[X(s)+D(s)] \tag{8.27}$$

式中:

$$P(s)=\frac{1}{s^n+p_1 s^{n-1}+\cdots+p_n} \tag{8.28}$$

$$D(s)=y(0)s^{n-1}+[y'(0)+p_1 y(0)]s^{n-2}+\cdots$$
$$+[y^{(n-1)}(0)+p_1 y^{(n-2)}(0)+\cdots+p_n y(0)] \tag{8.29}$$

称 $P(s)$ 为系统的**传递函数**,它与输入以及系统的初始状态无关.也就是说,系统的传递函数不会因为输入或初始状态的改变而改变,因而表达了系统的本质特性,但 $D(s)$ 不仅与系统本身有关,而且与系统的初始状态有关.特别地,当系统的初始值全为零时,$D(s)=0$,这时式(8.27)简化为

$$Y(s)=P(s)X(s) \tag{8.30}$$

对式(8.30)取 Laplace 逆变换,可得

$$y(t)=\mathscr{L}^{-1}[P(s)X(s)]$$

令 $\mathscr{L}^{-1}[P(s)]=p(t)$,由卷积定理有

$$y(t)=p(t)*x(t)$$

这表明,在零初始条件下,系统的输出等于输入与传递函数的 Laplace 逆变换的卷积.

特别地,当输入为单位脉冲 $\delta(t)$ 时,系统的响应

$$\hat{y}_\delta(t) = p(t) * \delta(t) = \delta(t) * p(t) = \int_{-\infty}^{+\infty} p(t)\delta(t-\tau)\mathrm{d}\tau = p(t)$$

因此,传递函数的 Laplace 逆变换 $p(t)$ 就是系统在零初始条件下的单位脉冲响应 $\hat{y}_\delta(t)$.这样,一个系统的特性完全由它在零初始条件下的单位脉冲响应确定.

如果令 $\mathscr{L}^{-1}[P(s)D(s)] = d_0(t)$,由式(8.27)知,系统对于任意一个输入 $x(t)$ 的响应为

$$y(t) = \mathscr{L}^{-1}[P(s)(X(s)+D(s))]$$
$$= \mathscr{L}^{-1}[P(s)] * \mathscr{L}^{-1}[X(s)] + \mathscr{L}^{-1}[P(s)D(s)]$$
$$= \hat{y}_\delta(t) * x(t) + d_0(t)$$

例 8.34 设某一系统的输入 $x(t)$ 与输出 $y(t)$ 由下列微分方程确定:

$$y''(t) - 2y'(t) - 8y(t) = x(t)$$

求该系统的传递函数及单位脉冲响应函数,并求在初始条件为 $y(0)=1,y'(0)=0$ 时,系统对输入 $x(t)$ 的响应.

解 由式(8.28)可得系统的传递函数为

$$P(s) = \frac{1}{s^2 - 2s - 8} = \frac{1}{6}\left(\frac{1}{s-4} - \frac{1}{s+2}\right)$$

系统在零初始条件下的单位脉冲响应为

$$\hat{y}_\delta(t) = \mathscr{L}^{-1}[P(s)] = \frac{1}{6}\mathscr{L}^{-1}\left[\frac{1}{s-4} - \frac{1}{s+2}\right] = \frac{1}{6}(\mathrm{e}^{4t} - \mathrm{e}^{-2t})$$

当初始条件为 $y(0)=1,y'(0)=0$ 时,由式(8.29)有

$$D(s) = s - 2$$

于是

$$d_0(t) = \mathscr{L}^{-1}[P(s)D(s)] = \mathscr{L}^{-1}\left[\frac{s-2}{s^2 - 2s - 8}\right]$$
$$= \mathscr{L}^{-1}\left[\frac{1}{3}\frac{1}{s-4} + \frac{2}{3}\frac{1}{s+2}\right] = \frac{1}{3}\mathrm{e}^{4t} + \frac{2}{3}\mathrm{e}^{-2t}$$

所以对任意的输入 $x(t)$,系统响应为

$$y(t) = \hat{y}_\delta(t) * x(t) + d_0(t)$$
$$= \frac{1}{6}(\mathrm{e}^{4t} - \mathrm{e}^{-2t}) * x(t) + \frac{1}{3}\mathrm{e}^{4t} + \frac{2}{3}\mathrm{e}^{-2t}$$
$$= \frac{1}{6}\mathrm{e}^{4t} * x(t) - \frac{1}{6}\mathrm{e}^{-2t} * x(t) + \frac{1}{3}\mathrm{e}^{4t} + \frac{2}{3}\mathrm{e}^{-2t}$$

关于 Laplace 变换在工程实际中应用的更深入的内容,将在有关的专业课中讨论,这里不再赘述.

练习题 8.4

求下列微分方程的解：

(1) $y' + 4y = \cos t, y(0) = 0$；

(2) $y' - 2y = 1 - t, y(0) = 4$；

(3) $y'' - 4y' + 4y = \cos t, y(0) = 1, y'(0) = -1$；

(4) $y'' + 4y = f(t), y(0) = 1, y'(0) = 0$，其中 $f(t) = \begin{cases} 0, & 0 \leqslant t < 4 \\ 3, & t \geqslant 4 \end{cases}$；

(5) $y''' - y'' + 4y' - 4y = f(t), y(0) = y'(0) = 0, y''(0) = 1$，其中：

$$f(t) = \begin{cases} 1, & 0 \leqslant t < 5 \\ 2, & t \geqslant 5 \end{cases}$$

(6) $\begin{cases} x' - 2y' = 1 \\ x' + y - x = 0 \end{cases}, x(0) = y(0) = 0$；

(7) $\begin{cases} x'' + 2x' + \int_0^t y(\alpha)\,d\alpha = 0 \\ 4x'' - x' + y = e^{-t} \end{cases}, x(0) = 0, x'(0) = -1$；

(8) $\begin{cases} \dfrac{\partial^2 u}{\partial t^2} = a^2 \dfrac{\partial^2 u}{\partial x^2} + 2 \quad (x > 0, t > 0) \\ u|_{t=0} = 0, \dfrac{\partial u}{\partial t}\Big|_{t=0} = 0, u|_{x=0} = 0 \end{cases}$.

综合练习题 8

1. 求下列函数的 Laplace 变换：

(1) $f(t) = t^2 + 3t$；

(2) $f(t) = 1 - e^t$；

(3) $f(t) = 5\sin 2t - 3\cos 2t$；

(4) $f(t) = t e^{-3t} \sin 2t$；

(5) $f(t) = t^n e^{at}, n \in \mathbf{N}$；

(6) $f(t) = t\cos at$.

2. 利用 Laplace 变换计算下列积分：

(1) $\int_0^{+\infty} \dfrac{e^{-t} - e^{-2t}}{t}\,dt$；

(2) $\int_0^{+\infty} \dfrac{e^{-t}\sin^2 t}{t}\,dt$；

(3) $\int_0^{+\infty} \dfrac{\sin^2 t}{t^2}\,dt$.

3. 求下列函数的 Laplace 逆变换：

(1) $F(s) = \dfrac{1}{s^2 + a^2}$；

(2) $F(s) = \dfrac{s}{(s-a)(s-b)}$；

(3) $F(s) = \dfrac{1}{s^2 - a^2}$;   (4) $F(s) = \dfrac{1}{s^2(s^2-1)}$;

(5) $F(s) = \dfrac{s}{s+2}$;   (6) $F(s) = \ln\dfrac{s^2-1}{s^2}$.

4. 设 $f(t) = e^{-\beta t}u(t)\cos s_0 t, \beta > 0$,求 $\mathscr{L}[f(t)]$.

5. 设函数 $f(t) = u(t)e^{-at}, g(t) = u(t)\sin t$,利用 Laplace 变换的卷积定理,求卷积 $f(t) * g(t)$.

6. 求下列卷积:

(1) $1 * 1$;   (2) $t * t$;   (3) $\sin t * \cos t$;

(4) $t * e^t$;   (5) $\delta(t-2) * f(t)$.

7. 求下列常系数或变系数微分方程的解:

(1) $\begin{cases} y'' - 2y' + 2y = 2e^t\cos t \\ y(0) = 0, y'(0) = 0 \end{cases}$;   (2) $\begin{cases} y'' - 2y' + y = 0 \\ y(0) = 0, y(1) = 2 \end{cases}$;

(3) $\begin{cases} ty'' + 2y' + ty = 0 \\ y(0) = 1, y'(0) = 1 \end{cases}$;   (4) $\begin{cases} ty'' + (t-1)y' - y = 0 \\ y(0) = 5, y'(+\infty) = 0 \end{cases}$.

8. 求下列方程组的解:

(1) $\begin{cases} x' + x - y = e^t \\ y' + 3x - 2y = 2e^t \\ x(0) = y(0) = 1 \end{cases}$;   (2) $\begin{cases} y'' + 2y + \int_0^t z(\tau)\mathrm{d}\tau = t \\ y'' + 2y' + z = \sin 2t \\ y(0) = 1, y'(0) = -1 \end{cases}$;

(3) $\begin{cases} ty + z + tz' = (t-1)e^{-t} \\ y' - z = e^{-t} \\ y(0) = 1, z(0) = -1 \end{cases}$;   (4) $\begin{cases} x'' + 2x' + \int_0^t y(\tau)\mathrm{d}\tau = 0 \\ 4x'' - x' + y = e^{-t} \\ x(0) = 1, x'(0) = -1 \end{cases}$.

9. 求下列积分方程的解:

(1) $y(t) = at + \int_0^t \sin(t-\tau)y(\tau)\mathrm{d}\tau$;   (2) $y(t) = e^{-t} - \int_0^t y(\tau)\mathrm{d}\tau$;

(3) $\int_0^t y(\tau)y(t-\tau)\mathrm{d}\tau = t^2 e^{-t}$.

* 10. 在 RLC 电路中串接直流电源 E,如图 8.13 所示.求回路中的电流 $i(t)$.

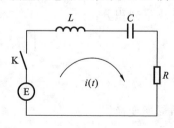

图 8.13

数学家简介

拉普拉斯(Pierre-Simon Laplace,1749 年 3 月 23 日——1827 年 3 月 5 日,见图 8.14),法国数学家,被誉为法国的牛顿.拉普拉斯是一个农民的儿子,家境贫寒,靠邻居资助上学,在博蒙军事学校读书不久就成为该校数学教员.

1767 年,18 岁的拉普拉斯从乡下带着介绍信到繁华的巴黎去见大名鼎鼎的达朗贝尔,交上推荐信后,却久无音信.但是拉普拉斯毫不灰心,晚上回到住处,细心地写了一篇力学论文,求教于达朗贝尔.这次引起了达朗贝尔的注意.他给拉普拉斯回了一封热情洋溢的信,里面有这样的话:"你用不着别人的介绍,你自己就是很好的推荐

图 8.14

书."经过达朗贝尔引荐,拉普拉斯获得了巴黎陆军学校数学教授职位.1785 年,拉普拉斯当选为法国科学院院士;1795 年任综合工科学校教授,后又在高等师范学校任教授;1816 年成为法兰西学院院士,次年任该院院长.拉普拉斯主要研究天体力学和物理学.其著作《天体力学》(5 卷,1799——1825 年出版)汇聚了他在天文学中的全部发现,并试图给出由太阳系引起的力学问题的完整分析解答.

拉普拉斯对于概率论也有很大的贡献,这从他的《概率的分析理论》(1812 年出版)这本洋洋七百万字巨著中随处可见,他把自己在概率论上的发现以及前人的所有发现统归一处.今天耳熟能详的那些名词,诸如随机变量、数字特征、特征函数、Laplace变换和 Laplace 中心极限定理等都是由拉普拉斯引入或者经他改进的.尤其是 Laplace 变换,促使赫维赛德发现微积分在电工理论中的应用.Fourier 变换、梅森变换、Z 变换和小波变换也受到了它的影响.

拉普拉斯和当时的拉格朗日、勒让德并称为法国的"3L",不愧为 19 世纪初数学界的泰斗.

* 第 3 篇　基于 MATLAB 的数学实验

  MATLAB 是"矩阵实验室"英文名称"matrix laboratory"的缩写. 该软件是 MathWorks 公司于 1984 年推出的一套科学计算软件,集计算、绘图和仿真于一身,适用于多学科和多工作平台,功能强大,界面友好且开放性很强. 以该软件为基础开发出了 20 多个专用工具箱,如信号处理、控制系统、神经网络等. 这些专用工具箱对于解决不同专业的数值计算、绘图仿真和模拟设计都有极大的实用价值,已经广泛应用于科学、技术和工程的各个方面. 此外,该软件已成为国内外进行基础数学实验教学和实验仿真的工具.

第9章 MATLAB 在复变函数与积分变换中的应用

本章将利用 MATLAB 求解复变函数与积分变换中的问题,主要解决以下问题:复变函数的各种基本运算、留数的计算、Taylor 级数展开、Fourier 变换与逆变换和 Laplace 变换与逆变换.首先简单介绍一下 MATLAB 软件中的各功能键和任务窗口.

9.1　MATLAB 简介

9.1.1　MATLAB 的基本功能

MATLAB 的基本功能,可以概括为下列四个方面:

(1) 数值计算.该软件有庞大的数学函数库,可以进行工程数学中几乎所有的数值计算.多数计算过程是调用一个恰当的指令,并输入相应的参数,回车就能得出运算结果,而且可以自行设定满足不同需求的计算精度.

(2) 符号运算.该软件具有对数学公式进行符号处理的功能,像因式分解、公式推导、求导、幂级数展开,以及求代数方程、微分方程组等这类问题的解析解,只需一条指令便可得出.

(3) 数据可视化.该软件具有很强的数据可视化能力,可以根据相关数据画出图形,可根据数据情况,按不同要求轻松自如地绘制出二维、三维图形,并能对图形的拐点、线条、色彩、视角等加以变换.该软件还可以用不同坐标系进行作图,画出各种特殊的几何图形(如直方图、柱状图、网面图等),把数据间的关系特征形象化得淋漓尽致.

(4) 建模仿真.该软件具有动态系统建模、仿真和分析的集成环境,用户只要在视窗里通过简单的鼠标操作,就可以方便灵活地建立起直观的方框式系统模型,并可对系统进行全面或局部的修改和调试,使其达到理想的效果.

本书中大量使用的是该软件的数值计算功能,因此下面围绕这方面的内容加以介绍.

MALTLAB 软件有许多视窗,如指令窗、图形窗、演示窗和编辑调试窗等,它们是实现该软件与人对话的主要界面.下面简单介绍一下这些视窗.

9.1.2 MATLAB 的指令窗

打开计算机,进入 Windows 操作平台后,直接双击桌面上的 MATLAB 小图标
,或者依次单击"开始(屏幕左下角)"→"所有程序(P)"→"MATLAB7",进入
MATLAB 的指令窗,如图 9.1 所示.

图 9.1

1. 指令窗简介

指令窗的第 1 行标有"MATLAB"(左上角).第 2 行写有六个主菜单:File(文件)、Edit(编辑)、Debug(调试)、Desktop(桌面)、Window(视窗)和 Help(帮助).单击其中任何一个,都会下拉出下一级子菜单.根据需要单击它们,就会显示出相应的界面.

1)快捷按钮的功能

指令窗的第 3 行设有一排小图标,它们是一些常用子菜单的快捷按钮,分别与不同的主、子菜单相对应,表 9.1 列出八个常用的快捷按钮和相应菜单的功能.

表 9.1　指令窗中部分菜单与相应快捷按钮功能对照表

主菜单	File(文件)		Edit(编辑)					Help(帮助)
快捷按钮								
名称	New M-File	Open File	Cut	Copy	Paste	Undo	Redo	Help
功能	创建新文件	打开文件	剪切	复制	粘贴	撤销操作	恢复操作	帮助

单击快捷按钮可完成相应的功能,比逐级单击菜单方便快捷.

2）指令窗的工作面

指令窗中间写有"To get started."其下出现的符号"≫"是输入提示符,它右侧闪跳着光标"|",提示可以在此输入指令、数据或其他内容.输入的指令相当于一个函数,指令中的参数相当于函数的自变量.每输完一条指令,都必须按一下回车键 ⏎enter (以后仅在需要显示运行结果的指令后面标有回车符"⏎"),于是换行出现新的输入提示符或运行结果.

该软件的许多运算都是在指令窗中通过一条条指令实现的,例如,若求解下述方程:

$$ax^2 + bx + c = 0^{①}$$

可选用解方程指令 solve.在指令窗中输入

```
> > x= solve('ax^2+ b* x+ c= 0')⏎
    x=
```

$$1/2/a* (- b+ (b^2- 4* a* c)^{(1/2)})$$
$$1/2/a* (- b- (b^2- 4* a* c)^{(1/2)})$$

整理得出

$$x = \frac{a}{2}(-b \pm \sqrt{b^2 - 4ac})$$

3）键盘上功能键的使用

在工作界面上进行 MATLAB 软件的操作时,用好键盘上的功能键可以提高操作效率.常用的功能键列在表 9.2 中.

表 9.2

功　能　键	作　　用	功　能　键	作　　用
⏎enter	运行已输入指令并换行	esc	删除光标所在行的全部内容
shift + enter	仅光标换行而不运行指令	pg up（pg dn）	翻出前（后）一页
↑（↓）	调出前（后）一个指令	delete（backspace）	删掉光标右（左）侧一个字符
←（→）	使光标向左（右）移动	home（end）	使光标移到行首（尾）

2. 查询方法

MATLAB 软件中的指令、函数特别多,仅靠记忆很难掌握.学会在线查询是用好这个软件的重要途径.常用的查询方法有两种:指令法和菜单法.

----

① 本章涉及程序代码,为保证文字描述与程序代码的一致性,本章不区分正斜体、黑白体.

1）指令法

指令法就是在指令窗中用查询帮助指令，查找某个指令的用途和使用方法. 这里仅举例介绍最常用的查询指令"help""type"和"lookfor". 它们的使用格式如下：

> > help 标识符 ↵   显示出标识符代表的信息.

> > type 指令名 ↵   显示出指令的源程序.

> > lookfor 关键词 ↵   显示出一批功能含有关键词的指令.

例 9.1　帮助指令 help 应用举例.

解　（1）想了解 MATLAB 系统中所有的函数库和工具箱名称，可在指令窗中输入

> > help % help 后不加标识符，相当于输入 help topics ↵

matlab\general	-	General purpose commands(通用命令).
matlab\ops	-	Operators and special characters(算子和特殊字符).
matlab\lang	-	Programming language constructs(程序语言结构).
matlab\elmat	-	Elementary matrices and matrix manipulation(基本矩阵及其操作).
matlab\elfun	-	Elementary math functions(初等函数).
matlab\specfun	-	Specialized math functions(特殊函数).
matlab\matfun	-	Matrix functions - numerical linear algebra(矩阵函数 - 线性代数).
matlab\datafun	-	Data analysis and Fourier transforms(数值分析和 Fourier 变换).
matlab\polyfun	-	Interpolation and polynomials(插值和多项式).
matlab\funfun	-	Function functions and ODE solvers(功能函数和常微分方程).
matlab\sparfun	-	Sparse matrices(稀疏矩阵).
matlab\graph2d	-	Two dimensional graphs(二维图形).
matlab\graph3d	-	Three dimensional graphs(三维图形).
matlab\specgraph	-	Specialized graphs(特殊图).
matlab\graphics	-	Handle Graphics(手控图).
matlab\uitools	-	Graphical user interface tools(图形用户接口工具).
matlab\strfun	-	Character strings(字符串).
matlab\iofun	-	File input/output(文件输入/输出).
matlab\timefun	-	Time and dates(时间/日期).
matlab\datatypes	-	Data types and structures(数据类型/结构).
matlab\winfun	-	Windows Operating System Interface Files (DEE/ActiveX)(Windows 操作系统接口文件).
matlab\demos	-	Examples and demonstrations(举例和演示).

⋮

注　名称后的中文是作者加上的,便于读者查询.

可见 MATLAB 中装入的内容是很丰富的,用 help 指令还可以进一步深入查询.

（2）想了解某个函数库,如想了解"matlab\elmat(基本矩阵及其操作)"中包含的具体指令,可在指令窗中输入

```
> > help elmat↵
    Elementary matrices and matrix manipulation.
    Elementary matrices.
    zeros     - Zeros array.
       ⋮
    Basic array information.
size      - Size of array.
   ⋮
```

便可显示出函数库 elmat 包含的子库及其全部函数指令.

（3）想了解某个具体函数指令,如"disp"的功能和用法,在指令窗中输入

```
> > help disp↵
    DISP Display array.
    DISP(X) displays the array, without printing the array name. In
    all other ways it's the same as leaving the semicolon off an
    expression except that empty arrays don't display.
       ⋮
```

便可显示出指令 disp 的功能和用法说明.

例 9.2　帮助指令 rank 的源程序.

解　要了解 rank 的源程序,可在指令窗中输入

```
> > type rank↵
function r= rank(A,tol)
%  RANK Matrix rank.
%    RANK(A) provides an estimate of the number of linearly
%    independent rows or columns of a matrix A.
%    RANK(A,tol) is the number of singular values of A
%    that are larger than tol.
%    RANK(A) uses the default tol= max(size(A)) * eps(norm(A)).
%
%    Class support for input A:
%        float:double,single
```

```
%   Copyright 1984- 2004 The MathWorks,Inc.
%   $ Revision:5.11.4.3. $ $ Date:2004/08/20 19:50:33 $
s= svd(A);
if nargin= = 1
  tol= max(size(A)') * eps(max(s));
end
r= sum(s> tol);
```

注 程序中的"％"表示其后为注释文字,不参与程序的运行.注释文字中的空行起着隔离作用,使用"help rank"只能调出第 1 个空行之前的内容,而"type rank"则可调出全部注释内容及源程序,这是两个查询指令功能上的差异.

由查询结果可知,"rank"是求矩阵秩的指令,只要输入 rank(A),就可得出矩阵 A 的秩.

查询指令 lookfor 用得较少,若想查出含有关键词"inverse(相反)"的指令,可在指令窗中输入

```
> > lookfor inverse ↵
INVHILB Inverse Hilbert matrix.
IPERMUTE Inverse permute array dimensions
ACOS Inverse cosine,result in radians.
    ⋮
```

屏幕将显示出所有含"inverse"的指令.

2) 菜单法

在任何一个窗口界面上,单击主菜单 Help,在下拉子菜单中再单击相关目录名,就可得出欲查询的内容.

9.1.3 MATLAB 的演示窗

该软件中设有范例演示窗,它相当于软件的使用方法说明书和示例.利用它可以帮助通过实例快速学会 MATLAB 的使用方法.只要在指令窗中输入

```
> > demos ↵
```

或者单击主菜单 Help 下的子菜单 Demos,屏幕上就出现 Help 窗口.该窗口左侧 Help Navigator(导引)之下有四项菜单,即 Contents(目录)、Index(索引)、Search(查询)和 Demos(示例),这都是 MATLAB 内容的罗列,只是分类方法不同.单击 Demos 菜单可弹出卞述四项主菜单:

(1) MATLAB:MATLAB 基础部分.

(2) Toolboxes:工具箱.

（3）Simulink：仿真.

（4）Blocksets：模块.

如图 9.2 所示,双击其中某项菜单,就会弹出下一级子菜单,逐级双击弹出的子菜单,直到出现左侧有小图标 的条目,这就是具体示例,如图 9.3 所示,右侧范例演示说明就显示出相关的内容. 这时按图中的提示操作,便会出现具体示例的说明或图文并茂的演示图. 例如,依次双击 MATLAB→Graphics→Vibrating Logo,再单击屏幕右侧的 Run this demo(运行该示例),就会出现一个不断飘动的立体方格画面,如图 9.3 所示.

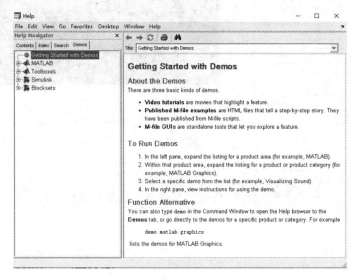

图 9. 2

9.1.4　MATLAB 的编辑窗

在指令窗中虽然可以实现许多计算功能,但都无法存盘和反复调用,一旦关机,这些计算功能就全部消失. 因此,MATLAB 中设有编辑调试窗,可供自行用 MATLAB 语言编辑、调试复杂的程序,并能存盘供今后反复调用. 前边学习和使用的指令,就是系统内保存的源程序(M-文件).

1. 进入编辑调试窗

单击指令窗中的快捷按钮 ,或者依次单击指令窗的菜单 File→New→M-File,屏幕上就出现图 9.4 所示的编辑调试窗,各种程序的编辑、调试都可以在其中进行.

编辑调试窗上的主菜单,从左向右依次为 File(文件)、Edit(编辑)、Text(正文)、Cell(节)、Tools(工具)、Debug(调试)、Desktop(桌面)、Window(窗口)和 Help(帮助)等,每个主菜单下含有若干子菜单,使用方法与指令窗中的一样.

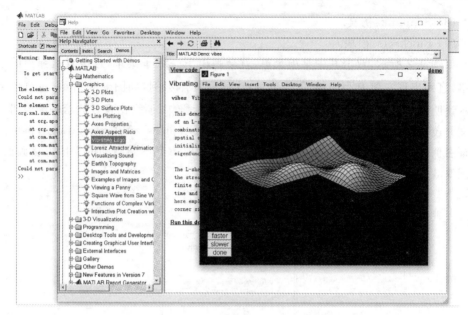

图 9.3

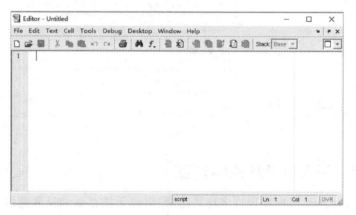

图 9.4

2. 两类 M-文件

凡在编辑调试窗中用 MATLAB 语言编写的程序,统称 M-文件,其扩展名为 ".m". M-文件分两类:M-指令文件(script file)和 M-函数文件(function file).

M-指令文件是由一连串 MATLAB 指令集合组成的文件,存盘后若在指令窗中调用它,相当于调用文件中的一批指令,只有执行完所有指令,才能返回指令窗.

M-函数文件是用 MATLAB 语言编写的具有函数功能的文件,具有输入自变量便可得出函数值的功能.其文件的格式固定:第一部分为函数功能说明(每行都以%打头);第二部分是运行的程序,它的第 1 行用"function"开头,然后用函数通用格式

"y=f(x)"确定输入变量名 x、函数值 y、函数名称 f,其中 x、y 和 f 均为标识符.使用时与调用其他指令一样.

9.1.5　MATLAB 的图形窗

利用 MATLAB 软件可以绘制二维、三维等各种图形,并能变换图形的点型、线型、颜色,以及立体图的视角、光照等品质,可以充分展示出数据间的函数关系和图形的几何特征.

1. 图形窗简介

只要在该软件的指令窗中输入一条绘图指令,就可在屏幕上出现图形窗,并在其中画出相应的图形.例如,在指令窗中输入三维隐函数绘图指令 ezsurf 及相应参数

```
> > clf,ezsurf('x^2/2+ y^2/3'),box  ↵
```

屏幕上就出现图形窗,并画出函数 $z=f(x,y)=\dfrac{x^2}{2}+\dfrac{y^2}{3}$ 的图像,如图 9.5 所示.指令中的 clf 是清屏指令,清除掉先前画在屏幕上的所有图像;box 是画箱形轮廓线指令.

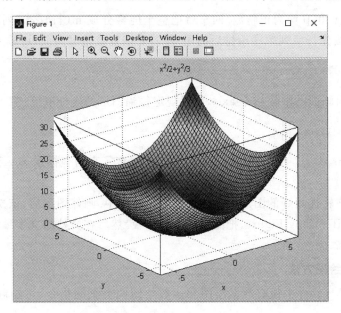

图 9.5

1)图形窗上的菜单及快捷按钮

图形窗(Figure)上第一排从左向右有八个主菜单:File(文件)、Edit(编辑)、View(查看)、Insert(插入)、Tools(工具)、Desktop(桌面)、Window(窗口)和 Help(帮助).单击其中任何一个,都会弹出其下属子菜单,根据需要再单击某项子菜单,便可实现

其功能.

其下的 14 个小图标是快捷按钮,它们与一些子菜单相对应,使用起来比多次调用菜单更为便捷. 表 9.3 列出了常用的快捷按钮和相应的子菜单的功能.

表 9.3　子菜单与快捷按钮的对应关系

菜单	File(文件)				Tools(工具)			
名称	New Figure	Open File	Save Figure	Print Figure	Edit Plot	Zoom In	Zoom Out	Rotate 3D
快捷按钮								
功能	创建新图形	打开图文件	保存图文件	打印	编辑图形	放大	缩小	旋转

2) 图形窗的分割和图形的限幅、复制

(1) 为了使屏幕上同时显示出好几幅画面,经常把图形窗分隔成几幅小图,称图形窗的分割. 分割指令 subplot 的使用格式为

```
> > subplot(m,n,p) ↵
```

输入参量 m、n 和 p 均为正整数. 回车后把整个屏幕分成 m(行)×n(列)幅小画面,p 是把小画面按先行后列顺序编排后的序号. 若要恢复成整屏画面,可输入

```
> > subplot(1,1,1) ↵
```

(2) 使用画面的限幅指令 axis,可以规定每幅图形的坐标取值. 输入格式为

```
> > axis(lims) ↵
```

输入参数 $\text{lims}=[x_{min}, x_{max}, y_{min}, y_{max}, z_{min}, z_{max}]$,限定了直角坐标系 x、y 和 z 轴的取值范围.

(3) 用该软件画好的图形可以复制到其他文档中. 画好图形后,依次单击图形窗中的菜单 Edit→Copy Figure,把图形送入剪贴板. 然后在文档的文字编辑窗口中,粘贴到适当位置.

2. 初等绘图方法

MATLAB 软件中设有数据绘图和函数绘图两类画图指令,可绘制二维和三维图形.

1) 数据绘图指令

根据实验或统计得到的数据,使用该软件的绘图指令,能绘制二维、三维图形,并可对图像进行修饰,以便分析数据间的关系. 最常用的绘图指令是 plot,使用格式为

```
> > plot(x_i,y_i,z_i,'S_i') ↵
```

输入参数 x_i、y_i 和 z_i（可以缺省 1～2 项）是同维的实向量,回车画出三维空间的一点;输入参数 S_i 是修饰曲线的拐点或线条的标记符,标出图形中各拐点的点型、曲线的线型和颜色.三个标记符置于单引号内,不加分隔,排序随意,且可缺省.三个标记符和它们的意义列在表 9.4 中.

表 9.4

标记符	意义	标记符	意义	标记符	意义	标记符	意义
—	实线	+	十字符	V	▽	y	黄
---	虚线	*	星号符	^	△	g	绿
—·—·—	点画线	s(square)	方框符	>	右尖三角	c	青
:	点线	d(diamond)	菱形符	<	左尖三角	b	蓝
O	圈	h(hexagram)	六角星	r	红	k	黑
X	叉	p(pentagram)	准五星	m	品红	w	白

注 ① 缺省点、线型标记符时,默认为实线;

② 缺省颜色标记符时,默认为取标记符"b",即蓝色.

指令 plot 是根据数据描点法画出图形的.如果已知函数的表达式为 $y=f(x)$,使用 plot 指令绘图前需要把变量 x 和 y 离散化:取 $x=x_1,x_2,\cdots$,相应地把函数 $y=f(x)$ 表达式中的运算符换成数组运算符(即在"＊""/"前加"·"),于是可构成一组对应的数据.

例 9.3 用 plot 指令把下列三个函数的图形画在同一幅画面上.

(1) $y_1=10\cos x,x\in[0,3\pi]$; (2) $y_2=e^{\pi-3x},x\in[0.5,8]$;

(3) $y_3=\dfrac{6}{x},x\in[1,9]$.

解 三个函数的定义域不同,可以在各自的定义域内离散自变量,也可以按其中定义域最大者离散自变量,下面用前一方法离散自变量.在指令窗中输入

```
>> x1= 0:0.2:3* pi;y1= 10* cos(x1);

>> x2= 0.5:0.3:8;y2= exp(pi- 3* x2);

>> x3= 1:0.3:9;y3= 6./x3;

>> subplot(1,2,1),plot(x1,y1,'r* - ',x2,y2,'+ g:',x3,y3,'- .pk')

>> legend('10cosx','exp(pi- 3x)','6./x',0) ↵
```

得出图 9.6.

2) 函数绘图指令

用数据绘图指令绘制函数的图形并不方便,为了方便地绘出函数的图形,常用二维隐函数绘图指令 ezplot.使用格式为

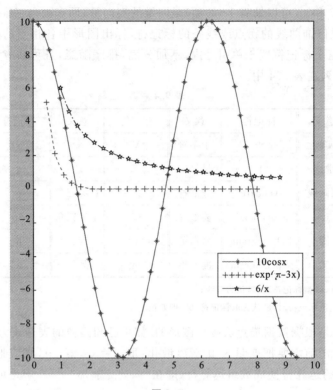

图 9.6

```
> > ezplot ('func',lims)
```

(1) 输入参数'func'为函数的符号表达式或 M-函数文件名.

(2) 若输入参数 func 为一元函数 f(x),则绘出 y=f(x)的几何图形;若 func 为二元函数表达式 f(x,y),则绘出方程 f(x,y)=0 的几何图形,即绘制出隐函数图形.

(3) 参数 lims=[a,b,c,d]确定了变量的取值范围,表示 x∈[a,b],y∈[c,d].省略 x 时默认为 x∈[-2π,2π];省略 y 时,默认 y 的取值范围与 x 相匹配.

(4) 该指令每次只能绘制一条曲线,同时在图外的上侧加注函数解析式,下侧加注自变量名称.

例 9.4 绘制叶形线 $u^3+v^3=9uv$ 和三叶玫瑰线 $r=\sin 3t$(极坐标方程).

解 (1) 绘叶形线.

移项把方程变成 f(u,v)=0,即隐函数形式 $u^3+v^3-9uv=0$.在指令窗中输入

```
> > ezplot('u^3+ v^3- 9* u* v')或 ezplot(u^3+ v^3- 9* u* v)
```

得出图 9.7(a).

（2）绘制三叶玫瑰线.

通过 $\begin{cases} x = r\cos t \\ y = r\sin t \end{cases}$ 把极坐标方程 $r = \sin 3t$ 转换成直角坐标方程 $\begin{cases} x(t) = \sin 3t\cos t \\ y(t) = \sin 3t\sin t \end{cases}$，在
指令窗中输入

```
>> ezplot('sin(3* t)* cos(t)','sin(3* t)* sin(t)',[0,pi]) ↵
```

得出图 9.7(b).

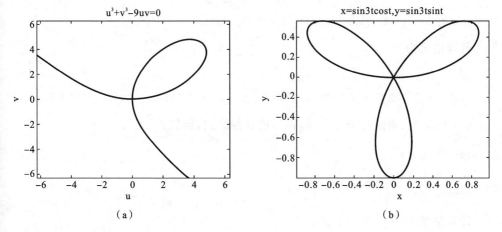

（a）　　　　　　　　　　　（b）

图 9.7

练习题 9.1

1. 帮助指令中，"help"与"type"的差异是什么？
2. MATLAB 中，打开编辑调试窗有哪些方式？
3. 什么叫"M-文件"？
4. 利用 MATLAB 绘制星形线 $x = 2\cos 3t, y = 2\sin 3t$.

9.2　利用 MATLAB 求解复变函数与积分变换中的运算

9.2.1　复数运算和复变函数的图形

1. 复数与复矩阵的表示

1）复数的生成

在 MATLAB 中，复数单位为 $i = j = \sqrt{-1}$，其值在工作空间中都显示为 $0 +$

1.0000i.

复数可由 z=a+b*i 语句生成,也可简写成 z=a+bi. 另一种生成复数的语句是 z=r*exp(i*theta),也可写成 z=r*exp(theta i),其中 theta 为复数辐角的弧度值,r 为复数的模.

2) 创建复矩阵

创建复矩阵的方法有两种:

(1) 如同一般的实矩阵一样,输入矩阵,例如:

```
A= [3+ 5* i,- 2+ 3i,9* exp(i* 6),23* exp(33i)]
```

计算结果为

```
A=
3.0000 + 5.0000i  - 2.0000 + 3.0000i  8.6415 - 2.5147i  - 0.3054 + 22.9980i
```

(2) 可将实、虚矩阵分开创建,再写成和的形式,例如:

```
re= rand(3,2);
im= rand(3,2);
com= re+ i* im
```

计算结果为

```
com =
   0.8147 +  0.2785i   0.9134 +  0.9649i
   0.9058 +  0.5469i   0.6324 +  0.1576i
   0.1270 +  0.9575i   0.0975 +  0.9706i
```

注 实、虚矩阵应大小相同.

2. 复数的运算

1) 复数的实部和虚部

函数:real、imag.

调用格式:

```
real(z)    % 返回复数 z 的实部
imag(z)    % 返回复数 z 的虚部
```

2) 共轭复数

函数:conj.

调用格式:

```
conj(z)    % 返回复数 z 的共轭复数
```

3）复数的模和辐角

函数：abs、angle.

调用格式：

```
abs(z)       % 返回复数 z 的模
angle(z)     % 返回复数 z 的辐角
```

例 9.5　求下列复数的实部与虚部、共轭复数、模与辐角.

(1) $\dfrac{1}{3+2i}$；　(2) $\dfrac{1}{i}-\dfrac{3i}{1-i}$；　(3) $\dfrac{(3+4i)(2-5i)}{2i}$；　(4) $i^8-4i^{21}+i$.

解　在 MATLAB 指令窗中输入

```
>> a= [1/(3+ 2i),1/i- 3i/(1- i),(3+ 4i)* (2- 5i)/2i,i^8- 4* i^21+ i]
```

计算结果为

```
a=
    0.2308 - 0.1538i   1.5000 - 2.5000i   - 3.5000 - 13.0000i   1.0000 - 3.0000i
```

在 MATLAB 指令窗中输入

```
>> real(a)              % 实部
```

计算结果为

```
ans=
    0.2308    1.5000    - 3.5000    1.0000
```

在 MATLAB 指令窗中输入

```
>> imag(a)    % 虚部
```

计算结果为

```
ans=
    - 0.1538    - 2.5000    - 13.0000    - 3.0000
```

在 MATLAB 指令窗中输入

```
>> conj(a)    % 共轭复数
```

计算结果为

```
ans=
    0.2308+ 0.1538i   1.5000+ 2.5000i   - 3.5000+ 13.0000i   1.0000+ 3.0000i
```

在 MATLAB 指令窗中输入

```
> > abs(a)      % 模
```

计算结果为

```
ans=
    0.2774    2.9155    13.4629    3.1623
```

在 MATLAB 指令窗中输入

```
> > angle(a)       % 辐角
```

计算结果为

```
ans=
   - 0.5880    - 1.0304    - 1.8228    - 1.2490
```

4）复数的乘、除法

复数的乘、除法运算由"＊"和"/"实现.

例 9.6　已知 $x=4e^{\frac{\pi}{3}i}$，$y=3e^{\frac{\pi}{5}i}$，求 $x*y$ 和 x/y.

解　在 MATLAB 指令窗中输入

```
> > x= 4* exp(pi/3* i)
```

计算结果为

```
x=
    2.0000 +  3.4641i
```

在 MATLAB 指令窗中输入

```
> > y= 3* exp(pi/5* i)
```

计算结果为

```
y=
    2.4271 +  1.7634i
```

在 MATLAB 指令窗中输入

```
> > x* y
```

计算结果为

```
ans=
   - 1.2543+ 11.9343i
```

在 MATLAB 指令窗中输入

```
> > x/y
```

计算结果为

```
ans=
    1.2181 +  0.5423i
```

5）复数的平方根

复数的平方根运算由函数 sqrt 实现.调用格式如下：

```
sqrt(z)    % 返回复数 z 的平方根值
```

6）复数的幂运算

复数的幂运算的形式为 z^n,结果返回复数 z 的 n 次幂.

例 9.7　求 $(1+i)^6$.

解　在 MATLAB 指令窗中输入

```
> > (1+ i)^6
```

计算结果为

```
ans=
        0 -  8.0000i
```

7）复数的指数和对数运算

函数：exp、log.

调用格式如下：

```
exp(z)    % 返回复数 z 的以 e 为底的指数值
log(z)    % 返回复数 z 的以 e 为底的对数值
```

例 9.8　求 $e^{\frac{\pi}{2}i}$ 和 $\ln(-3+4i)$.

解　在 MATLAB 指令窗中输入

```
> > exp(pi/2* i)
```

计算结果为

```
ans=
    0.0000+ 1.0000i
```

在 MATLAB 指令窗中输入

```
> > log(- 3+ 4i)
```

计算结果为

```
ans=
    1.6094+ 2.2143i
```

8）复数方程求根

复数方程求根或实方程的复数根求解可由函数 solve 实现，复数开方运算可转化为复数方程求根，通过函数 solve 实现.

函数：solve.

调用格式如下：

```
solve ('方程')     % 求方程的根
```

例 9.9　求方程 $z^3+8=0$ 所有的根.

解　在 MATLAB 指令窗中输入

```
> > solve('z^3+ 8= 0')
```

计算结果为

```
ans=
    [          - 2]
    [1- i* 3^(1/2)]
    [1+ i* 3^(1/2)]
```

例 9.10　求 $(-2)^{\frac{1}{6}}$.

解　在 MATLAB 指令窗中输入

```
> > solve('z^6+ 2= 0')
```

计算结果为

```
ans=
1/2* 2^(1/6)* 3^(1/2)+ 1/2* i* 2^(1/6)
i* 2^(1/6)
- 1/2* 2^(1/6)* 3^(1/2)+ 1/2* i* 2^(1/6)
- 1/2* 2^(1/6)* 3^(1/2)- 1/2* i* 2^(1/6)
- i* 2^(1/6)
1/2* 2^(1/6)* 3^(1/2)- 1/2* i* 2^(1/6)
```

9）复数的三角函数运算

复数的三角函数运算如表 9.5 所示.

表 9.5

函数名	函 数 功 能	函数名	函 数 功 能
sinz	返回复数 z 的正弦函数值	asinz	返回复数 z 的反正弦值
cosz	返回复数 z 的余弦函数值	acosz	返回复数 z 的反余弦值
tanz	返回复数 z 的正切函数值	atanz	返回复数 z 的反正切值
cotz	返回复数 z 的余切函数值	acotz	返回复数 z 的反余切值
secz	返回复数 z 的正割函数值	asecz	返回复数 z 的反正割值
cscz	返回复数 z 的余割函数值	acscz	返回复数 z 的反余割值
sinhz	返回复数 z 的双曲正弦值	cothz	返回复数 z 的双曲余切值
coshz	返回复数 z 的双曲余弦值	sechz	返回复数 z 的双曲正割值
tanhz	返回复数 z 的双曲正切值	cschz	返回复数 z 的双曲余割值

3. 复变函数的图形

下面通过例题让读者认识复变函数的图形.

1) 整幂函数的图形

例 9.11　绘出整幂函数 z^2 的图形.

解　在 MATLAB 指令窗中输入

```
> > z= cplxgrid(30);
cplxmap(z,z.^2);
colorbar('vert');
title('z^2')                % 按下回车键后图形窗如图 9.8 所示
```

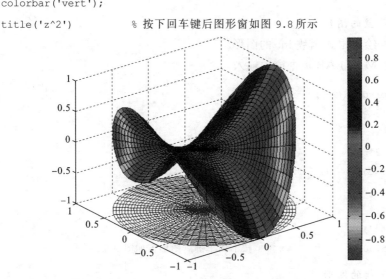

图 9.8

2) 根式函数的图形

例 9.12 绘出根式函数 $z^{\frac{1}{2}}$ 的图形.

解 在 MATLAB 指令窗中输入

```
> > z= cplxgrid(30);
cplxroot(2);
colorbar('vert');
title('z^1/2')          % 按下回车键后图形窗如图 9.9 所示
```

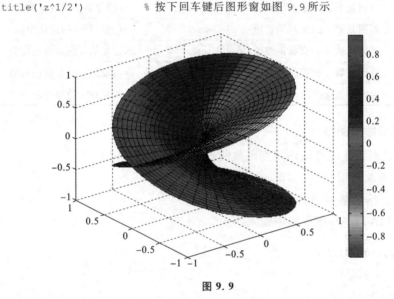

图 9.9

3) 对数函数的图形

例 9.13 绘出根式函数 lnz 的图形.

解 在 MATLAB 指令窗中输入

```
> > z= cplxgrid(20);
w= log(z);
for k= 0:3
w= w+ i* 2* pi;
surf(real(z),imag(z),imag(w),real(w));
hold on
end
title('lnz')
view( 75,30)            % 按下回车键后图形窗如图 9.10 所示
```

4) 三角函数的图形

例 9.14 绘出三角函数 sinz 的图形.

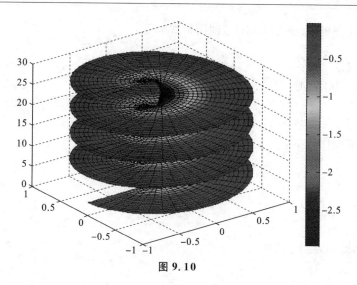

图 9.10

解　　在 MATLAB 指令窗中输入

```
> > z= 5* cplxgrid(30);
cplxmap(z,sin(z));
colorbar('vert');
title('sin(z)')          % 按下回车键后图形窗如图 9.11 所示
```

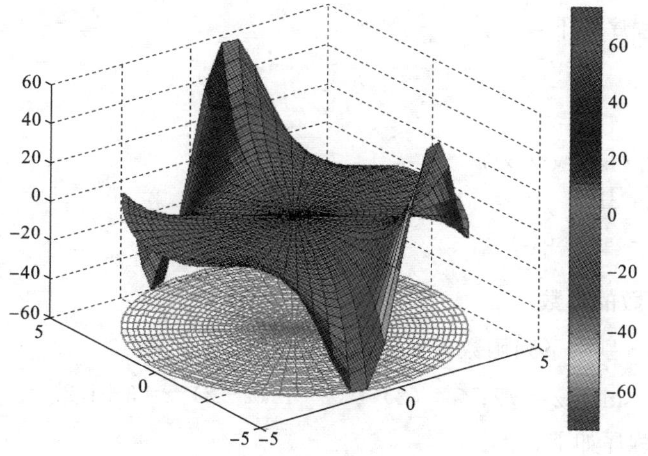

图 9.11

9.2.2　复变函数的极限与导数

1. 复变函数的极限

求复变函数的极限使用命令 limit( ).复变函数的极限存在,要求复变函数实部和虚部同时存在极限.命令 limit( )调用格式如下：

```
limit(F,x,a)
```

例 9.15 利用 MATLAB 求解复变函数的极限

$$\lim_{z \to 0} \frac{\sin z}{z}, \quad \lim_{z \to 1+i} \frac{\sin z}{z}$$

解　求解程序如下：

```
clear
syms z
f= sin(z)/z;
limit(f,z,0)
% 仿真结果为 ans= 1
limit(f,z,1+ i)
% 仿真结果为
ans= 1/2* sin(1)* cosh(1)- 1/2* 1* sin(1)* cosh(1)+ 1/2* i* cos(1)* sinh(1)+
    1/2* cos(1)* sinh(1)
```

例 9.16 若 x 为实数,利用 MATLAB 求解极限

$$\lim_{x \to +\infty} \left(1+\frac{1}{ix}\right)^{ix}$$

解　求解程序如下：

```
> > clear
syms x
f= (1+ 1/(i* x))^(i* x);
limit(f,x,+ inf)
% 仿真结果 ans= exp(1)
```

2. 复变函数的导数

例 9.17 分别求下列函数在对应点的导数.

(1) $\ln(1+\sin z)$, $z=i/2$；　(2) $\sqrt{(z-1)(z-2)}$, $z=3+i/2$.

解　仿真程序如下：

```
clear
syms z
f1= log(1+ sin(z));
f2= sqrt((z- 1)* (z- 2));
df1= diff(f1,z)
df2= diff(f2,z)
```

```
vdf1= subs(df1,z,i/2)
vf2= subs(df2,z,3+ i/2)
```

仿真结果为

```
df1= cos(z)/(1+ sin(z))
df2= 1/2/((z- 1)* (z- 2))^(1/2)* (2* z- 3)
vdf1= 0.8868- 0.4621i
vf2= 1.0409- 0.0339i
```

9.2.3　复变函数的积分与留数定理

1. 非闭合曲线的积分计算

非闭合曲线的积分用函数 int 求解.

例 9.18　求积分 $x_1 = \int_0^i (z-1)\mathrm{e}^{-z}\mathrm{d}z$.

解　求解程序如下：

```
> > symsz;
x1= int((z- 1)* exp(- z),z,0,i)
```

仿真结果为

```
x1= - i/exp(i)
```

2. 留数计算

（1）方法一：若 $z=a$ 为 F(z) 的单极点，则

$$\text{Res}[F(z),a]=\lim_{z\to a}(z-a)F(z)$$

若 $z=a$ 为 F(z) 的 m 阶极点，则

$$\text{Res}[F(z),a]=\lim_{z\to a}\frac{1}{(m-1)!}\frac{\mathrm{d}^{m-1}}{\mathrm{d}z^{m-1}}\big[(z-a)^m F(z)\big]$$

函数：limit、diff、prod.

调用格式如下：

```
c= limit(F* (z- a),z,a)                            % 单极点
c= limit(diff(F* (z- a)^m,z,m- 1)/prod(1:m- 1),z,a)    % m 阶极点
```

例 9.19　试求出函数 $f(z)=\dfrac{1}{z^3(z-1)}\sin\left(z+\dfrac{\pi}{3}\right)\mathrm{e}^{-2z}$ 在孤立奇点处的留数.

解　求解程序如下：

```
> > syms z;
```

```
f= sin(z+ pi/3)* exp(- 2* z)/(z^3* (z- 1))
F1= limit(diff(f* z^3,z,2)/prod(1:2),z,0)
F2= limit(f* (z- 1),z,1)
```

计算结果为

```
f=
sin(z+ 1/3* pi)* exp(- 2* z)/z^3/(z- 1)
F1=
- 1/4* 3^(1/2)+ 1/2
F2=
1/2* exp(- 2)* sin(1)+ 1/2* exp(- 2)* cos(1)* 3^(1/2)
```

即

$$\text{Res}[f(z),0]=-\frac{\sqrt{3}}{4}+\frac{1}{2}, \quad \text{Res}[f(z),1]=\frac{1}{2}e^{-2}\sin1+\frac{\sqrt{3}}{2}e^{-2}\cos1$$

（2）方法二：留数函数（部分分式展开）.

函数：residue.

调用格式：

$[r,p,k]= \text{residue}(b,a)$ % 返回留数、极点和两个多项式比值 B(s)/A(s) 的部分分式展开的直接项

$$\frac{B(s)}{A(s)}=\frac{R(1)}{s-P(1)}+\frac{R(2)}{s-P(2)}+\cdots+\frac{R(n)}{s-P(n)}+K(s)$$

说明：向量 b 和向量 a 为分子、分母以 s 降幂排列的多项式系数；向量 r 为返回的留数；向量 p 为返回的极点；向量 k 由 B(s)/A(s) 的商的多项式系数组成，若 length(b)<length(a)，则 k 为空向量，否则，length(k)＝length(b)－length(a)＋1.

分析：考虑有理函数 $G(x)=\dfrac{B(x)}{A(x)}=\dfrac{b_1 x^m+b_2 x^{m-1}+\cdots+b_m x+b_{m+1}}{x^n+a_1 x^{n-1}+a_2 x^{n-2}+\cdots+a_{n-1} x+a_n}$，其中 a_i 和 b_i 为常数，若互质多项式 A(x)＝0 的根均为相异的值 $-p_i$，$i＝1,2,\cdots,n$，则可以将 G(x) 函数写成下面的部分分式展开式.

$$G(x)=\frac{r_1}{x+p_1}+\frac{r_2}{x+p_2}+\cdots+\frac{r_n}{x+p_n}$$

则

$$r_i＝\text{Res}[G(x),-p_i]＝\lim_{x\to-p_i}G(x)(x+p_i)$$

如果分母多项式中含有 $(x+p_i)^k$，即 $-p_i$ 为 k 重根，则相对这部分特征根的部分分式展开项可以写成

$$\frac{r_i}{x+p_i}+\frac{r_{i+1}}{(x+p_i)^2}+\cdots+\frac{r_{i+k-1}}{(x+p_i)^k}$$

则

$$r_{i+k-j} = \lim_{x \to -p_i} \frac{1}{(j-1)!} \frac{d^{j-1}}{dx^{j-1}} [G(x)(x+p_i)^k], \quad j=1,2,\cdots,k$$

注　部分分式的展开结果需手动写出.

例 9.20　求函数 $\dfrac{z^2-4z+3}{z^3+2z^2+z}$ 在孤立奇点处的留数.

解　求解程序如下:

```
>>b=[1,-4,3];
a=[1,2,1,0];
[r,p,k]=residue(b,a)
```

计算结果为

```
r=
    -2
    -8
     3
p=
    -1
    -1
     0
k=
    []
```

结果表明:

$$f(z) = \frac{z^2-4z+3}{z^3+2z^2+z} = \frac{-2}{z+1} + \frac{-8}{(z+1)^2} + \frac{3}{z}$$

$$\text{Res}[f(z),-1] = -2, \quad \text{Res}[f(z),0] = 3$$

注　通常情况下,r 不一定是整数,故可调用函数 rat 将其化为分式展开,程序为

```
[m,n]=rat(r)
```

其中 m 代表分子,n 代表分母.

将例 9.20 程序完善如下:

```
b=[1,-4,3];
a=[1,2,1,0];
[r,p,k]=residue(b,a);
[m,n]=rat(r);
[m,n,p]          % 输出第 1 列为 r 的分子,第 2 列为 r 的分母,第 3 列为极点
```

计算结果为

```
ans=
  - 2    1    - 1
  - 8    1    - 1
   3    1     0
```

即
$$f(z) = \frac{-2}{z+1} + \frac{-8}{(z+1)^2} + \frac{3}{z}$$

例 9. 21 求 $f(z) = \dfrac{z}{z^3 - 3z - 2}$ 的部分分式展开式.

解 求解程序如下:

```
> > b= [1, 0];
a= [1,0,- 3,- 2];
[r,p,k]= residue(b,a);
[m,n]= rat(r);
[m,n,p]
```

计算结果为

```
ans=
    2.0000    9.0000    2.0000
  - 2.0000    9.0000   - 1.0000
    1.0000    3.0000   - 1.0000
```

即
$$f(z) = \frac{2}{9(z-2)} - \frac{2}{9(z+1)} + \frac{1}{3} \frac{1}{(z+1)^2}$$

3. 利用留数定理计算闭路曲线积分

例 9. 22 计算 $\displaystyle\oint_C \frac{z}{z^4 - 1} \mathrm{d}z$,其中曲线 C 为正向圆周 $|z| = 2$.

解 先求被积函数的留数,程序如下:

```
[R,P,K]= residue([1,0],[1,0,0,0,- 1])
```

仿真结果为

```
R=   0.2500
     0.2500
   - 0.2500+ 0.0000i
   - 0.2500- 0.0000i
P= - 1.0000
     1.0000
```

```
0.0000+ 1.0000i

0.0000- 1.0000i
```

K= [　]

可见,在圆周 $|z|=2$ 内有 4 个极点,所以积分值为 $S=2\pi i \cdot sum(R)$. 仿真结果

为 $S=0$. 故原积分 $\oint_c \dfrac{z}{z^4-1}dz = 2\pi i \cdot sum(R) = 0$.

例 9.23　计算积分 $\oint_{|z|=2} \dfrac{1}{(z+i)^{10}(z-1)(z-3)}dz$.

解　求解程序如下:

```
clear
syms t  z
z= 2* cos(t)+ i* 2* sin(t);
f= 1/(z+ i)^10/(z- 1)/(z- 3);
inc= int(f* diff(z),t,0,2* pi)
```

仿真结果为

```
inc= 779/78125000* i* pi+ 237/312500000* pi
```

为了直观显示,若只输出 6 位有效数值,可使用语句:

```
vpa(inc,6)
```

仿真结果为

```
ans= .238258e- 5+ .313254e- 4* i
```

9.2.4　复变函数的级数

1. 复数列的收敛

可以通过求极限的方法判断数列是否收敛.

例 9.24　判断数列 $z_n = \dfrac{1+ni}{1-ni}$ 是否收敛,如果收敛求其极限.

解　求解程序如下:

```
clear
syms n
f1= (1+ i* n)/(1- i* n);
limit(f1,n,Inf)
% 仿真结果   f1= - i
% 数列 {αn}收敛,极限为- 1
```

```
% 上述求极限中 Inf 代表 n= ∞
```

2. 幂级数的收敛半径

可以利用复变函数求收敛半径的比值或用根值法,得到收敛半径:

$$R = \lim_{n \to \infty} \left| \frac{C_n}{C_{n+1}} \right|, \quad R = \lim_{n \to \infty} \frac{1}{\sqrt[n]{|C_n|}} = \lim_{n \to \infty} |C_n|^{-\frac{1}{n}}$$

例 9.25 求下列幂级数的收敛半径.

$$(1) \sum_{n=0}^{\infty} e^{i\frac{\pi}{n}} z^n; \qquad (2) \sum_{n=1}^{\infty} \left(\frac{z}{ni} \right)^n.$$

解 求解程序如下:

```
clear
syms n
C1= exp(i* pi/n)
C2= 1/(i* n)^n
R1= abs(limit(C1^(- 1/n),n,inf))
R2= abs(limit(C2^(- 1/n),n,inf))
% 仿真结果为
R1= 1          % 收敛半径为 1
R2= Inf        % 收敛半径为∞
```

3. Taylor 级数展开

Taylor 级数展开在复变函数中有很重要的地位,如分析复变函数的解析性等.
函数 f(z)在 z=a 点的 Taylor 级数展开为

$$f(z) = b_0 + b_1(z-a) + b_2(z-a)^2 + \cdots + b_n(z-a)^n + \cdots$$

式中:$b_n = \dfrac{f^{(n)}(a)}{n!}, n = 0, 1, 2, \cdots$.

函数:taylor.

调用格式如下:

```
taylor(f,z,k)        % 按 z= 0进行 Taylor 级数展开
taylor(f,z,k,a)      % 按 z= a进行 Taylor 级数展开
```

说明:f 为函数的符号表达式. z 为自变量,若函数只有一个自变量,则 z 可以省略.k 为需要展开的项数,默认值为 6.

例 9.26 求下列函数在指定点的 Taylor 开展式.

$$(1) \frac{1}{z^2}, a = -1; \qquad (2) \tan z, a = \pi/4; \qquad (3) \frac{\sin z}{z}, a = 0.$$

解 输入求解程序如下:

```
>> syms z;
taylor(1/z^2,- 1)
```

计算结果为

```
ans=
        3+ 2* z+ 3* (z+ 1)^2+ 4* (z+ 1)^3+ 5* (z+ 1)^4+ 6* (z+ 1)^5
```

输入求解程序如下：

```
>> taylor(tan(z),pi/4)
```

计算结果为

```
ans=
1+ 2* z- 1/2* pi+ 2* (z- 1/4* pi)^2+ 8/3* (z- 1/4* pi)^3+ 10/3* (z- 1/4* pi)^4+
64/15* (z- 1/4* pi)^5
```

输入求解程序如下：

```
>> taylor(sin(z)/z,0,10)
```

计算结果为

```
ans=
1- 1/6* z^2+ 1/120* z^4- 1/5040* z^6+ 1/362880* z^8
```

注　这里 Taylor 级数展开式运算实质上是符号运算，因此在 MATLAB 中执行 taylor 命令前应先定义符号变量 syms z 等，否则 MATLAB 将给出出错信息.

9.2.5　Fourier 变换及其逆变换

函数：fourier、ifourier.
调用格式如下：

```
F= fourier(Fun)      % 按默认变量 x 对函数进行 Fourier 变换,默认返回 w 的函数
    F= fourier(Fun,v,u)     % 将 v 的函数变换成 u 的函数
F= ifourier(Fun)     % 按默认变量 w 对函数进行 Fourier 逆变换,默认返回 x 的函数
    F= ifourier(Fun,u,v)    % 将 u 的函数变换成 v 的函数
```

例 9.27　求 $f(t)=\sin 5t$ 的 Fourier 变换，并对结果进行 Fourier 逆变换.
解　输入求解程序如下：

```
>> syms t;
f= sin(5* t);
F= fourier(f)
```

计算结果为

```
F= i* pi* (dirac(w+ 5)- dirac(w- 5))
```

输入求解程序如下：

```
> > ifourier(F)
```

计算结果为

```
    ans =
sin(5* x)
```

例 9.28 求 $f(t) = \dfrac{1}{t^2 + a^2}$，$a > 0$ 的 Fourier 变换，并对结果进行 Fourier 逆变换．

解 输入求解程序如下：

```
> > syms t;
syms a positive;
f= 1/(t^2+ a^2);
F= fourier(f)
```

计算结果为

```
F=
pi* (exp(- a* w)* heaviside(w)+ exp(a* w)* heaviside(- w))/a
```

输入求解程序如下：

```
> > ifourier(F)
```

计算结果为

```
ans=
1/(x^2+ a^2)
```

注 其中 heaviside(w) 函数为关于 w 的阶跃函数．当 w≥0 时，该函数的值为 1，否则为 0，而当 w≤0 时，heaviside(−w) 的值为 1，否则为 0. 假设 w>0，可将上述结果写成 $F[f(t)] = \dfrac{\pi e^{-a|w|}}{a}$．

9.2.6 Laplace 变换及其逆变换

函数：laplace、ilaplace．

调用格式：

```
F= laplace (Fun)        % 按默认变量 t 对函数进行 Laplace 变换,默认返回 s 的函数
F= laplace (Fun,v,u)    % 用户指定时域变量 v 和复域变量 u
F= ilaplace (Fun)       % 按默认变量 s 对函数进行 Laplace 逆变换,默认返回 t 的函数
F= ilaplace (Fun,u,v)   % 用户指定时域变量 v 和复域变量 u
```

例 9.29　求 f(t)＝cos3t 的 Laplace 变换,并对结果进行 Laplace 逆变换.

由 MATLAB 输入如下:

```
syms t;
f= cos(3* t);
F= laplace(f)
```

计算结果为

```
F=
s/(s^2+ 9)
```

由 MATLAB 输入如下:

```
ilaplace(F)
```

计算结果为

```
ans=
    cos(3* t)
```

例 9.30　求 $f(t)=t^2 e^{-2t} \sin(t+\pi)$ 的 Laplace 变换,并对结果进行 Laplace 逆变换.

解　由 MATLAB 输入如下:

```
> > syms t;
f= t^2* exp(- 2* t)* sin(t+ pi);
F= laplace(f)
```

计算结果为

```
F=
    - 2* (3* s^2+ 12* s+ 11)/(s^2+ 4* s+ 5)^3
```

由 MATLAB 输入如下:

```
ilaplace(F)
```

计算结果为

```
ans=
```

```
- t^2* exp(- 2* t)* sin(t)
```

例 9.31 求 $F(s) = \dfrac{1}{s(s-1)^2}$ 的 Laplace 逆变换.

解 求解程序如下：

```
> > syms s;
F= 1/(s* (s- 1)^2);
f= ilaplace(F)
```

计算结果为

```
F=
    1/s/(s- 1)^2
f=
  1+ (- 1+ t)* exp(t)
```

练习题 9.2

1. 求下列复数的实部与虚部、共轭复数、模与辐角.

(1) $\dfrac{1}{1+2i}$；

(2) $\dfrac{1}{i} - \dfrac{2i}{1+i}$；

(3) $\dfrac{i}{(i-1)(i-2)(i-3)}$；

(4) $i^{12} - 4i^{21} + 2i$.

2. 求方程 $z^3 + 1 = 0$ 所有的根.

3. 求 $f(z) = \dfrac{1-2z}{z(z-1)(z-3)}$ 的部分分式展开式，并求孤立奇点处的留数.

4. 求 $f(t) = \text{costsint}$ 的 Fourier 变换，并对结果进行 Fourier 逆变换.

5. 求 $F(s) = \dfrac{2s+1}{s(s+1)(s+2)}$ 的 Laplace 逆变换.

综合练习题 9

1. 使用 MATLAB 软件求下列复数的实部和虚部、共轭复数、模与辐角.

(1) $\dfrac{1}{3+2i}$；

(2) $\dfrac{1}{i} - \dfrac{3i}{1-i}$；

(3) $\dfrac{(3+4i)^2}{(1-2i)}$；

(4) $i^8 - 4i^{21} + i$.

2. 已知 $z_1 = \dfrac{1}{3-2i}$，$z_2 = i^8 - 4i^7 + i + 1$，试用 MATLAB 软件求 $z_1 z_2$ 与 z_1 / z_2.

3. 试用 MATLAB 软件,求复数方程 $x^3+8=0$ 的所有根.

4. 试用 MATLAB 软件求下列函数的导数.

(1) z^3+2iz;　　　　　　　　　　(2) $\dfrac{z-2}{(z+1)^2(z^2+1)}$.

5. 设复变函数 $f(z)=\dfrac{z+1}{z(z^2+1)}$,在其解析区域试用 MATLAB 求 $f(z)$ 在 $\dfrac{i}{2}$ 处的导数.

6. 试用 MATLAB 软件计算下列各题.

(1) $\displaystyle\int_{-\pi i}^{3\pi i} ze^{-2z}dz$;　　　　　　　(2) $\displaystyle\int_{1}^{i} \dfrac{1+\sin z}{\cos^2 z}dz$.

7. 试用 MATLAB 求下列函数在有限奇点处的留数.

(1) $\dfrac{z+1}{z^2-2z}$;　　　　(2) $\dfrac{1-z}{z^4}$;　　　　(3) $\dfrac{z^3+1}{z^2+2}$.

8. 试用 MATLAB 软件计算下列积分.

(1) $\displaystyle\int_C \dfrac{\sin z}{z}dz$,其中 C 为 $|z|=\dfrac{3}{2}$;

(2) $\displaystyle\int_C \tan\pi z dz$,其中 C 为 $|z|=3$.

9. 试用 MATLAB 软件,求下列函数的 Fourier 逆变换.

(1) $F(\omega)=\dfrac{1}{i\omega}e^{-i\omega}+\pi\sigma(\omega)$;　　　(2) $F(\omega)=\omega\sin\omega t_0$.

10. 试用 MATLAB 软件,求下列函数的 Laplace 逆变换.

(1) $F(s)=\dfrac{s^3+8s^2+26s+22}{s^3+7s^2+14s+8}$;　　(2) $F(s)=\dfrac{s}{s^2+4a^2}$.

数学家简介

华罗庚(1910年11月12日—1985年6月12日,见图9.12),世界著名数学家,中国解析数论、矩阵几何学、典型群、自守函数论等多方面研究的创始人和开拓者.1910年11月12日,华罗庚出生于中国江苏,1985年6月12日病逝于日本东京.国际上以华罗庚命名的数学科研成果就有"华氏定理""怀依-华不等式""华氏不等式""普劳威尔-加当华定理""华氏算子""华-王方法"等.

华罗庚是国际数学大师.他为中国数学的发展作出了无与伦比的贡献.华罗庚早年的研究领域是解析数论,他在解析数论方面的成就广为人知.国际颇具盛名的中国解析数论学派即华罗庚开创的学派.该学派对于质数分布问题

图 9.12

与哥德巴赫猜想作出了许多重大贡献.他在多复变函数论、矩阵几何学方面的卓越贡献更是影响到了世界数学的发展.他开创了国际上有名的典型群中国学派.华罗庚先生在多复变函数论、典型群方面的研究领先西方数学界10多年,这些研究成果被著名的华裔数学家丘成桐高度称赞.华罗庚先生一生为我们留下了10部巨著:《堆垒素数论》《指数和的估计及其在数论中的应用》《多复变数函数论中的典型域的调和分析》《数论导引》《典型群》(与万哲先合著)、《从单位圆谈起》《数论在近似分析中的应用》(与王元合著)、《二阶两个自变数两个未知函数的常系数线性偏微分方程组》(与吴兹潜、林伟合著)、《优选学》及《计划经济大范围最优化数学理论》,其中8部被国外翻译出版,已列入20世纪数学的经典著作之列.此外,还有学术论文150余篇,科普作品《优选法平话及其补充》《统筹法平话及补充》等,收集为《华罗庚科普著作选集》.其专著《堆垒素数论》系统地总结、发展与改进了哈代与李特尔伍德圆法、维诺格拉多夫三角和估计方法及他本人的方法,发表至今,其主要成果仍居世界领先地位,先后被译为俄文、匈牙利文、日文、德文、英文出版,成为20世纪经典数论著作之一.其专著《多复变数函数论中的典型域的调和分析》以精密的分析和矩阵技巧,结合群表示论,具体给出了典型域的完整正交系,从而给出了柯西与泊松核的表达式,获中国国家自然科学奖一等奖.

华罗庚与王元教授合作,在近代数论方法应用研究方面获重要成果,该成果称为"华-王方法".著名数学家劳埃尔·熊飞儿德说:"他的研究范围之广,堪称世界上名列前茅的数学家之一.受到他直接影响的人也许比受历史上任何数学家直接影响的人都多."

附录 A　Fourier 变换简表

序号	时域信号 $f(t)$	频谱 $F(\omega)$
1	矩形脉冲信号($\delta>0$) $f(t)=\begin{cases} E, & |t|\leqslant\delta \\ 0, & |t|>\delta \end{cases}$ 	$F(\omega)=2E\dfrac{\sin\delta\omega}{\omega}$
2	单边指数衰减信号($\beta>0$) $f(t)=\begin{cases} 0, & t<0 \\ \mathrm{e}^{-\beta t}, & t\geqslant0 \end{cases}$ 	$F(\omega)=\dfrac{1}{\beta+\mathrm{j}\omega}$
3	钟形信号($A>0,\beta>0$) $f(t)=A\mathrm{e}^{-\beta t^2}$ 	$F(\omega)=A\sqrt{\dfrac{\pi}{\beta}}\cdot\mathrm{e}^{-\frac{\omega^2}{4\beta}}$
4	单位阶跃函数：$f(t)=u(t)$ 	$F(\omega)=\dfrac{1}{\mathrm{j}\omega}+\pi\delta(\omega)$

序号	时域信号 $f(t)$	频谱 $F(\omega)$
5	单位脉冲信号：$f(t)=\delta(t)$	$F(\omega)=1$
6	三角形脉冲信号（$\delta>0$） $f(t)=\begin{cases}\dfrac{A}{\delta}(\delta+t), & -\delta\leqslant t<0\\[2mm]\dfrac{A}{\delta}(\delta-t), & 0\leqslant t\leqslant\delta\end{cases}$	$F(\omega)=\dfrac{2A}{\delta\omega^2}(1-\cos\omega\delta)$
7	矩形射频脉冲信号（$\delta>0$） $f(t)=\begin{cases}E\cos\omega_0 t, & \|t\|\leqslant\delta\\ 0, & \|t\|>\delta\end{cases}$	$E\delta\left[\dfrac{\sin(\omega-\omega_0)\delta}{(\omega-\omega_0)\delta}+\dfrac{\sin(\omega+\omega_0)\delta}{(\omega+\omega_0)\delta}\right]$
8	Fourier 核：$f(t)=\dfrac{\sin\omega_0 t}{\pi t}$	$F(\omega)=\begin{cases}1, & \|\omega\|\leqslant\omega_0\\ 0, & \|\omega\|>\omega_0\end{cases}$
9	$f(t)=\cos\omega_0 t$	$F(\omega)=\pi[\delta(\omega+\omega_0)+\delta(\omega-\omega_0)]$

序号	时域信号 $f(t)$	频谱 $F(\omega)$
10	$f(t) = \sin\omega_0 t$	$F(\omega) = \pi\mathrm{j}[\delta(\omega+\omega_0)-\delta(\omega-\omega_0)]$
11	T 周期性脉冲信号 $f(t) = \sum\limits_{n=-\infty}^{+\infty}\delta(t-nT)$	$F(\omega) = \dfrac{2\pi}{T}\sum\limits_{n=-\infty}^{+\infty}\delta\left(\omega-\dfrac{2n\pi}{T}\right)$
12	$u(t-t_0)$	$\dfrac{1}{\mathrm{j}\omega}\mathrm{e}^{-\mathrm{j}\omega t_0}+\pi\delta(\omega)$
13	$u(t)\cdot t$	$\dfrac{n!}{(\mathrm{j}\omega)^2}+\pi\mathrm{j}^n\delta'(\omega)$
14	$u(t)\cdot t^n$	$\dfrac{n!}{(\mathrm{j}\omega)^{n+1}}+\pi\mathrm{j}^n\delta^{(n)}(\omega)$
15	$u(t)\cdot\sin\omega_0 t$	$\dfrac{-\omega_0}{(\omega^2-\omega_0^2)}+\dfrac{\pi}{2\mathrm{j}}[\delta(\omega-\omega_0)-\delta(\omega+\omega_0)]$
16	$u(t)\cdot\cos\omega_0 t$	$\dfrac{-\mathrm{j}\omega}{(\omega^2-\omega_0^2)}+\dfrac{\pi}{2}[\delta(\omega-\omega_0)+\delta(\omega+\omega_0)]$
17	$u(t)\cdot\mathrm{e}^{\mathrm{j}\omega_0 t}$	$\dfrac{1}{\mathrm{j}(\omega-\omega_0)}+\pi\delta(\omega-\omega_0)$
18	$u(t-t_0)\cdot\mathrm{e}^{\mathrm{j}\omega_0 t}$	$\dfrac{1}{\mathrm{j}(\omega-\omega_0)}\mathrm{e}^{-\mathrm{j}(\omega-\omega_0)t_0}+\pi\delta(\omega-\omega_0)$
19	$u(t)\cdot\mathrm{e}^{\mathrm{j}\omega_0 t}t^n$	$\dfrac{n!}{[\mathrm{j}(\omega-\omega_0)]^{n+1}}+\pi\mathrm{j}^n\delta^{(n)}(\omega-\omega_0)$
20	$\mathrm{e}^{z|t|},\mathrm{Re}z<0$	$\dfrac{-2z}{\omega^2+z^2}$
21	$\delta(t-t_0)$	$\mathrm{e}^{-\mathrm{j}\omega t_0}$
22	$\delta'(t)$	$\mathrm{j}\omega$
23	$\delta^{(n)}(t)$	$(\mathrm{j}\omega)^n$

续表

序号	时域信号 $f(t)$	频谱 $F(\omega)$
24	$\delta^{(n)}(t-t_0)$	$(\mathrm{j}\omega)^n \mathrm{e}^{-\mathrm{j}\omega t_0}$
25	1	$2\pi\delta(\omega)$
26	t	$2\pi\mathrm{j}\delta'(\omega)$
27	t^n	$2\pi\mathrm{j}^n\delta^{(n)}(\omega)$
28	$\mathrm{e}^{\mathrm{j}\omega_0 t}$	$2\pi\delta(\omega-\omega_0)$
29	$t^n \mathrm{e}^{\mathrm{j}\omega_0 t}$	$2\pi\mathrm{j}^n\delta^{(n)}(\omega-\omega_0)$
30	$\dfrac{1}{t^2+z^2},\mathrm{Re}z<0$	$-\dfrac{\pi}{z}\mathrm{e}^{z\lvert\omega\rvert}$
31	$\dfrac{t}{(t^2+z^2)^2},\mathrm{Re}z<0$	$\dfrac{\mathrm{j}\omega\pi}{2z}\mathrm{e}^{z\lvert\omega\rvert}$
32	$\dfrac{\mathrm{e}^{\mathrm{j}\omega_0 t}}{t^2+z^2},\mathrm{Re}z<0$	$-\dfrac{\pi}{z}\mathrm{e}^{z\lvert\omega-\omega_0\rvert}$
33	$\dfrac{\cos\omega_0 t}{t^2+z^2},\mathrm{Re}z<0$	$-\dfrac{\pi}{2z}\left[\mathrm{e}^{z\lvert\omega-\omega_0\rvert}+\mathrm{e}^{z\lvert\omega+\omega_0\rvert}\right]$
34	$\dfrac{\sin\omega_0 t}{t^2+z^2},\mathrm{Re}z<0$	$-\dfrac{\pi}{2z\mathrm{j}}\left[\mathrm{e}^{z\lvert\omega-\omega_0\rvert}-\mathrm{e}^{z\lvert\omega+\omega_0\rvert}\right]$
35	$\dfrac{\sinh\omega_0 t}{\sinh\pi t},-\pi<\omega_0<\pi$	$\dfrac{\sin\omega_0}{\cosh\omega+\cos\omega_0}$
36	$\dfrac{\sinh\omega_0 t}{\cosh\pi t},-\pi<\omega_0<\pi$	$-2\mathrm{j}\dfrac{\sin\dfrac{\omega_0}{2}\sinh\dfrac{\omega}{2}}{\cosh\omega+\cos\omega_0}$
37	$\dfrac{\cosh\omega_0 t}{\cosh\pi t},-\pi<\omega_0<\pi$	$2\dfrac{\cos\dfrac{\omega_0}{2}\cosh\dfrac{\omega}{2}}{\cosh\omega+\cos\omega_0}$
38	$\dfrac{1}{\cosh\omega_0 t}$	$\dfrac{\pi}{\omega_0\cosh\dfrac{\pi\omega}{2\omega_0}}$
39	$\sin\omega_0 t^2$	$\sqrt{\dfrac{\pi}{\omega_0}}\cos\left(\dfrac{\omega^2}{4\omega_0}+\dfrac{\pi}{4}\right)$
40	$\cos\omega_0 t^2$	$\sqrt{\dfrac{\pi}{\omega_0}}\cos\left(\dfrac{\omega^2}{4\omega_0}-\dfrac{\pi}{4}\right)$
41	$\dfrac{\sin\omega_0 t}{t}$	$F(\omega)=\begin{cases}\pi, & \lvert\omega\rvert\leqslant\omega_0 \\ 0, & \lvert\omega\rvert>\omega_0\end{cases}$
42	$\dfrac{\sin^2\omega_0 t}{t^2}$	$F(\omega)=\begin{cases}\pi\left(a-\dfrac{\lvert\omega\rvert}{2}\right), & \lvert\omega\rvert\leqslant 2\omega_0 \\ 0, & \lvert\omega\rvert>2\omega_0\end{cases}$

续表

序号	时域信号 $f(t)$	频谱 $F(\omega)$
43	$\dfrac{\sin\omega_0 t}{\sqrt{\lvert t\rvert}}$	$\mathrm{j}\sqrt{\dfrac{\pi}{2}}\left(\dfrac{1}{\sqrt{\lvert\omega+\omega_0\rvert}}-\dfrac{1}{\sqrt{\lvert\omega-\omega_0\rvert}}\right)$
44	$\dfrac{\cos\omega_0 t}{\sqrt{\lvert t\rvert}}$	$\sqrt{\dfrac{\pi}{2}}\left(\dfrac{1}{\sqrt{\lvert\omega+\omega_0\rvert}}+\dfrac{1}{\sqrt{\lvert\omega-\omega_0\rvert}}\right)$
45	$\dfrac{1}{\sqrt{\lvert t\rvert}}$	$\sqrt{\dfrac{2\pi}{\lvert\omega\rvert}}$
46	$\mathrm{sgn}t$	$\dfrac{2}{\mathrm{j}\omega}$
47	$\mathrm{e}^{-zt^2},\mathrm{Re}z>0$	$\sqrt{\dfrac{\pi}{2}}\mathrm{e}^{-\frac{\omega^2}{4z}}$
48	$\lvert t\rvert$	$-\dfrac{2}{\omega^2}$
49	$\dfrac{1}{\lvert t\rvert}$	$\dfrac{\sqrt{2\pi}}{\lvert\omega\rvert}$

附录 B Laplace 变换简表

序号	时域信号 $f(t)$	频谱 $F(s)$
1	1	s^{-1}
2	e^{at}	$(s-a)^{-1}$
3	$t^m, m > -1$	$\dfrac{m!}{s^{m+1}}$
4	$t^m e^{at}, m > -1$	$\dfrac{m!}{(s-a)^{m+1}}$
5	$\sin at$	$\dfrac{a}{s^2+a^2}$
6	$\cos at$	$\dfrac{s}{s^2+a^2}$
7	$\sinh at$	$\dfrac{a}{s^2-a^2}$
8	$\cosh at$	$\dfrac{s}{s^2-a^2}$
9	$t\sin at$	$\dfrac{2as}{(s^2+a^2)^2}$
10	$t\cos at$	$\dfrac{s^2-a^2}{(s^2+a^2)^2}$
11	$t\sinh at$	$\dfrac{2as}{(s^2-a^2)^2}$
12	$t\cosh at$	$\dfrac{s^2+a^2}{(s^2-a^2)^2}$
13	$t^m\sin at, m > -1$	$\dfrac{m!\,[(s+ja)^{m+1}-(s-ja)^{m+1}]}{2j(s^2+a^2)^{m+1}}$
14	$t^m\cos at, m > -1$	$\dfrac{m!\,[(s+ja)^{m+1}+(s-ja)^{m+1}]}{2(s^2+a^2)^{m+1}}$
15	$e^{-bt}\sin at$	$\dfrac{a}{(s+b)^2+a^2}$
16	$e^{-bt}\cos at$	$\dfrac{s+b}{(s+b)^2+a^2}$
17	$\sin at\sin bt$	$\dfrac{2abs}{[s^2+(a+b)^2]\cdot[s^2+(a-b)^2]}$

续表

序号	时域信号 $f(t)$	频谱 $F(s)$
18	$\sin^2 t$	$\dfrac{1}{2}\left(\dfrac{1}{s}-\dfrac{s}{s^2+4}\right)$
19	$\cos^2 t$	$\dfrac{1}{2}\left(\dfrac{1}{s}+\dfrac{s}{s^2+4}\right)$
20	$e^{-bt}\sin(at+c)$	$\dfrac{(s+b)\sin c+a\cos c}{(s+b)^2+a^2}$
21	$e^{at}-e^{bt}$	$\dfrac{a-b}{(s-a)(s-b)}$
22	$ae^{at}-be^{bt}$	$\dfrac{(a-b)s}{(s-a)(s-b)}$
23	$\dfrac{\sin at}{a}-\dfrac{\sin bt}{b}$	$\dfrac{b^2-a^2}{(s^2+a^2)(s^2+b^2)}$
24	$\dfrac{\cos at}{a}-\dfrac{\cos bt}{b}$	$\dfrac{(b^2-a^2)s}{(s^2+a^2)(s^2+b^2)}$
25	$\dfrac{1-\cos at}{a^2}$	$\dfrac{1}{s(s^2+a^2)}$
26	$\dfrac{at-\sin at}{a^3}$	$\dfrac{1}{s^2(s^2+a^2)}$
27	$\dfrac{\cos at-1}{a^4}+\dfrac{t^2}{2a^2}$	$\dfrac{1}{s^3(s^2+a^2)}$
28	$\dfrac{\cosh at-1}{a^4}-\dfrac{t^2}{2a^2}$	$\dfrac{1}{s^3(s^2-a^2)}$
29	$\dfrac{\sin at-at\cos at}{2a^3}$	$\dfrac{1}{(s^2+a^2)^2}$
30	$\dfrac{\sin at+at\cos at}{2a}$	$\dfrac{s^2}{(s^2+a^2)^2}$
31	$\dfrac{1-\cos at}{a^4}-\dfrac{t\sin at}{2a^3}$	$\dfrac{1}{s(s^2+a^2)^2}$
32	$(1-at)e^{-at}$	$\dfrac{s}{(s+a)^2}$
33	$\dfrac{1}{2}t(2-at)e^{-at}$	$\dfrac{s}{(s+a)^3}$
34	$\dfrac{1}{a}(1-e^{-at})$	$\dfrac{1}{s(s+a)}$
35	$\dfrac{1}{ab}+\dfrac{1}{b-1}\left(\dfrac{e^{-bt}}{b}-\dfrac{e^{-at}}{a}\right)$	$\dfrac{1}{s(s+a)(s+b)}$

序号	时域信号 $f(t)$	频谱 $F(s)$
36	$\dfrac{\mathrm{e}^{-at}}{(b-a)(c-a)}+\dfrac{\mathrm{e}^{-bt}}{(a-b)(c-b)}+\dfrac{\mathrm{e}^{-ct}}{(b-c)(a-c)}$	$\dfrac{1}{(s+a)(s+b)(s+c)}$
37	$\dfrac{a\mathrm{e}^{-at}}{(b-a)(c-a)}+\dfrac{b\mathrm{e}^{-bt}}{(a-b)(c-b)}+\dfrac{c\mathrm{e}^{-ct}}{(b-c)(a-c)}$	$\dfrac{s}{(s+a)(s+b)(s+c)}$
38	$\dfrac{a^2\mathrm{e}^{-at}}{(b-a)(c-a)}+\dfrac{b^2\mathrm{e}^{-bt}}{(a-b)(c-b)}+\dfrac{c^2\mathrm{e}^{-ct}}{(b-c)(a-c)}$	$\dfrac{s^2}{(s+a)(s+b)(s+c)}$
39	$\dfrac{\mathrm{e}^{-at}-\mathrm{e}^{-bt}\left[1-(a-b)t\right]}{(a-b)^2}$	$\dfrac{1}{(s+a)(s+b)^2}$
40	$\dfrac{\left[a-b(a-b)t\right]\mathrm{e}^{-bt}-a\mathrm{e}^{-at}}{(a-b)^2}$	$\dfrac{s}{(s+a)(s+b)^2}$
41	$\mathrm{e}^{-at}-\mathrm{e}^{\frac{a}{2}t}\left(\cos\dfrac{\sqrt{3}at}{2}-\sqrt{3}\sin\dfrac{\sqrt{3}at}{2}\right)$	$\dfrac{3a^2}{s^3+a^3}$
42	$\sin at\cosh at-\cos at\sinh at$	$\dfrac{4a^3}{s^4+4a^4}$
43	$\dfrac{\sin at\sinh at}{2a^2}$	$\dfrac{s}{s^4+4a^4}$
44	$\dfrac{\sinh at-\sin at}{2a^3}$	$\dfrac{1}{s^4-a^4}$
45	$\dfrac{\cosh at-\cos at}{2a^3}$	$\dfrac{s}{s^4-a^4}$
46	$\dfrac{1}{\sqrt{\pi t}}$	$\dfrac{1}{\sqrt{s}}$
47	$2\sqrt{\dfrac{t}{\pi}}$	$\dfrac{1}{s\sqrt{s}}$
48	$\dfrac{\mathrm{e}^{at}}{\sqrt{\pi t}}(1+2at)$	$\dfrac{s}{(s-a)\sqrt{s-a}}$
49	$\dfrac{\mathrm{e}^{bt}-\mathrm{e}^{at}}{2\sqrt{\pi t^3}}$	$\sqrt{s-a}-\sqrt{s-b}$
50	$\dfrac{\cos\sqrt{at}}{\sqrt{\pi t}}$	$\dfrac{1}{\sqrt{s}}\mathrm{e}^{-a/s}$
51	$\dfrac{\cosh 2\sqrt{at}}{\sqrt{\pi t}}$	$\dfrac{1}{\sqrt{s}}\mathrm{e}^{a/s}$
52	$\dfrac{\sin 2\sqrt{at}}{\sqrt{\pi t}}$	$\dfrac{1}{s\sqrt{s}}\mathrm{e}^{-a/s}$

续表

序号	时域信号 $f(t)$	频谱 $F(s)$
53	$\dfrac{\sinh 2\sqrt{at}}{\sqrt{\pi t}}$	$\dfrac{1}{s\sqrt{s}}e^{a/s}$
54	$\dfrac{e^{at}-e^{bt}}{t}$	$\ln\dfrac{s-b}{s-a}$
55	$\dfrac{2\sinh at}{t}$	$\ln\dfrac{s+a}{s-a}=2\operatorname{arctanh}\dfrac{a}{s}$
56	$\dfrac{2(1-\cos at)}{t}$	$\ln\dfrac{s^2+a^2}{s^2}$
57	$\dfrac{2(1-\cosh at)}{t}$	$\ln\dfrac{s^2-a^2}{s^2}$
58	$\dfrac{\sin at}{t}$	$\arctan\dfrac{a}{s}$
59	$\dfrac{\cosh at-\cos bt}{t}$	$\ln\sqrt{\dfrac{s^2+b^2}{s^2-a^2}}$
60	$\dfrac{\sin(2a\sqrt{t})}{\pi t}$	$\operatorname{erf}\left(\dfrac{a}{\sqrt{s}}\right)$
61	$\dfrac{e^{-2a\sqrt{t}}}{\sqrt{\pi t}}$	$\dfrac{1}{\sqrt{s}}e^{a^2/s}\operatorname{erfc}\left(\dfrac{a}{\sqrt{s}}\right)$
62	$\dfrac{e^{-2\sqrt{at}}}{\sqrt{\pi t}}$	$\dfrac{1}{\sqrt{s}}e^{a/s}\operatorname{erfc}\left(\sqrt{\dfrac{a}{s}}\right)$
63	$\dfrac{1}{\sqrt{\pi(t+a)}}$	$\dfrac{1}{\sqrt{s}}e^{as}\operatorname{erfc}(\sqrt{as})$
64	$\dfrac{1}{\sqrt{a}}\cdot\operatorname{erf}(\sqrt{at})$	$\dfrac{1}{s\sqrt{s+a}}$
65	$\dfrac{e^{at}}{\sqrt{a}}\cdot\operatorname{erf}(\sqrt{at})$	$\dfrac{1}{(s-a)\sqrt{s}}$
66	$u(t)$	s^{-1}
67	$tu(t)$	s^{-2}
68	$t^m u(t),m>-1$	$\dfrac{m!}{s^{m+1}}$
69	$\delta(t)$	1

序号	时域信号 $f(t)$	频谱 $F(s)$
70	$\delta^{(n)}(t)$	s^n
71	$\mathrm{sgn}(t)$	s^{-1}
72	$\mathrm{J}_0(at)$	$\dfrac{1}{\sqrt{s^2+a^2}}$
73	$\mathrm{I}_0(at)$	$\dfrac{1}{\sqrt{s^2-a^2}}$
74	$\mathrm{J}_0(2\sqrt{at})$	$\dfrac{1}{s}\mathrm{e}^{-a/s}$
75	$\mathrm{e}^{-bt}\mathrm{I}_0(at)$	$\dfrac{1}{\sqrt{(s+b)^2-a^2}}$
76	$t\mathrm{J}_0(at)$	$\dfrac{s}{(s^2+a^2)^{3/2}}$
77	$t\mathrm{I}_0(at)$	$\dfrac{s}{(s^2-a^2)^{3/2}}$
78	$\dfrac{1}{at}\mathrm{J}_1(at)$	$\dfrac{1}{s+\sqrt{s^2+a^2}}$
79	$\mathrm{J}_1(at)$	$\dfrac{1}{a}\left(1-\dfrac{s}{\sqrt{s^2+a^2}}\right)$
80	$\mathrm{J}_n(t)$	$\dfrac{1}{\sqrt{s^2+1}}(\sqrt{s^2+1}-s)^n$
81	$t^{\frac{n}{2}}\mathrm{J}_n(2\sqrt{t})$	$\dfrac{1}{s^{n+1}}\mathrm{e}^{-1/s}$
82	$\dfrac{1}{t}\mathrm{J}_n(at)$	$\dfrac{1}{na^n}(\sqrt{s^2+1}-s)^n$
83	$\displaystyle\int_t^{+\infty}\dfrac{\mathrm{I}_0(t)}{t}\mathrm{d}t$	$\dfrac{1}{s}\ln(\sqrt{s^2+1}+s)$
84	$\mathrm{si}(t)=\displaystyle\int_0^t\dfrac{\sin\tau}{\tau}\mathrm{d}\tau$	$\dfrac{1}{s}\mathrm{arccot}s$
85	$\mathrm{ci}(t)=\displaystyle\int_{-\infty}^t\dfrac{\cos\tau}{\tau}\mathrm{d}\tau$	$\dfrac{1}{s}\ln\dfrac{1}{\sqrt{s^2+1}}$

注　符号说明:

$$\mathrm{erf}(x)=\frac{2}{\sqrt{\pi}}\int_0^x\mathrm{e}^{-t^2}\mathrm{d}t,\quad \mathrm{erfc}(x)=1-\mathrm{erf}(x)$$

$$\mathrm{J}_n(x)=\sum_{k=0}^{+\infty}\frac{(-1)^k}{k!\,\Gamma(n+k+1)}\left(\frac{x}{2}\right)^{n+2k},\quad n\text{ 阶第一类 Bessel 函数}$$

$$\mathrm{I}_n(x)=\mathrm{j}^{-n}\mathrm{J}_n(\mathrm{j}x)$$

部分练习题参考答案

练习题 1.1

1. (1) $\mathrm{Re}z=\dfrac{3}{13}$，$\mathrm{Im}z=-\dfrac{2}{13}$，$\bar{z}=\dfrac{3}{13}+\dfrac{2}{13}\mathrm{i}$，$|z|=\dfrac{1}{13}\sqrt{13}$，$\arg z=-\arctan\dfrac{2}{3}$.

(2) $\mathrm{Re}z=-\dfrac{7}{2}$，$\mathrm{Im}z=-13$，$\bar{z}=-\dfrac{7}{2}+13\mathrm{i}$，$|z|=\dfrac{5}{2}\sqrt{29}$，$\arg z=\arctan\dfrac{26}{7}-\pi$.

(3) $\mathrm{Re}z=-\sqrt{2}$，$\mathrm{Im}z=-5$，$\bar{z}=-\sqrt{2}+5\mathrm{i}$，$|z|=3\sqrt{3}$，$\arg z=\arctan\dfrac{5}{2}\sqrt{2}-\pi$.

2. (1) $1+\mathrm{i}$. (2) $\dfrac{3}{2}-\dfrac{5}{2}\mathrm{i}$. (3) $\dfrac{6}{25}-\dfrac{12}{25}\mathrm{i}$.

3. $x=-\dfrac{4}{11}$，$y=\dfrac{5}{11}$.

4. (1) $\cos\pi+\mathrm{i}\sin\pi=\mathrm{e}^{\mathrm{i}\pi}$. (2) $2\left[\cos\left(-\dfrac{5\pi}{6}\right)+\mathrm{i}\sin\left(-\dfrac{5\pi}{6}\right)\right]=2\mathrm{e}^{-\frac{5\pi}{6}\mathrm{i}}$.

(3) $\sqrt{2}\left[\cos\left(-\dfrac{\pi}{4}\right)+\mathrm{i}\sin\left(-\dfrac{\pi}{4}\right)\right]=\sqrt{2}\mathrm{e}^{-\frac{\pi}{4}\mathrm{i}}$.

5. (1) $-16(\sqrt{3}+\mathrm{i})$. (2) $\dfrac{\mathrm{i}}{8}$.

(3) $\sqrt[6]{2}\left[\cos\left(\dfrac{2}{3}k\pi-\dfrac{\pi}{12}\right)+\mathrm{i}\sin\left(\dfrac{2}{3}k\pi-\dfrac{\pi}{12}\right)\right]$ $(k=0,1,2)$.

(4) $\sqrt{2}\left[\cos\left(k\pi-\dfrac{3\pi}{8}\right)+\mathrm{i}\sin\left(k\pi-\dfrac{3\pi}{8}\right)\right]$ $(k=0,1)$.

练习题 1.2

1. (1) 直线 $y=2x$. (2) 射线 $y=x\ (x>0)$. (3) 椭圆 $\dfrac{x^2}{25}+\dfrac{y^2}{16}=1$.

2. (1) 双曲线 $xy=1$. (2) 圆周 $(x-1)^2+(y+1)^2=4$.

3. (1) 无界单连通域. (2) 无界单连通域. (3) 有界多连通域.

练习题 1.3

略.

综合练习题 1

1. (1) $\mathrm{Re}z=0$，$\mathrm{Im}z=-1$，$|z|=1$，$\arg z=-\dfrac{\pi}{2}$，$\bar{z}=\mathrm{i}$.

(2) $\mathrm{Re}z=-\dfrac{3}{10}$，$\mathrm{Im}z=\dfrac{1}{10}$，$|z|=\dfrac{1}{\sqrt{10}}$，$\arg z=\pi-\arctan\dfrac{1}{3}$，$\bar{z}=-\dfrac{3}{10}-\dfrac{1}{10}\mathrm{i}$.

(3) $\mathrm{Re}z=\dfrac{16}{25}$，$\mathrm{Im}z=\dfrac{8}{25}$，$|z|=\dfrac{8\sqrt{5}}{25}$，$\arg z=\arctan\dfrac{1}{2}$，$\bar{z}=\dfrac{16}{25}-\dfrac{8}{25}\mathrm{i}$.

(4) $\mathrm{Re}z=-2^{51}$, $\mathrm{Im}z=0$, $|z|=2^{51}$, $\mathrm{arg}z=\pi$, $\bar{z}=-2^{51}$.

(5) $\mathrm{Re}z=1$, $\mathrm{Im}z=-3$, $|z|=\sqrt{10}$, $\mathrm{arg}z=-\arctan3$, $\bar{z}=1+3\mathrm{i}$.

(6) $\mathrm{Re}z=\dfrac{1}{2}$, $\mathrm{Im}z=-\dfrac{\sqrt{3}}{2}$, $|z|=1$, $\mathrm{arg}z=-\dfrac{\pi}{3}$, $\bar{z}=\dfrac{1}{2}+\dfrac{\sqrt{3}}{2}\mathrm{i}$.

2. (1) $z=-1+8\mathrm{i}=\sqrt{65}[\cos(\pi-\arctan8)+\mathrm{i}\sin(\pi-\arctan8)]=\sqrt{65}\mathrm{e}^{\mathrm{i}(\pi-\arctan8)}$.

(2) $z=\cos19\theta+\mathrm{i}\sin19\theta=\mathrm{e}^{\mathrm{i}19\theta}$. (3) $z=\cos2\theta-\mathrm{i}\sin2\theta=\mathrm{e}^{-\mathrm{i}2\theta}$.

3. (1) -4. (2) 2^{12}. (3) $\sqrt[4]{2}\mathrm{e}^{\mathrm{i}\left(\frac{\pi}{8}+k\pi\right)}$ $(k=0,1)$. (4) $\mathrm{e}^{\mathrm{i}\frac{2k\pi}{5}}$ $(k=0,1,2,3,4)$.

(5) ±2, $1\pm\sqrt{3}\mathrm{i}$, $-1\pm\sqrt{3}\mathrm{i}$.

4. 略. **5.** 略. **6.** 0. **7.** (1) $2+\mathrm{i},1+2\mathrm{i}$. (2) $\dfrac{a}{\sqrt{2}}(1\pm\mathrm{i})$, $\dfrac{a}{\sqrt{2}}(-1\pm\mathrm{i})$.

8. $z_1=1-\mathrm{i}$, $z_2=\mathrm{i}$.

9. $\sin6\varphi=6\cos^5\varphi\sin\varphi-20\cos^3\varphi\sin^3\varphi+6\cos\varphi\sin^5\varphi$.

$\cos6\varphi=\cos^6\varphi-15\cos^4\varphi\sin^2\varphi+15\cos^2\varphi\sin^4\varphi-\sin^6\varphi$.

10. 略.

11. (1) 直线:$y=x$. (2) 椭圆:$\dfrac{x^2}{a^2}+\dfrac{y^2}{b^2}=1$. (3) 等轴双曲线:$xy=1$.

(4) 以点 a 为中心、r 为半径的圆周:$|z-a|=r$.

12. (1) 圆周:$(x+5)^2+(y-5)^2=18$.

(2) 当 $a\neq0$ 时为等轴双曲线 $x^2-y^2=a^2$;当 $a=0$ 时为一对直线 $y=\pm x$.

(3) 单位圆周:$x^2+y^2=1$.

(4) 圆周:$|z-a|=|b|$.

13. (1) $x^2+(y+1)^2<9$.

(2) $(x-3)^2+(y-4)^2\geqslant4$.

(3) $\dfrac{1}{16}<x^2+(y-1)^2\leqslant4$.

(4) 以点 $-2\mathrm{i}$ 为顶点,两边分别与正实轴成角度 $\dfrac{\pi}{6}$ 与 $\dfrac{\pi}{2}$ 的角形域内部,且以原点为中心、半径为 2 的圆外部分.

(5) 以点 i 为顶点,两边分别与正实轴成角度 $\dfrac{\pi}{4}$ 与 $\dfrac{3\pi}{4}$ 的角形域内部.

(6) $y\geqslant\dfrac{1}{2}$,以直线 $y=\dfrac{1}{2}$ 为边界的上半平面$\left(\text{包括边界 }y=\dfrac{1}{2}\right)$.

(7) $x\leqslant\dfrac{5}{2}$,以直线 $x=\dfrac{5}{2}$ 为边界的左半平面$\left(\text{包括边界 }x=\dfrac{5}{2}\right)$.

(8) $\dfrac{x^2}{25/4}+\dfrac{y^2}{9/4}<1$,以原点为中心,5 为长轴长,3 为短轴长,点$(-2,0)$ 与 $(2,0)$ 为焦点的椭圆内部.

(9) 双曲线 $4x^2-\dfrac{4}{15}y^2=1$ 的左边分支的内部,包括焦点 $z=-2$ 在内的部分.

(10) $x\leqslant\dfrac{1}{2}-\dfrac{1}{2}y^2$,以 x 轴为对称轴,以点 $\left(\dfrac{1}{2},0\right)$ 为顶点,开口向左的抛物线内部(包括边界

$x = \dfrac{1}{2} - \dfrac{1}{2} y^2$).

(11) 单位圆 $|z| < 1$ 的内部.

14. 抛物线:$v^2 = -4(u-1), 0 \leqslant u \leqslant 1$.

练习题 2.1

1. $u(x,y) = x^3 - 3xy^2$;$v(x,y) = 3x^2 y - y^3$.

2. $10k\pi$i.

3. (1) $-$ie;

(2) $e^3(\cos 4 + i\sin 4)$;

(3) $\ln 2\sqrt{3} + \left(2k\pi - \dfrac{\pi}{6}\right)$i;

(4) $\ln 5 + \left(\pi - \arctan \dfrac{4}{3} + 2k\pi\right)$i;

(5) $3^{\sqrt{5}}[\cos\sqrt{5}(2k+1)\pi + i\sin\sqrt{5}(2k+1)\pi]$;

(6) $e^{-2k\pi}(\cos\ln 3 + i\sin\ln 3)$;

(7) $-\dfrac{1}{2}(e^5 + e^{-5})$;

(8) $\dfrac{1}{2}(e^5 + e^{-5})\sin 1 - i\dfrac{1}{2}(e^5 - e^{-5})\cos 1$.

4. (1) $z = \ln 2 + (2k+1)\pi$i; (2) $z = $i; (3) $z = 2k\pi \pm i\ln(2+\sqrt{3})$.

注 以上结果中的 k 为整数.

练习题 2.2

1. 略. **2.** 略. **3.** $f(z)$ 仅在原点不连续.

4. 略. **5.** $f'(z) = \dfrac{24z^6 + 10z^4 + 4z^2 - 24z - 1}{(4z^2 + 1)^2}$ $\left(z \neq \pm \dfrac{\text{i}}{2}\right)$.

练习题 2.3

1. (1) $\dfrac{2}{3}(1+\text{i})$. (2) $\dfrac{1}{3}(4+\text{i})$.

2. (1) $\dfrac{2}{3}$i. (2) i.

3. (1) 0. (2) 2πi. (3) 0.

4. $4\pi e^2$.

练习题 2.4

1. $\dfrac{1}{3}$. **2.** 0.

综合练习题 2

1. (1) $e^{x^2 - y^2}$. (2) $e^{\frac{x}{x^2+y^2}} \cos \dfrac{y}{x^2+y^2}$.

2. (1) $\cos(2\sqrt{2}k\pi) + i\sin(2\sqrt{2}k\pi)$. (2) $e^{-2k\pi - \frac{\pi}{2}}$. (3) $\dfrac{1}{2}(e + e^{-1})$.

3. (1) $\ln 2 + \left(2k\pi + \dfrac{\pi}{6}\right)$i. (2) $\pm 1 - $i. (3) $k\pi - \dfrac{\pi}{4}$.

4. (1) $\dfrac{4}{3}$. (2) $\dfrac{3}{2}$.

5. $\dfrac{4\sqrt{34}}{17}, \arctan \dfrac{3}{5}$.

6. (1) $0, -\mathrm{i}, +\mathrm{i}$. (2) $-1, -\mathrm{i}, +\mathrm{i}$. (3) $k\pi + \dfrac{\pi}{2}$.

7. (1) $-\dfrac{1}{3} + \dfrac{1}{3}\mathrm{i}$. (2) $-\dfrac{1}{2} + \dfrac{5}{6}\mathrm{i}$. (3) $-\dfrac{1}{2} - \dfrac{1}{6}\mathrm{i}$.

8. (1) $1 + \dfrac{\mathrm{i}}{2}$. (2) $\dfrac{\mathrm{i}}{2}$.

9. (1) $2\pi\mathrm{i}$. (2) $8\pi\mathrm{i}$.

10. 略.

练习题 3.1

1. (1) $\dfrac{2z\cos z + (z^2 + \mathrm{i})\sin z}{\cos^2 z}$. (2) $\dfrac{2z}{z^2 + 1}$.

2. 略.

3. (1) $y = x$ 处可导, 处处不解析. (2) 仅在 $z = 0$ 点可导, 处处不解析. (3) 处处解析.

4. 略.

练习题 3.2

1. (1) 0. (2) $\pi\mathrm{i}$. (3) $-\pi\mathrm{i}$. (4) 0.

2. (1) $\sin 1 - \cos 1$. (2) $3\mathrm{e}^{\mathrm{i}} - 4$.

3. 当 C 包含 z_0 时, $\oint_C \dfrac{1}{z - z_0}\mathrm{d}z = 2\pi\mathrm{i}$; 当 C 不包含 z_0 时, $\oint_C \dfrac{1}{z - z_0}\mathrm{d}z = 0$.

练习题 3.3

1. (1) $2\pi\cos\mathrm{i}$. (2) -2π. (3) $2\pi(\cos\mathrm{i} - 1)$. (4) 0.

2. (1) $(4 - 2\mathrm{i})\pi\mathrm{e}^{\mathrm{i}}$. (2) $-(4 + 2\mathrm{i})\pi$. (3) $(4 - 2\mathrm{i})\pi\mathrm{e}^{\mathrm{i}} - (4 + 2\mathrm{i})\pi$. (4) 0.

3. 0.

练习题 3.4

1. 是.

2. 不一定是.

3. $f(z) = -\dfrac{\mathrm{i}}{2}z^2 + \mathrm{i}C$.

4. 当 $a + c = 0$, b 为任意实数时, u 为调和函数, 其共轭调和函数 $v = 2axy + by^2 - bx^2 + k$ (k 为任意实数).

练习题 3.5

1. $F(z) = z^2 + 2z\mathrm{i}$.

2. (1) $v(z) = 2(\bar{z} - \mathrm{i})$. 流线: $x(y+1) = c_1$. 等势线: $x^2 - (y+1)^2 = c_2$.

(2) $v(z) = 3(\bar{z})^2$. 流线: $(3x^2 - y^2)y = c_1$. 等势线: $x(x^2 - 3y^2) = c_2$.

综合练习题 3

1. (1) 在全平面上处处可导, 导数为 $n(z-1)^{n-1}$.

(2) 在 $z \neq \pm 1$ 处可导, 导数为 $-\dfrac{2z}{(z^2 - 1)^2}$.

(3) 在全平面上处处不可导.

(4) 在 $z=0$ 处可导,导数为 0.

(5) 在 $z \neq -\dfrac{d}{c}$ 处可导,导数为 $\dfrac{ad-bc}{(cz+d)^2}$.

2. (1) 在全平面上解析,导数为 $-1-4z$.

(2) 除 $z=0$ 以外处处解析,导数为 $-\dfrac{1}{z^2}$.

(3) 在 $z=-\mathrm{i}$ 处可导,导数为 -2,处处不解析.

(4) 在直线 $y=x$ 上可导,导数为 $2x(1-\mathrm{i})$,在全平面上处处不解析.

(5) 在全平面上处处不可导,处处不解析.

3. 略.　　**4.** $l=n=-3, m=1$.

5. (1) $\pi \mathrm{e}^{\mathrm{i}}$.　(2) $-\pi \mathrm{e}^{-\mathrm{i}}$.　(3) $\pi(\mathrm{e}^{\mathrm{i}}-\mathrm{e}^{-\mathrm{i}})$.

6. (1) $-\dfrac{\pi \mathrm{i}}{2}$.　(2) $2\pi \mathrm{i}(\cos 1-1)$.　(3) $\pi \mathrm{i}$.　(4) $2\pi \mathrm{i}$.

7. (1) $-\dfrac{11}{8}\pi \mathrm{i}$.　(2) 0.　(3) $2\pi \mathrm{i}$.　(4) $\dfrac{27}{8}\pi \mathrm{i}$.

8. (1) $4\pi \mathrm{i}$.　(2) 0.　(3) $\dfrac{\pi}{2}$.　(4) $\dfrac{\pi}{2}(\mathrm{i}\mathrm{e}-\mathrm{i}\mathrm{e}^{-1}-\mathrm{e}^{\mathrm{i}}+\mathrm{e}^{-\mathrm{i}})$.

9. (1) $\left(\pi-\dfrac{1}{2}\sinh 2\pi\right)\mathrm{i}$.　(2) $-\sin 1-\mathrm{i}\cos 1$.

10. (1) $(1+\mathrm{i})\ln z$.　(2) $\dfrac{1}{2}z^2+\ln z-\dfrac{1}{2}$.

练习题 4.1

1. (1) 发散;　(2) 发散;　(3) 收敛于 0;　(4) 收敛于 0.

2. (1) 绝对收敛;　(2) 发散;　(3) 条件收敛;　(4) 发散.

3. 略.

练习题 4.2

1. (1) $R=1$,在收敛圆周上绝对收敛.　(2) $R=1$.　(3) $R=\mathrm{e}$.　(4) $R=\dfrac{\sqrt{2}}{2}$.

2. 略.　　**3.** $R=\dfrac{1}{2}, f(z)=\dfrac{1}{(1-2z)(1-z)}$.　　**4.** $2\pi \mathrm{i}$.

练习题 4.3

1. (1) $1-z^2+z^4-\cdots, R=1$.　(2) $1-2z^2+3z^4-4z^6+\cdots, R=1$.

(3) $1-\dfrac{z^4}{2!}+\dfrac{z^8}{4!}-\dfrac{z^{12}}{6!}+\cdots, R=+\infty$.　(4) $1-z-\dfrac{z^2}{2!}-\dfrac{z^3}{3!}-\cdots, R=1$.

2. (1) $\displaystyle\sum_{n=1}^{\infty}(-1)^{n-1}\dfrac{(z-1)^n}{2^n}, R=2$.　(2) $\displaystyle\sum_{n=0}^{\infty}(n+1)(z+1)^n, R=1$.

(3) $\displaystyle\sum_{n=0}^{\infty}\dfrac{3^n}{(1-3\mathrm{i})^{n+1}}[z-(1-\mathrm{i})]^n, R=\dfrac{\sqrt{10}}{3}$.

(4) $1+2\left(z-\dfrac{\pi}{4}\right)+2\left(z-\dfrac{\pi}{4}\right)^2+\dfrac{8}{3}\left(z-\dfrac{\pi}{4}\right)^3+\cdots, R=\dfrac{\pi}{4}$.

3. 略.

练习题 4.4

1. (1) $\dfrac{1}{5}\left(\cdots+\dfrac{2}{z^4}+\dfrac{1}{z^3}-\dfrac{2}{z^2}-\dfrac{1}{z}-\dfrac{1}{2}-\dfrac{z}{4}-\dfrac{z^2}{8}-\dfrac{z^3}{16}-\cdots\right).$

(2) $\displaystyle\sum_{n=-1}^{\infty}(n+2)z^n;\ \sum_{n=-2}^{\infty}(-1)^n(z-1)^n.$

(3) $\displaystyle\sum_{n=-2}^{\infty}\dfrac{1}{(n+2)!}z^{-n}.$ (4) $-\displaystyle\sum_{n=0}^{\infty}(-1)^n\dfrac{1}{(2n+1)!}(z-1)^{-(2n+1)}.$

2. $f(z)=-\displaystyle\sum_{n=0}^{\infty}(z-1)^{n-1},0<|z-1|<1;\ f(z)=\sum_{n=0}^{\infty}\dfrac{1}{(z-1)^{n+2}},1<|z-1|<+\infty.$

3. (1) $1-\dfrac{3}{2}\displaystyle\sum_{n=0}^{\infty}\dfrac{1}{4^n}z^n-2\sum_{n=-1}^{-\infty}\dfrac{1}{3^{n+1}}z^n.$ (2) $1+\dfrac{3}{2}\displaystyle\sum_{n=1}^{\infty}(3\cdot2^{2n-1}-2\cdot3^{n-1})z^n.$

综合练习题 4

1. (1) 收敛，-1.   (2) 发散.   (3) 发散.

2. (1) 条件收敛.   (2) 发散.   (3) 绝对收敛.

3. (1) 1.   (2) ∞.   (3) $\dfrac{1}{e}$.

4. (1) 当 $a=b$ 时，级数为 $\displaystyle\sum_{n=1}^{\infty}\dfrac{nz^{n-1}}{a^{n+1}},R=|a|$；

当 $a\neq b$ 时，级数为 $\dfrac{1}{b-a}\displaystyle\sum_{n=0}^{\infty}\left(\dfrac{1}{a^{n+1}}-\dfrac{1}{b^{n+1}}\right)z^n,R=\min(|a|,|b|).$

(2) $-\dfrac{1}{2}\displaystyle\sum_{n=1}^{\infty}(-1)^n\dfrac{(2z)^{2n}}{(2n)!},R=+\infty.$

(3) $\displaystyle\sum_{n=0}^{\infty}(-1)^n\left(\dfrac{1}{2^{n+1}}-\dfrac{1}{3^{n+1}}\right)(z-2)^n,R=3.$

5. $1+\dfrac{1}{2}z^2-\dfrac{1}{3}z^3+\cdots,|z|<1.$

6. $\dfrac{1}{(1-i)^2}\left[1+2\left(\dfrac{z-i}{1-i}\right)+\cdots+n\left(\dfrac{z-i}{1-i}\right)^{n-1}+\cdots\right],|z-i|<\sqrt{2}.$

7. (1) $\dfrac{1}{z^2}-2\displaystyle\sum_{n=0}^{\infty}z^{n-2},0<|z|<1;\dfrac{1}{z^2}+2\sum_{n=0}^{\infty}\dfrac{1}{z^{n+3}},1<|z|<+\infty.$

(2) $2\displaystyle\sum_{n=1}^{\infty}\dfrac{(-1)^{n+1}}{z^{2n}}-\sum_{n=0}^{\infty}\dfrac{z^n}{2^{n+1}},1<|z|<2;$

$\dfrac{1}{z-2}+i\displaystyle\sum_{n=0}^{\infty}(-1)^n\cdot[(2+i)^{n+1}-(2-i)^{n+1}]\cdot\dfrac{(z-2)^n}{5^{n+1}},0<|z-2|<\sqrt{5}.$

8. $\displaystyle\sum_{n=0}^{\infty}\dfrac{i^{n-1}}{2^{n+1}}(z-i)^{n-1},0<|z-i|<2;\sum_{n=0}^{\infty}\dfrac{(-2i)^n}{(z-i)^{n+2}},2<|z-i|<+\infty.$

练习题 5.1

1. (1) 0 为二阶极点.   (2) 0 为本性奇点.   (3) $\pm i$ 为一阶极点，1 为二阶极点.

(4) $-i$ 为一阶极点，i 为可去奇点.   (5) $\pm i,\pm1$ 均为一阶极点.

(6) $\dfrac{(2n+1)\pi}{2}(n=0,\pm1,\pm2,\cdots)$ 均为一阶极点.

(7) 0 为二阶极点. (8) -1 为四阶极点. (9) $-\pi$ 为一阶极点.

2. 略. **3.** 略.

4. (1) 二阶极点. (2) 可去奇点. (3) 不是孤立奇点.

练习题 5.2

1. (1) $\operatorname{Res}[f(z),0]=-\dfrac{1}{2}$；$\operatorname{Res}[f(z),2]=\dfrac{3}{2}$.

(2) $\operatorname{Res}[f(z),\mathrm{i}]=-\dfrac{3\mathrm{i}}{8}$；$\operatorname{Res}[f(z),-\mathrm{i}]=\dfrac{3\mathrm{i}}{8}$.

(3) $\operatorname{Res}[f(z),0]=-\dfrac{4}{3}$.

(4) $\operatorname{Res}\left[f(z),k\pi+\dfrac{\pi}{2}\right]=(-1)^{k+1}\left[k\pi+\dfrac{\pi}{2}\right],k=0,\pm1,\pm2,\cdots$.

(5) $\operatorname{Res}[f(z),1]=0$.

(6) $\operatorname{Res}[f(z),0]=-\dfrac{1}{6}$.

(7) $\operatorname{Res}[f(z),0]=0$；$\operatorname{Res}[f(z),k\pi]=\dfrac{(-1)^k}{k\pi},k=\pm1,\pm2,\cdots$.

(8) $\operatorname{Res}\left[f(z),\left(k+\dfrac{1}{2}\right)\pi\mathrm{i}\right]=1,k=0,\pm1,\pm2,\cdots$.

2. (1) $2\pi\mathrm{i}$. (2) 0. (3) $2\pi\mathrm{i}$. (4) $(\mathrm{e}^{8\mathrm{i}}-1)\dfrac{\pi}{2}$.

3. (1) -2. (2) $-\sinh1$. (3) 0.

4. (1) $2\pi\mathrm{i}$. (2) $-\dfrac{2\pi\mathrm{i}}{3}$.

练习题 5.3

1. (1) $\dfrac{\pi}{48}$. (2) $\dfrac{\pi}{2\sqrt{2}}$.

2. (1) $\dfrac{90-52\sqrt{3}}{12-7\sqrt{3}}\pi$. (2) $\dfrac{\pi}{2}$.

3. (1) $\dfrac{\pi}{2}\mathrm{e}^{-2}$. (2) $\pi\mathrm{e}^{-1}\cos2$.

综合练习题 5

1. (1) 是. (2) 不是. **2.** 略.

3. (1) $-\pi$ 为一阶极点.

(2) $\dfrac{\pi}{2}$ 为六阶极点；$\dfrac{(2k+1)\pi}{2}$ 为四阶极点，$k=\pm1,\pm2,\cdots$.

(3) $k\pi-\dfrac{\pi}{4}$ 为一阶极点 $k=0,\pm1,\pm2,\cdots$.

(4) 0 为可去奇点.

(5) 0 为可去奇点;$2k\pi$i 为一阶极点,$k=\pm1,\pm2,\cdots$.

(6) $e^{\frac{(2k+1)\pi i}{n}}(k=0,1,2,\cdots,n-1)$均为一阶极点.

4. (1) $\text{Res}[f(z),0]=1$. (2) $\text{Res}[f(z),-i]=ie^{-i}$;$\text{Res}[f(z),-2i]=\dfrac{1}{2}e^{-2i}(2-i)$.

(3) $\text{Res}[f(z),0]=\dfrac{1}{4}$;$\text{Res}[f(z),2i]=\dfrac{i\sin(2i)}{16}$;$\text{Res}[f(z),-2i]=\dfrac{i\sin(2i)}{16}$.

5. (1) 可去奇点,$\text{Res}[f(z),\infty]=0$. (2) 本性奇点,$\text{Res}[f(z),\infty]=0$.

(3) 一阶极点,$\text{Res}[f(z),\infty]=-1$.

6. (1) $\pi(-40+50i)e^{-i}$. (2) 0. (3) $4\pi(2+i)$. (4) 0. (5) $\dfrac{\pi}{2}(-i-\cos4)$.

7. 提示:分八种情况讨论.

8. (1) $\dfrac{\pi}{\alpha\beta(\alpha+\beta)}$. (2) $\dfrac{\pi}{\sqrt{\alpha^2-\beta^2}}$. (3) $\dfrac{\pi}{\alpha^2-\beta^2}\left(\dfrac{e^{-\alpha}}{\alpha}-\dfrac{e^{-\beta}}{\beta}\right)$.

练习题 6.1

1. 略. **2.** 略. **3.** 转动角为$\dfrac{\pi}{2}$,伸缩率为4. **4.** 略.

练习题 6.2

1. (1) $z\to\dfrac{1}{z}\to-4\dfrac{1}{z}\to-4\dfrac{1}{z}+i=\omega$.

(2) $z\to z+6\to i(z+6)\to i(z+6)-(2+i)=\omega$.

(3) $z\to z+4\to\dfrac{1}{z+4}\to4(2-3i)\dfrac{1}{z+4}\to4(2-3i)\dfrac{1}{z+4}-(2-3i)=\omega$.

2. (1) $\left(u-\dfrac{7}{2}\right)^2+v^2=\dfrac{9}{4}$. (2) $v=10$.

3. (1) $u^2+v^2=\dfrac{1}{4}$. (2) $u=-v$.

4. $\omega=\dfrac{(1+i)(z-i)}{(1+z)+3i(1-z)}$,把单位圆$|z|<1$映射为$\omega$平面的下半平面.

5. (1) $\omega=-i\dfrac{z-i}{i+z}$. (2) $\omega=i\dfrac{z-i}{i+z}$.

6. (1) $\omega=\dfrac{2z-1}{z-2}$. (2) $\omega=\dfrac{i(2z-1)}{2-z}$.

练习题 6.3

1. $\omega=\left(\dfrac{1+z^2}{1-z^2}\right)^2$. **2.** $\omega=\dfrac{z^5-i}{z^5+i}$. **3.** $\omega=e^{2\left(z-\frac{\pi}{2}i\right)}$. **4.** $\omega=e^{2\pi i\left(\frac{z}{z-2}\right)}$.

练习题 6.4

1. $\omega=\dfrac{v_0}{\pi}\ln\dfrac{\sqrt{z^2+a^2}-az}{\sqrt{z^2+a^2}+az}$.

2. $\omega=iz^{\frac{3}{2}}$,$T=\dfrac{100}{\pi}\left(\dfrac{2}{3}\theta+\pi\right)$,$\theta$ 为 ω 的极角,取负值.

综合练习题 6

1. 略.   2. 略.

3. (1) $\text{Im}\omega>1$.   (2) $\text{Im}\omega>\text{Re}\omega$.

(3) $\text{Re}\omega>0,\text{Im}\omega>0$.   (4) $\text{Re}\omega>0,\left|\omega-\dfrac{1}{2}\right|>\dfrac{1}{2},\text{Im}\omega>0$.

4. 略.   5. $ad-bc\neq0,|a|=|c|$.

6. (1) $\omega=\dfrac{4-75i+(3+22i)z}{-21+4i+(2+3i)z}$,将过 z_1、z_2、z_3 的圆的内部映射成过点 ω_1、ω_2、ω_3 的圆内部.

(2) $\omega=\dfrac{16-16i+(-7+13i)z}{4-8i+(-1+2i)z}$,将过 z_1、z_2、z_3 的圆的内部映射为过点 ω_1、ω_2 的直线下方.

7. (1) $\omega=\dfrac{z+2+i}{z+2-i}$.   (2) $\omega=\dfrac{iz+2+i}{z+i}$.   (3) $\omega=\dfrac{1-i}{2}(z+1)$.

8. $\omega=\dfrac{i-z}{z+i}$.   9. $\dfrac{\omega-a}{1-\bar{a}\omega}=e^{i\varphi}\left(\dfrac{z-a}{1-az}\right)$.   10. $\omega=-i\left(\dfrac{e^z-1}{e^z+1}\right)$.

11. $\omega=\left(\dfrac{1+ie^{-iz}}{1-ie^{-iz}}\right)^2$.   12. $\omega=\dfrac{z^3-1}{z^3+1}$.   13. $\omega=\dfrac{(z^2+1)^2-i(z^2-1)^2}{(z^2+1)^2+i(z^2-1)^2}$.

14. $\omega=\dfrac{2+iz}{2-iz}e^{\frac{i\pi}{4}}$.

15. $T=\dfrac{100}{\pi}\begin{cases}\arctan B,&B>0\\\arctan B+\pi,&B<0\end{cases}$,其中 $B=\dfrac{-10xy}{(x^2+y^2)^2-3x^2+3y^2-4}$.

练习题 7.1

1. (1) $f(t)=\dfrac{4}{\pi}\displaystyle\int_0^{+\infty}\dfrac{(\sin\omega-\omega\cos\omega)\cos\omega t}{\omega^3}d\omega$;

(2) $f(t)=\dfrac{2}{\pi}\displaystyle\int_0^{+\infty}\dfrac{\sin\omega\pi\sin\omega t}{1-\omega^2}d\omega$.

2. $f(t)=\dfrac{1}{\pi}\displaystyle\int_0^{+\infty}\dfrac{\beta\cos\omega t+\omega\sin\omega t}{\beta^2+\omega^2}d\omega$;当 $t=0$ 时,等式左端 $f(t)$ 应以 $\dfrac{1}{2}$ 代替. 证明略.

练习题 7.2

1. $F(\omega)=\dfrac{-2j\sin\omega\pi}{1-\omega^2}$; $f(t)=\dfrac{2}{\pi}\displaystyle\int_0^{+\infty}\dfrac{\sin\omega\pi\sin\omega t}{1-\omega^2}d\omega$,当 $t=\alpha$ 时,原式得证.

2. (1) $F_s(\omega)=\dfrac{\omega}{1+\omega^2}$;   (2) $F_c(\omega)=\dfrac{1}{1+\omega^2}$.

3. $f(t)=\begin{cases}\dfrac{1}{2}[u(1+t)+u(1-t)-1],&|t|\neq1\\\dfrac{1}{4},&|t|=1\end{cases}$ 或 $f(t)=\begin{cases}\dfrac{1}{2},&|t|<1\\\dfrac{1}{4},&|t|=1\\0,&|t|>1\end{cases}$.

4. $F(\omega)=\dfrac{\pi}{2}[(\sqrt{3}+j)\delta(\omega+3)+(\sqrt{3}-j)\delta(\omega-3)]$.

练习题 7.3

1. $\dfrac{1}{4}$.   2. $F(\omega)=\dfrac{2}{j\omega}$.   3. $F(\omega)=\dfrac{1}{2}\pi j[\delta(\omega+4)-\delta(\omega-4)]$.

练习题 7.4

1. $F(\omega) = \pi\delta(\omega) + \dfrac{\pi}{2}[\delta(\omega+4) + \delta(\omega-4)]$.　　**2.** 略.

3. (1) $\dfrac{j}{2}\dfrac{d}{d\omega}F\left(\dfrac{\omega}{2}\right)$;　(2) $j\dfrac{d}{d\omega}F(-\omega) - 2F(-\omega)$;

(3) $\dfrac{1}{2j}\dfrac{d^3}{d\omega^3}F\left(\dfrac{\omega}{2}\right)$;　(4) $-F(\omega) - \omega\dfrac{d}{d\omega}F(\omega)$;

(5) $\dfrac{1}{2}e^{-\frac{3}{2}j\omega}F\left(\dfrac{\omega}{2}\right)$;　(6) $\dfrac{1}{2}e^{\frac{3}{2}j\omega}F\left(-\dfrac{\omega}{2}\right)$.

4. 提示:求 $j\pi\delta(\omega) + \dfrac{1}{(j\omega)^2}$ 的 Fourier 逆变换.

5. (1) $\dfrac{1}{j(\omega-\omega_0)} + \pi\delta(\omega-\omega_0)$;

(2) $-\dfrac{1}{(\omega-\omega_0)^2} + \pi j\delta'(\omega-\omega_0)$;

(3) $e^{-j(\omega-\omega_0)}\left[\dfrac{1}{j(\omega-\omega_0)} + \pi\delta(\omega-\omega_0)\right]$;

(4) $\dfrac{\omega_0}{(\omega_0^2-\omega^2)} + \dfrac{\pi}{2j}[\delta(\omega-\omega_0) - \delta(\omega+\omega_0)]$.

6. $f_1(t) * f_2(t) = \begin{cases} 0, & t \leqslant 0 \\ \dfrac{1}{2}(\sin t - \cos t + e^{-t}), & 0 < t \leqslant \dfrac{\pi}{2} \\ \dfrac{1}{2}e^{-t}(e^{\frac{\pi}{2}+1}), & t > \dfrac{\pi}{2} \end{cases}$.

7. (1) $f(t) = u(t)te^{-t}$;

(2) $f(t) = \dfrac{1}{4}\left[1 - e^{-2(t+3)}\right]u(t+3) - \dfrac{1}{4}\left[1 - e^{-2(t-3)}\right]u(t-3)$.

练习题 7.5

1. $x(t) = \dfrac{-j}{\pi}\displaystyle\int_{-\infty}^{+\infty} \dfrac{\omega}{(\omega^2+4)(\omega^2+1)}e^{j\omega t}d\omega$.

2. (1) $y(t) = \dfrac{a(b-a)}{\pi b[t^2+(b-a)^2]}$;　(2) $y(t) = \sqrt{2\pi}\left(1-\dfrac{t^2}{2}\right)e^{-\frac{t^2}{2}}$.

3. (1) $u(x,t) = \dfrac{e^{At}}{2a\sqrt{\pi t}}e^{-\frac{x^2}{4a^2}t}$;　(2) $u(x,t) = t\sin x$;

(3) $u(x,t) = \dfrac{2}{\pi}\displaystyle\int_0^{+\infty} \dfrac{1-\cos\omega}{\omega}\sin(\omega x)e^{-\omega^2 t}d\omega$.

综合练习题 7

1. $F(\omega) = \dfrac{1}{1-j\omega}$.　　**2.** $F(\omega) = \dfrac{4(\sin\omega - \omega\cos\omega)}{\omega^3}$.

3. (1) $f(t) = \begin{cases} 0, & t < 0 \\ e^{-3t} - e^{-5t}, & t \geqslant 0 \end{cases}$;　(2) $f(t) = \begin{cases} \dfrac{1}{3}e^t, & t < 0 \\ \dfrac{1}{3}e^{-2t}, & t \geqslant 0 \end{cases}$.

4. (1) $jF'(\omega)$;　(2) $je^{-j\omega}F'(-\omega)$;　(3) $\dfrac{j}{4}F'\left(\dfrac{\omega}{2}\right)$;　(4) $\dfrac{1}{2}e^{-j\omega}F\left(\dfrac{\omega}{2}\right)$;

(5) $-\omega F'(\omega)-F(\omega)$.

5. $f(t)*g(t)=\begin{cases}0,&t<2\\1-e^{-t},&t\geqslant 2\end{cases}$.

6. $f(t)*g(t)=\begin{cases}0,&t<0\\\dfrac{e^{-at}+(a\sin t-\cos t)}{1+a^2},&t\geqslant 0\end{cases}$.

7. $x(t)=\begin{cases}0,&t<0\\e^{-t},&t\geqslant 0\end{cases}$.

8. $F(\omega)=\dfrac{\beta+j\omega_0}{(\beta+j\omega)^2+\omega_0^2}$.

9. $F(\omega)=\dfrac{\omega_0}{\omega_0^2-\omega^2}+\dfrac{\pi}{2j}\big[\delta(\omega-\omega_0)-\delta(\omega+\omega_0)\big]$.

练习题 8.1

1. (1) $F(s)=\dfrac{1}{s+2}$ $(\mathrm{Re}(s)>-2)$.　(2) $F(s)=\dfrac{2}{s^3}$ $(\mathrm{Re}(s)>0)$.

(3) $F(s)=\dfrac{2}{s^2+4}$ $(\mathrm{Re}(s)>0)$.　(4) $F(s)=\dfrac{s^2+2}{s(s^2+4)}$ $(\mathrm{Re}(s)>0)$.

2. (1) $F(s)=\dfrac{1}{s-2}+5$.　(2) $F(s)=1-\dfrac{1}{s^2+1}$.

(3) $F(s)=\dfrac{1}{s}(3-4e^{-2s}+e^{-4s})$.　(4) $F(s)=\dfrac{3}{s}(1-e^{-\frac{\pi s}{2}})-\dfrac{e^{-\frac{\pi s}{2}}}{s^2+1}$.

3. $F(s)=\dfrac{5}{s(1+e^{-3s})}$.

练习题 8.2

(1) $f(t)=\cos 3t$.　(2) $f(t)=\dfrac{1}{2}t^2e^{-5t}$.

(3) $f(t)=\dfrac{1}{36}e^{-4t}-\dfrac{1}{36}e^{2t}+\dfrac{1}{6}te^{2t}$.　(4) $f(t)=\dfrac{1}{a}\cos at$.

(5) $f(t)=\dfrac{ae^{at}-be^{bt}}{a-b}$.　(6) $f(t)=\dfrac{1}{ab}+\dfrac{1}{a-b}\left[\dfrac{e^{at}}{a}-\dfrac{e^{bt}}{b}\right]$.

(7) $f(t)=\dfrac{1}{\sqrt{2}}\left(\sin\dfrac{t}{\sqrt{2}}\cosh\dfrac{1}{\sqrt{2}}-\cos\dfrac{t}{\sqrt{2}}\sinh\dfrac{1}{\sqrt{2}}\right)$.

(8) $f(t)=2te^t+2e^t-1$.　(9) $f(t)=\dfrac{1}{3}\sin t-\dfrac{1}{6}\sin 2t$.

(10) $f(t)=\dfrac{1}{9}\left(\sin\dfrac{2t}{3}+\cos\dfrac{2t}{3}\right)e^{-\frac{t}{3}}$.

练习题 8.3

1. (1) $F(s)=\dfrac{1}{s-1}-\dfrac{1}{s+1}-\dfrac{4}{s}$.

(2) $F(s) = \dfrac{16s}{(s^2+4)^2} - \dfrac{4}{s}$.

(3) $F(s) = \dfrac{1}{s^2} - \dfrac{5s}{s^2+1}$.

(4) $F(s) = \dfrac{2}{s^3} + \dfrac{8}{s^2} + \dfrac{16}{s}$.

(5) $F(s) = \dfrac{6}{s^4} - \dfrac{2}{s^2} - \dfrac{s}{s^2+16}$.

(6) $F(s) = \dfrac{6}{(s+2)^4} - \dfrac{3}{(s+2)^2} - \dfrac{2}{s+2}$.

(7) $F(s) = \dfrac{1}{s}(1-e^{-7s}) + \dfrac{se^{-7s}}{s^2+1}\cos 7 - \dfrac{e^{-7s}}{s^2+1}\sin 7$.

(8) $F(s) = \dfrac{1}{s^2} - \dfrac{11}{s}e^{-3s} - \dfrac{4}{s^2}e^{-3s}$.

(9) $F(s) = \dfrac{s}{s^2+1} + \left(\dfrac{2}{s} - \dfrac{s}{s^2+1} - \dfrac{1}{s^2+1}\right)e^{-2\pi s}$.

(10) $F(s) = \dfrac{1}{s^2} - \dfrac{2}{s} - \left(\dfrac{1}{s^2} + \dfrac{15}{s}\right)e^{-16s}$.

(11) $F(s) = \dfrac{1}{s+1} - \dfrac{2}{(s+1)^3} + \dfrac{1}{(s+1)^2+1}$.

(12) $F(s) = \dfrac{24}{(s+5)^5} + \dfrac{4}{(s+5)^3} + \dfrac{1}{(s+5)^2}$.

(13) $F(s) = \dfrac{s^2+4s-5}{(s^2+4s+13)^2}$.

(14) $F(s) = \dfrac{2(3s^2+12s-13)}{s^2[(s+3)^2+4]^2}$.

(15) $F(s) = \operatorname{arccot}\dfrac{s+3}{2}$.

(16) $F(s) = \dfrac{1}{s}\operatorname{arccot}\dfrac{s+3}{2}$.

2. (1) $f(t) = -2e^{-16t}$.　　(2) $f(t) = 2\cos 4t - \dfrac{5}{4}\sin 4t$.

(3) $f(t) = 3e^{7t} + t$.　　(4) $f(t) = (1-6t)e^{4t}$.

(5) $f(t) = e^{2t}\sin t$.　　(6) $f(t) = \cos 3(t-2)u(t-2)$.

(7) $f(t) = e^{-3t}\cosh 2\sqrt{2}t - \dfrac{1}{2\sqrt{2}}e^{-3t}\sinh 2\sqrt{2}t$.

(8) $f(t) = \dfrac{1}{16}[1-\cos 4(t-21)]u(t-21)$.

(9) $f(t) = \dfrac{1}{16}(\sinh 2t - \sin 2t)$.

(10) $f(t) - \dfrac{\cos at - \cos bt}{(b-a)(b+a)}, b^2 \neq a^2; f(t) = -\dfrac{t\sin at}{2a}, b^2 = a^2$.

(11) $f(t) = \dfrac{1}{a^4}(1-\cos at) - \dfrac{1}{2a^3}t\sin at$.

(12) $F(s)=\dfrac{1}{2}\left[1-e^{-2(t+4)}\right]u(t+4)$.

练习题 8.4

(1) $y=-\dfrac{4}{17}e^{-4t}+\dfrac{4}{17}\cos t+\dfrac{1}{17}\sin t$.

(2) $y=-\dfrac{1}{4}+\dfrac{1}{2}t+\dfrac{17}{4}e^{2t}$.

(3) $y=\dfrac{22}{25}e^{2t}-\dfrac{13}{5}te^{2t}+\dfrac{3}{25}\cos t-\dfrac{4}{25}\sin t$.

(4) $y=\cos 2t+\dfrac{3}{4}\left[1-\cos 2(t-4)\right]u(t-4)$.

(5) $y=-\dfrac{1}{4}+\dfrac{2}{5}e^{t}-\dfrac{3}{20}\cos 2t-\dfrac{1}{5}\sin 2t+\left[-\dfrac{1}{4}+\dfrac{2}{5}e^{t-5}+\dfrac{3}{20}\cos 2(t-5)-\dfrac{1}{5}\sin 2(t-5)\right]$
$u(t-5)$.

(6) $\begin{cases} x(t)=-2+2e^{\frac{t}{2}}-t \\ y(t)=-1+e^{\frac{t}{2}}-t \end{cases}$.

(7) $\begin{cases} x(t)=3+\dfrac{1}{4}e^{-t}-\dfrac{13}{4}e^{t}+\dfrac{5}{2}te^{t} \\ y(t)=-\dfrac{1}{4}e^{-t}-\dfrac{15}{2}te^{t}-\dfrac{31}{4}e^{t} \end{cases}$.

(8) $u(x,t)=\begin{cases} t^2, & t\leqslant\dfrac{x}{a} \\ \dfrac{x}{a^2}(2ax-x), & t>\dfrac{x}{a} \end{cases}$.

综合练习题 8

1. (1) $F(s)=\dfrac{3}{s^2}+\dfrac{2}{s^3}$; (2) $F(s)=\dfrac{1}{s}-\dfrac{1}{s-1}$; (3) $F(s)=\dfrac{10-3s}{s^2+4}$;

(4) $F(s)=\dfrac{4(s+3)}{\left[(s+3)^2+4\right]^2}$; (5) $F(s)=\dfrac{n!}{(s-a)^{n+1}}$; (6) $F(s)=\dfrac{s^2-a^2}{(s^2+a^2)^2}$.

2. (1) $\ln 2$; (2) $\dfrac{\ln 5}{4}$; (3) $\dfrac{\pi}{2}$.

3. (1) $\dfrac{\sin(at)}{a}$; (2) $\dfrac{ae^{at}-be^{bt}}{a-b}$; (3) $\dfrac{e^{at}-e^{-at}}{2a}$;

(4) $\dfrac{e^t-e^{-t}-2t}{2}$; (5) $\delta(t)-2e^{-2t}$; (6) $-\dfrac{e^t+e^{-t}-2}{t}$.

4. $\mathscr{L}\left[f(t)\right]=\dfrac{s+\beta}{s_0^2+(s+\beta)^2}$.

5. $f(t)*g(t)=\begin{cases} 0, & t<0 \\ \dfrac{e^{-at}+(a\sin t-\cos t)}{1+a^2}, & t\geqslant 0 \end{cases}$.

6. (1) t; (2) $\dfrac{t^3}{6}$; (3) $\dfrac{t}{2}\sin t$; (4) e^t-t-1; (5) $\begin{cases} 0, & t<2 \\ f(t-2), & t\geqslant 2 \end{cases}$.

7. (1) $y(t)=t\mathrm{e}^t\sin t$; (2) $y(t)=2t\mathrm{e}^{t-1}$; (3) $y(t)=\dfrac{\sin t}{t}$; (4) $y(t)=5\mathrm{e}^{-t}$.

8. (1) $\begin{cases} x(t)=\mathrm{e}^t \\ y(t)=\mathrm{e}^t \end{cases}$;

(2) $\begin{cases} y(t)=-\dfrac{7}{5}\mathrm{e}^t+\dfrac{1}{2}(5+t-t^2)-\dfrac{1}{20}(\sin 2t+2\cos 2t) \\ z(t)=\dfrac{21}{5}\mathrm{e}^t+2t+\dfrac{1}{5}(2\sin 2t-\cos 2t) \end{cases}$;

(3) $\begin{cases} y(t)=J_0(t) \\ z(t)=-J_1(t)-\mathrm{e}^{-t} \end{cases}$;

(4) $\begin{cases} x(t)=3+\dfrac{1}{4}\mathrm{e}^{-t}-\dfrac{13}{4}\mathrm{e}^t+\dfrac{5}{2}t\mathrm{e}^t \\ y(t)=-\dfrac{1}{4}\mathrm{e}^{-t}-\dfrac{31}{4}\mathrm{e}^t-\dfrac{15}{2}t\mathrm{e}^t \end{cases}$.

9. (1) $y(t)=a\left(t+\dfrac{1}{6}t^3\right)$; (2) $y(t)=(1-t)\mathrm{e}^{-t}$; (3) $y(t)=\pm 4\sqrt{\dfrac{t}{2\pi}}\mathrm{e}^{-t}$.

10. $i(t)=\dfrac{E}{\omega L}\sin(\omega t)\mathrm{e}^{-at}$, 且当 $R=2\sqrt{\dfrac{L}{C}}$, 即处于临界状态时, $i(t)=\dfrac{E}{L}t\mathrm{e}^{-at}$.

练习题 9.1

1. 略.　　2. 略.　　3. 略.

4. ezplot('2cos(3 * t)', '2sin(3 * t)', [0, pi]).

练习题 9.2

1. (1) Rez=0.2000; Imz=−0.4000; $\bar{z}$=0.2000+0.4000i; |z|=0.4472; Argz=−1.1071.

(2) Rez=−1.0000; Imz=−2.0000; $\bar{z}$=−1.0000+2.0000i; |z|=2.2361; Argz=−2.0344.

(3) Rez=0.1000; Imz=0; $\bar{z}$=0.1000; |z|=0.1000; Argz=0.

(4) Rez=1.0000; Imz=−2.0000; $\bar{z}$=1.0000+2.0000i; |z|=2.2361; Argz=−1.1071.

2. $z_1=-1$; $z_2=1/2+1/2*i*3^\wedge(1/2)$; $z_3=1/2-1/2*i*3^\wedge(1/2)$.

3. $f(z)=-\dfrac{5}{6}\times\dfrac{1}{z-3}+\dfrac{1}{2}\times\dfrac{1}{z-1}+\dfrac{1}{3}\times\dfrac{1}{z}$. 孤立奇点处的留数：Res[f(z), 3]=$-\dfrac{5}{6}$;

Res[f(z), 1]=$\dfrac{1}{2}$; Res[f(z), 0]=$\dfrac{1}{3}$.

4. 1/2 * sin(2 * x).

5. exp(−t)−3/2 * exp(−2 * t)+1/2.

综合练习题 9

1. (1) Rez=0.2308; Imz=−0.1538; $\bar{z}$=0.2308+0.1538i; |z|=0.2774; Argz=−0.5880+2kπ(k=0, ±1, ±2, ⋯).

(2) Rez=1.5000; Imz=−2.5000; $\bar{z}$=1.5000+2.5000i; |z|=2.9155; Argz=−1.0304+2kπ (k−0, ±1, ±2, ⋯).

(3) Rez=−11.000; Imz=2.000; $\bar{z}$=−11.000−2.000i; |z|=11.1803; Argz=2.9617+2kπ(k=0, ±1, ±2, ⋯).

(4) Rez=1.000;Imz=−3.000;$\bar{z}$=1.000+3.000i;|z|=3.1623;Argz=−1.2490+2kπ(k=0,±1,±2,…).

2. z_1/z_2=0.0424−0.0292i;z_1z_2=−0.3077+1.4615i.

3. x=−2 或 x=1+i*3^(1/2)或 x=1−i*3^(1/2).

4. (1) 3*z^2+2*i.

(2) 1/(z+1)^2/(z^2+1)−2*(z−2)/(z+1)^3/(z^2+1)

    −2*(z−2)/(z+1)^2/(z^2+1)^2*z.

5. 一阶导数值为 1.7778−1.7778i;三阶导数值为−47.4074+47.4074i.

6. (1) −2*i*pi.

(2) (−cosh1*sin1−cosh1+i*cos1*sinh1+cos1)/cos1/cosh1

7. (1) Res[f(z),2]=1.5,Res[f(z),0]=−0.5.

(2) Res[f(z),0]=0.

(3) Res[f(z),1.4142i]=−1.0000−0.3536i,Res[f(z),−1.4142i]=−1.0000+0.3536i.

8. (1) 积分值为 0; (2) 积分值为−12i.

9. (1) u(t−1); (2) $\frac{1}{2}$[δ'(t−t_0)−δ'(t+t_0)].

10. (1) dirac(1,t); (2) cos(2*a*t).

参考文献

[1] 西安交通大学高等数学教研室. 复变函数[M]. 4 版. 北京:高等教育出版社,1996.

[2] 李红,谢松法. 复变函数与积分变换[M]. 4 版. 北京:高等教育出版社,2008.

[3] James Ward Brown,Ruel V Churchill. Complex Variables and Applications[M]. 9 版. 北京:机械工业出版社,2015.

[4] M A 拉夫连季耶夫,Б Б 沙巴特. 复变函数论方法[M]. 6 版. 施祥林,夏定中,吕乃刚,译. 北京:高等教育出版社,2006.

[5] 梁昌洪. 复变函数札记[M]. 北京:科学出版社,2011.

[6] 罗文强,黄精华,黄娟,等. 复变函数与积分变换[M]. 北京:科学出版社.

[7] 苏变萍,陈东立. 复变函数与积分变换[M]. 2 版. 北京:高等教育出版社,2010.

[8] 同济大学数学系. 高等数学[M]. 6 版. 北京:高等教育出版社,2007.

[9] 张元林. 积分变换[M]. 4 版. 北京:高等教育出版社,2003.

[10] 熊辉. 工科积分变换及其应用[M]. 北京:中国人民大学出版社,2011.

[11] 彭丽,张玲玲,任淑青,等. 积分变换与场论[M]. 北京:中国铁道出版社,2015.

[12] 石辛民,郝整清. 基于 MATLAB 的实用数值计算[M]. 北京:清华大学出版社,北京交通大学出版社,2006.

[13] 石辛民,翁智. 复变函数及其应用[M]. 北京:清华大学出版社,2012.

[14] 杨华军. 数学物理方法与仿真[M]. 2 版. 北京:电子工业出版社,2011.